JULES TANNERY

INTRODUCTION
A LA
THÉORIE DES FONCTIONS
D'UNE VARIABLE

Elibron Classics
www.elibron.com

Elibron Classics series.

ISBN 0-543-94478-6 (paperback)
ISBN 0-543-94477-8 (hardcover)

This Elibron Classics Replica Edition is an unabridged facsimile of the edition published in 1886 by A. Hermann, Paris.

INTRODUCTION

A LA

THÉORIE DES FONCTIONS

D'UNE VARIABLE

PAR

JULES TANNERY

SOUS-DIRECTEUR DES ÉTUDES SCIENTIFIQUES A L'ÉCOLE NORMALE SUPÉRIEURE

PARIS

A. HERMANN, LIBRAIRIE SCIENTIFIQUE

8 — rue de la Sorbonne — 8

1886

PRÉFACE

Quoique les vérités mathématiques se déduisent, dans un ordre rigoureux, d'un petit nombre de principes réputés évidents, on ne parvient point à les posséder pleinement en commençant par ces principes, en en suivant pas à pas les déductions, en allant toujours dans le même sens du connu à l'inconnu, sans jamais revenir en arrière sur un chemin où l'on n'a rien laissé d'obscur. Le sens et la portée des principes échappent au débutant, qui saisit mal la distinction entre ce qu'on lui demande d'accorder et les conséquences purement logiques des hypothèses ou des axiomes; parfois, la démonstration lui paraît plus obscure que l'énoncé; c'est en vain qu'il s'attarderait dans la région des principes pour la mieux connaître, il faut que son esprit acquière des habitudes qu'il n'a pas, qu'il aille en avant, sans trop savoir ni où il va, ni d'où il part; il prendra confiance dans ce mode de raisonnement auquel il lui faut plier son intelligence, il s'habituera aux symboles et à leurs combinaisons. Revenant ensuite sur ses pas, il sera capable de voir, du point de départ et d'un seul coup d'œil, le chemin parcouru : quelques parties de la route resteront pour lui dans l'ombre, quelques-unes même seront peut-être entièrement obscures; mais d'autres sont vivement éclairées; il sait nettement comment on peut aller de cette vérité à cette autre; il sait où il doit porter son attention; ses yeux mieux exercés arrivent à voir clair dans ces passages difficiles dont il n'aurait jamais pu se rendre maître s'il ne les avait franchis; il est maintenant capable d'aller plus loin ou de suivre une autre direction; il entre en possession de vérités nouvelles qui s'ajoutent aux vérités anciennes et qui les éclairent; il s'étonne parfois des perspectives inattendues qui s'ouvrent devant lui et lui laissent voir, sous un aspect nouveau, des régions qu'il croyait connaître entièrement; peu à peu les ombres disparaissent et la beauté de la science, si une dans sa riche diversité, lui apparaît avec tout son éclat.

Ce qui se passe dans l'esprit de celui qui étudie les mathématiques n'est que l'image de ce qui s'est passé dans la création et l'organisation de la science; dans ce long travail, la rigueur déductive n'a pas été seule à jouer un rôle. On peut raisonner fort bien et fort longtemps sans avancer d'un pas, et la rigueur n'empêche pas un raisonnement d'être inutile. Même en mathématiques, c'est souvent par des chemins peu sûrs que l'on va à la découverte. Avant de faire la grande route qui y mène, il faut connaître la contrée où l'on veut aller; c'est cette connaissance même qui permet de trouver les voies les plus directes; c'est l'expérience seule qui indique les points où il faut porter l'effort; ce sont les difficultés, parfois imprévues, qui se dressent devant les géomètres qui les forcent à revenir au point de départ, à chercher une route nouvelle qui permette de tourner l'obstacle. S'imagine-t-on, par exemple, les inventeurs du calcul différentiel et intégral s'acharnant, avant d'aller plus loin, sur les notions de dérivée et d'intégrale définie? Ne valait-il pas mieux montrer la fécondité de ces notions, dont l'importance justifie le soin qu'on a mis à les éclaircir?

Cette révision même, qu'on a faite de notre temps, l'aurait-on entreprise sans les questions que l'étude des fonctions et particulièrement des séries trigonométriques a posées d'une manière inévitable?

Pour en revenir à l'enseignement, il me semble que, dans notre système d'instruction, la révision des principes de l'analyse s'impose nécessairement comme transition entre les matières que l'on traite dans les cours de Mathématiques spéciales et celles que l'on étudie soit dans les Facultés, soit dans les Écoles d'enseignement supérieur. A la fin de la classe de Mathématiques spéciales, les élèves sont maîtres d'un nombre de faits mathématiques déjà considérable; ils possèdent les éléments de l'Algèbre, de la Géométrie analytique, et même du Calcul différentiel et intégral. Un classement rigoureux de ces matériaux est indispensable. C'est pour faciliter ce travail, en ce qui concerne l'Analyse, que je me suis décidé à publier le présent livre, où j'ai développé quelques leçons faites à l'École normale en 1883. Je l'ai fait aussi élémentaire que j'ai pu, en m'efforçant de rapprocher les choses des principes, mais en essayant toutefois d'être particulièrement utile à ceux qui désirent pousser leurs études mathématiques beaucoup plus loin que je ne prétends les conduire.

Je n'ai eu qu'à me livrer à un travail d'arrangement et de rédaction : les faits mathématiques qui constituent et constitueront toujours les éléments de l'Analyse étaient acquis pour la plupart au commencement de ce siècle; à la vérité, bien des démonstrations laissaient à désirer; mais, après les exemples de rigueur donnés par Gauss, après les travaux de Cauchy (1), d'Abel (2), de Lejeune-

(1) *Cours d'analyse de l'École royale polytechnique.* Paris, 1821.

(2) *Recherches sur la série* $1+\frac{m}{1}x+\frac{m(m-1)}{1.2}x^2+\ldots$ (*Œuvres*, 2e éd. t. I, p. 219. — *Sur les séries*, t. II, p. 197).

Dirichlet [1], de Riemann [2], de M. O. Bonnet [3], de M. Heine [4], après l'enseignement de M. Weierstrass, divulgué et développé par ses disciples, après le mémoire de M. Darboux sur les fonctions discontinues [5], les livres de M. Dini [6] et de M. Lipschitz [7], il ne semble pas qu'il reste quelque chose d'essentiel à élucider dans les sujets auxquels je me suis borné.

On peut constituer entièrement l'Analyse avec la notion de nombre entier et les notions relatives à l'addition des nombres entiers; il est inutile de faire appel à aucun autre postulat, à aucune autre donnée de l'expérience; la notion de l'infini, dont il ne faut pas faire mystère en mathématiques, se réduit à ceci : après chaque nombre entier, il y en a un autre. C'est à ce point de vue que j'ai essayé de me placer. A la vérité, pour être complet, il eût fallu reprendre la théorie des fractions; une fraction, du point de vue que j'indique, ne peut pas être regardée comme la réunion de parties égales de l'unité; ces mots «*parties de l'unité*» n'ont plus de sens; une fraction est un ensemble de deux nombres entiers, rangés dans un ordre déterminé; sur cette nouvelle espèce de nombres, il y a lieu de reprendre les définitions de l'égalité, de l'inégalité et des opérations arithmétiques. J'aurais dû aussi reprendre la théorie des nombres positifs et négatifs, théorie que l'on ne dégage pas toujours de la

---

(1) *Sur la convergence des séries trigonométriques qui servent à représenter une fonction arbitraire entre des limites données* (*Journal de Crelle*, t. IV, p. 157).

(2) *Sur la possibilité de représenter une fonction par une série trigonométrique* (*Bulletin des sciences mathématiques et astronomiques*, 1re série, t. V, p. 20).

(3) *Mémoire sur la théorie générale des séries* (*Mémoires couronnés ... publiés par l'Académie ... de Belgique*, t. XXIII).

(4) *Die Elemente der Functionenlehre* (*Journal de Crelle*, t. LXXIV, p. 172).

(5) *Annales scientifiques de l'École normale supérieure*, 2e série, t. IV, p. 57.

(6) *Fundamenti per la teorica delle funzioni di Variabili reali*. Pise, 1878.

(7) *Lehrbuch der Analysis*. Bonn, 1877.

considération des grandeurs concrètes, et dans laquelle il faut encore reprendre à nouveau les définitions élémentaires. Mais tout cela est facile et les développements que j'aurais dû donner sur ces sujets auraient allongé mon livre et augmenté, sans grande utilité, la fatigue du lecteur. J'ai donc supposé acquise la théorie des opérations rationnelles sur les nombres entiers ou fractionnaires, positifs ou négatifs, et j'ai débuté par l'introduction des nombres irrationnels. J'ai développé une indication donnée par M. Joseph Bertrand dans son excellent Traité d'arithmétique et qui consiste à définir un nombre irrationnel en disant quels sont tous les nombres rationnels qui sont plus petits et tous ceux qui sont plus grands que lui; c'est de cette façon que les nombres irrationnels s'introduisent le plus naturellement quand on traite de la mesure des grandeurs incommensurables avec l'unité; j'ai d'ailleurs cherché à dégager la notion de nombre irrationnel de son origine géométrique. J'ai appris par une citation de M. G. Cantor (*Grundlagen einer allgemeiner Mannichfaltigkeitslehre*, p. 21), que M. Dedekind avait développé la même idée dans un écrit intitulé *Stetigkeit und irrationale Zahlen* (Brunswick, 1872); je n'ai pas eu à ma disposition le travail de M. Dedekind, mais les développements d'une même idée se ressemblent forcément, et il y a lieu de supposer que ce qui est bon dans mon exposition se retrouve dans celle du géomètre allemand, qui a d'ailleurs bien d'autres titres de gloire. D'autres points de départ ont été indiqués : M. Weierstrass, qui ne craint pas de s'attarder sur ces matières dans un cours qui aboutit à l'étude des fonctions abéliennes, considère, si mes renseignements sont exacts, un nombre irrationnel comme la somme d'un nombre infini d'éléments rationnels, en précisant toutefois avec rigueur sous quelles conditions on peut parler de pareilles sommes et les employer; M. Heine, dans le mémoire déjà cité *Die Elemente der Functionen-*

lehre, a proposé de dire qu'une suite infinie de nombres rationnels

$$u_1, u_2, \ldots, u_n, \ldots,$$

a une *limite* lorsque, à chaque nombre rationnel positif ε correspond un indice n tel que la différence $u_{n+p} - u_n$ soit, pour toutes les valeurs du nombre entier positif p, inférieure à ε en valeur absolue. Cette définition admise, l'introduction des nombres irrationnels, comme limites de pareilles suites, ne souffre aucune difficulté; c'est la marche qu'ont suivie MM. Lipschitz, du Bois-Reymond, G. Cantor. Je trouve cette définition plus arbitraire que celle que j'ai adoptée, qui permet, dès qu'un nombre irrationnel est défini, de lui donner sa place dans l'échelle des nombres; cependant, comme on ne peut se dispenser de faire l'étude des suites qui jouissent de la propriété précédente, j'ai fait cette étude indépendamment de la théorie des opérations effectuées sur les nombres irrationnels, en montrant comment elle permettrait de constituer cette théorie. Le lecteur ne manquera pas de remarquer que mon exposition pourrait être abrégée en ne reprenant pas deux fois, comme j'ai fait, les choses au commencement.

Les notions de nombre irrationnel et de limite une fois acquises, les éléments de la théorie des séries et des produits infinis ne présentent aucune difficulté; les deux façons d'introduire ces notions y jouent un rôle essentiel; la seconde n'est d'ailleurs autre chose que le point de départ adopté par Cauchy, pour la théorie des séries, dans son *Cours d'Analyse de l'École royale polytechnique*, livre qu'on peut encore admirer, depuis le temps où Abel disait qu'il *devait être lu par tout analyste qui aime la rigueur dans les recherches mathématiques*. La notion de produit infini se relie étroitement à celle de série; les deux notions, à elles deux, ne tiennent pas plus de place dans l'esprit qu'une seule; j'ai cru devoir les développer concurremment.

Avant de parler des séries et des produits infinis dont les termes dépendent d'une variable, j'ai donné quelques théorèmes généraux relatifs aux fonctions d'une variable; je me suis efforcé de préciser les définitions, d'éclaircir les notions de continuité, de limites supérieure et inférieure. J'ai fait grand usage, dans ce chapitre et ailleurs, du beau mémoire de M. Darboux *Sur les fonctions discontinues*. J'ai repris ensuite les définitions des fonctions a^x, $\log x$, x^m; à propos de la fonction a^x, j'ai reproduit la démonstration par laquelle Cauchy déduit la forme de cette fonction de son théorème d'addition.

Dans le chapitre suivant, je reprends la théorie des séries et des produits infinis; je me suis appesanti particulièrement sur les séries ordonnées suivant les puissances entières et positives d'une variable; à la vérité, j'ai supposé, là comme partout, la variable réelle : une variable imaginaire, c'est au fond deux variables réelles, et je tenais à me limiter au cas d'une seule variable; mais l'exposition est faite de manière à permettre la généralisation immédiatement et sans aucun effort; il n'y a, le plus souvent, qu'à mettre le mot *module* à la place des mots *valeur absolue*. Dans notre enseignement, on déduit d'habitude de la formule de Taylor les développements en série des fonctions trigonométriques, et l'on tire leurs développements en produits infinis ou en séries de fractions simples de propositions générales appartenant à la théorie des fonctions d'une variable imaginaire; il me paraît bien regrettable de laisser ignorer aux étudiants les procédés si simples, si naturels par lesquels Euler a obtenu ces développements; ils deviennent tous rigoureux par l'application d'un même raisonnement, de celui qui permet de déduire la continuité d'une série de l'uniformité de sa convergence. Il va sans dire que j'ai dû dégager la définition des fonctions circulaires de toute considération géométrique; j'ai terminé ce chapitre en indiquant les propriétés les plus simples de la fonction $\Gamma(x)$, de manière à mettre le lecteur sur la voie du beau théorème de M. Weierstrass sur la décomposition d'une fonction transcendante entière en facteurs primaires.

J'aborde enfin les notions de dérivée et d'intégrale définie; mon but n'était pas d'écrire un Traité de calcul différentiel et intégral; j'ai glissé sur les procédés de calcul, en insistant sur les théorèmes généraux.

Paris, le 20 octobre 1885.

JULES TANNERY.

INTRODUCTION

A LA

THÉORIE DES FONCTIONS

D'UNE VARIABLE

CHAPITRE PREMIER

DES NOMBRES IRRATIONNELS ET DES LIMITES

1. Les nombres *rationnels* sont les nombres entiers, y compris zéro, et les fractions dont les deux termes sont entiers : un nombre rationnel peut être positif ou négatif. Supposant acquise la théorie des opérations élémentaires, addition, soustraction, multiplication, division, au sens de l'arithmétique ou de l'algèbre, sur les nombres rationnels positifs ou négatifs, je veux montrer comment on peut parvenir à la notion d'une nouvelle classe de nombres, dits nombres *irrationnels* ou *incommensurables,* et étendre à ces nombres la théorie des opérations élémentaires; je montrerai d'abord, sur un exemple simple, comment s'introduit la notion de ces nombres.

2. On sait qu'il n'existe aucun nombre rationnel positif qui vérifie l'équation

$$x^2 - 3 = 0.$$

On observera tout d'abord que la considération de cette équation permet de séparer tous les nombres rationnels positifs en deux classes : la première classe contenant tous ceux dont le carré est plus petit que 3, la seconde contenant tous ceux dont le carré est plus grand que 3; tout nombre de la première classe est plus petit qu'un nombre quelconque de la seconde classe; tout nombre de la seconde classe est plus grand qu'un nombre quelconque de la première classe : en effet, de deux nombres rationnels positifs, c'est le plus grand qui a le plus grand carré. Il importe de remarquer encore que dans la première classe il n'existe aucun nombre qui soit plus grand que les autres nombres de la même classe, et que, dans la seconde classe, il n'existe aucun nombre qui soit plus petit que les autres nombres de la même classe.

Supposons en effet qu'il y ait dans la première classe un nombre a qui soit plus grand que tous les autres nombres de la même classe; puisque a appartient à la première classe, a^2 est plus petit que 3; puisque a est le plus grand nombre de la première classe, tout nombre rationnel $a + h$ plus grand que a appartient à la seconde classe; on a donc, en supposant positif le nombre rationnel h,

$$(a + h)^2 > 3;$$

mais la différence

$$(a + h)^2 - a^2 = h\,(2a + h)$$

peut être supposée plus petite qu'un nombre rationnel positif quelconque ε; il suffit pour cela de supposer

$$0 < h < \frac{\varepsilon}{2a + 1}, \qquad h < 1;$$

on peut, en particulier, choisir h de façon que cette différence soit moindre que le nombre positif $3 - a^2$; mais l'inégalité

$$(a + h)^2 - a^2 < 3 - a^2$$

entraîne la suivante :

$$(a + h)^2 < 3.$$

La contradiction est manifeste. On montrera de même que, dans la seconde classe, il ne peut y avoir de nombre plus petit que tous les autres nombres de la même classe.

3. C'est cette possibilité de décomposer ainsi la totalité des nombres rationnels en deux classes jouissant des propriétés sur lesquelles je viens d'appeler l'attention, qui me servira de point de départ.

Toutes les fois qu'on aura un moyen défini de séparer la totalité des nombres rationnels positifs et négatifs en deux classes telles que tout nombre de la première classe soit plus petit que tout nombre de la seconde classe, telles en outre qu'il n'y ait pas dans la première classe un nombre plus grand que les autres nombres de la même classe et, dans la seconde classe, un nombre plus petit que les autres nombres de la même classe, je dirai qu'on a défini un nombre irrationnel; la première classe sera dite classe inférieure relative au nombre irrationnel; la seconde classe, classe supérieure.

Un nombre irrationnel pourra être représenté par une lettre, cette lettre ne signifiant rien autre chose qu'un mode défini de classification des nombres rationnels, tel que celui qui vient d'être décrit.

Un nombre irrationnel A est dit plus grand que tout nombre (rationnel) de la classe inférieure relative à lui; tout nombre de cette classe est dit plus petit que A; de même A est dit plus petit que tout nombre de la classe supérieure, etc.; on dit encore que A est compris entre deux nombres rationnels quelconques appartenant l'un à la classe inférieure, l'autre à la classe supérieure, et l'on emploie les symboles $<$, $>$ à la place des mots plus petit, plus grand.

Pour définir un nombre irrationnel, il suffira évidemment d'avoir un moyen de décomposer en deux classes, analogues à celles qui ont été décrites plus haut, tous les nombres rationnels compris entre deux nombres rationnels a, b; on complètera la classe inférieure en y faisant entrer tous les nombres rationnels plus petits que le plus petit des nombres a, b, etc.

Le paragraphe précédent contient, dans ce sens, la définition du nombre irrationnel $\sqrt{3}$, ou de la racine carrée arithmétique de 3; la première classe, ou classe inférieure, contient tous les nombres rationnels négatifs, et tous les nombres rationnels positifs dont le carré est inférieur à 3; la seconde classe contient tous les nombres rationnels positifs dont le carré est supérieur à 3; mais il importe de remarquer qu'il n'est pas permis de dire actuellement que le carré de ce nombre irrationnel $\sqrt{3}$ est égal à 3. Cette expression, le carré d'un nombre irrationnel, n'a encore aucun sens, et ce n'est qu'après un chemin assez long qu'on parviendra à lui en donner un.

4. Je veux encore faire observer, avant de reprendre la suite des définitions, qu'on peut décomposer la totalité des nombres rationnels en deux classes telles que tout nombre de la première classe soit plus petit que tout nombre de la seconde classe, mais qui ne jouissent pas des autres propriétés imposées dans la définition d'un nombre irrationnel; on peut, par exemple, mettre dans la première classe un nombre rationnel quelconque a et tous les nombres rationnels plus petits que lui et mettre dans la seconde classe tous les nombres rationnels plus grands que a; la première classe contient alors un nombre a plus grand que tous les autres nombres de la même classe; de même on aurait pu mettre dans la seconde classe le nombre a et tous les nombres rationnels qui sont plus grands que lui, et dans la première classe tous les nombres rationnels inférieurs à a; ces modes de décomposition des nombres rationnels en deux classes ne définissent point de nombre irrationnel; toutefois il y a lieu de les considérer et de dire qu'ils définissent, l'un et l'autre, le nombre rationnel a.

5. Deux nombres irrationnels A et B sont dits égaux (et l'on écrit $A = B$), quand les deux modes de décomposition qui les définissent sont identiques, en sorte que tout nombre (rationnel) appartenant à l'une des deux classes, inférieure ou supérieure, relatives à l'un des deux nombres A, B appartienne aussi à la classe de même nom relative à l'autre; au surplus, l'identité des classes inférieures entraîne l'identité des classes supérieures et réciproquement. Il résulte de cette définition que, si deux nombres irrationnels sont égaux à un troisième nombre irrationnel, ils sont égaux entre eux.

Soient A, B deux nombres irrationnels non égaux. Les deux classes inférieures relatives à ces deux nombres ne sont pas identiques; il y a un nombre (rationnel) qui figure dans l'une d'elles, par exemple dans la classe inférieure relative à B, et qui ne figure pas dans l'autre, qui, par conséquent, figure dans la classe supérieure relative à A; on dit alors que A est plus petit que B, ou que B est plus grand que A, et l'on écrit :

$$A < B, \quad B > A.$$

Ainsi, par définition, l'inégalité

$$A < B$$

relative aux deux nombres irrationnels A, B implique l'existence d'un nombre rationnel a, tel que l'on ait $A < a$, $a < B$: il convient d'observer qu'un tel nombre existe, quels que soient les nombres A, B vérifiant l'inégalité

$$A < B.$$

Cela est évident si les deux nombres A, B sont rationnels; cela résulte, dans le cas où B seul est rationnel, de ce que, dans la classe supérieure relative à A, classe dont fait partie le nombre rationnel B, il y a des nombres rationnels plus petits que B; un raisonnement pareil s'applique au cas où A est rationnel et B irrationnel; on voit aussi, inversement, que l'existence d'un nombre rationnel a tel que l'on ait

$$A < a, \quad a < B$$

entraîne, dans tous les cas, l'inégalité

$$A < B.$$

Dès lors, on reconnaît que A, B, C étant trois nombres quelconques, rationnels ou non, les inégalités

$$A < B, \quad B < C$$

entraînent l'inégalité

$$A < C;$$

les inégalités proposées entraînent en effet l'existence de nombres rationnels a, b tels que l'on ait

$$A < a, \quad a < B, \quad B < b, \quad b < C;$$

or a est plus petit que b, puisque, si B est irrationnel, a appartient à la classe inférieure et b à la classe supérieure relatives à B; enfin a est aussi plus petit que C, puisque, si C est irrationnel, b et par conséquent a, qui est plus petit que b, appartiennent à la classe inférieure relative à C; enfin les inégalités

$$A < a, \quad a < C,$$

où a est rationnel, entraînent l'inégalité

$$A < C.$$

6. Si l'on considère deux nombres inégaux quelconques A et $B > A$, il y a une infinité de nombres rationnels a tels que l'on ait

$$A < a < B;$$

en effet, après avoir choisi un tel nombre, on voit qu'il existe un second nombre rationnel a' tel que l'on ait

$$A < a' < a,$$

et par conséquent

$$A < a' < a < B.$$

Tout nombre rationnel a'' compris entre a et a' satisfait aussi aux inégalités

$$A < a'' < B;$$

tous ces nombres sont dits compris entre A et B.

Étant donnés deux nombres rationnels ou non A, B, si l'on peut prouver qu'ils sont tous les deux compris entre deux nombres rationnels dont la différence soit moindre que le nombre rationnel positif ε, et cela quel que soit ce nombre ε, on peut affirmer que les deux nombres A, B sont égaux. Si l'on avait en effet

$$A < B,$$

il existerait deux nombres rationnels a, b tels que l'on eût

$$A < a < b < B,$$

et l'on voit que les deux nombres A, B ne pourraient être compris entre deux nombres rationnels a_1, b_1, dont la différence fût moindre que $b - a$, puisque les inégalités

$$a_1 < A < B < b_1$$

entraînent les suivantes :

$$a_1 < A < a < b < B < b_1, \qquad b_1 - a_1 > b - a.$$

7. Un nombre irrationnel est dit positif s'il est plus grand que zéro, négatif dans le cas contraire. Étant donné un nombre irrationnel A, on peut lui adjoindre un autre nombre irrationnel A' défini de la façon suivante; un nombre rationnel a appartiendra à la classe inférieure ou à la classe supérieure relative au nombre A' suivant que le nombre rationnel $-a$ appartient à la classe supérieure ou à la classe inférieure relative au nombre A; il est clair que le nombre A peut se déduire du nombre A' comme le nombre A' a été déduit du nombre A; l'un des deux nombres est positif, l'autre est négatif : ils sont dits égaux et de signes contraires; la valeur absolue des deux nombres est celui des deux qui est positif; on convient de donner aux deux symboles A et $+$ A la même signification et de représenter par $-$ A le nombre égal et de signe contraire à A.

8. Soient A un nombre irrationnel et α un nombre rationnel positif, on appelle valeur approchée par défaut du nombre A, à α près, le plus grand nombre de la forme $n\alpha$ qui soit plus petit que A, n étant un nombre entier positif, nul ou négatif; $(n+1)\alpha$ est alors la valeur approchée de A, par excès, à α près.

A est compris entre $n\alpha$ et $(n+1)\alpha$; comme le nombre α est aussi petit qu'on le veut, on voit qu'un nombre irrationnel peut être compris entre des nombres rationnels dont la différence est aussi petite qu'on le veut.

On voit de suite que $-(n+1)\alpha$ et $-n\alpha$ sont les valeurs approchées, par défaut et par excès, à α près, du nombre $-$ A; cette remarque permet de borner l'étude qui va suivre au cas où A est positif; n est alors égal ou supérieur à zéro.

La façon dont la valeur approchée par défaut $n\alpha$ du nombre irrationnel positif A dépend de α est assez compliquée, ainsi elle ne croît pas toujours quand α décroît : on reconnaît sans peine, par exemple, que la valeur approchée par défaut de la racine carrée arithmétique de 3 à $\frac{1}{7}$ près est plus grande que la valeur approchée par défaut à $\frac{1}{10}$ près; mais les valeurs approchées par défaut à α et à β près sont liées par une loi simple quand α est un multiple entier de β; soient en effet $n\alpha$, $m\beta$ ces valeurs approchées, et soit $\alpha = p\beta$, p étant un nombre entier positif; les inégalités

$$n\alpha < A < (n+1)\alpha,$$
$$m\beta < A < (m+1)\beta,$$

dont les premières peuvent s'écrire

$$np\beta < A < (n+1)\,p\beta,$$

entraînent les inégalités suivantes :

$$np\beta < (m+1)\,\beta, \qquad m\beta < (n+1)\,p\beta,$$

d'où l'on tire

$$\frac{m}{p} - 1 < n < \frac{m+1}{p};$$

ces dernières inégalités montrent que n est la partie entière de $\frac{m}{p}$; on en conclut :

$$m \geqq np, \qquad m\beta \geqq n\alpha,$$
$$m+1 \leqq (n+1)\,p, \qquad (m+1)\,\beta \leqq (n+1)\,\alpha;$$

Ainsi, la valeur approchée par défaut à β près est au moins égale à la valeur approchée par défaut à α près; et la valeur approchée par excès à β près est au plus égale à la valeur approchée par excès à α près.

Dans notre système de numération, il convient de considérer en particulier la suite

$$u_1, u_2, \ldots, u_p, \ldots$$

des valeurs approchées d'un nombre irrationnel A à

$$\frac{1}{10}, \frac{1}{100}, \ldots, \frac{1}{10^p}, \ldots,$$

près par défaut; les nombres que l'on rencontre en s'avançant dans cette suite ne vont jamais en décroissant, de plus si l'on suppose

$$u_p = \frac{P}{10^p}, \qquad u_{p+1} = \frac{P'}{10^{p+1}},$$

P et P′ étant des nombres entiers, P sera la partie entière du quotient de P′ par 10, en sorte que, si les nombres u_p, u_{p+1} sont écrits sous forme de fractions décimales, la partie entière et les p premiers chiffres décimaux de la fraction u_{p+1} ne seront autre chose que la fraction u_p elle-même.

Au contraire, en s'avançant dans la suite

$$u_1 + \frac{1}{10}, \; u_2 + \frac{1}{100}, \; \ldots, \; u_p + \frac{1}{10^p}, \; \ldots,$$

des valeurs approchées par excès à $\frac{1}{10}, \frac{1}{100}, \ldots, \frac{1}{10^p}, \ldots$ près, les nombres que l'on rencontre ne vont jamais en croissant.

9. Il convient de remarquer que, a étant un nombre rationnel plus petit que A, les termes de la suite précédemment définie,

$$u_1, \; u_2, \; \ldots, \; u_p, \; \ldots,$$

finissent par dépasser a; soit en effet b un nombre rationnel plus grand que a, et aussi inférieur à A; si b est égal à une fraction décimale $\frac{P}{10^p}$, u_p sera au moins égal à b et la proposition est vérifiée; s'il n'en est pas ainsi, en appliquant les règles de l'arithmétique, on peut trouver une fraction décimale moindre que b, qui diffère de b d'une quantité moindre que $b - a$ et qui, par suite, soit à la fois supérieure à a et inférieure à A; on est donc ramené au premier cas; en particulier, on voit que chaque terme de la suite $u_1, u_2, \ldots, u_p, \ldots$ est suivi de termes plus grands que lui.

Il suit de là qu'un nombre irrationnel positif A est complètement défini par la suite de ses valeurs approchées $u_1, u_2, \ldots, u_p, \ldots$, à $\frac{1}{10}, \frac{1}{100}, \ldots, \frac{1}{10^p}, \ldots$ près; en effet, un nombre rationnel positif a devra être rangé dans la classe inférieure ou dans la classe supérieure suivant qu'il y a, ou qu'il n'y a pas, dans cette suite, de nombre égal ou supérieur à a.

10. En réfléchissant sur cette dernière conclusion, on voit s'ouvrir, pour arriver à la théorie des opérations arithmétiques à effectuer sur les nombres irrationnels, deux voies distinctes : d'une part, on peut essayer de faire la théorie des suites qui, comme celle qu'on vient de considérer, définissent un nombre irrationnel; je développerai plus tard cette méthode qui, bien qu'indirecte, ne demande à l'esprit que peu d'efforts; d'autre part, on peut se borner à considérer des modes de décomposition en deux classes de la totalité des nombres rationnels; c'est la marche que je suivrai d'abord.

11. Soient deux nombres quelconques A, B, rationnels ou non. Soient a, a', b, b' des nombres rationnels satisfaisant aux inégalités

(1) $$a < A < a', \quad b < B < b';$$

on aura :

(2) $$a + b < a' + b'.$$

Soit maintenant r un nombre rationnel; s'il n'y a pas deux nombres rationnels a, b satisfaisant aux conditions (1), tels que l'on ait

$$r = a + b$$

c'est que, quels que soient les nombres rationnels a, b satisfaisant à ces conditions, l'on a :

(3) $$r > a + b.$$

Si l'on avait en effet, pour deux tels nombres a, b,

$$r < a + b,$$

on en conclurait :

$$r - a < b < B$$

et la somme des deux nombres rationnels $a < A$, et $r - a < B$ serait égale à r.

De même, étant donné le nombre rationnel r, s'il n'y a pas deux nombres rationnels a' et b' satisfaisant aux conditions (1) et tels que l'on ait

$$r = a' + b',$$

c'est que l'on a, quels que soient les nombres rationnels a', b' satisfaisant à ces conditions :

(4) $$r < a' + b'.$$

Remarquons enfin qu'il ne peut y avoir qu'un seul nombre R rationnel ou non pour lequel on ait, quels que soient les nombres a, b, a', b' qui satisfont aux conditions (1) :

$$a + b < R < a' + b'.$$

En effet, quel que soit le nombre rationnel positif ε, il y a des nombres rationnels a, b, a', b' qui satisfont aux inégalités (1) et aux suivantes (§ 8) :

$$a' - a < \frac{\varepsilon}{2}, \quad b' - b < \frac{\varepsilon}{2},$$

d'où l'on tire :

$$(a' + b') - (a + b) < \varepsilon.$$

Or deux nombres, rationnels ou non, dont on peut démontrer qu'ils sont compris entre deux nombres rationnels dont la différence est moindre que ε, et cela quel que soit le nombre positif rationnel ε, sont égaux (§ 6).

Ceci posé, deux cas peuvent se présenter : ou bien il existe un nombre rationnel r satisfaisant à la fois aux inégalités (3) et (4), c'est à dire plus grand que la somme de deux nombres rationnels quelconques respectivement plus petits que A et B, et plus petit que la somme de deux nombres rationnels quelconques respectivement plus grands que A et B; ou bien il n'existe pas de tel nombre rationnel r. Le premier cas se présente en particulier si les deux nombres A, B sont rationnels et, alors, le nombre r n'est autre chose que A + B. Toutes les fois que le nombre r existera, je conviendrai de dire qu'il est la somme des deux nombres A et B, et je le représenterai par A + B. Maintenant, puisqu'un nombre rationnel r qui ne serait ni la somme de deux nombres rationnels a, b respectivement plus petits que A et B, ni la somme de deux nombres rationnels a', b' respectivement plus grands que A, B, satisferait à la fois aux inégalités

$$r > a + b, \quad r < a' + b',$$

et cela quels que fussent les nombres rationnels a, b, a', b' qui vérifient les conditions (1), on voit que, s'il n'existe pas de nombre r, c'est que tout nombre rationnel est, ou bien la somme de deux nombres rationnels a, b plus petits respectivement que A, B, ou bien la somme de deux nombres rationnels a', b' respectivement plus grands que A, B. S'il en est ainsi, rangeons dans une première classe tous les nombres rationnels qui sont la somme de deux nombres rationnels respectivement plus petits que les nombres A, B, et dans une seconde classe tous les nombres rationnels qui sont la somme de deux nombres rationnels respectivement plus grands que les nombres A, B; chaque nombre de la première classe sera plus petit que chaque nombre de la seconde classe, en vertu de l'inégalité (2); dans la première classe il n'y a pas de nombre plus grand que tous les autres, car si l'on a

$$a < A, \qquad b < B,$$

il existe des nombres rationnels a_1, b_1 tels que l'on ait

$$a < a_1 < A, \qquad b < b_1 < B,$$

et le nombre $a_1 + b_1 > a + b$, appartient comme $a + b$ à la première classe; de même il n'y a pas dans la seconde classe de nombre plus petit que tous les autres.

On a donc (§ 3) défini un nombre irrationnel, je conviendrai de dire que ce nombre est la somme des deux nombres A, B, et je le représenterai encore par A + B.

Dans tous les cas le nombre A + B est défini comme étant plus grand que la somme de deux nombres rationnels quelconques respectivement plus petits que A, B et plus petit que la somme de deux nombres rationnels quelconques respectivement plus grands que A, B; enfin, il résulte du raisonnement même que tout nombre rationnel plus petit que A + B est la somme de deux nombres rationnels respectivement plus petits que A, B et que tout nombre rationnel plus grand que A + B est la somme de deux nombres rationnels respectivement plus grands que A, B.

Puisque la somme de deux nombres rationnels ne change pas lorsqu'on change l'ordre de ses termes, il résulte de la définition précédente que l'on a :

$$\text{(I)} \qquad A + B = B + A.$$

Soit C un troisième nombre rationnel ou non, l'expression A + B + C désigne un nombre qui, d'une part, est plus grand que tous les nombres rationnels obtenus en ajoutant un nombre rationnel plus petit que A + B et un nombre rationnel plus petit que C, ou encore que tous les nombres obtenus en ajoutant trois nombres rationnels respectivement plus petits que A, B, C, et qui, de l'autre, est plus petit que tous les nombres rationnels obtenus en ajoutant trois nombres rationnels respectivement plus grands que A, B, C; on voit de suite que le symbole A + (B + C) a le même sens; on a donc :

$$\text{(II)} \qquad A + B + C = A + (B + C).$$

Si l'on suppose B = 0, on voit que tous les nombres désignés plus haut par b sont les nombres rationnels négatifs et que les nombres désignés par b' sont les nombres rationnels positifs; or, en ajoutant au nombre rationnel $a < A$ un nombre négatif, on obtient un nombre plus petit que a et par conséquent que A; en ajoutant au nombre rationnel a' un nombre positif, on obtient un nombre rationnel plus grand que a' et par conséquent que A; il résulte de là que A est la somme de A et de zéro, en d'autres termes, on a :

$$\text{(III)} \qquad A + 0 = A.$$

Si l'on a B = — A, et si A est positif, les nombres rationnels b plus petits que B ne sont autres que les nombres rationnels a' plus grands que A changés de signe (§ 7), en sorte que l'on a, quels que soient les nombres rationnels a et b satisfaisant aux conditions (1) :

$$a + b < 0;$$

on aura de même, pour les nombres rationnels a', b' satisfaisant aux conditions (1) :

$$a' + b' > 0.$$

On en conclut que zéro est la somme des deux nombres A et B = — A; en d'autres termes, on a :

$$\text{(IV)} \qquad A + (-A) \quad \text{ou} \quad A - A = 0.$$

Les égalités (I), (II), (III), (IV) expriment les propriétés fondamentales de l'addition.

Si B est positif, il existe un nombre rationnel $b < B$, et deux nombres rationnels a et a' tels que l'on ait (§ 8),

$$a < A < a', \qquad a' - a < b;$$

le nombre $a + b$ est plus grand que a' et par conséquent que A; il est d'ailleurs plus petit que A + B, on a par conséquent :

$$A + B > a + b > A;$$

donc, en ajoutant à un nombre un nombre positif, on obtient un nombre plus grand que lui; de même en ajoutant à un nombre un nombre négatif, on obtient un nombre plus petit. Réciproquement, si on augmente un nombre en lui ajoutant un autre nombre, c'est que le nombre ajouté est positif; si on le diminue, c'est que le nombre ajouté est négatif; si on ne le change pas, c'est que le nombre ajouté est nul.

Étant donnés les nombres A et B, il y a un nombre qui ajouté à B donne pour somme A, c'est le nombre $A + (-B)$, car on a, en vertu des égalités (II), (III), (IV) :

$$A + (-B) + B = A + (-B + B) = A + 0 = A.$$

Si l'on a $A > B$, le nombre $A + (-B)$ ou, plus brièvement, $A - B$ qui, ajouté à B, reproduit A est nécessairement positif; si l'on a $A < B$, le nombre $A - B$ est nécessairement négatif.

Ainsi tout nombre $A > B$ peut être regardé comme la somme du nombre B et d'un nombre positif, tout nombre $A < B$ peut être regardé comme la somme du nombre B et d'un nombre négatif.

Il résulte de là que l'inégalité

$$A > B$$

entraîne l'inégalité

$$A + C > B + C$$

et réciproquement; en effet on peut écrire :

$$A = B + P,$$

P étant un nombre positif; on aura alors :

$$A + C = B + P + C = (B + C) + P > B + C.$$

En ajoutant un même nombre à deux nombres différents, on obtient deux nombres différents; de même en ajoutant deux nombres différents à un même nombre, on obtient deux nombres différents. Le nombre qui ajouté à B donne pour somme A est donc unique; c'est la *différence* entre A et B.

La théorie de la *soustraction* peut être regardée comme étendue aux nombres irrationnels.

12. Les détails dans lesquels je suis entré me permettront d'aller plus vite dans la théorie de la multiplication; je me contenterai de marquer la suite des idées.

Soient A et B deux nombres *positifs* quelconques. Soient a, a', b, b' des nombres rationnels positifs quelconques qui vérifient les inégalités

$$(1) \qquad a < A < a', \quad b < B < b',$$

on aura :

$$(2) \qquad ab < a'b'.$$

Si un nombre rationnel r positif est tel qu'il n'y ait point deux nombres rationnels positifs a, b satisfaisant aux inégalités (1) et à l'égalité

$$r = ab,$$

c'est que l'on a pour tous les nombres rationnels positifs a, b qui vérifient les inégalités (1) :

$$(3) \qquad r > ab.$$

Si un nombre rationnel positif r est tel qu'il n'y ait point deux nombres rationnels a', b' vérifiant les inégalités (1) et l'égalité

$$r = a'b',$$

c'est que l'on a, pour tous les nombres rationnels a', b' qui vérifient les inégalités (1) :

$$(4) \qquad r < a'b'.$$

Il ne peut y avoir qu'un seul nombre rationnel ou non r qui vérifie simultanément les inégalités (3) et (4); cela résulte de ce que, en posant

$$a' - a = \varepsilon, \quad b' - b = \eta,$$

on a

$$a'b' - ab = a\eta + b\varepsilon + \varepsilon\eta < (a + b + 1)\,\delta,$$

en supposant les nombres rationnels ε, η plus petits que le nombre rationnel δ, plus petit lui-même que l'unité; si l'on désigne par α un nombre rationnel positif quelconque, il suffira de prendre

$$\delta < \frac{\alpha}{a + b + 1},$$

pour que l'on ait

$$a'b' - ab < \alpha,$$

et le raisonnement s'achèvera comme dans la théorie de l'addition.

S'il existe un nombre rationnel r vérifiant à la fois les inégalités (3) et (4) quels que soient les nombres rationnels positifs a, b, a', b' qui satisfont aux conditions (1), il sera par définition le produit AB; s'il n'existe pas de tel nombre r, chaque nombre rationnel positif sera ou le produit de deux nombres rationnels positifs plus petits respectivement que les nombres A, B, ou le produit de deux nombres rationnels positifs respectivement plus grands que A, B; on est ainsi amené à décomposer la totalité des nombres rationnels positifs en deux classes, dont la première comprend tous les nombres obtenus en multipliant deux nombres rationnels positifs respectivement plus petits que A, B, dont la seconde comprend tous les nombres obtenus en multipliant deux nombres rationnels positifs respectivement plus grands que A, B; chaque nombre de la première classe est plus petit que chaque nombre de la seconde classe; il n'y a pas dans la première classe de nombre plus grand que tous les autres; il n'y a pas dans la seconde classe de nombre plus petit que tous les autres. On définit ainsi un nombre irrationnel positif : ce nombre est par définition le produit AB.

Dans tous les cas le produit des deux nombres positifs A, B peut être défini comme un nombre plus grand que le produit de deux nombres rationnels positifs quelconques respectivement plus petits que A, B et plus petit que le produit de deux nombres rationnels positifs quelconques respectivement plus grands que A, B.

Dans tous les cas aussi chaque nombre rationnel positif plus petit que AB est le produit de deux nombres rationnels positifs respectivement plus petits que A, B; chaque nombre rationnel positif plus grand que AB est le produit de deux nombres rationnels positifs plus grands respectivement que A, B.

Le produit ABC de trois nombres positifs A, B, C est un nombre qui est plus grand que le produit de trois nombres rationnels positifs quelconques respectivement plus petits que A, B, C, et plus petit que le produit de trois nombres rationnels positifs quelconques respectivement plus grands que A, B, C.

Dans un produit de deux, trois, ... facteurs positifs, on peut intervertir l'ordre des termes, remplacer deux ou plusieurs facteurs par leur produit effectué.

Le produit de deux nombres positifs ou négatifs A, B est un nombre dont la valeur absolue est le produit des valeurs absolues des nombres A, B, qui est positif si les deux nombres A, B sont de même signe, négatif dans le cas contraire.

Si les deux nombres A, B sont différents de zéro, leur produit n'est pas nul.

Par définition, le produit d'un nombre quelconque par zéro est zéro.

Les théorèmes sur la possibilité d'intervertir les facteurs d'un produit sont vrais, ainsi que les conséquences qu'on en tire, quels que soient les facteurs, positifs, nuls ou négatifs.

Soient A, B, C trois nombres positifs quelconques; désignons par a, a', b, b', c, c' des nombres rationnels positifs vérifiant les inégalités

$$a < A < a', \quad b < B < b', \quad c < C < c',$$

le nombre A (B + C) est compris entre $a\,(b + c)$ et $a'\,(b' + c')$; la différence entre ces deux nombres peut d'ailleurs être supposée plus petite que tel nombre rationnel positif ε que l'on voudra; le nombre AB + AC est compris entre $ab + ac = a\,(b + c)$ et $a'b' + a'c' = a'\,(b' + c')$, on a donc :

$$A\,(B + C) = AB + AC;$$

on voit en changeant les signes des deux membres que cette égalité est encore vraie si A est négatif, B et C étant positifs, ou, si B et C sont négatifs et A positif; elle subsiste aussi si A, B et C sont négatifs, puisque les deux membres ne changent pas quand on change les signes de A, B, C; supposons enfin qu'un seul des nombres B, C, C par exemple, soit négatif; si B + C est positif, soit

$$B = K - C,$$

les deux nombres K = B + C et — C étant positifs, on a :

$$AB = A\,(K - C) = AK - AC,$$

d'où

$$AK \text{ ou } A\,(B + C) = AB + AC;$$

enfin en changeant les signes de B et de C dans cette égalité, on parvient à montrer qu'elle subsiste lorsque $B + C$ est négatif; le cas où l'un des nombres A, B, C est nul ne présente aucune difficulté; l'égalité

$$A(B + C) = AB + AC$$

est vraie quels que soient les nombres A, B, C.

On est maintenant en mesure d'étendre aux nombres irrationnels les diverses règles de calcul relatives à la multiplication.

Les propositions qui concernent les inégalités s'étendent aussi sans peine aux nombres irrationnels; on en conclut que, si l'on multiplie un nombre différent de zéro par deux nombres différents, on obtient deux produits différents; étant donnés deux nombres A et B dont le second n'est pas nul, il ne peut y avoir qu'un seul nombre qui, multiplié par B, donne A pour produit : la recherche de ce nombre est l'objet de la division.

13. Soit A un nombre irrationnel positif. Il est clair que chaque nombre rationnel positif peut être regardé comme l'inverse d'un nombre rationnel positif. Imaginons qu'on range dans une première classe chaque nombre rationnel positif dont l'inverse est un nombre plus grand que A et dans une seconde classe chaque nombre rationnel positif dont l'inverse est plus petit que A; on aura défini un mode de décomposition en deux classes de l'ensemble des nombres rationnels positifs, tels que chaque nombre de la première classe soit plus petit que chaque nombre de la seconde classe, tel aussi qu'il n'y ait pas dans la première classe de nombre plus grand que tous les autres, ni dans la seconde classe de nombre plus petit que tous les autres. On aura donc défini un nombre irrationnel positif; ce nombre est dit l'inverse de A, on le représente par le symbole $\frac{1}{A}$. On voit de suite que 1 est plus grand que le produit de chaque nombre rationnel positif plus petit que A par chaque nombre rationnel positif plus petit que $\frac{1}{A}$, et que 1 est plus petit que le produit de chaque nombre rationnel positif plus grand que A par chaque nombre rationnel positif plus grand que $\frac{1}{A}$; on a donc :

$$A \times \frac{1}{A} = 1.$$

Si A est un nombre irrationnel négatif, on convient de représenter par $\frac{1}{A}$ un nombre négatif dont la valeur absolue est l'inverse de la valeur absolue de A; on aura encore :

$$A \times \frac{1}{A} = 1;$$

cette égalité subsiste quel que soit le nombre A, pourvu qu'il ne soit pas nul.

Ceci posé, soient A et B deux nombres quelconques dont le second toutefois n'est pas nul; il existe un nombre Q qui, multiplié par B, donne pour produit A, ce nombre est $A \times \frac{1}{B}$, on a en effet :

$$A \times \frac{1}{B} \times B = A \times \left(B \times \frac{1}{B}\right) = A \times 1 = A.$$

Ce nombre d'ailleurs est unique, comme il a été dit dans le paragraphe précédent, c'est le *rapport* de A à B; on le représente par le symbole $\frac{A}{B}$. Lorsque $B = 0$, ce symbole n'a pas de sens.

14. Soit A un nombre positif quelconque et m un nombre entier positif. Il peut y avoir un nombre rationnel positif x tel que l'on ait :

$$(1) \qquad x^m = A.$$

Ce nombre, s'il existe, est dit la racine $m^{\text{ième}}$ arithmétique de A, on le représente par $\sqrt[m]{A}$; il ne peut d'ailleurs exister que si A est rationnel, puisque les puissances entières d'un nombre rationnel sont des nombres rationnels; enfin, s'il existe, il est le seul nombre positif dont la puissance $m^{\text{ième}}$ soit égale à A, puisque les puissances $m^{\text{ièmes}}$ de deux nombres positifs différents sont deux nombres différents.

S'il n'existe pas de nombre rationnel positif qui vérifie l'équation (1), on pourra ranger tous les nombres rationnels positifs en deux classes; la première comprendra tous les nombres rationnels positifs dont la $m^{\text{ième}}$ puissance est un nombre plus petit que A, la seconde comprendra tous les nombres rationnels positifs dont la $m^{\text{ième}}$ puissance est un nombre plus grand que A. Chaque nombre de la première classe est plus petit que chaque nombre de la seconde classe; il n'y a pas dans la première classe de nombre a qui soit plus grand que tous les autres; s'il existait en effet un tel nombre a, on aurait, quels que fussent le nombre positif rationnel h et le nombre rationnel $a' \geqq a + h$,

$$a^m < A < (a + h)^m < a^m + mha'^{m-1} \text{ (1)}.$$

Or, si l'on désigne par $a^m + \varepsilon$ un nombre rationnel quelconque compris entre a^m et A, il faudrait que l'on eût

$$a^m + \varepsilon < a^m + mha'^{m-1}, \qquad h > \frac{\varepsilon}{ma'^{m-1}},$$

cette dernière inégalité contredit la supposition faite que h peut être pris aussi petit qu'on le veut; on verra de même qu'il n'y a pas dans la seconde classe de nombre plus petit que tous les autres; le mode de décomposition considéré définit donc un nombre irrationnel positif; si X est ce nombre, je dis que l'on a :

$$X^m = A;$$

en effet, si l'on désigne par a et $a + h$ deux nombres rationnels positifs qui comprennent X, et par a' un nombre rationnel égal ou supérieur à $a + h$, les nombres a^m et $(a + h)^m < a^m + mha'^{m-1}$ comprendront X^m et A; mais la différence entre les deux nombres rationnels $a^m + mha'^{m-1}$ et a^m pouvant être supposée plus petite que tel nombre rationnel positif que l'on voudra, il faut que les nombres X^m et A soient égaux; X est d'ailleurs le seul nombre positif dont la puissance $m^{\text{ième}}$ soit égale à A; c'est la racine $m^{\text{ième}}$ arithmétique de A; on le représente par $\sqrt[m]{A}$.

15. La méthode qui a servi à étendre aux nombres irrationnels la notion des opérations arithmétiques peut être généralisée, et cela

---

(1) L'identité

$$x^m - y^m = (x - y)(x^{m-1} + x^{m-2}y + \ldots + y^{m-1}),$$

montre que l'on a

$$m(x - y)y^{m-1} < x^m - y^m < m(x - y)x^{m-1},$$

en supposant $x > y > 0$.

indépendamment même de cette notion, en sorte que les considérations que je vais développer brièvement, auraient pu être placées immédiatement après le paragraphe 9; elles ne supposent que les notions relatives à l'égalité et à l'inégalité des nombres irrationnels.

On a souvent à considérer l'*ensemble* de tous les nombres qui satisfont à une certaine condition; les éléments de cet ensemble, les nombres qui satisfont à cette condition peuvent être en nombre fini ou infini; ils peuvent être rationnels ou irrationnels; mais, pour simplifier, je supposerai qu'ils soient tous inégaux.

Je dirai qu'un *ensemble* de nombres est défini, si l'on donne le moyen de reconnaître si tel nombre que l'on veut appartient ou n'appartient pas à l'ensemble considéré : tels sont, par exemple, l'ensemble des nombres entiers, l'ensemble des nombres rationnels plus petits que 3, ou l'ensemble des nombres rationnels dont le carré est plus petit que 3, l'ensemble considéré dans le paragraphe 9 des fractions décimales u_1, u_2, ... qui approchent d'un nombre irrationnel donné; telle est encore une collection finie de nombres donnés individuellement.

16. La considération d'un ensemble (E) bien défini de nombres, rationnels ou non, dont aucun ne dépasse une certaine limite L, conduit à la notion de *limite supérieure* relative à cet ensemble : cette limite supérieure est un nombre, rationnel ou non, défini par le mode suivant de décomposition en deux classes de la totalité des nombres rationnels, chaque nombre de la première classe étant plus petit que chaque nombre de la seconde classe :

On rangera dans la première classe chaque nombre rationnel appartenant à l'ensemble (E), ou plus petit qu'un nombre appartenant à cet ensemble; on rangera dans la seconde classe chaque nombre rationnel plus grand que tous les nombres qui appartiennent à l'ensemble (E) : le nombre M, défini par ce mode de décomposition, est irrationnel s'il n'y a pas dans la première classe un nombre plus grand que tous les autres nombres de cette classe, et s'il n'y a pas dans la seconde classe de nombre plus petit que tous les autres nombres de cette classe; à ce point de vue, le nombre $\sqrt{3}$, défini antérieurement, est la limite supérieure de l'ensemble des nombres rationnels positifs dont le carré est plus petit que 3; s'il y a dans la première classe un nombre plus grand que tous les autres, celui-là est le nombre que définit le mode de décomposition considéré, c'est la limite supérieure; de même, s'il y a dans la seconde classe un nombre plus petit que tous les autres nombres de cette classe, on devra prendre ce nombre pour la limite supérieure. De même, la considération d'un ensemble défini (E'), tel que tous les nombres qui en font partie soient supérieurs à un nombre l, conduit à la notion de *limite inférieure* relative à cet ensemble; cette limite inférieure m sera définie par le mode suivant de décomposition en deux classes de la totalité des nombres rationnels : la première classe comprend chaque nombre rationnel plus petit que tous les nombres de l'ensemble (E'), la seconde classe comprend tous les nombres rationnels qui font partie de l'ensemble (E') et tous ceux qui sont plus grands que l'un des nombres de cet ensemble. A ce point de vue, le nombre $\sqrt{3}$ est la limite inférieure des nombres rationnels positifs dont le carré est plus grand que 3. Tout nombre, rationnel ou non, peut être regardé comme la limite supérieure de l'ensemble des nombres rationnels inférieurs et comme la limite inférieure des nombres rationnels supérieurs à lui :

Le paragraphe 9 a été consacré à montrer qu'un nombre irrationnel pouvait être regardé comme la limite supérieure de ses valeurs approchées à $\frac{1}{10}$, $\frac{1}{100}$, ... près par défaut.

17. La limite supérieure M d'un ensemble (E) jouit des propriétés suivantes : 1° dans l'ensemble (E), il n'y a pas de nombres plus grands que M : s'il y avait en effet un tel nombre M_1, il existerait un nombre rationnel a plus petit que M_1 et plus grand que M; or tout nombre rationnel plus petit qu'un nombre M_1 qui fait partie de l'ensemble est, par définition, plus petit que M; 2° ou bien M fait partie de l'ensemble (E), ou bien, quel que soit le nombre M' plus petit que M, il y a au moins un nombre de l'ensemble compris entre M et M' : en effet, si a est un nombre rationnel compris entre M et M', il faut, puisqu'il est plus petit que M, qu'il fasse partie de l'ensemble, ou qu'il y ait quelque nombre de l'ensemble qui soit plus grand que lui, nombre qui peut d'ailleurs être soit M, soit un nombre plus petit que M et compris par conséquent entre M et M'.

Ces deux propriétés caractérisent d'ailleurs le nombre M; elles ne peuvent en effet appartenir à un nombre N plus grand que M, puisqu'il n'y a aucun nombre de l'ensemble (E), qui soit supérieur à M et par conséquent aucun nombre de cet ensemble qui soit compris entre M et $N > M$; elles ne peuvent non plus appartenir à un nombre N plus petit que M, puisqu'il y a certainement au moins un nombre de l'ensemble (E) qui est ou égal à M, ou compris entre $N < M$ et M, qui est donc, dans tous les cas, plus grand que N.

De même, si un ensemble (E′) admet une limite inférieure m, on voit qu'il n'y a pas de nombre appartenant à (E′) qui soit plus petit que m et que, ou bien m fait partie de l'ensemble (E′), ou bien il y a des nombres de cet ensemble compris entre m et n'importe quel nombre m' plus grand que m (1).

18. Pour arriver à la notion de la somme de deux nombres A, B, on a considéré les ensembles (A), (B) des nombres rationnels respectivement inférieurs à A, B, les ensembles (A′), (B′) des nombres rationnels supérieurs respectivement à A, B; l'ensemble (S) des nombres différents obtenus en ajoutant un nombre de (A) et un nombre de (B), l'ensemble (S′) des nombres différents obtenus en ajoutant un nombre de (A′) et un nombre de (B′); les nombres A, B sont les limites supérieures et inférieures des ensembles (A), (B), (A′), (B′); on a prouvé que la limite supérieure de l'ensemble (S) était égale à la limite inférieure de l'ensemble (S′), et c'est ce nombre même qui a été pris pour la définition de la somme $A + B$. De même pour la multiplication.

La notion des opérations arithmétiques ayant été étendue aux nombres irrationnels, je puis ajouter les remarques suivantes qui sont ou évidentes ou très aisées à démontrer.

Si l'on désigne par (A) un ensemble admettant pour limite supérieure le nombre A, la différence entre A et un nombre quelconque

(1) C'est M. Weierstrass qui a introduit les mots *limite supérieure, limite inférieure* (*obere Grenze, untere Grenze*) et qui a appelé l'attention sur ces importantes notions. Celles-ci ont toutefois été retrouvées dans les œuvres de Bolzano, géomètre qui vivait au commencement de ce siècle, mais dont les écrits, plus riches en idées ingénieuses qu'en faits mathématiques, n'ont pas attiré tout d'abord l'attention qu'ils méritent.
(Voir dans le tome XVIII des *Mathematische Annalen*, un article de M. Stolz intitulé : *B. Bolzano's Bedeutung in der Geschichte der Infinitesimalrechnung.*)

de (A) est positive ou nulle; si l'on se donne un nombre positif quelconque ε, il y a dans l'ensemble (A) des nombres qui rendent cette différence plus petite que ε.

Si l'on désigne par (A), (B) deux ensembles admettant pour limites supérieures les nombres A, B, l'ensemble des nombres différents que l'on peut obtenir en ajoutant un nombre de (A) et un nombre de (B), a pour limite supérieure le nombre $A + B$.

Si les deux ensembles (A), (B) ne comprennent que des nombres positifs, l'ensemble des nombres différents que l'on peut obtenir en multipliant un nombre de (A) par un nombre de (B), a pour limite supérieure le produit AB des limites supérieures des deux ensembles, etc...

19. Je vais maintenant me placer à un autre point de vue, qui a été signalé paragraphe 10, et montrer comment on peut définir un nombre irrationnel au moyen d'une suite infinie de nombres rationnels. Les propositions relatives aux suites spéciales que je vais considérer, propositions qui s'étendent à des suites analogues à termes irrationnels, jouent dans l'analyse un rôle essentiel; la notion des opérations arithmétiques étant maintenant étendue aux nombres irrationnels, rien n'empêcherait d'énoncer et d'établir ces propositions dans toute leur généralité; mais on n'y gagnerait pas beaucoup sous le rapport de la brièveté; je ne supposerai donc acquises que les notions relatives à la définition, à l'égalité et à l'inégalité des nombres irrationnels, je ne considèrerai d'abord que des suites à termes rationnels, je montrerai comment elles permettent d'étendre aux nombres irrationnels la notion des opérations arithmétiques. Les paragraphes qui suivent ne supposent que les notions et définitions exposées dans les neuf premiers paragraphes.

20. On dit qu'une suite infinie de nombres rationnels

$$(u) \qquad u_1, u_2, \ldots, u_n, \ldots$$

est *donnée* quand on donne le moyen de calculer un terme quelconque u_n connaissant son rang.

21. On dit qu'une suite infinie de nombres rationnels

$$(u) \qquad u_1, u_2, \ldots, u_n, \ldots$$

a pour limite un nombre rationnel U, si à chaque nombre positif rationnel ε correspond un nombre entier positif n tel que la valeur absolue de $U - u_p$ soit plus petite que ε pour toutes les valeurs de l'entier p égales ou supérieures à n; j'écrirai cette condition

$$| U - u_p | < \varepsilon,$$

en convenant de représenter en général par $| x |$ la valeur absolue du nombre x.

Au lieu de dire que la suite (u) a pour limite U, on écrit souvent :

$$\lim_{n=\infty} u_n = U.$$

En retournant en quelque sorte la définition qui précède, on arrive à la conclusion suivante : Si la suite infinie de nombres rationnels (u) n'a pas pour limite le nombre rationnel U, il existe un nombre rationnel positif ε' jouissant de la propriété que voici : quel que soit l'entier positif n, il y a un entier p plus grand que n, pour lequel on a :

$$| U - u_p | \geqq \varepsilon'.$$

Nier en effet l'existence du nombre ε', c'est dire que, si l'on se donne un nombre rationnel positif quelconque ε, tout nombre entier positif n n'est pas suivi d'un nombre entier p pour lequel on ait

$$| U - u_p | \geqq \varepsilon.$$

C'est dire par conséquent qu'un certain entier positif n n'est suivi d'aucun entier p tel que l'inégalité précédente soit vérifiée; c'est dire enfin que pour tout entier $p > n$, on a :

$$| U - u_p | < \varepsilon,$$

ou encore que la suite (u) admet U pour limite.

22. On dit que la suite infinie de nombres rationnels

$$(u) \qquad u_1, u_2, \ldots, u_n, \ldots$$

est *convergente*, si, à chaque nombre rationnel positif ε, on peut faire correspondre un nombre entier positif n tel que l'on ait

$$| u_p - u_q | < \varepsilon$$

pour toutes les valeurs des entiers p, q égales ou supérieures à n (1).

Cette inégalité montre que l'on doit avoir, pour toutes les valeurs entières de p égales ou supérieures à n,

$$u_n - \varepsilon < u_p < u_n + \varepsilon;$$

on voit donc, puisque ε est arbitraire, que, si la suite est convergente, à chaque nombre rationnel positif η doit correspondre un nombre entier positif n tel que le terme u_n et tous ceux qui le suivent soient compris entre deux nombres rationnels dont la différence est moindre que η; réciproquement, s'il en est ainsi, la suite est évidemment convergente. On voit encore que, si à chaque nombre rationnel positif ε correspond un entier positif n, tel que l'on ait pour tous les entiers $p > n$,

$$|u_n - u_p| < \varepsilon,$$

la suite sera convergente.

Si la suite infinie

$$(u) \qquad u_1, u_2, \ldots, u_n, \ldots$$

n'est pas convergente, il existe un nombre rationnel positif ε' jouissant de la propriété suivante : quel que soit l'entier positif n, il y a un entier $p > n$ pour lequel on a :

$$|u_n - u_p| \geqq \varepsilon'.$$

La démonstration est analogue à celle qui termine le paragraphe précédent.

23. Tous les termes d'une suite convergente sont, en valeur absolue, inférieurs à un certain nombre rationnel positif A.

En effet tous les termes, à partir d'un certain rang n, finissent par être compris entre deux nombres rationnels; on peut prendre pour A un nombre positif plus grand que le plus grand de ces deux nombres et des n premiers termes, abstraction faite des signes.

---

(1) Cette notion est due à Cauchy qui l'a introduite à propos de la théorie des séries. *Cours d'Analyse de l'Ecole royale Polytechnique*, Paris, 1821, p. 125. Elle se trouve encore dans les écrits de Bolzano. Voir le travail déjà cité de M. Stolz.

24. Une suite infinie de nombres rationnels

$$(u) \qquad u_1, u_2, \ldots, u_n, \ldots,$$

telle qu'aucun terme ne soit suivi d'un terme qui soit plus petit que lui et dont tous les termes sont inférieurs à un nombre fixe A est convergente.

Supposons en effet que cette suite ne soit pas convergente et soit ε' le nombre positif dont on démontre l'existence pour chaque suite non convergente (§ 22); on pourra déterminer une suite d'indices croissants $n, n_1, n_2, \ldots$, tels que l'on ait

$$|u_{n_1} - u_n| \geqq \varepsilon',$$
$$|u_{n_2} - u_{n_1}| \geqq \varepsilon', \ldots;$$

d'ailleurs, les différences $u_{n_1} - u_n$, $u_{n_2} - u_n$, ... sont toutes positives, à cause de la nature de la suite; en additionnant donc entre elles p inégalités consécutives telles que les précédentes, on trouvera :

$$u_{n_p} - u_n \geqq p\varepsilon',$$

ce qui montre qu'on pourrait prendre p assez grand pour que le terme u_{n_p} dépassât telle limite qu'on voudrait, et, en particulier, le nombre A.

On pourrait dire plus brièvement, en se reportant au paragraphe 17, que les termes de la suite (u) doivent finir par être compris entre deux nombres quelconques comprenant entre eux la limite supérieure de l'ensemble formé par les nombres distincts qui entrent comme termes dans cette suite.

On démontrera de même qu'une suite (u), telle qu'aucun terme ne soit suivi d'un terme plus grand que lui et dont tous les termes sont supérieurs à un nombre fixe B, est convergente.

25. Par exemple, un nombre décimal indéfini, dans lequel les chiffres se suivent dans un ordre déterminé quelconque, ne représente rien jusqu'à présent, mais on peut affirmer que la suite infinie dont on obtient le terme général u_n en s'arrêtant au $n^{\text{ième}}$ chiffre décimal est convergente, ainsi que la suite dont le $n^{\text{ième}}$ terme est $u_n + \frac{1}{10^n}$; les termes de la première suite, en effet, ne vont jamais en décroissant, à mesure que l'indice augmente, et chaque terme reste inférieur à un terme quelconque de la seconde suite; de même, les termes de la seconde suite ne vont jamais en croissant quand le rang augmente, et restent supérieurs à un terme quelconque de la première suite.

26. Voici maintenant une propriété des suites convergentes, qui va servir à montrer comment ces suites définissent toujours un nombre rationnel ou irrationnel.

Soit une suite convergente de nombres rationnels

$$(u) \qquad u_1, u_2, \ldots, u_n, \ldots$$

qui n'admette pas zéro pour limite (§ 21) : tous les termes de cette suite finissent, après un certain rang n, par être tous de même signe et plus grands en valeur absolue qu'un certain nombre rationnel positif ε.

En effet, après un certain rang, tous les termes de cette suite finissent par être compris entre deux nombres rationnels dont la différence peut être supposée moindre que tel nombre positif rationnel η que l'on voudra (§ 22). Si ces deux nombres sont de même signe et qu'aucun ne soit nul, le théorème est vérifié; si les deux nombres rationnels ayant entre eux une différence moindre que η, qui comprennent les termes de la suite (u) dont le rang est égal ou supérieur à l'entier n qui correspond à η (§ 22), sont de signes contraires, ou si l'un d'eux est nul, la valeur absolue de chacun de ces termes est moindre que η; s'il en est ainsi quelque petit que soit η, la suite a zéro pour limite.

27. Soit

$$(u) \qquad u_1, u_2, \ldots, u_n, \ldots$$

une suite convergente de nombres rationnels; ou elle admet pour limite un nombre rationnel U, et dans ce cas je conviendrai de dire qu'elle définit ce nombre U; ou il n'en est pas ainsi, et alors elle définit un mode de décomposition en deux classes de la totalité des nombres rationnels, classes telles que chaque nombre de la première soit inférieur à chaque nombre de la seconde, telles en outre qu'il n'y ait point, dans la première classe, de nombre plus grand que les autres nombres de la même classe, ni, dans la seconde classe, de nombre plus petit que les autres nombres de la même classe.

Soit en effet, dans la seconde supposition, a un nombre rationnel quelconque, les termes de la suite

$$(u') \qquad u_1 - a, \quad u_2 - a, \ldots, \quad u_n - a, \ldots$$

qui est évidemment convergente et qui n'admet pas zéro pour limite, puisque a n'est pas limite de la suite (u), finissent après un certain rang par être tous positifs ou tous négatifs; dans le premier cas, on rangera a dans la première classe, dans le second cas, on le rangera dans la seconde classe : il est clair que tout nombre de la première classe, défini comme on vient de le faire, est plus petit que tout nombre de la seconde classe.

Il n'y a pas dans la première classe de nombre plus grand que tous les autres; si a est en effet un nombre de la première classe, les termes de la suite (u') sont, après un certain rang n, tous positifs et plus grands qu'un certain nombre positif rationnel ε. Si b est un nombre compris entre a et $a + \varepsilon$, il est clair que, après le rang n, les termes de la suite

$$u_1 - b, u_2 - b, \ldots, u_n - b, \ldots,$$

sont tous positifs et que b appartient aussi à la première classe. Le même mode de raisonnement s'appliquerait à la classe supérieure. On a donc affaire à un procédé de décomposition en deux classes de la totalité des nombres rationnels qui définit un nombre irrationnel. En résumé si la suite (u) n'a pas pour limite un nombre rationnel, elle peut servir à définir un nombre irrationnel.

Si une suite convergente à termes rationnels

$$(u) \qquad u_1, u_2, \ldots, u_n, \ldots$$

définit un nombre U, rationnel ou non, soit comme limite de cette suite, soit d'après la règle précédemment expliquée, le nombre U sera certainement compris entre les deux nombres rationnels a, b, si ces deux nombres comprennent entre eux tous les termes de la suite (u), après un certain rang; cela est clair si le nombre U est irrationnel, puisque alors le plus petit nombre a est dans la classe inférieure relative au nombre U et le nombre b dans la classe supérieure. Si U est la limite (rationnelle) de la suite (u), on ne peut avoir

$$b < \mathrm{U}$$

car les inégalités

$$u_n < b < \mathrm{U}$$

supposent que la différence $\mathrm{U} - u_n$ soit toujours, quel que soit n, plus grande que $\mathrm{U} - b$: on voit de la même façon que U ne peut être inférieur à a; on a donc :

$$a \leqq \mathrm{U} \leqq b.$$

Réciproquement il est clair que si, quels que soient les nombres rationnels a, b qui comprennent le nombre rationnel ou non U, les termes de la suite (u) finissent toujours, après un certain rang, par tomber entre a et b, cette suite est convergente (§ 22) et définit un nombre égal à U.

Toute suite convergente de nombres rationnels

$$(u) \qquad u_1, u_2, \ldots, u_n, \ldots$$

définit donc un nombre rationnel ou non U; réciproquement, un nombre quelconque U peut être défini par une telle suite; si U est rationnel, on peut prendre en particulier pour la suite (u) une suite infinie dont tous les éléments soient égaux à U; si U est irrationnel, on peut prendre pour (u) la suite des valeurs approchées par défaut (ou par excès) à $\frac{1}{10}, \frac{1}{100}, \ldots, \frac{1}{10^n}, \ldots$ près.

Observons encore que si la suite (u) n'a pas pour limite zéro, le nombre U qu'elle définit est positif ou négatif, suivant que les termes de cette suite, à partir du rang où ils ont tous le même signe, sont positifs ou négatifs. Enfin la suite

$$(u') \qquad -u_1, -u_2, \ldots, -u_n, \ldots$$

est convergente et définit le nombre $-\mathrm{U}$; car si après le rang n les termes de la suite (u) tombent entre les nombres rationnels a, b, les termes de la suite (u'), à partir du même rang, tomberont entre $-b$ et $-a$.

28. Voici maintenant quelques remarques sur lesquelles repose la théorie des opérations à effectuer sur les nombres définis par des suites; plusieurs d'entre elles sont assez simples pour qu'on se soit contenté de les énoncer.

Si l'on considère à la fois plusieurs suites infinies (en nombre fini) de nombres rationnels

$$(u) \qquad u_1, u_2, \ldots, u_n, \ldots,$$
$$(v) \qquad v_1, v_2, \ldots, v_n, \ldots,$$
$$(w) \qquad w_1, w_1, \ldots, w_n, \ldots,$$
$$\ldots\ldots\ldots\ldots\ldots,$$

il y a un nombre positif A auquel tous les termes de ces suites sont inférieurs, en valeur absolue.

Étant donné un nombre positif rationnel ε, il y a un nombre entier positif n tel que, sous la condition que les entiers p et q soient au moins égaux à n, on puisse affirmer que les quantités $|u_p - u_q|$, $|v_p - v_q|$, $|w_p - w_q|$, ... sont moindres que ε. Le nombre n peut en effet être déterminé pour chacune des suites; on prendra le plus grand des nombres trouvés.

Si les suites (u), (v), (w), ... ont pour limites les nombres rationnels U, V, W, ..., à chaque nombre positif ε correspond un entier positif n tel que l'on ait à la fois :

$$|u_p - \mathrm{U}| < \varepsilon, \quad |v_p - \mathrm{V}| < \varepsilon, \quad |w_p - \mathrm{W}| < \varepsilon,$$

pourvu que le nombre entier p soit supérieur à n.

Si les deux suites infinies de nombres rationnels

$$(u) \qquad u_1, u_2, \ldots, u_n, \ldots,$$
$$(v) \qquad v_1, v_2, \ldots, v_n, \ldots,$$

sont convergentes, il en est de même des deux suites

$$u_1 + v_1, u_2 + v_2, \ldots, u_n + v_n, \ldots$$
$$u_1 v_1, u_2 v_2, \ldots, u_n v_n, \ldots$$

Je me contente de faire la démonstration pour la seconde suite : au nombre positif ε faisons correspondre l'entier positif n de telle façon que, pour $p \geqq n$, on ait :

$$| \alpha_p | < \varepsilon, \qquad | \beta_p | < \varepsilon,$$

en posant pour abréger

$$u_p - u_n = \alpha_p, \qquad v_p - v_n = \beta_p;$$

on aura :

$$u_p v_p - u_n v_n = (u_n + \alpha_p)(v_n + \beta_p) - u_n v_n = \alpha_p v_n + \beta_p u_n + \alpha_p \beta_p.$$

Or si l'on désigne par A un nombre rationnel supérieur à la valeur absolue de tous les termes des suites (u), (v) et si l'on suppose que ε soit plus petit que 1, on aura :

$$| \alpha_p v_n + \beta_p u_n + \alpha_p \beta_p | < \varepsilon (2A + 1).$$

Par conséquent ε' étant un nombre positif rationnel quelconque, si l'on prend

$$\varepsilon < \frac{\varepsilon'}{2A + 1},$$

et que l'on détermine n comme on vient de l'expliquer, on pourra affirmer que, sous la condition $p \geqq n$, on a :

$$| u_p v_p - u_n v_n | < \varepsilon',$$

la convergence de la suite considérée est donc démontrée.

Si les deux suites (u), (v) ont pour limites respectives des nombres rationnels U, V, les deux suites

$$u_1 + v_1,\ u_2 + v_2,\ \ldots,\ u_n + v_n,\ \ldots$$
$$u_1 v_1,\ u_2 v_2,\ \ldots,\ u_n v_n,\ \ldots$$

auront respectivement pour limites U + V et UV.

Pour démontrer cette proposition, relativement à la seconde suite, il suffira de remplacer dans la démonstration qui précède, u_n et v_n par U et V et de regarder A comme un nombre supérieur au plus grand des deux nombres $| U |$ et $| V |$.

En appliquant plusieurs fois de suite les propositions précédentes, qui s'appliquent d'ailleurs aux suites (évidemment convergentes) dont tous les termes sont égaux, on arrive à la conséquence suivante :

Étant données plusieurs suites infinies convergentes de nombres rationnels

$$
\begin{array}{ll}
(u) & u_1, u_2, \ldots, u_n, \ldots \\
(v) & v_1, v_2, \ldots, v_n, \ldots \\
(w) & w_1, w_2, \ldots, w_n, \ldots \\
 & \ldots\ldots\ldots\ldots\ldots
\end{array}
$$

et un polynôme $F(u, v, w, \ldots)$, à coefficients rationnels, entier par rapport aux quantités $u, v, w, \ldots$ la suite infinie (F) dont le $n^{\text{ième}}$ terme est le nombre rationnel $F(u_n, v_n, w_n, \ldots)$ est convergente.

Si les suites (u), (v), (w), ..., ont respectivement pour limites des nombres rationnels U, V, W, ..., la suite (F) aura pour limite le nombre rationnel $F(U, V, W, \ldots)$.

29. Si les deux suites infinies convergentes de nombres rationnels

$$
\begin{array}{ll}
(u) & u_1, u_2, \ldots, u_n, \ldots, \\
(v) & v_1, v_2, \ldots, v_n, \ldots,
\end{array}
$$

définissent les deux nombres rationnels ou non U, V; suivant que l'on aura :

$$U = V, \quad U > V, \quad U < V;$$

la suite

$$(w) \qquad u_1 - v_1, \quad u_2 - v_2, \ldots, \quad u_n - v_n, \ldots$$

aura pour limite zéro, définira un nombre positif, ou définira un nombre négatif.

Supposons en effet $U = V$ et soient a, b deux nombres rationnels qui comprennent entre eux le nombre U; après un certain rang n les termes des deux suites (u), (v) finiront par tomber entre a et b; à partir de ce rang les termes de la suite (w) seront en valeur absolue moindres que $b - a$; or on peut supposer ce dernier nombre moindre que tel nombre positif rationnel ε que l'on voudra.

Supposons $U < V$; soient p, p', q, q' des nombres rationnels tels que l'on ait,

$$p < U < p' < q < V < q';$$

à partir d'un certain rang n, les termes de la suite (u) finiront par tomber entre p et p', et ceux de la suite (v), entre q et q'; à partir de ce rang, les termes de la suite (w) seront supérieurs au nombre positif $q - p'$. La démonstration est la même lorsqu'on a $U > V$.

Cette proposition est de celles qui entraînent leur réciproque; on peut affirmer que si les suites (u), (v) sont convergentes, et définissent les nombres U, V, on a, suivant que la suite convergente (w) a pour limite zéro, définit un nombre positif, ou définit un nombre négatif,

$$U = V, \quad U > V, \quad U < V.$$

Au surplus le lecteur démontrera directement cette proposition sans aucune peine.

30. Soient encore U, V deux nombres rationnels ou non, définis par les suites convergentes, à éléments rationnels,

$$(u) \qquad u_1, u_2, \ldots, u_n, \ldots,$$
$$(v) \qquad v_1, v_2, \ldots, v_n, \ldots,$$

la suite

$$(w) \qquad u_1 + v_1, \quad u_2 + v_2, \ldots, \quad u_n + v_n, \ldots,$$

est aussi convergente; elle définit le nombre $U + V$ si les deux nombres U, V sont rationnels; on peut regarder le nombre W qu'elle définit dans tous les cas comme étant, par définition, la somme $U + V$ des nombres U, V. Pour justifier cette définition, il faut prouver qu'on arriverait au même nombre W en partant de deux autres suites convergentes à termes rationnels

$$(u') \qquad u'_1, u'_2, \ldots, u'_n, \ldots,$$
$$(v') \qquad v'_1, v'_2, \ldots, v'_n, \ldots,$$

qui définiraient, elles aussi, les nombres U et V; il suffit pour cela de prouver que la suite dont le terme général est

$$(u_n + v_n) - (u'_n + v'_n),$$

a pour limite zéro; or cela résulte de ce que ce terme peut s'écrire

$$(u_n - u'_n) + (v_n - v'_n)$$

et de ce que les suites dont les $n^{\text{ièmes}}$ termes sont respectivement

$u_n - u'_n$ et $v_n - v'_n$ ont pour limites zéro, puisque les suites (u) et (u') définissent le même nombre U, et que les suites (v) et (v') définissent le même nombre V.

La définition de l'addition donnée ici coïncide avec celle qui a été donnée au paragraphe 11; car si a, a', b, b' désignent des nombres rationnels tels que l'on ait

$$a < U < a', \qquad b < V < b'$$

les termes des suites (u), (v) finissent, après un certain rang n, par tomber respectivement entre a et a', entre b et b'. A partir de ce moment les termes de la suite (W) tombent entre $a + b$ et $a' + b'$; on a donc

$$a + b < U + V < a' + b',$$

etc.

On établira sans peine, à l'aide de la nouvelle définition, les propositions qu'expriment les égalités

$$\begin{aligned} &U + V = V + U, \\ &U + (V + W) = U + V + W, \\ &U + 0 = U, \\ &U + (-U) = 0. \end{aligned}$$

J'ajoute que les règles données pour reconnaître si deux nombres définis par deux suites convergentes dont les termes sont rationnels, sont inégaux, et lequel des deux est le plus grand, montrent que la somme de deux nombres est plus grande ou plus petite que le premier d'entre eux, suivant que le second est positif ou négatif, et que si l'on ajoute à un même nombre deux nombres différents, on obtient deux sommes différentes.

On en conclut que, étant donnés deux nombres U et V, il n'y a qu'un seul nombre qui ajouté à V reproduise U; on l'obtient d'ailleurs en ajoutant $-$ V à U et l'on écrit le résultat U $-$ V; on a en effet, d'après les principes relatifs à l'addition,

$$V + (U - V) = U - V + V = U + (-V + V) = U.$$

Au surplus si les deux nombres U, V sont définis par les deux suites

(u) $\qquad u_1, u_2, \ldots, u_n, \ldots,$

(v) $\qquad v_1, v_2, \ldots, v_n, \ldots,$

leur différence U — V sera définie par la suite

$$u_1 - v_1, \quad u_2 - v_2, \ldots, \quad u_n - v_n, \ldots$$

Cette différence sera positive, nulle, ou négative suivant que l'on aura U > V, U = V, U < V. Les propositions relatives aux égalités ou inégalités, d'après lesquelles on peut ajouter ou retrancher un même nombre aux deux membres, faire passer un terme d'un membre dans l'autre, s'étendent, en vertu de ce qui précède, des nombres rationnels aux nombres irrationnels.

31. Si U et V sont deux nombres définis par les deux suites convergentes à termes rationnels

$$(u) \qquad u_1, u_2, \ldots, u_n, \ldots,$$
$$(v) \qquad v_1, v_2, \ldots, v_n, \ldots,$$

la suite convergente

$$(w) \qquad u_1 v_1, u_2 v_2, \ldots, u_n v_n, \ldots,$$

aura pour limite UV si U et V sont rationnels et, dans les autres cas, définira un nombre W que l'on pourra regarder comme étant, par définition, le produit UV des deux nombres U, V.

Cette définition, comme celle de l'addition, doit être justifiée; on le fera sans peine en employant le procédé indiqué au paragraphe 28.

Les théorèmes relatifs aux produits de facteurs s'étendent immédiatement aux cas où ces facteurs sont irrationnels.

Le produit UV ne peut être nul que si l'un des facteurs est nul, puisque, si aucune des suites (u), (v) n'a pour limite zéro, leurs termes sont tous, après un certain rang, supérieurs en valeur absolue à un certain nombre positif; il en est donc de même de la suite (w). Si l'un des facteurs est nul, le produit est nul.

La règle des signes se généralise sans difficulté.

Si U, V, W sont trois nombres quelconques, on a :

$$(U + V) W = UW + VW.$$

En multipliant un même nombre non égal à zéro par deux nombres différents, le sens de l'inégalité obéit à la même loi, qu'il s'agisse de nombres rationnels ou de nombres irrationnels.

32. Soient U, V deux nombres définis par les deux suites convergentes à termes rationnels

$$(u)\qquad u_1,\ u_2,\ \ldots,\ u_n,\ \ldots,$$
$$(v)\qquad v_1,\ v_2,\ \ldots,\ v_n,\ \ldots$$

Si V est nul sans que U le soit, il n'y a aucun nombre qui multiplié par V reproduise U; si V n'est pas nul, un tel nombre, s'il existe, est unique; cela résulte des remarques finales du dernier paragraphe; s'il était prouvé que la suite

$$(w)\qquad \frac{u_1}{v_1},\ \frac{u_2}{v_2},\ \ldots,\ \frac{u_n}{v_n},\ \ldots,$$

est convergente, le nombre qu'elle définirait répondrait à la question.

Avant de prouver cette convergence, il convient de remarquer qu'un certain nombre de termes de la suite (w) peuvent être privés de signification; ce sont ceux qui présenteraient un dénominateur nul. Toutefois puisque la suite (v) n'a pas pour limite zéro, après un certain rang, on n'y rencontre plus de termes nuls; à partir de ce même rang, on ne rencontrera plus dans la suite (w) de ces termes exceptionnels; quant à ceux que l'on pourrait rencontrer au commencement, rien n'empêche de les supprimer ou de les remplacer par tels nombres rationnels que l'on voudra : c'est la suite ainsi modifiée que je considérerai désormais.

Puisque la suite convergente (v) n'a pas pour limite zéro, à partir d'un certain rang tous les termes sont, en valeur absolue, supérieurs à un certain nombre rationnel positif ω; soit d'un autre côté ε un nombre rationnel positif quelconque; il y aura un entier positif n tel que sous la condition $p \geqq n$, on ait

$$|v_p| > \omega, \qquad |\alpha_p| < \varepsilon, \qquad |\beta_p| < \varepsilon,$$

en posant pour abréger,

$$\alpha_p = u_p - u_n, \qquad \beta_p = v_p - v_n.$$

Maintenant on a :

$$\frac{u_p}{v_p} - \frac{u_n}{v_n} = \frac{\alpha_p v_n - \beta_p u_n}{v_p v_n},$$

et par conséquent, en désignant par A un nombre rationnel positif supérieur aux valeurs absolues des termes des suites (u), (v),

$$\left|\frac{u_p}{v_p} - \frac{u_n}{v_n}\right| < \frac{2A\varepsilon}{\omega^2}.$$

A, ω sont des nombres fixes, ε est arbitraire; on voit donc que, quelque petit que soit le nombre rationnel positif ε', il existe un indice n tel que sous la condition $p \geqq n$, on ait :

$$\left|\frac{u_p}{v_p} - \frac{u_n}{v_n}\right| < \varepsilon'.$$

La convergence de la suite (w) est donc démontrée. La suite (w) définit donc un nombre W, rationnel ou non, tel que l'on ait

$$U = VW,$$

le nombre étant nécessairement unique, il n'est pas utile de démontrer ici que, si les deux suites convergentes à termes rationnels

$$(u') \qquad u'_1,\ u'_2,\ \ldots,\ u'_n,\ \ldots,$$

$$(v') \qquad v'_1,\ v'_2,\ \ldots,\ v'_n,\ \ldots,$$

définissent aussi les nombres U, V, la suite

$$(w') \qquad \frac{u'_1}{v'_1},\ \frac{u'_2}{v'_2},\ \ldots,\ \frac{u'_n}{v'_n},\ \ldots,$$

définira encore le nombre W; au surplus la démonstration ne présenterait aucune difficulté.

33. La définition des quatre opérations fondamentales de l'arithmétique, les propriétés essentielles concernant ces opérations, les règles élémentaires relatives à la transformation des égalités et des inégalités sont maintenant étendues aux nombres irrationnels, et l'on est à même de donner tout d'un coup une extension considérable aux notions qui ont été notre point de départ. Rien n'empêche en effet de considérer des suites infinies

$$(u) \qquad u_1,\ u_2,\ \ldots,\ u_n,\ \ldots,$$

dont les termes sont des nombres rationnels ou irrationnels. La suite (u) sera *donnée,* si l'on donne le moyen de déterminer un terme quelconque u_n, connaissant son rang; on entend par là, si l'on a affaire à un nombre irrationnel, que l'on donne le moyen d'effectuer cette décomposition en deux classes de la totalité des nombres rationnels qui définit un nombre irrationnel, ou que l'on donne une suite infinie convergente à termes rationnels

$$(r) \qquad r_1, r_2, \ldots, r_n, \ldots,$$

qui définisse, au sens du paragraphe 27, le nombre u_n.

On dira qu'une telle suite (u) est convergente si, ε étant un nombre positif quelconque, il existe un indice n tel que, sous les conditions $p \geqq n$, $q \geqq n$, on ait

$$| u_p - u_q | < \varepsilon,$$

définition légitime puisque l'opération $u_p - u_q$ a un sens, ainsi que l'inégalité même; l'extension des propositions démontrées à propos des suites à termes rationnels se fera d'elle-même; il suffira de supprimer cette épithète *rationnel* là où elle n'a été mise que pour avoir affaire à des opérations connues. On dira que la suite (u) a pour limite un nombre rationnel ou irrationnel U si, quel que soit le nombre positif ε, il existe un nombre entier positif n tel que sous la condition $p > n$, on ait :

$$| \mathrm{U} - u_p | < \varepsilon.$$

Si la suite (u) est convergente et n'a pas pour limite le nombre a, la suite

$$u_1 - a, \quad u_2 - a, \ldots, \quad u_n - a, \ldots,$$

jouira de la propriété que voici : à partir d'un certain rang n, tous les termes sont de même signe et supérieurs, en valeur absolue, à un certain nombre positif ω.

On en conclura qu'une suite convergente (u) admet une limite rationnelle ou définit un nombre irrationnel; la décomposition de la totalité des nombres rationnels en deux classes se fera comme il a été expliqué au paragraphe 27; on mettra dans la première classe le nombre rationnel a si les termes de la suite

$$u_1 - a, \quad u_2 - a, \ldots, \quad u_n - a, \ldots,$$

sont après un certain rang tous positifs ; on mettra ce nombre dans la seconde classe, si les termes de cette suite finissent par devenir négatifs.

34. Il importe de remarquer maintenant qu'une suite convergente admet pour limite le nombre qu'elle définit. Il n'y a lieu à démonstration que si ce nombre est irrationnel.

Soit donc

$$(u) \qquad u_1, u_2, \ldots, u_n, \ldots,$$

une suite convergente qui définisse un nombre irrationnel U ; soient a, b deux nombres rationnels qui comprennent le nombre U ; le raisonnement du paragraphe 27 montre que tous les termes de la suite (u) finissent après un certain rang n par tomber entre a et b ; leur différence avec U est alors, en valeur absolue, moindre que $|b-a|$; mais ce dernier nombre, pouvant être supposé aussi petit qu'on le veut, il est bien prouvé que la suite (u) a U pour limite. Réciproquement on aperçoit de suite que toute suite qui admet une limite est convergente.

En particulier, une suite infinie dont les termes vont en croissant (ou plutôt sans jamais décroître) à mesure que leur rang augmente et restent inférieurs à un nombre fixe A, est convergente, elle admet donc une limite. On aperçoit de suite que cette limite ne peut être inférieure à un terme de la suite quel qu'il soit. Une proposition toute pareille concerne les suites dont les termes vont en décroissant continuellement et restent cependant supérieurs à un nombre fixe.

35. Si, au lieu de recommencer toute la théorie des nombres irrationnels, en prenant pour point de départ les suites convergentes, on avait voulu utiliser les notions établies dans les paragraphes 11, 12, 13, relativement aux opérations arithmétiques, on aurait pu énoncer beaucoup plus tôt la proposition fondamentale du paragraphe précédent. Toutefois, on n'y aurait guère gagné que de pouvoir énoncer dans toute leur généralité les propositions contenues dans les paragraphes 20-29, tandis qu'on a été obligé de se restreindre à la considération des suites à termes rationnels. Une fois la notion des opérations arithmétiques acquises, soit par un procédé, soit par un autre, la généralité de ces propositions et des démonstrations qu'on en a données s'aperçoit d'un seul coup d'œil. Je me contenterai d'énoncer le théorème suivant (§ 28).

36. Soient

$$\begin{array}{l} u_1, u_2, \ldots, u_n, \ldots, \\ v_1, v_2, \ldots, v_n, \ldots, \\ w_1, w_2, \ldots, w_n, \ldots, \\ \ldots\ldots\ldots\ldots\ldots \end{array}$$

des suites, en nombre fini, ayant respectivement pour limites les nombres U, V, W, ..., et soit

$$\frac{f(u, v, w, \ldots)}{\varphi(u, v, w, \ldots)}$$

une fonction rationnelle dont le numérateur et le dénominateur sont des polynômes entiers par rapport aux variables u, v, w, ...; si l'on n'a pas

$$\varphi(\mathrm{U}, \mathrm{V}, \mathrm{W}, \ldots) = 0,$$

la suite infinie dont le $n^{\text{ième}}$ terme est

$$\frac{f(u_n, v_n, w_n, \ldots)}{\varphi(u_n, v_n, w_n, \ldots)}$$

etc., dont on supprime toutefois, s'il y a lieu, les termes, en nombre nécessairement fini, qui auraient un dénominateur nul, a pour limite :

$$\frac{f(\mathrm{U}, \mathrm{V}, \mathrm{W}, \ldots)}{\varphi(\mathrm{U}, \mathrm{V}, \mathrm{W}, \ldots)}$$

et cela que les nombres u, v, w, ..., U, V, W, ... soient rationnels ou non.

37. Le sens qu'il faut attribuer à ces mots : *limite d'une suite infinie,* a été suffisamment éclairci dans les paragraphes qui précèdent; je terminerai ce chapitre en indiquant une autre acception du mot *limite,* à laquelle conduit la considération des ensembles.

Soit (E) l'ensemble des nombres distincts, rationnels ou non, qui satisfont à une condition donnée quelconque (§ 15), et supposons que (E) comprenne un nombre infini d'éléments; on dira que le nombre x est une valeur limite de l'ensemble (E) si, quelque petit que soit le nombre positif α, il existe une infinité de nombres appartenant à l'ensemble (E), compris entre $x - \alpha$ et $x + \alpha$. Par exemple si la suite infinie

$$(u) \qquad u_1, u_2, \ldots, u_n, \ldots$$

admet pour limite le nombre x, et si cette suite admet une infinité de termes distincts, ce nombre x sera une valeur limite (évidemment unique) de l'ensemble (E) dont les éléments sont les termes distincts de la suite (u); il est à remarquer que, dans cette nouvelle notion, l'ordre des éléments n'intervient pas. Un nombre irrationnel peut être regardé comme une valeur limite de l'ensemble de ses valeurs approchées à α près, α étant un nombre rationnel positif quelconque; si l'on considère l'ensemble des nombres rationnels compris entre zéro et un, tout nombre compris entre zéro et un peut être regardé comme une valeur limite de cet ensemble. Cette notion conduit au théorème suivant, qui est dû à M. Weierstrass.

38. Tout ensemble (E), dont les éléments, supposés distincts et en nombre infini, sont, en valeur absolue, inférieurs à un nombre A, admet au moins une valeur limite x.

Tous les nombres de l'ensemble sont en effet compris entre $-$ A et $+$ A; partageons en dix intervalles égaux l'intervalle de $-$ A à $+$ A; ces intervalles seront limités par les nombres

$$-A, \quad -A + \frac{2A}{10}, \quad -A + \frac{4A}{10}, \ldots, \quad A,$$

il y a assurément un nombre infini de valeurs de l'ensemble qui tombent dans un intervalle partiel; autrement, le nombre des éléments de l'ensemble serait fini; soit a_1, b_1 ($a_1 < b_1$) l'un de ces intervalles où tombent un nombre infini d'éléments, en décomposant de même l'intervalle de a_1 à b_1 en dix intervalles égaux, limités par les nombres

$$a_1, \quad a_1 + \frac{b_1 - a_1}{10}, \ldots, \quad b_1,$$

on trouvera encore un intervalle partiel limité par les nombres a_2, b_2

$(a_2 < b_2)$, dans lequel tombera un nombre infini d'éléments; en continuant toujours de la même façon, on formera deux suites infinies

$$(a) \qquad a_1, a_2, \ldots, a_n, \ldots,$$
$$(b) \qquad b_1, b_2, \ldots, b_n, \ldots,$$

tels que l'on ait

$$a_1 \leqq a_2 \leqq a_3 \leqq \ldots, \qquad b_1 \geqq b_2 \geqq b_3, \ldots,$$
$$b_n - a_n = \frac{b_1 - a_1}{10^n},$$

telles en outre que chaque terme de la première soit inférieur à chaque terme de la seconde; ces deux suites sont convergentes et admettent une même limite x. Mais dans chaque intervalle limité par deux termes correspondants quelconques a_n, b_n, il tombe une infinité de nombres appartenant à l'ensemble (E); puisque, quel que soit le nombre α, les termes des suites (a) et (b) sont, après un certain rang, tous compris entre $x - \alpha$ et $x + \alpha$, il est bien prouvé que x est une valeur limite de l'ensemble (E).

39. L'ensemble (E') des valeurs limites d'un ensemble (E) est lui-même un ensemble bien défini, qui peut d'ailleurs être composé d'un nombre fini ou infini d'éléments; l'ensemble (E') est dit dérivé de l'ensemble (E); on peut aussi considérer l'ensemble (E'') dérivé de l'ensemble (E'), etc. M. G. Cantor a fait une étude approfondie des propriétés qui naissent de la considération des ensembles dérivés (1).

(1) *Acta Mathematica*, t. II.

CHAPITRE II

DES SÉRIES ET DES PRODUITS INFINIS.

40. Soit

$$u_1, u_2, \ldots, u_n, \ldots,$$

une suite infinie quelconque; si elle est convergente et a pour limite le nombre U, je conviendrai de dire que u_n a pour limite U, ou tend vers la limite U, lorsque n grandit indéfiniment, ou pour n infini et d'écrire

$$\lim_{n=\infty} u_n = \mathrm{U}.$$

Dans les mêmes conditions, si $\mathrm{U} = 0$, je conviendrai de dire que u_n est infiniment petit pour n infini.

Si à chaque nombre positif A correspond un entier p tel que l'on ait

$$u_n > \mathrm{A}$$

sous la condition

$$n \geqq p,$$

je conviendrai de dire que u_n grandit indéfiniment avec n, ou lorsque n grandit indéfiniment, et d'écrire $u_n = \infty$, pour $n = \infty$. Dans ce cas, comme dans l'autre, il est inutile de spécifier que n grandit indéfiniment par des valeurs entières et positives; il faudrait le faire toutefois, si l'on craignait quelque ambiguité.

41. Soit

$$u_1, u_2, \ldots, u_n, \ldots,$$

une suite infinie quelconque.

La série

$$\text{(S)} \qquad u_1 + u_2 + \ldots + u_n + \ldots,$$

est dite *convergente* si la suite infinie

$$(s) \qquad s_1, s_2, \ldots, s_n, \ldots,$$

où

$$s_1 = u_1, \quad s_2 = u_1 + u_2, \ldots, \quad s_n = u_1 + u_2 + \ldots + u_n, \ldots,$$

est elle-même convergente, la limite S de cette suite, ou si l'on veut, la limite, pour n infini, de la somme des n premiers termes de la série (S) est dite alors la somme de la série (S).

Une série qui n'est pas convergente est *divergente*. Par exemple, l'identité

$$1 + x + x^2 + \ldots + x^{n-1} = \frac{1 - x^n}{1 - x},$$

montre que la somme des n premiers termes de la série

$$1 + x + x^2 + \ldots + x^{n-1} + \ldots,$$

tend, lorsque n augmente indéfiniment vers $\frac{1}{1-x}$, quand x est compris entre -1 et $+1$; cette série est convergente quand la valeur absolue de x est plus petite que un. La même identité montre que la valeur absolue de la somme des n premiers termes augmente indéfiniment avec n quand on a $|x| > 1$: dans ces conditions la série est divergente. On voit directement qu'il en est de même pour $x = 1$. Enfin, quand $x = -1$, la somme des n premiers termes est zéro ou un selon que n est pair ou impair; cette somme ne peut avoir de limite pour n infini; la série est encore divergente.

Il convient de remarquer, en supposant la série (S) convergente, que si l'on considère une suite infinie de nombres entiers positifs

$$\alpha_1, \alpha_2, \ldots, \alpha_n, \ldots,$$

telle que α_n grandisse indéfiniment avec n, la suite infinie

$$s_{\alpha_1}, s_{\alpha_2}, \ldots, s_{\alpha_n}, \ldots,$$

aura pour limite la somme S de la série (S).

42. Il serait naturel de dire, par analogie avec les séries, que le *produit infini*

$$\text{(P)} \qquad u_1 u_2 \ldots u_n \ldots,$$

est convergent, quand la suite infinie

$$(p) \qquad p_1, p_2, \ldots, p_n, \ldots,$$

où

$$p_1 = u_1, \quad p_2 = u_1 u_2, \ldots, \quad p_n = u_1 u_2 \ldots u_n, \ldots,$$

est convergente et d'appeler *valeur du produit infini* la limite de cette suite; toutefois, pour le moment, je ne regarderai un tel produit comme convergent que si cette limite est différente de zéro; ainsi le produit infini

$$\frac{1}{1} \times \frac{1}{2} \times \frac{1}{3} \times \ldots \times \frac{1}{n} \times \ldots,$$

pour lequel

$$p_n = \frac{1}{1.2.3 \ldots n},$$

tend évidemment vers zéro quand n augmente indéfiniment, ne doit pas être regardé comme convergent; un produit infini convergent, dans le sens restreint du mot, ne peut admettre aucun facteur nul.

L'identité

$$\frac{1-x^{2^n}}{1-x} = \frac{1-x^2}{1-x} \frac{1-x^4}{1-x^2} \cdots \frac{1-x^{2^n}}{1-x^{2^{n-1}}}$$
$$= (1+x)(1+x^2)\ldots(1+x^{2^{n-1}})$$

montre que le produit infini

$$(1+x)(1+x^2)(1+x^4)\ldots(1+x^{2^n})\ldots$$

est convergent et que sa valeur est $\dfrac{1}{1-x}$ quand la valeur absolue de x est plus petite que un; le même produit est divergent pour les autres valeurs de x.

43. Il est clair que les deux séries

$$\text{(S)} \qquad u_1 + u_2 + \ldots + u_n + u_{n+1} + u_{n+2} + \ldots,$$
$$\text{(S')} \qquad u_{n+1} + u_{n+2} + \ldots + u_{n+p} + \ldots$$

sont convergentes ou divergentes en même temps; car si l'on conserve les notations du paragraphe 41 pour la première série et que, pour la seconde, on fasse

$$s'_1 = u_{n+1},\quad s'_2 = u_{n+1} + u_{n+2},\quad s'_3 = u_{n+1} + u_{n+2} + u_{n+3},\ \ldots,$$

les deux suites

$$s_1,\ s_2,\ s_3,\ \ldots,\qquad s'_1,\ s'_2,\ s'_3,\ \ldots,$$

étant telles que deux termes de même rang diffèrent de s_n sont convergentes en même temps; leurs limites, si l'une d'elles est convergente, diffèrent aussi de s_n; si la série (S) est convergente, la somme de la série (S'), également convergente, s'appelle le *reste* de la série (S) bornée au terme u_n.

De même, si l'un des deux produits infinis

$$u_1 u_2 \ldots u_n u_{n+1} u_{n+2} \ldots,$$
$$u_{n+1} u_{n+2} \ldots u_{n+p} \ldots,$$

est convergent, il en est de même de l'autre, et dans ce cas, la valeur du premier produit infini est égale à celle du second multipliée par $u_1, u_2, \ldots, u_n$.

Cette remarque est utile lorsqu'on a à décider de la convergence ou de la divergence d'une série ou d'un produit infini dont les premiers termes présentent quelque irrégularité.

44. En se reportant à ce qui a été dit pour les suites infinies qui admettent une limite (§ 36), on aperçoit de suite la vérité des propositions suivantes.

Si les séries

$$u_1 + u_2 + u_3 + \ldots,$$
$$v_1 + v_2 + v_3 + \ldots,$$

sont convergentes et admettent pour sommes les nombres S et T, les séries

$$au_1 + au_2 + au_3 + \ldots,$$
$$(u_1 + v_1) + (u_2 + v_2) + \ldots + (u_n + v_n) + \ldots,$$
$$(u_1 - v_1) + (u_2 - v_2) + \ldots + (u_n - v_n) + \ldots,$$

sont aussi convergentes et admettent respectivement pour sommes

aS, S + T, S — T : le lecteur trouvera sans peine des énoncés analogues pour les produits infinis.

45. D'après la définition des suites convergentes, pour qu'une série

$$(\mathrm{S}) \qquad u_1 + u_2 + \ldots + u_n \ldots$$

soit convergente, il faut et il suffit que, à chaque nombre positif ε corresponde un entier positif n tel que l'on ait, quel que soit l'entier positif m,

$$|s_{n+m} - s_n| = |u_{n+1} + u_{n+2} + \ldots + u_{n+m}| < \varepsilon \text{ (1)}.$$

On voit en particulier que, si la série est convergente, $u_{n+1} = s_{n+1} - s_n$ doit décroître indéfiniment quand n augmente indéfiniment : cette condition ne suffit pas d'ailleurs à la convergence, comme on le verra plus tard. De la proposition générale résulte immédiatement celle-ci : Quand une série est convergente et a tous ses termes positifs, elle reste convergente quand on modifie le signe de tel terme que l'on veut ou que l'on remplace un ou plusieurs termes par des nombres plus petits en valeur absolue ; en effet, dans la série modifiée, la somme

$$|u_{n+1} + u_{n+2} + \ldots + u_{n+p}|$$

est au plus égale à la somme analogue dans la série proposée.

De même, quand une série a tous ses termes positifs et qu'elle est convergente, il en est de même de toute série qui s'en déduit par la suppression d'un nombre fini ou infini de termes, de tous les termes de rang pair par exemple. On retrouvera plus tard ces propositions en suivant une autre voie.

46. Pour qu'un produit infini

$$(\mathrm{P}) \qquad u_1 u_2 \ldots u_n \ldots$$

soit convergent, il faut et il suffit que, à chaque nombre positif ε réponde un entier positif n tel que l'on ait, quel que soit l'entier

(1) Cauchy, *Cours d'Analyse*, etc., p. 125.

positif m,

$$(1) \quad |p_{n+m} - p_n| = |u_1 u_2 \dots u_n (1 - u_{n+1} u_{n+2} \dots u_{n+m})| < \varepsilon.$$

Puisque, si le produit infini (P) est convergent, la suite

$$p_1 = u_1, \quad p_2 = u_1 u_2, \dots, \quad p_n = u_1 u_2 \dots u_n, \dots,$$

a une limite différente de zéro, ces termes, à partir d'un certain rang i sont supérieurs en valeur absolue à un certain nombre positif α; si l'on désigne par β un nombre au plus égal au plus petit des nombres

$$\alpha, \quad |p_1|, \quad |p_2|, \dots \quad |p_i|,$$

on aura, quel que soit n,

$$|u_1 u_2 \dots u_n| > \beta$$

et par suite, l'inégalité (1) entraîne la suivante :

$$|1 - u_{n+1} u_{n+2} \dots u_{n+m}| < \frac{\varepsilon}{\beta},$$

et cela quel que soit m.

Inversement si, à chaque nombre positif η, répond un entier positif n tel que l'on ait, quel que soit l'entier positif m,

$$|1 - u_{n+1} u_{n+2} \dots u_{n+m}| < \eta,$$

on peut affirmer que le produit infini (P) est convergent; on aura alors en effet, en conservant toujours les mêmes notations,

$$|p_{n+m} - p_n| < |u_1 u_2 \dots u_n| \eta$$

et il suffit de supposer η choisi de façon que l'errait

$$|p_n \eta| \leqq \varepsilon$$

pour retomber sur l'inégalité (1).

En particulier, pour que le produit infini P soit convergent, il faut que les quantités $|1 - u_{n+1}|$ tendent vers zéro quand n augmente indéfiniment; cette condition toutefois n'est pas suffisante.

On a l'habitude, qui sera suivie désormais, d'écrire un produit infini sous la forme

$$(1 + v_1)(1 + v_2) \dots (1 + v_n) \dots;$$

alors, si le produit infini est convergent, les quantités v_n tendent vers zéro quand n augmente indéfiniment.

47. Parmi les séries, il y a lieu de considérer particulièrement celles qui restent convergentes lorsque l'on remplace tous leurs termes par leurs valeurs absolues : ce sont celles-là seules, comme on le verra plus tard, qui méritent le nom de *sommes*, en ce sens qu'elles jouissent des propriétés essentielles des sommes d'un nombre fini de termes : on peut, en effet, changer l'ordre de leurs termes, remplacer plusieurs termes par leur somme effectuée, sans modifier leur valeur. On conçoit donc qu'un intérêt spécial s'attache à l'étude de la convergence des séries à termes positifs; aussi donnera-t-on dans la suite diverses règles pour reconnaître cette convergence; mais il importe de faire dès à présent la remarque suivante :

48. Si la série

$$\text{(S)} \qquad u_1 + u_2 + u_3 + \dots u_n + \dots$$

a tous ses termes positifs, la suite

$$\text{(s)} \quad s_1 = u_1, \qquad s_2 = u_1 + u_2, \dots, \qquad s_n = u_1 + u_2 + \dots + u_n, \dots$$

est telle que tous ses termes aillent constamment en croissant; elle est donc convergente ou divergente suivant qu'il restent au-dessous d'une limite fixe, ou qu'ils grandissent indéfiniment.

Dans le premier cas, si tous les termes de la suite (s) sont inférieurs à un nombre positif A, la série (S) est convergente et a une somme au plus égale à A; dans ce cas, la somme d'autant de nombres que l'on voudra pris dans la suite $u_1, u_2, \dots, u_n, \dots$ est inférieure à A. Dans le second cas au contraire, caractérisé par ce fait que, quel que soit le nombre positif A, on peut prendre dans la même suite assez de termes pour que leur somme dépasse A, la série (S) est divergente.

Il résulte de là que si la série (S), à termes positifs, est convergente, elle restera convergente quand on remplacera tels termes que l'on voudra par des nombres positifs plus petits ou lorsqu'on supprimera un nombre fini ou infini de termes (§ 45).

49. Le caractère fondamental des séries convergentes à termes positifs permet de démontrer l'importante proposition que voici :

La série

$$(1) \qquad \frac{1}{1^{1+\alpha}} + \frac{1}{2^{1+\alpha}} + \frac{1}{3^{1+\alpha}} + \ldots + \frac{1}{n^{1+\alpha}} + \ldots,$$

est convergente si α est positif, divergente si α est nul ou négatif [1].

Considérons en effet l'ensemble des termes de cette série qui correspondent à ceux des nombres entiers qui admettent un même nombre de chiffres, p par exemple; il y a $10^p - 10^{p-1} = 9 \times 10^{p-1}$ tels nombres; chacun d'eux est compris entre 10^{p-1} et 10^p; chacun des termes correspondants de la série est donc compris entre $\frac{1}{10^{p(1+\alpha)}}$ et $\frac{1}{10^{(p-1)(1+\alpha)}}$, et la somme de ces termes est comprise entre

$$\frac{9 \times 10^{p-1}}{10^{p(1+\alpha)}} = \frac{9}{10^{1+p\alpha}} \quad \text{et} \quad \frac{9 \times 10^{p-1}}{10^{(p-1)(1+\alpha)}} = \frac{9}{10^{(p-1)\alpha}}.$$

Ceci posé, désignons par s_n la somme des n premiers termes de la série (1), on pourra prendre dans la série

$$(2) \qquad 9 + \frac{9}{10^{\alpha}} + \frac{9}{10^{2\alpha}} + \ldots + \frac{9}{10^{(p-1)\alpha}} + \ldots,$$

assez de termes pour que leur somme dépasse s_n : or, si α est positif, les termes de la série (2) sont les termes d'une progression géométrique décroissante dont la raison est $\frac{1}{10^{\alpha}}$; la somme d'autant de termes que l'on veut est inférieure à

$$\frac{9.10^{\alpha}}{10^{\alpha} - 1}.$$

On a donc, quel que soit n,

$$s_n < \frac{9.10^{\alpha}}{10^{\alpha} - 1}.$$

La série (1) est donc convergente.

---

[1] On doit supposer ici α rationnel, mais cette restriction se lèvera d'elle-même dès que l'on aura défini le sens qu'il convient d'attribuer aux exposants irrationnels.

De même, quel que soit le nombre de termes que l'on prenne dans la série

$$(3) \qquad \frac{9}{10^{1+\alpha}} + \frac{9}{10^{1+2\alpha}} + \ldots + \frac{9}{10^{1+p\alpha}} + \ldots$$

on peut prendre n assez grand pour que s_n dépasse la somme de ces termes : or, si α est nul ou négatif, les termes de cette suite sont égaux ou supérieurs à $\frac{9}{10}$; on peut prendre assez de ces termes pour que leur somme dépasse tel nombre que l'on voudra; dans ce cas la série (1) est divergente; si α est positif, on voit que l'on pourra toujours supposer n assez grand pour que l'on ait

$$s_n \geqq \frac{9}{10^{1+\alpha} - 10},$$

en sorte que, dans ce cas, la somme de la série (1) est comprise entre

$$\frac{9}{10^{1+\alpha} - 10} \quad \text{et} \quad \frac{9.10^\alpha}{10^\alpha - 1};$$

on aurait pu faire le même raisonnement en supposant que la base de la numération fût un nombre entier positif quelconque a et l'on aurait trouvé pour les deux nombres entre lesquels la somme de la série doit être comprise,

$$\frac{a-1}{a^{1+\alpha} - a} \quad \text{et} \quad \frac{(a-1)\,a^\alpha}{a^\alpha - 1}.$$

50. Il importe de fixer l'attention sur la propriété évidente des séries convergentes à termes positifs que voici : Soient S la somme d'une telle série, A et a deux nombres dont le premier est supérieur à S et le second inférieur; on peut prendre dans la série assez de termes pour que leur somme dépasse a; la somme d'un nombre quelconque de termes de la série est inférieure à A. Cette remarque sert dans plusieurs démonstrations.

51. On dit qu'une série est absolument convergente, lorsque la série obtenue en y remplaçant chaque terme par sa valeur absolue est convergente [1]. Qu'une série absolument convergente, en ce sens, soit convergente au sens qui a été donné à ce mot au début de ce chapitre, c'est ce qui a été déjà démontré (§ 45). Au surplus, on va le prouver directement et démontrer en même temps que la *somme* d'une série absolument convergente est la différence entre les sommes de deux séries formées, l'une avec les termes positifs, l'autre avec les valeurs absolues des termes négatifs de la série proposée.

Soit (S) une série absolument convergente, contenant une infinité de termes positifs et de termes négatifs; soient (S'), et (S'') les deux séries formées, l'une avec les termes positifs de (S) rangés dans l'ordre où ils se présentent dans (S), l'autre avec les valeurs absolues des termes négatifs de (S) rangés aussi dans l'ordre où ils se présentent. Soit Σ la somme de la série formée avec les valeurs absolues des termes de (S); soient enfin s_n la somme des n premiers termes de (S), s'_n la somme des n' termes positifs compris parmi ces n termes et s''_n la somme des valeurs absolues des n'' termes négatifs contenus dans s_n. On a :

$$s_n = s'_n - s''_n, \qquad s'_n < \Sigma, \qquad s''_n < \Sigma.$$

Quand n augmente, s'_n et s''_n ne diminuent jamais; quand n augmente indéfiniment, ces mêmes sommes s'_n et s''_n, toujours inférieures à Σ tendent vers des limites S', S'' et, par suite, $s_n = s'_n - s''_n$ tend vers la limite S' — S''; il est d'ailleurs bien aisé de voir que S', S'' sont les sommes des séries (S'), (S''); d'abord ces séries sont convergentes, puisque la somme d'autant de termes que l'on voudra, pris dans l'une ou dans l'autre, ne peut dépasser Σ; puis, quand n augmente indéfiniment, il en est de même de n' et de n'', sans quoi il n'y aurait

---

(1) La nécessité de distinguer entre les séries absolument convergentes et celles qui ne le sont pas, est signalée dans le *Cours d'Analyse* de Cauchy, p. 147; cette distinction joue un rôle essentiel dans le Mémoire de Lejeune Dirichlet *Sur la convergence des séries trigonométriques qui servent à représenter une fonction arbitraire entre des limites données* (*Journal de Crelle*, t. IV, 1829. p. 157); elle a été mise en complète lumière par Riemann dans son Mémoire *Ueber die Darsterbarkeit einer Function durch eine trigonometrische Reihe*, 1854 (*B. Riemann's ges. math. Werke*, p. 221; *Bulletin des Sciences mathématiques et astronomiques*, 1re série, t. V, p. 29). Les remarques de Riemann à ce sujet seront reproduites § 69.

dans (S) qu'un nombre limité de termes positifs ou négatifs; donc, lorsque n augmente indéfiniment, s'_n et s''_n, c'est à dire les sommes des n' premiers termes de la série (S') d'une part, des n'' premiers termes de la série (S'') de l'autre, ne peuvent tendre vers d'autres limites que les sommes respectives S', S'' de ces séries. C'est ce qu'il fallait établir.

S'il n'y avait, dans la série absolument convergente donnée, qu'un nombre limité de termes négatifs, par exemple, la somme de la série serait encore S' — S'', en conservant à S' sa signification et en désignant par S'' la somme des valeurs absolues des termes négatifs.

52. Dans une série absolument convergente, on peut, sans changer la somme de la série, changer l'ordre des termes.

Avant de démontrer cette proposition, il convient d'en préciser la signification : lorsqu'on a affaire à un certain nombre fini d'objets rangés dans un ordre déterminé, il n'y a aucune difficulté à concevoir les mêmes objets, rangés dans un autre ordre. Mais cette notion n'est pas aussi claire lorsqu'on a affaire à un nombre infini d'objets, ou de nombres.

53. Ainsi qu'on l'a dit (§ 20), une suite infinie de nombres

$$(u) \qquad u_1, u_2, \ldots, u_n, \ldots$$

est donnée quand on donne le moyen de calculer un terme quelconque connaissant son rang :

Supposons d'abord qu'un même nombre ne puisse figurer dans cette suite qu'un nombre fini de fois et remarquons que tel est toujours le cas des suites formées par les termes d'une série convergente, puisque les termes ont pour limite zéro quand leur rang augmente indéfiniment; on pourra dire que la suite infinie

$$(v) \qquad v_1, v_2, \ldots, v_n, \ldots,$$

est composée des mêmes nombres que la suite (u), rangés dans un autre ordre si tout nombre qui figure dans l'une des suites figure dans l'autre suite, et cela le même nombre de fois. Cette notion suffit pour les séries convergentes.

Toutefois, on peut se placer à un autre point de vue et supprimer la restriction qui a été imposée à la suite (u).

Soient i et j deux nombres entiers positifs quelconques : imaginons une loi de correspondance entre ces deux nombres telle que lorsque l'un des deux nombres est donné, l'autre le soit aussi; je suppose que la loi de correspondance soit *univoque*, c'est à dire qu'à chaque nombre entier positif i corresponde un seul nombre entier positif j et réciproquement; si j et j' correspondent à i et i', l'une des deux égalités

$$i = i', \quad j = j',$$

entraîne l'autre : par exemple, on peut supposer que si i désigne un nombre pair, son correspondant j soit le nombre impair $i - 1$, et que si i désigne un nombre impair, son correspondant j soit le nombre pair $i + 1$.

On peut encore définir la correspondance de façon à se rapprocher du premier point de vue : la suite des nombres entiers $1, 2, 3, \ldots, n, \ldots$ rangés par ordre de grandeur constitue une suite infinie, à éléments tous distincts. Dès lors on conçoit sans peine une suite infinie composée des mêmes nombres entiers rangés dans un autre ordre, chaque nombre entier positif devant figurer dans cette suite à un rang unique et déterminé; si l'on considère deux telles suites

$$i_1, i_2, \ldots, i_n, \ldots,$$
$$j_1, j_2, \ldots, j_n, \ldots,$$

on pourra dire que deux termes i_n, j_n de même rang sont deux nombres *correspondants* et l'on aura ainsi réalisé une loi de correspondance satisfaisant aux conditions imposées.

Ceci posé, on dira que deux suites infinies

$$u_1, u_2, \ldots, u_i, \ldots,$$
$$v_1, v_2, \ldots, v_j, \ldots,$$

sont composées des mêmes termes rangés dans un ordre différent, si l'on a $u_i = v_j$ dès que les indices i, j se correspondent. On en dira autant des deux séries

$$u_1 + u_2 + \ldots + u_i + \ldots,$$
$$v_1 + v_2 + \ldots + v_j + \ldots$$

54. Si, maintenant, on suppose l'une de ces deux séries absolument convergente, il est aisé de voir qu'il en est de même de l'autre et que les deux sommes sont égales.

Supposons d'abord que la première série soit convergente et ait tous ses termes positifs : Soit A un nombre supérieur à sa somme S; la somme d'autant de termes qu'on voudra, pris dans la première série (et par conséquent aussi dans la seconde) est inférieure à A; donc, la seconde série est convergente, et sa somme est au plus égale à A; soit a un nombre inférieur à S; on pourra prendre dans la première série (et par conséquent dans la seconde) assez de termes pour que leur somme dépasse a; donc la somme de la seconde série est supérieure à a; la somme de la seconde série, supérieure à tout nombre plus petit que S, inférieure à tout nombre plus grand que S est nécessairement égale à S.

Il suffit maintenant de se rappeler qu'une série absolument convergente est égale à la différence entre les sommes de deux séries à termes positifs formées, l'une avec les termes positifs de la série proposée, l'autre avec les valeurs absolues des termes négatifs, et d'observer que, en vertu du précédent raisonnement, les sommes de ces deux séries restent invariables quand on modifie l'ordre de leurs termes pour être bien assuré qu'on peut, sans changer la somme d'une série absolument convergente, changer l'ordre de ses termes.

On verra plus loin qu'il n'en est pas de même pour les séries qui ne sont pas absolument convergentes. Toutefois, même pour celles-là, il est clair que l'on peut changer l'ordre d'un nombre *fini* de termes, car alors, à partir d'un certain rang, les sommes des n premiers termes ne sont pas modifiées.

55. De même, dans une série convergente quelconque, on peut toujours remplacer un nombre fini de termes par leur somme effectuée; ce théorème, pour les séries absolument convergentes, est susceptible d'une grande extension; c'est la théorie des séries à double entrée qui va nous la fournir, toutefois une digression est nécessaire avant d'aborder ce sujet.

56. Concevons une table à double entrée comme la table de multiplication :

1	2	4	7	
3	5	8		
6	9			
10				

mais qui, limitée en haut et à gauche, présente une extension indéfinie à droite et en bas : elle comprend ainsi une infinité de *files* horizontales et de files verticales; chaque file comprend une infinité de *cases*.

On peut évidemment désigner chaque case par deux nombres entiers i, j dont le premier indique le rang de la file verticale, qui contient la case considérée, en comptant les files de gauche à droite, dont le second indique le rang de la file horizontale qui contient la case, en comptant les files de haut en bas. — On peut aussi *numéroter* les cases, comme on l'a fait dans la figure ci-dessus, au moyen d'un seul nombre entier; la loi qui a été adoptée n'a pas besoin d'explication; on aurait pu en adopter une infinité d'autres.

Concevons maintenant qu'on fasse correspondre au nombre entier n qui sert à numéroter une case dans ce second système, le groupe (i, j) de deux nombres entiers, qui désigne la même case dans le premier système; on aura réalisé un mode de correspondance univoque entre chaque nombre entier positif n et chaque groupe de deux nombres entiers positifs (i, j); en sorte que à chaque nombre entier positif corresponde un groupe de deux nombres entiers positifs, et un seul, et que, si les groupes (i, j), (i', j') répondent respectivement aux entiers n, n', l'égalité $n = n'$ entraîne les égalités $i = i'$, $j = j'$ et réciproquement.

Rien n'empêche même de supposer qu'on ait effacé de la table un nombre fini ou infini de cases, en suivant telle loi que l'on voudra, pourvu qu'il en subsiste une infinité, ce qui revient à dire qu'on exclut un nombre fini ou infini de groupes (i, j) ; on pourra toujours réaliser de la même façon une correspondance univoque entre les entiers $1, 2, 3, \ldots, n, \ldots$ et les groupes (i, j) où les symboles i, j doivent prendre séparément toutes les valeurs entières positives $1, 2, 3, \ldots, n, \ldots$, excepté celles qui répondent à des combinaisons exclues. Par exemple, on peut exclure toutes les combinaisons où l'indice j surpasse un nombre entier donné k, ce qui revient à supposer que la table est composée de k files horizontales indéfinies. On fera alors correspondre chacun des nombres $1, 2, 3, \ldots$ à chacune des combinaisons (i, j), obtenues en donnant à i les valeurs $1, 2, 3, \ldots, n, \ldots$ et à j les valeurs $1, 2, 3, \ldots, k$. Dans ce cas, on pourra, si l'on veut, faire correspondre à chaque couple (i, j) le nombre unique $(i - 1)k + j$. Supposons, comme dernier exemple, que, après avoir numéroté toutes les cases au moyen de deux nombres i, j, on efface toutes les cases où les nombres i, j ne sont pas premiers entre eux et que l'on remplace le symbole (i, j) par le symbole $\frac{i}{j}$, puis que l'on numérote, en suivant une loi quelconque, les cases restantes au moyen des nombres $1, 2, 3, \ldots$; on aura réalisé une correspondance univoque entre chaque nombre entier positif et chaque nombre rationnel positif, résultat d'apparence un peu paradoxale, qui a été signalé pour la première fois par M. Cantor ([1]).

Plus généralement, on peut établir une correspondance univoque entre chaque entier positif n et chaque groupe de p nombres entiers positifs $(i, j, k, \ldots, s)$, en sorte que, à chaque entier positif n corresponde un groupe déterminé $(i, j, k, \ldots, s)$ et réciproquement, et que, si n et n' correspondent respectivement aux groupes $(i, j, k, \ldots, s)$, $(i', j', k', \ldots, s')$, l'égalité $n = n'$ entraîne les égalités

$$i = i', \quad j = j', \quad k = k', \ldots, \quad s = s',$$

([1]) *Acta Mathematica*, t. II, p. 306.

et réciproquement. Cette correspondance peut être établie, soit que dans le symbole $(i, j, k, \ldots, s)$ on doive donner séparément aux lettres $i, j, k, \ldots, s$ toutes les valeurs positives entières $1, 2, 3, \ldots$; soit que l'on veuille exclure un nombre fini ou infini de combinaisons, les combinaisons conservées devant toutefois être en nombre infini.

Pour le montrer, il suffit de remarquer que l'équation

$$i + j + k + \ldots + s = \mathrm{N},$$

où N est un nombre entier positif donné et où l'on regarde les lettres $i, j, k, \ldots, s$ comme les inconnues, n'admet qu'un nombre fini de solutions en nombres entiers positifs; rangeons sur une ligne horizontale, dans un ordre déterminé quelconque, tous les groupes qui répondent à ces diverses solutions, sauf, s'il y a lieu, ceux qui doivent être exclus; par exemple, on pourra convenir que le groupe $(i, j, k, \ldots, s)$ précèdera le groupe $(i', j', k', \ldots, s')$, si l'on a $i > i'$; dans le cas où $i = i'$, si l'on a $j > j'$; dans le cas où l'on a $i = i'$, $j = j'$, si l'on a $k > k'$, etc.

Donnons à N successivement les valeurs p, $p + 1$, $p + 2, \ldots$: pour $\mathrm{N} = p$, on aura un seul groupe $(1, 1, 1, \ldots, 1)$, que l'on mettra le premier sur la ligne horizontale, on le fera suivre des groupes qui répondent à l'hypothèse $\mathrm{N} = p + 1$, rangés comme on vient de l'expliquer, ou tout autrement, puis on placera les groupes qui répondent à l'hypothèse $\mathrm{N} = p + 2, \ldots$; tous les groupes possibles

$$(i, j, k, \ldots, s) \quad (i = 1, 2, 3, \ldots, \quad j = 1, 2, 3, \ldots, \ldots, \quad s = 1, 2, 3, \ldots)$$

seront ainsi rangés sur une ligne horizontale (sauf ceux que l'on aura voulu exclure), d'après une loi déterminée; il suffira maintenant de faire correspondre chaque groupe à son rang n, pour avoir réalisé la correspondance cherchée.

On voit tout ce qui reste d'arbitraire dans la façon dont on a procédé d'ailleurs, au lieu de l'équation

$$i + j + k + \ldots + s = \mathrm{N},$$

on aurait pu considérer toute autre équation, telle que

$$i j k \ldots s = \mathrm{N},$$
$$i^2 + j^2 + k^2 + \ldots + s^2 = \mathrm{N},$$
$$\ldots\ldots\ldots\ldots\ldots\ldots\ldots\ldots\ldots$$

qui n'admet qu'un nombre limité de solutions positives entières quand on donne pour le second membre N une valeur positive entière, et dans laquelle le premier membre prend une valeur positive entière quand on donne de telles valeurs aux inconnues $i, j, k, \ldots, s$. Remarquons enfin que, de même que l'on peut exclure certains groupes $(i, j, k, \ldots, s)$, on peut aussi exclure un nombre fini ou infini de la suite 1, 2, 3, ..., pourvu qu'il en reste un nombre infini, et établir une correspondance univoque entre chacun des nombres entiers n non exclus et chacun des groupes $(i, j, k, \ldots, s)$ non exclus.

57. Je rentre maintenant dans la théorie des séries.

Soit donnée une suite infinie

$$(1) \qquad u_1, u_2, \ldots, u_n, \ldots,$$

on peut en faire une suite à double entrée,

$$(2) \qquad \left\{ \begin{array}{l} v_{11}, v_{12}, \ldots, v_{1n}, \ldots, \\ v_{21}, v_{22}, \ldots, v_{2n}, \ldots, \\ \ldots\ldots\ldots\ldots\ldots\ldots \\ v_{n1}, v_{n2}, \ldots, v_{n,n}, \ldots, \\ \ldots\ldots\ldots\ldots\ldots\ldots \end{array} \right.$$

en établissant une correspondance univoque entre chaque entier positif n et chaque couple d'entiers positifs (i, j), et en convenant de prendre $v_{ij} = u_n$ toutes les fois que n et (i, j) se correspondent. Inversement, si l'on considère l'ensemble des nombres v_{ij}, où i et j doivent prendre séparément toutes les valeurs 1, 2, 3, ..., en excluant, si l'on veut, certaines combinaisons, on dira que cet ensemble est *donné* si l'on donne le moyen de calculer le nombre v_{ij}, connaissant les deux indices i, j. Un tel ensemble étant donné, on peut le transformer en une suite ordinaire

$$u_1, u_2, \ldots, u_n, \ldots$$

au moyen de la même correspondance entre chaque entier positif n et chaque couple (i, j) et de la supposition $u_n = v_{ij}$, lorsque n et (i, j) se correspondent.

De même la suite simple dont le terme général est u_n, peut être transformée en une suite à triple entrée, dont le terme général est w_{ijk}, en établissant une correspondance entre chaque entier positif n et chaque groupe de trois nombres entiers positifs (i, j, k), et en convenant de supposer $w_{ijk} = u_n$ toutes les fois que n et (i, j, k) se correspondent. On peut aussi effectuer la transformation inverse, etc.

Je suppose maintenant que $u_1, u_2, \ldots, u_n, \ldots$ soient les éléments d'une série absolument convergente

$$u_1 + u_2 + \ldots + u_n + \ldots, \tag{3}$$

dont on représentera la somme par $\sum_{n=1}^{n=\infty} u_n = \mathrm{S}$, et que l'on ait rangé ces nombres dans les cases d'un tableau à double entrée tel que le tableau (2), je vais montrer que les séries

$$(4)\quad \left\{\begin{array}{l} v_{11} + v_{12} + \ldots + v_{1n} + \ldots, \\ v_{21} + v_{22} + \ldots + v_{2n} + \ldots, \\ \ldots\ldots\ldots\ldots\ldots\ldots\ldots\ldots \\ v_{p1} + v_{p2} + \ldots + v_{pn} + \ldots, \\ \ldots\ldots\ldots\ldots\ldots\ldots\ldots\ldots \end{array}\right.$$

sont absolument convergentes; que, si l'on représente leurs sommes respectives par $s_1, s_2, \ldots, s_p, \ldots$, il en sera de même de la série

$$s_1 + s_2 + \ldots + s_p + \ldots \tag{5}$$

dont la somme est aussi S, en sorte que l'on aura l'égalité

$$\mathrm{S} = \sum_{n=1}^{n=\infty} u_n = \sum_{j=1}^{j=\infty} v_{1j} + \sum_{j=1}^{j=\infty} v_{2j} + \ldots + \sum_{j=1}^{j=\infty} v_{ij} + \ldots, \tag{6}$$

ou, d'une façon plus condensée encore,

$$\sum_{n=1}^{n=\infty} u_n = \sum_{i=1}^{i=\infty} \sum_{j=1}^{j=\infty} v_{ij}. \tag{6 bis}$$

Réciproquement étant donné un tableau tel que (2), si on le transforme en une suite simple (1), si les séries (4) sont absolument convergentes, si, en désignant par $\sigma_1, \sigma_2, \ldots, \sigma_p, \ldots$ les sommes des séries qui s'en déduisent en remplaçant chaque terme par sa valeur absolue, la série

$$\sigma_1 + \sigma_2 + \ldots + \sigma_p + \ldots, \tag{7}$$

est convergente, la série $u_1 + u_2 + \ldots + u_n + \ldots$ sera absolument convergente et l'égalité (6) subsistera. Ce théorème et la démonstration qui va en être donnée, s'étendent sans peine aux séries à triple, quadruple, ... entrée.

Remarquons enfin que, dans le cas où quelques-unes des combinaisons (i, j) auraient dû être exclues, on n'aurait qu'à supprimer les termes correspondants des séries (4).

Supposons d'abord que tous les nombres u et par conséquent tous les nombres v soient positifs. Il est clair alors que les séries (4) sont convergentes et que la somme de chacune d'elles ne peut dépasser la somme S de la série $u_1 + u_2 + \ldots$; désignons maintenant en général par $s_p^{(n)}$ la somme des n premiers termes de la série

$$v_{p1} + v_{p2} + v_{pn} + \ldots$$

et considérons la somme

$$s_1^{(n)} + s_2^{(n)} + \ldots + s_p^{(n)}.$$

Comme elle ne comprend qu'un nombre limité de termes de la suite (1), elle est inférieure à S; laissant p fixe, faisons croître indéfiniment n, $s_1^{(n)}$, $s_2^{(n)}$, $s_p^{(n)}$ tendront respectivement vers les sommes $s_1, s_2, \ldots, s_p$ des p premières séries (4); on a donc :

$$s_1 + s_2 + \ldots + s_p \leqq S$$

et cela quel que soit p; cette inégalité montre que la série (5)

$$s_1 + s_2 + \ldots + s_p + \ldots$$

est convergente et que la somme de cette série est au plus égale à S. Soit maintenant a un nombre quelconque inférieur à S; on peut prendre dans la suite (1) assez de termes pour que leur somme soit supérieure à a, cela revient à dire que l'on peut prendre assez de termes dans les séries (4) pour que leur somme dépasse a, ou encore que l'on peut prendre n et p assez grands, pour que l'on ait

$$s_1^{(n)} + s_2^{(n)} + \ldots + s_p^{(n)} > a,$$

mais le premier membre est évidemment inférieur à la somme de la série (5); donc, *a fortiori*, cette dernière somme est-elle supérieure à a, ou à tout nombre plus petit que S, comme elle ne peut dépasser S, elle est égale à S.

Réciproquement, si l'on se donne le tableau (2) composé d'éléments tous positifs, si les séries (4) sont convergentes, et s'il en est de même de la série (5) formée avec leurs sommes, la série (3) dont les éléments correspondent un à un aux éléments du tableau (1) sera convergente et aura une somme égale à celle de la série (5). En effet, la convergence de la série (3) est manifeste : la somme d'autant de termes que l'on veut s'obtient en ajoutant un certain nombre de termes pris dans les séries (4), or une somme ainsi formée ne peut dépasser la somme de la série (5); dès lors on peut appliquer le théorème direct et l'égalité entre les sommes des séries (3) et (5) en résulte.

Supposons maintenant que la série (2), tout en étant absolument convergente, contienne des termes positifs et des termes négatifs; si l'on remplace tous les termes par leurs valeurs absolues, le raisonnement précédent montre encore que les séries (4) sont absolument convergentes et qu'il en est de même de la série

$$(5) \qquad s_1 + s_2 + s_3 + \ldots$$

formée avec leurs sommes respectives, car les termes de cette série sont inférieurs en valeur absolue aux termes correspondants de la série

$$(7) \qquad \sigma_1 + \sigma_2 + \sigma_3 + \ldots$$

formée avec les sommes des séries déduites des séries (4) en remplaçant chaque terme par sa valeur absolue.

Ceci posé, la somme S de la série (3) est égale à la différence entre les sommes S′ et S″ de deux séries formées, l'une avec les termes positifs, l'autre avec les valeurs absolues des termes négatifs de la série (3); de même, les sommes s_1, s_2, s_3, ... des séries (4) sont respectivement égales aux différences $s'_1 - s''_1$, $s'_2 - s''_2$, $s'_3 - s''_3$, ... entre les sommes des séries à termes positifs que l'on déduit de la même façon des séries (4). D'ailleurs, si du tableau (2) on supprime tous les termes négatifs, les éléments qui restent correspondront un à un aux termes positifs de la série (3), c'est à dire aux éléments de la série dont la somme est S′; en appliquant maintenant le théorème qu'on vient de démontrer dans le cas des séries à termes positifs, on voit que l'on a

$$s' = s'_1 + s'_2 + s'_3 + \ldots,$$

on aura de même

$$s'' = s''_1 + s''_2 + s''_3 + \ldots$$

et par conséquent

$$s' - s'' = (s'_1 - s''_1) + (s'_2 - s''_2) + (s'_3 - s''_3) + \ldots$$

ou enfin

$$S = s_1 + s_2 + s_3 + \ldots$$

C'est ce qu'il fallait démontrer. Quant à la réciproque, énoncée plus haut, elle résulte du théorème direct, puisque, dans l'hypothèse où on se place, la série (3), dont les éléments correspondent aux éléments du tableau à double entrée (2), est absolument convergente, en vertu de la convergence de la série à termes positifs (7).

Sous les conditions imposées dans l'énoncé de cette réciproque, à savoir la convergence absolue des séries (4) et de la série (7); ou sous la seule condition de la convergence absolue de la série (3), il est permis de parler de la somme S des éléments du tableau (2), somme que l'on désigne sous le nom de série à double entrée, l'égalité (6) ou (6 *bis*) montre comment on peut calculer cette somme; au surplus, il est clair que l'on aurait tout aussi bien pu écrire

$$s = \sum_{i=1}^{i=\infty} v_{i1} + \sum_{i=1}^{i=\infty} v_{i2} + \ldots + \sum_{i=1}^{i=\infty} v_{in} + \ldots = \sum_{j=1}^{j=\infty} \sum_{i=1}^{i=\infty} v_{ij},$$

en effectuant d'abord les sommations des éléments contenus dans une file verticale, etc. La somme S de la série à double entrée se représente encore souvent par le symbole

$$\sum_{i,j} v_{i,j}, \quad (i, j = 1, 2, 3, \ldots).$$

On peut considérer de même des séries à triple entrée; soit w_{ijk} un symbole à trois indices; le tableau à *triple entrée* formé par les éléments w_{ijk} doit être regardé comme donné quand on donne le moyen de calculer le terme w_{ijk}, lorsqu'on connaît les trois indices

i, j, k; l'ensemble des éléments peut être arrangé en une suite simple u_1, u_2, u_3, ..., comme il a été expliqué précédemment; si la série $u_1 + u_2 + u_3 + \ldots$ est absolument convergente et a pour somme S, on aura

$$S = \sum_{k=1}^{k=\infty} \sum_{j=1}^{j=\infty} \sum_{i=1}^{i=\infty} w_{ijk},$$

les sommations peuvent d'ailleurs être effectuées dans un ordre quelconque; au surplus, la façon détaillée dont on a traité le cas des séries à double entrée permettra au lecteur de constituer sans peine la théorie des séries à entrée multiple. Je me bornerai à donner quelques applications relatives aux séries à double entrée.

58. Supposons que l'on ait

$$v_{ij} = a_i b_j,$$

et que les deux séries

$$(a) \qquad a_1 + a_2 + a_3 + \ldots,$$

$$(b) \qquad b_1 + b_2 + b_3 + \ldots,$$

soient absolument convergentes : désignons-en les sommes par A et B; il est aisé de voir que l'on a

$$\sum_{i,j} v_{ij} = \sum_{i=1}^{i=\infty} a_i \sum_{j=1}^{j=\infty} b_j = AB;$$

supposons d'abord que tous les nombres a, b soient positifs, les séries (4), si l'on conserve les notations du paragraphe précédent, sont évidemment convergentes et l'on a

$$s_p = \sum_{j=1}^{j=\infty} v_{pj} = a_p b_1 + a_p b_2 + a_p b_3 + \ldots = a_p B,$$

par conséquent

$$s_1 + s_2 + s_3 + \ldots = a_1 B + a_2 B + a_3 B \ldots,$$

ce qui montre que la série qui figure au premier membre est convergente et a pour somme

$$(a_1 + a_2 + a_3 + \ldots) B = AB.$$

Si les deux séries (a), (b), supposées toujours absolument convergentes, contiennent des termes positifs et des termes négatifs, on voit de suite, en conservant toujours les notations du paragraphe précédent, que les séries (4) et (7) sont absolument convergentes : il suffit, pour le voir, de supposer qu'on remplace tous les nombres a, b par leurs valeurs absolues : en sorte que, en employant le langage qui a été expliqué plus haut, on peut dire que la série à double entrée

$$\sum_{i,j} a_i b_j \quad (i, j = 1, 2, \ldots),$$

est absolument convergente; dès lors les égalités

$$s_p = a_p B,$$
$$s_1 + s_2 + s_3 + \ldots = AB,$$

subsistent évidemment.

Si maintenant on transforme la série à double entrée en une série simple, par le procédé qui a été expliqué précédemment, en rapprochant tous les termes dans lesquels la somme des indices est constante, on en conclut que la série,

$$\text{(I)} \qquad a_1 b_1 + a_1 b_2 + a_2 b_1 + a_1 b_3 + a_2 b_2 + a_3 b_1 + \ldots$$

est absolument convergente et que sa somme est égale à AB.

Si, d'ailleurs, au lieu de la série (I), on considère la série (II), dont le $(n-1)^{\text{ième}}$ terme est

$$\text{(II)} \qquad a_1 b_{n-1} + a_2 b_{n-2} + \ldots + a_{n-1} b_1,$$

on voit, d'après une remarque faite à la fin du paragraphe 41, que cette série est convergente et a la même somme que la série (I). On a donc le théorème suivant :

Si les deux séries

$$a_1 + a_2 + \ldots + a_n + \ldots,$$
$$b_1 + b_2 + \ldots + b_n + \ldots,$$

sont absolument convergentes, il en est de même de la série dont les termes successifs sont

$$a_1 b_1, \quad a_1 b_2 + a_2 b_1, \quad a_1 b_3 + a_2 b_2 + a_3 b_1; \ldots,$$
$$a_1 b_{n-1} + a_2 b_{n-2} + \ldots + a_{n-1} b_1, \ldots$$

et la somme de cette dernière série est le produit des sommes des deux séries proposées.

59. Voici une autre application, qui fournira la démonstration d'une curieuse et importante identité numérique due à Euler ([1]) et qui montrera la puissance de transformation du procédé qui consiste à changer une série simple en série à double entrée.

La suite des nombres entiers 2, 3, 4, ..., peut être disposée dans un tableau à double entrée, par le procédé suivant, que le lecteur saisira sans peine, s'il veut bien se reporter à la règle que l'on donne dans les traités d'arithmétique, pour la formation d'une table de nombres premiers.

Supposons d'abord écrite la suite indéfinie

(1) $$2, 3, 4, 5, 6, 7, \ldots$$

Imaginons qu'on place, sur une première ligne horizontale, tous les nombres pairs 2, 4, 6, ..., que l'on barrera en même temps de la suite (1), puis que, pour placer sur la seconde ligne horizontale, on prenne dans la suite (1), à partir du premier nombre non barré 3, tous les nombres de trois en trois, sauf ceux qui ont été déjà barrés, en sorte que cette seconde ligne contienne tous les nombres impairs divisibles par trois,

$$3, 9, 15, 21, \ldots;$$

que ces nombres soient barrés de la suite (1); que, pour placer sur la troisième ligne, l'on prenne dans la suite (1) à partir du premier nombre non barré 5, tous les nombres de cinq en cinq, sauf ceux qui ont déjà été barrés, et que, en même temps, on les barre dans la suite (1), on aura ainsi pour la troisième ligne les nombres

$$5, 25, 35, 55, \ldots$$

etc.

([1]) *Introductio in analysin infinitorum*, § 283; voyez aussi *B. Riemann's Werke*, p. 136: *Ueber die Anzahl der Primzahlen unter eine gegebene Grösse.*

Le premier élément de chaque ligne horizontale est un nombre premier p; tous les éléments de cette ligne sont divisibles par ce nombre premier p et, si on les divise par ce nombre, on aura pour quotients ceux des nombres de la suite 1, 2, 3, ... qui ne sont divisibles par aucun des nombres premiers inférieurs à p; ainsi les éléments de la première ligne divisée par 2 seront les nombres 1, 2, 3, ...; les éléments de la seconde ligne divisés par trois seront les nombres impairs, ceux de la troisième ligne divisés par 5 seront les nombres premiers à 2 et à 3, etc... On peut dire encore que les éléments de chaque ligne, divisés par le premier élément, sont les nombres qui subsistent dans la suite 1, 2, 3, ... lorsqu'on en a supprimé tous les nombres contenus dans les lignes précédentes.

Ceci posé, soit r un nombre positif plus grand que un, affectons tous les éléments de la suite 2, 3, 4, ..., etc., du tableau à double entrée de l'exposant $-r$; soit enfin

$$s = \frac{1}{1^r} + \frac{1}{2^r} + \frac{1}{3^r} + \dots$$

Le second membre est, comme on sait, une série convergente et l'on a défini, dans ce qui précède, un mode particulier de transformation en série à double entrée de la série

$$s - 1 = \frac{1}{2^r} + \frac{1}{3^r} + \frac{1}{4^r} + \dots$$

Faisons les sommes des séries partielles répondant à chaque ligne horizontale du tableau, et désignons en général par s_p la somme des éléments de la ligne qui commence par le nombre premier p, et par p' le nombre premier immédiatement inférieur à p; la loi d'après laquelle on a formé le tableau fournit immédiatement les égalités suivantes :

$$s_2 = \frac{1}{2^r} s,$$

$$s_3 = \frac{1}{3^r} (s - s_2),$$

$$s_5 = \frac{1}{5^r} (s - s_2 - s_3),$$

$$\dots\dots\dots\dots\dots\dots\dots$$

$$s_p = \frac{1}{p^r} (s - s_2 - s_3 - \dots - s_{p'}),$$

d'où l'on déduira sans peine

$$s_p = \frac{s}{p^r}\left(1 - \frac{1}{2^r}\right)\left(1 - \frac{1}{3^r}\right)\cdots\left(1 - \frac{1}{p'^r}\right),$$

$$s - s_2 - s_3 - s_5 - \dots - s^{p'} = p^r s_p$$
$$= \left(1 - \frac{1}{2^r}\right)\left(1 - \frac{1}{3}\right)\left(1 - \frac{1}{5^r}\right)\cdots\left(1 - \frac{1}{p'^r}\right)s,$$

lorsque p augmente indéfiniment, la somme $s_1 + s_2 + s_3 + \dots s_p$, a pour limite la somme $s - 1$ de la série $\frac{1}{2} + \frac{1}{3^r} + \frac{1}{4^r} + \dots$, le premier membre de la dernière égalité a donc pour limite l'unité; par conséquent le produit infini

$$\left(1 - \frac{1}{2^r}\right)\left(1 - \frac{1}{3^r}\right)\left(1 - \frac{1}{5}\right)\cdots\left(1 - \frac{1}{p^r}\right)\cdots$$

où figure, dans les dénominateurs, la suite des nombres premiers, a pour valeur l'inverse de la somme de la série

$$\frac{1}{1^r} + \frac{1}{2^r} + \frac{1}{3^r} + \dots,$$

où figure, dans les dénominateurs, la suite des nombres entiers.

60. Ce qui précède suffit pour que l'on comprenne le rôle que les séries absolument convergentes jouent dans l'analyse, à cause de la façon dont on peut les manier et les transformer; il en est tout autrement des séries qui sont convergentes sans l'être absolument; leur somme dépend alors essentiellement de l'ordre des termes.

Soit (S) en effet une telle série; soient s_p la somme des p premiers termes positifs, s_q la somme des valeurs absolues des q premiers termes négatifs; la série n'étant pas absolument convergente, on doit supposer que s_p, s_q augmentent indéfiniment avec p et q; la série étant convergente, on doit supposer que les termes ont pour limite zéro quand leur rang augmente indéfiniment : dans ces conditions je vais montrer que la limite de la différence $s_p - s_q$ dépend essentiellement de la façon dont on fait croître p et q, et qu'on peut faire croître ces deux nombres de façon que la différence $s_p - s_q$ ait pour limite tel nombre a que l'on voudra.

En effet, à chaque nombre q correspond un nombre p, tel que l'on ait

$$s_p > s_q + a \geqq s_{p-1},$$

ou

$$s_p - s_q > a \geqq s_{p-1} - s_q;$$

la différence

$$s_p - s_q - (s_{p-1} - s_q) = s_p - s_{p-1},$$

est un terme de la série qui tend vers zéro lorsque q, et par conséquent p, augmente indéfiniment : il faut donc que, dans ces conditions, les deux nombres $s_p - s_q$, $s_{p-1} - s_q$ aient a pour limite.

On peut encore présenter les choses comme il suit : Écrivons d'abord les premiers termes positifs de (S), dans l'ordre où ils se présentent, et arrêtons-nous dès que leur somme dépasse a; écrivons à la suite les premiers termes négatifs de (S), sans changer leur ordre, et arrètons-nous dès que la somme de tous les termes écrits est inférieure à a; écrivons à la suite des termes positifs de (S), en commençant par le premier de ceux qui ont été négligés, et arrètons-nous dès que la somme de tous les termes écrits est supérieure à a; recourons ensuite aux termes négatifs, etc... En continuant ainsi indéfiniment, on formera une nouvelle série, composée des mêmes termes que (S) et dans laquelle la somme des n premiers termes est tantôt plus petite, tantôt plus grande que a; on voit sans peine que cette somme lorsque n augmente indéfiniment, a a pour limite.

61. L'intérêt qui s'attache aux séries à termes positifs, se retrouve dans les produits infinis

$$\text{(P)} \qquad (1 + u_1)(1 + u_2)\ldots(1 + u_n)\ldots$$

pour lesquels tous les nombres $u_1, u_2, \ldots, u_n, \ldots$ sont positifs. Il est aisé, tout d'abord, d'avoir la condition de convergence d'un tel produit; le produit

$$p_n = (1 + u_1)(1 + u_2)\ldots(1 + u_n)$$

des n premiers facteurs va évidemment en augmentant avec n; il suffit, pour la convergence, qu'il n'augmente pas indéfiniment avec n; or ce produit est évidemment supérieur à

$$1 + u_1 + u_2 + \ldots + u_n.$$

Il faut donc que la somme s_n des n premiers termes de la série à termes positifs

$$\text{(S)} \qquad u_1 + u_2 + \ldots + u_n + \ldots,$$

ne croisse pas indéfiniment quand n augmente indéfiniment, ce qui revient à dire que la série (S) doit être convergente. Réciproquement, il est aisé de voir que, s'il en est ainsi, le produit (P) est convergent; en effet si l'on se donne un nombre positif $\varepsilon < 1$, il existe un entier positif n tel que, quel que soit l'entier positif r, on ait

$$u_{n+1} + u_{n+2} + \ldots + u_{n+r} < \varepsilon;$$

on a d'ailleurs

$$p_{n+r} = p_n (1 + u_{n+1})(1 + u_{n+2}) \ldots (1 + u_{n+r});$$

mais il est clair que l'on a

$$(1 + u_{n+1})(1 + u_{n+2}) \ldots (1 + u_{n+r})$$
$$< 1 + \varepsilon + \varepsilon^2 + \ldots + \varepsilon^r < \frac{1}{1-\varepsilon};$$

donc

$$p_{n+r} < p_n \frac{1}{1-\varepsilon};$$

lors donc que r augmente indéfiniment, p_{n+r} reste au-dessous d'une limite fixe et par suite le produit P est convergent.

On pourrait encore, d'une façon plus directe, remarquer que l'on a

$$p_n < 1 + \frac{s_n}{1} + \frac{s_n^2}{1.2} + \ldots + \frac{s_n^n}{1.2.3 \ldots n}$$
$$< 1 + \frac{K}{1} + \frac{K^2}{1.2} + \ldots + \frac{K^n}{1.2.\ldots n} + \ldots$$

où K désigne un nombre quelconque supérieur à la somme de la série (S) : la série qui figure dans le second membre est toujours convergente, comme on le verra bientôt.

Les produits convergents à termes tous positifs tels que (P) jouissent de la propriété suivante, analogue à celle qui a été signalée § 50, pour les séries à termes positifs : si A et a désignent des nombres supérieur et inférieur à la valeur du produit, d'une part le produit d'un nombre quelconque de facteurs pris dans la suite

$$1 + u_1, \quad 1 + u_2, \quad 1 + u_3, \ldots, \quad 1 + u_n, \ldots$$

est toujours inférieur à A; d'autre part, on peut toujours prendre dans cette suite assez de facteurs pour que leur produit dépasse a; on déduit de là, par un raisonnement pareil à celui qui a été employé pour les séries, que la valeur du produit (P) est indépendante de l'ordre des facteurs.

62. Considérons maintenant un produit infini de la forme

$$(\mathrm{P}') \qquad (1-u_1)(1-u_2)\ldots(1-u_n)\ldots,$$

où tous les nombres $u_1, u_2, \ldots, u_n, \ldots$ sont positifs. Je vais montrer que la convergence de la série

$$(\mathrm{S}) \qquad u_1+u_2+\ldots+u_n+\ldots$$

est encore la condition nécessaire et suffisante pour que le produit infini (P') soit convergent.

Je supposerai, dans la démonstration, que les nombres $u_1, u_2, \ldots, u_n, \ldots$ sont tous plus petits qu'un nombre $\alpha < 1$; cette restriction sera levée plus tard.

En désignant par p'_n le produit des n premiers facteurs de (P'), on aura

$$\frac{1}{p'_n}=\left(1+\frac{u_1}{1-u_1}\right)\left(1+\frac{u_2}{1-u_2}\right)\cdots\left(1+\frac{u_n}{1-u_n}\right);$$

comme tous les nombres

$$\frac{u_1}{1-u_1}, \quad \frac{u_2}{1-u_2}, \quad \ldots, \quad \frac{u_n}{1-u_n}, \quad \ldots$$

sont positifs; il faut et il suffit, pour que $\frac{1}{p'_n}$ tende vers une limite quand n augmente indéfiniment, que la série à termes positifs

$$(\mathrm{S}') \qquad \frac{u_1}{1-u_1}+\frac{u_2}{1-u_2}+\ldots+\frac{u_n}{1-u_n}+\ldots$$

soit convergente; or les termes de cette série sont compris entre les termes de même rang des deux séries

$$\frac{u_1}{1-\alpha}+\frac{u_2}{1-\alpha}+\ldots+\frac{u_n}{1-\alpha}+\ldots,$$
$$u_1+u_2+\ldots+u_n+\ldots,$$

qui sont convergentes en même temps (§ 44), et en même temps que la série S', puisque la somme d'autant de termes que l'on voudra pris dans cette série est inférieure à la somme de la première série supposée convergente et supérieure à la somme des termes correspondants de la seconde. Donc, pour que $\frac{1}{p'_n}$ tende vers une limite, ou pour que p'_n tende vers une limite différente de zéro, quand n augmente indéfiniment, il faut et il suffit que la série (S) soit convergente : si cette série était divergente, p'_n aurait pour limite zéro.

La valeur du produit infini

$$\left(1+\frac{u_1}{1-u_1}\right)\left(1+\frac{u_2}{1-u_2}\right)\cdots\left(1+\frac{u_n}{1-u_n}\right)\cdots,$$

supposé convergent, étant indépendante de l'ordre de ses facteurs, il en est de même pour le produit

$$(1-u_1)(1-u_2)\ldots(1-u_n)\ldots$$

63. Soit enfin un produit

$$\text{(Q)} \qquad (1+v_1)(1+v_2)\ldots(1+v_n)\ldots$$

pour lequel les nombres $v_1, v_2, \ldots, v_n, \ldots$ peuvent être positifs ou négatifs, mais sont tels que la série

$$v_1+v_2+\ldots+v_n+\ldots,$$

soit absolument convergente; je suppose de plus que tous ces nombres soient, en valeurs absolues, plus petits qu'un nombre positif $\alpha < 1$; si l'on désigne par $u_1, u_2, \ldots, u_i, \ldots$ ceux des nombres $v_1, v_2, \ldots, v_n, \ldots$ qui sont positifs, et par u'_1, u'_2, u'_j ceux qui sont négatifs; les deux produits

$$(1+u_1)(1+u_2)\ldots(1+u_i)\ldots,$$
$$(1+u'_1)(1+u'_2)\ldots(1+u'_i)\ldots,$$

sont convergents et le second a une limite différente de zéro; un raisonnement pareil à celui qui a été employé pour les séries montrera que le produit des n premiers facteurs du produit infini Q, lorsque n augmente indéfiniment, a une limite égale au produit des valeurs des deux produits infinis qui précèdent (§ 50).

Enfin, on peut s'affranchir de la restriction imposée aux termes de la série

$$v_1 + v_2 + \dots + v_n + \dots,$$

d'être, en valeur absolue, plus petits que un, pourvu que cette série soit absolument convergente. A partir d'un certain rang n, en effet, les termes satisferont certainement à cette condition, on est donc assuré que le produit infini

$$(1 + v_{n+1})(1 + v_{n+2}) \dots (1 + v_{n+r}) \dots$$

est convergent et a une limite différente de zéro; soit T cette limite; le produit des m premiers facteurs du produit infini

$$(1 + v_1)(1 + v_2) \dots (1 + v_{n+r}) \dots,$$

lorsque m grandira indéfiniment, aura pour limite

$$\mathrm{T}.(1 + v_1)(1 + v_2) \dots (1 + v_n).$$

Cette limite sera différente de zéro, si aucun des facteurs $1 + v_1$, $1 + v_2$, ..., $1 + v_n$ n'est égal à zéro.

On peut maintenant énoncer les définitions et les propriétés qui suivent :

Un produit infini

$$(1 + u_1)(1 + u_2) \dots (1 + u_n) \dots$$

où les nombres u_1, u_2, ..., u_n, ... peuvent être positifs ou négatifs, est dit absolument convergent si la série

$$u_1 + u_2 + \dots + u_n + \dots,$$

est absolument convergente.

Le produit des n premiers facteurs d'un produit absolument convergent tend, lorsque n augmente indéfiniment, vers une limite; cette limite est la *valeur du produit;* elle est indépendante de l'ordre des facteurs du produit infini; elle est nulle si l'un de ces facteurs est nul, et seulement dans ce cas.

On voit que les produits absolument convergents sont maniables au même degré que les séries absolument convergentes.

64. On peut transformer un produit infini *simple* absolument convergent

$$(P) \qquad (1+u_1)(1+u_2)\dots(1+u_n)\dots,$$

en un produit infini à double entrée, en établissant une loi de correspondance entre chaque entier positif n et chaque couple (α, β) de deux entiers positifs et en posant

$$v_{\alpha\beta} = u_n,$$

quand n et (α, β) se correspondent; les produits

$$P_\alpha = (1+v_{\alpha 1})(1+v_{\alpha 2})\dots(1+v_{\alpha n})\dots$$

sont absolument convergents et il en est de même du produit

$$P_1 P_2 \dots P_n, \dots$$

dont la valeur est égale à celle du produit (P). On écrit cette proposition sous la forme

$$\prod_{n=1}^{n=\infty}(1+u_n) = \prod_{\alpha=1}^{\alpha=\infty}\prod_{\beta=1}^{\beta=\infty}(1+v_{\alpha\beta})$$
$$= \prod_{\alpha,\beta}(1+v_{\alpha,\beta}), \quad \left(\begin{matrix}\alpha\\ \beta\end{matrix} = 1, 2, 3, \dots\right).$$

Le lecteur établira sans aucune peine toute cette théorie; il pourra s'exercer à l'appliquer à la démonstration de l'identité suivante, où q désigne un nombre plus petit que un en valeur absolue,

$$(1+q)(1+q^2)(1+q^3)\dots(1+q^n)\dots = \frac{1}{(1-q)(1-q^3)\dots(1-q^{2n+1})\dots};$$

c'est une conséquence facile d'une identité établie au paragraphe 42 [1].

65. En raison des propriétés des séries absolument convergentes, il est très utile de savoir décider si une série à termes positifs est, ou n'est pas, convergente. Je vais donner, dans ce but, les règles les plus simples et les plus usuelles.

Un premier procédé, celui dont dérivent d'ailleurs presque tous les

---

[1] Cette identité signalée par Euler, dans l'*Introductio in analysin infinitorum* (§ 326), intervient dans la théorie des fonctions elliptiques; voyez Jacobi: *Fundamenta nova theoriæ functionum ellipticarum* (§ 36).

autres, consiste à comparer la série proposée

(V) $$v_1 + v_2 + \dots + v_n + \dots$$

à une série connue

(U) $$u_1 + u_2 + \dots + u_n + \dots$$

Je suppose les deux séries à termes positifs : si la série (U) est convergente et que les termes de la série (V) ne dépassent pas les termes correspondants de la série (U), il est clair que la série (V) est convergente; de même si la série (U) est divergente et que les termes de la série (V) soient plus grands que les termes correspondants de la série (U), il est clair que la série (V) est divergente.

Un moyen commode de faire la comparaison consiste à étudier le rapport $\frac{v_n}{u_n}$ de deux termes correspondants, si, à partir d'une certaine valeur de n, ce rapport reste compris entre deux nombres positifs a et b, différents de zéro; la série (V) sera convergente ou divergente en même temps que la série (U), puisque ses termes seront compris entre les termes des deux séries

$$au_1 + au_2 + \dots + au_n + \dots,$$
$$bu_1 + bu_2 + \dots + bu_n + \dots,$$

convergentes ou divergentes en même temps que la série (U); on voit de même que si le rapport $\frac{v_n}{u_n}$ reste inférieur à un nombre positif b, et si la série (U) est convergente, la série (V) est aussi convergente; si le rapport $\frac{v_n}{u_n}$ reste supérieur à un nombre positif a, différent de zéro, et si la série (U) est divergente, la série (V) est aussi divergente. Ce procédé s'applique particulièrement lorsque le rapport $\frac{v_n}{u_n}$ a une limite, pour n infini : si cette limite l est différente de zéro, et si l'on considère deux nombres a, b positifs et différents de zéro tels que l'on ait $a < l < b$, à partir d'une certaine valeur de n, le rapport $\frac{v_n}{u_n}$ finira par tomber entre a et b; si la limite est nulle, le rapport $\frac{v_n}{u_n}$ finira par rester inférieur à n'importe quel nombre positif b, etc.

Par exemple on a démontré (§ 49) que la série

$$1 + \frac{1}{2^p} + \frac{1}{3^p} + \dots + \frac{1}{n^p} + \dots$$

était convergente pour $p > 1$; il en résulte que si $f(x)$ désigne un polynôme entier en x de degré p et qui n'admette pas de racine positive entière, la série

$$\frac{1}{f(1)} + \frac{1}{f(2)} + \dots + \frac{1}{f(n)} + \dots$$

est absolument convergente (¹), puisque le rapport $\frac{n^p}{f(n)}$ a, pour n infini, une limite finie. De même la série

$$\frac{\alpha_1}{f(1)} + \frac{\alpha_2}{f(2)} + \dots + \frac{\alpha_n}{f(n)} + \dots,$$

où $\alpha_1, \alpha_2, \dots, \alpha_n, \dots$ désignent des nombres positifs ou négatifs, mais inférieurs en valeur absolue à un certain nombre positif K, est absolument convergente.

De la divergence de la série

$$1 + \frac{1}{2} + \frac{1}{3} + \dots$$

on conclura de même la divergence de la série

$$\frac{1}{a+b} + \frac{1}{a+2b} + \frac{1}{a+3b} + \dots + \frac{1}{a+nb} + \dots$$

où a et b sont des nombres quelconques.

66. En comparant une série à termes positifs

(V) $$v_1 + v_2 + \dots + v_n + \dots$$

(¹) Les termes finissent par devenir tous positifs, si le coefficient de x^p dans $f(x)$ est positif.

à une série dont les termes sont en progression géométrique, on arrive à deux règles d'un emploi très fréquent.

1° Si le rapport $\frac{v_{n+1}}{v_n}$ reste, à partir d'une certaine valeur de n, plus petit qu'un nombre positif k, plus petit que l'unité, la série (V) est convergente; si ce rapport reste, à partir d'une certaine valeur de n plus grand que un, la série (V) est divergente.

2° Si, à partir d'une certaine valeur de n, l'expression $\sqrt[n]{v_n}$ reste plus petite qu'un nombre k plus petit que un, la série (V) est convergente; si, à partir d'une certaine valeur de n, l'expression $\sqrt[n]{u_n}$ reste plus grande que un, la série (V) est divergente.

Si, en effet, on a

$$\begin{gathered} v_{n+1} < k v_n, \\ v_{n+2} < k v_{n+1} < k^2 v_n, \\ \dots\dots\dots\dots\dots\dots \\ v_{n+r} < k^r v_n, \end{gathered}$$

on voit que, à partir du terme v_{n+1}, les termes de la série proposée deviennent plus petits que les termes de la série

$$k v_n + k^2 v_n + \dots + k^r v_n + \dots$$

qui est convergente si k est < 1, et qui a une somme égale à

$$\frac{k v_n}{1-k}.$$

On voit donc non seulement que la série (V) est convergente, mais que le *reste* de cette série, quand on s'arrête au terme v_n (§ 43), est inférieur à

$$\frac{k v_n}{1-k}.$$

La conclusion est la même si l'on a

$$\begin{gathered} \sqrt[n]{v_n} < k, \\ \sqrt[n+1]{v_{n+1}} < k, \\ \sqrt[n+r]{v_{n+r}} < k, \end{gathered}$$

ou

$$v_n < k^n, \quad v_{n+1} < k^{n+1}, \ldots, \quad v_{n+r} < k^{n+r};$$

si k est plus petit que un, on peut affirmer que la série (V) est convergente, et que le reste de cette série, quand on s'arrête au terme v_n, est inférieur à $\frac{k}{1-k}$.

La divergence de la série (V), lorsque $\frac{u_{n+1}}{u_n}$ ou $\sqrt[n]{u_n}$ restent supérieurs à un est manifeste, puisque, alors, les termes n'ont pas pour limite zéro quand n augmente indéfiniment.

Ces règles s'appliquent en particulier lorsque l'une ou l'autre des quantités $\frac{v_{n+1}}{v_n}$, $\sqrt[n]{v_n}$ ont une limite pour n infini; si cette limite l est plus petite que un, le rapport $\frac{v_{n+1}}{v_n}$ ou l'expression $\sqrt[n]{u_n}$, finit par rester au-dessous de tout nombre k compris entre l et un, et par conséquent la série est convergente. Si $\frac{v_{n+1}}{v_n}$, ou $\sqrt[n]{v_n}$, a une limite l supérieure à un, on peut affirmer la divergence de la série (V); si cette limite est égale à un, il y a doute, excepté lorsque les expressions $\frac{v_{n+1}}{v_n}$ ou $\sqrt[n]{v_n}$ restent, après une certaine valeur de n, supérieures à un.

Si l'on considère, par exemple, les séries

$$(1) \qquad 1 + \frac{x}{1} + \frac{x^2}{1.2} + \ldots + \frac{x^n}{1.2\ldots n} + \ldots,$$

$$(2) \quad 1 + \frac{m}{1}x + \frac{m(m-1)}{1.2}x^2 + \ldots + \frac{m(m-1)\ldots(m-n+1)}{1.2\ldots n}x^n + \ldots,$$

où, pour la seconde, m est un nombre quelconque, le rapport du $(n+1)^{\text{ième}}$ terme au précédent sera $\frac{x}{n}$ pour la première, $\frac{m-n+1}{n}x$ pour la seconde; quel que soit x, $\frac{x}{n}$ a pour limite zéro quand n augmente indéfiniment; le rapport de la valeur absolue d'un terme de la série (1) à la valeur absolue du terme précédent, a donc aussi pour limite zéro; donc, la série (1) est absolument convergente, quelle que soit la valeur de x. Lorsque n augmente indéfiniment, le rapport des valeurs absolues de deux termes consécutifs de la série (2) a pour limite $|x|$ et par conséquent, lorsque x est compris entre -1 et $+1$, la série (2) est absolument convergente; lorsque la valeur absolue de x est supérieure à un, la série est divergente, puisque les termes ne tendent pas vers zéro, sauf toutefois quand m est un nombre entier positif, car alors la série est limitée; lorsque l'on a $x = \pm 1$, la série est divergente si $m + 1$ est négatif ou nul, il y a doute si $m + 1$ est positif.

On verra plus tard que pour x compris entre -1 et $+1$, la série (2) représente $(1 + x)^m$.

Soit

$$a_1, a_2, \ldots, a_n, \ldots$$

une suite de nombre tous différents de zéro, dont la valeur absolue croisse indéfiniment avec n, la série

$$\frac{x}{a_1} + \frac{x^2}{a_2^2} + \ldots + \frac{x^n}{a_n^n} + \ldots$$

est absolument convergente quel que soit x; en effet, la racine $n^{\text{ième}}$ de la valeur absolue du $n^{\text{ième}}$ terme est $\left|\frac{x}{a_n}\right|$; lorsque n augmente indéfiniment, elle a pour limite zéro. De même la série

$$\frac{1}{x - a_1} + \frac{1}{x - a_2}\frac{x}{a_2} + \ldots + \frac{1}{x - a_n}\frac{x^{n-1}}{a_n^{n-1}} + \ldots$$

est absolument convergente pour toutes les valeurs de x différentes de $a_1, a_2, \ldots, a_n, \ldots$ [1]. Si, en effet, on la compare à la série précédente, on voit que le rapport des valeurs absolues des termes de rang n est

$$\left|\frac{x(x - a_n)}{a_n}\right|$$

dont la limite, pour n infini, est égale à u

---

[1] Weierstrass. *Zur Theorie der eindeutigen analytischen Functionen*, p. 26.

Soit encore la série

$$a^{-1+x} + a^{-4+2x} + a^{-9+3x} + \dots + a^{-n^2+nx} + \dots$$

où a est un nombre positif plus grand que un et x un nombre quelconque (1), la racine $n^{\text{ième}}$ du $n^{\text{ième}}$ terme est

$$a^{-n+x} = \frac{a^x}{a^n},$$

quantité qui, pour n infini, a pour limite zéro; cette série est donc convergente.

Des règles relatives aux rapports $\frac{v_{n+1}}{v_n}$ et $\sqrt[n]{v_n}$, l'une peut, dans un cas particulier, être d'une application plus commode que l'autre, mais il convient d'observer que si ces quantités ont des limites l, l' pour n infini, ces limites sont nécessairement égales; cela résulte de l'application des deux règles à la série

$$v_1 x + v_2 x^2 + \dots + v_n x^n + \dots,$$

on a en effet

$$\lim_{n=\infty} \cdot \frac{v_{n+1}\, x^{n+1}}{v_n x^n} = \lim_{n=\infty} \cdot \frac{v_{n+1}}{v_n}\, x = lx,$$

$$\lim_{n=\infty} \sqrt[n]{v_n x^n} = l'x.$$

Si les nombres l et l' étaient différents et si l'on supposait x compris entre $\frac{1}{l}$ et $\frac{1}{l'}$, l'une des règles prouverait la divergence de la série, l'autre sa convergence. On peut du reste prouver directement que l'existence d'une limite pour $\frac{v_{n+1}}{v_n}$ implique l'existence d'une limite égale pour $\sqrt[n]{u_n}$ (2).

67. Le cas où dans la série à termes positifs

(V) $$v_1 + v_2 + \dots + v_n + \dots;$$

---

(1) Si x est irrationnel, on doit adopter la signification qui sera donnée plus tard pour les exposants irrationnels (§ 81).

(2) Cauchy, *Cours d'Analyse*, etc., p. 53.

le rapport $\frac{v_{n+1}}{v_n}$ a, pour n infini, une limite égale à l'unité mérite un examen particulier; on peut alors comparer la série (V) à une autre série à termes positifs

$$\text{(U)} \qquad u_1 + u_2 + \ldots + u_n + \ldots$$

où la même circonstance se produit, et dont le caractère est connu; il peut être commode de faire cette comparaison au moyen du théorème suivant.

Soit

$$(1) \qquad \frac{u_{n+1}}{u_n} = 1 - \varepsilon_n, \qquad \frac{v_{n+1}}{v_n} = 1 - \eta_n,$$

et supposons que ε_n et η_n tendent vers zéro quand n augmente indéfiniment, les deux séries (U) et (V) seront simultanément convergentes ou divergentes, si la série dont le $n^{\text{ième}}$ terme est $\eta_n - \varepsilon_n$ est absolument convergente.

En effet les égalités (1) donnent

$$u_{n+1} = u_1 (1 - \varepsilon_1)(1 - \varepsilon_2) \ldots (1 - \varepsilon_n),$$
$$v_{n+1} = v_1 (1 - \eta_1)(1 - \eta_2) \ldots (1 - \eta_n),$$

d'où

$$\frac{v_{n+1}}{u_{n+1}} = \frac{v_1}{u_1}\left(1 + \frac{\eta_1 - \varepsilon_1}{1 - \eta_1}\right)\left(1 + \frac{\eta_2 - \varepsilon_2}{1 - \eta_2}\right) \cdots \left(1 + \frac{\eta_n - \varepsilon_n}{1 - \eta_n}\right).$$

La quantité $\frac{\eta_n - \varepsilon_n}{1 - \eta_n}$ ayant zéro pour limite finit, à partir d'une certaine valeur de n, par devenir plus petite que un en valeur absolue; rien n'empêche de supposer qu'il en est toujours ainsi, puisque, dans l'étude de la convergence d'une série, on peut faire commencer cette série au terme que l'on veut (§ 43). Dès lors, on voit que le second membre a, pour n infini, une limite différente de zéro, si la série

$$\left(\frac{\eta_1 - \varepsilon_1}{1 - \eta_1}\right) + \left(\frac{\eta_2 - \varepsilon_2}{1 - \eta_2}\right) + \ldots + \left(\frac{\eta_n - \varepsilon_n}{1 - \eta_n}\right) + \ldots,$$

est absolument convergente; c'est ce qui aura lieu si la série

$$(\eta_1 - \varepsilon_1) + (\eta_2 - \varepsilon_2) + \ldots + (\eta_n - \varepsilon_n) + \ldots$$

est elle-même absolument convergente, puisque le rapport des deux termes du rang n, à savoir $\frac{1}{1-\eta_n}$, a, pour n infini, une limite égale à un.

Dans ces conditions le rapport $\frac{v_{n+1}}{u_{n+1}}$ ayant, pour n infini, une limite différente de zéro, les deux séries (U), (V) sont simultanément convergentes ou divergentes.

Remarquons en passant la proposition qu'on vient de démontrer. Si les deux suites infinies

$$\varepsilon_1, \varepsilon_2, \ldots, \varepsilon_n, \ldots; \qquad \eta_1, \eta_2, \ldots, \eta_n, \ldots,$$

ne présentent aucun terme égal à un; si l'on a

$$\lim_{n=\infty} \varepsilon_n = 0, \qquad \lim_{n=\infty} \eta_n = 0$$

et si enfin la série dont le $n^{\text{ième}}$ terme est $|\eta_n - \varepsilon_n|$ est convergente, le produit infini

$$\frac{1-\varepsilon_1}{1-\eta_1} \cdot \frac{1-\varepsilon_2}{1-\eta_2} \cdots \frac{1-\varepsilon_n}{1-\eta_n} \cdots$$

est convergent et a une valeur autre que zéro.

Appliquons maintenant la règle pour comparer les deux séries (V), (U) qui vient d'être démontrée; en prenant pour la série (U) la série

$$\frac{1}{1^r} + \frac{1}{2^r} + \ldots + \frac{1}{n^r} + \ldots,$$

on aura

$$\frac{u_{n+1}}{u_n} = \left(1 + \frac{1}{n}\right)^{-r};$$

le second membre, comme on le verra plus tard (§ 102), peut se mettre sous la forme

$$1 - \frac{r}{n} + \frac{\theta(n)}{n^2},$$

$\theta(n)$ étant un nombre qui reste, en valeur absolue, quel que soit n, au-dessous d'un certain nombre positif fixe.

Si la série (V) est telle que le rapport $\frac{v_{n+1}}{v_n}$ puisse se mettre sous la forme

$$1 - \frac{r}{n} + \frac{\theta_1(n)}{n^\alpha},$$

α étant un nombre constant plus grand que un, r étant un nombre constant, et $\theta_1(n)$ une quantité qui, quel que soit n, reste, en valeur absolue, au-dessous d'un certain nombre positif fixe; on pourra prendre

$$\varepsilon_n = \frac{r}{n} - \frac{\theta(n)}{n^2}, \quad \eta_n = \frac{r}{n} - \frac{\theta_1(n)}{n^\alpha},$$

$$\eta_n - \varepsilon_n = \frac{\theta(n)}{n^2} - \frac{\theta_1(n)}{n^\alpha},$$

or il suffit, pour voir que la série dont le $n^{\text{ième}}$ terme est $\eta_n - \varepsilon_n$, est absolument convergente, de la comparer à la série dont le $n^{\text{ième}}$ terme est $\frac{1}{n^\beta}$, en désignant par β un nombre plus grand que un, mais plus petit que deux et que α. Cette dernière série est convergente (§ 49); les deux séries (U), (V) sont donc simultanément convergentes ou divergentes et ce caractère ne dépend que du nombre r. On parvient ainsi à la règle suivante :

Si dans une série à termes positifs

(V) $$v_1 + v_2 + \ldots + v_n + \ldots,$$

le rapport $\frac{v_{n+1}}{v_n}$ peut se mettre sous la forme

$$1 - \frac{r}{n} + \frac{\theta(n)}{n^\alpha},$$

r étant un nombre constant, α un nombre constant plus grand que un, et $\theta(n)$ une quantité qui, en valeur absolue, reste plus petite qu'un nombre positif fixe, la série (V) sera convergente si l'on a $r > 1$, divergente si l'on a $r \leqq 1$.

Remarquons que si l'on a $r < 0$, les termes de la série (V) vont en croissant indéfiniment, que si l'on a $r = 0$, ils tendent, pour n infini, vers une limite différente de zéro, que si l'on a $r > 0$, ils ont pour limite zéro. Cela résulte de ce que le terme v_{n+1} peut s'écrire

$$v_1\left(1 - \frac{r}{1} + \frac{\theta(1)}{1^\alpha}\right)\left(1 - \frac{r}{2} + \frac{\theta(2)}{2^\alpha}\right)\cdots\left(1 - \frac{r}{n} + \frac{\theta(n)}{n^\alpha}\right),$$

de ce que le produit infini dont le $n^{\text{ième}}$ facteur est

$$\frac{1-\frac{r}{1}+\frac{\theta(n)}{n^{\alpha}}}{1-\frac{r}{n}} \quad (n=1, 2, 3, \ldots),$$

a une valeur différente de zéro, enfin de ce que le produit des n premiers facteurs du produit infini

$$\left(1-\frac{r}{1}\right)\left(1-\frac{r}{2}\right)\cdots\left(1-\frac{r}{n}\right)\cdots,$$

augmente indéfiniment avec n ou tend vers la limite zéro, pour n infini, suivant que r est négatif ou positif.

En particulier, si le rapport $\frac{v_{n+1}}{v_n}$ peut se mettre sous la forme d'une fraction rationnelle

$$\frac{n^p + A_1 n^{p-1} + A_2 n^{p-2} + \ldots}{n^p + a_1 n^{p-1} + a_2 n^{p-2} + \ldots},$$

où le degré p et les coefficients $A_1, A_2, \ldots, a_1, a_2, \ldots$, sont indépendants de n; on voit de suite, en effectuant la division du numérateur par le dénominateur et en calculant deux termes au quotient, que l'on peut prendre $r = a_1 - A_1$ et que la série proposée est convergente si l'on a

$$A_1 - a_1 + 1 < 0,$$

divergente dans les autres cas.

Ce théorème est dû à Gauss [1].

Appliquons-le, comme Gauss l'a fait lui-même, à la série dite

---

[1] *Disquisitiones generales circa seriem infinitam :*

$$1+\frac{\alpha.\beta}{1.\gamma}x+\frac{\alpha(\alpha+1)\beta(\beta+1)}{1.2\,\gamma(\gamma+1)}x^2+\frac{\alpha(\alpha+1)(\alpha+2)\beta(\beta+1)(\beta+2)}{1.2.3.\,\gamma(\gamma+1)(\gamma+2)}x^3+\ldots$$

(C. F. Gauss, *Werke*, t. III, p. 138.)

hypergéométrique :

$$1 + \frac{\alpha.\beta}{1.\gamma} x + \frac{\alpha(\alpha+1)\beta(\beta+1)}{1.2.\gamma(\gamma+1)} x^2 + \dots$$
$$+ \frac{\alpha(\alpha+1)\dots(\alpha+n-1)\beta(\beta+1)\dots(\beta+n-1)}{1.2\dots n.\gamma(\gamma+1)\dots(\gamma+n-1)} x^n + \dots$$

où α, β, γ désignent des nombres qui ne sont pas des entiers négatifs ; le rapport du $(n+2)^{\text{ième}}$ terme au $(n+1)^{\text{ième}}$ est

$$\frac{(\alpha+n)(\beta+n)}{(n+1)(\gamma+n)} x$$

pour n infini, il a x pour limite ; on en conclut que la série proposée est absolument convergente lorsque l'on a $|x| < 1$; on désigne habituellement la somme de cette série par le symbole

$$F(\alpha, \beta, \gamma, x).$$

Si l'on suppose maintenant $x = 1$, l'application de la règle qu'on vient de démontrer conduit aux résultats suivants :

Les coefficients augmentent indéfiniment en valeur absolue, avec leur rang, si l'on a $\alpha + \beta - \gamma - 1 > 0$.

Ils tendent vers une limite différente de zéro, si l'on a $\alpha + \beta - \gamma - 1 = 0$.

Ils tendent vers la limite zéro, si l'on a $\alpha + \beta - \gamma - 1 < 0$.

La série, pour $x = 1$, est convergente si l'on a $\alpha + \beta - \gamma < 0$, et seulement dans ce cas.

Je me bornerai à remarquer sur la série $F(\alpha, \beta, \gamma, x)$, pour l'étude de laquelle je ne puis que renvoyer le lecteur à l'admirable Mémoire de Gauss [1], qu'elle se réduit à un polynôme entier en x quand l'un des nombres α, β est entier et négatif, et qu'elle se réduit à la série déjà considérée

$$1 + \frac{m}{1} x + \frac{m(m-1)}{1.2} x^2 + \dots + \frac{m(m-1)\dots(m-n+1)}{1.2\dots n} x^n + \dots,$$

---

[1] Cette série a été l'objet de travaux considérables, parmi lesquels je citerai ceux de M. Kummer (*Journal de Crelle*, t. XV, p. 39), de Riemann (*Werke*, p. 62), de M. Schwarz (*Journal de Crelle*, t. LVI, p. 149), de M. Goursat (*Annales de l'École normale supérieure*, 2e série, t. X, supplément).

quand on y suppose $\beta = \gamma$, $\alpha = -m$ et qu'on y remplace x par $-x$.

68. Toutes les règles qu'on vient de donner pour reconnaître la convergence ou la divergence d'une série à termes positifs reposent au fond sur la comparaison de la série proposée avec l'une ou l'autre des deux séries

$$(1) \qquad 1 + x + x^2 + \ldots + x^n + \ldots,$$

$$(2) \qquad \frac{1}{1^{1+\alpha}} + \frac{1}{2^{1+\alpha}} + \ldots + \frac{1}{n^{1+\alpha}} + \ldots;$$

je signalerai encore la règle suivante, due à Cauchy ([1]), dont la démonstration repose encore sur la considération de la série (2) :

Étant donnée la série à termes positifs

$$(\mathrm{U}) \qquad u_1 + u_2 + \ldots + u_n + \ldots,$$

si l'on a, pour les valeurs de n supérieures à un nombre positif p,

$$\frac{\log \frac{1}{u_n}}{\log n} > k,$$

k étant un nombre positif plus grand que un, la série (U) est convergente.

En effet l'inégalité précédente entraîne la suivante :

$$u_n < \frac{1}{n^k},$$

etc. On verra de même que si l'on a, pour les valeurs de n supérieures à p,

$$\frac{\log \frac{1}{u_n}}{\log n} < k',$$

k' étant un nombre positif plus petit que un, la série (U) est divergente.

Tous ces exemples montrent de quelle utilité serait, pour des recherches analogues, la connaissance d'autres types de séries auxquels

---

([1]) *Cours d'Analyse*, etc., p. 137.

on pourrait comparer les séries à termes positifs dont on veut connaître le caractère. J'indiquerai quelques résultats dus à Abel [1] et qui contiennent d'ailleurs comme cas très particuliers les propositions du paragraphe 49.

Soit

$$(\mathrm{U}) \qquad u_1 + u_2 + \ldots + u_n + \ldots$$

une série quelconque à termes positifs; la série

$$(\mathrm{U}') \qquad \frac{u_1}{s_1} + \frac{u_2}{s_2} + \ldots + \frac{u_n}{s_n} + \ldots,$$

où

$$s_1 = u_1, \quad s_2 = u_1 + u_2, \ldots, \quad s_n = u_1 + u_2 + \ldots + u_n, \ldots$$

est convergente ou divergente en même temps que la série (U).

Si la série (U) est convergente, la série (U′) l'est aussi, puisque ses termes sont plus petits que les termes correspondants de la série (U) respectivement divisés par u_1.

Supposons maintenant la série (U) divergente. La divergence de la série (U′) va résulter du caractère général établi au paragraphe 45.

Considérons en effet la somme des p termes qui suivent le $n^{\text{ième}}$, savoir

$$\frac{u_{n+1}}{s_{n+1}} + \frac{u_{n+2}}{s_{n+2}} + \ldots + \frac{u_{n+p}}{s_{n+p}};$$

puisque l'on a

$$s_{n+1} < s_{n+2} < \ldots < s_{n+p},$$

cette somme est plus grande que

$$\frac{u_{n+1} + u_{n+2} + \ldots + u_{n+p}}{s_{n+p}} = \frac{1}{1 + \dfrac{u_1 + u_2 + \ldots + u_n}{u_{n+1} + u_{n+2} + \ldots + u_{n+p}}};$$

imaginons qu'on donne à n une valeur déterminée; la série

$$u_{n+1} + u_{n+2} + \ldots + u_{n+p} + \ldots$$

est divergente, on peut prendre p assez grand pour que la somme de

(1) *Sur les séries* (*Œuvres*, 2e éd., t. II, p. 198).

ses p premiers termes dépasse tel nombre que l'on voudra, et en particulier le nombre $u_1 + u_2 + \ldots + u_n$; dès lors la fraction qui figure dans le second membre de l'égalité précédente sera supérieure à $\frac{1}{2}$; il en sera ainsi de la somme des p termes de la série (U′) qui suivent le $n^{\text{ième}}$ terme; la série (U′) est donc divergente.

Il convient de remarquer que les termes de la série (U′) décroissent bien plus rapidement que les termes de la série (U); la série (U′) diverge en quelque sorte moins rapidement que la série (U); de la série (U′) on peut déduire par le même procédé une série (U″) qui diverge encore moins rapidement, etc.

Abel a montré en outre que, en supposant toujours la série (U) divergente, la série

$$\frac{u_1}{s_1^{1+\alpha}} + \frac{u_2}{s_2^{1+\alpha}} + \ldots + \frac{u_n}{s_n^{1+\alpha}} + \ldots,$$

où α est un nombre positif, est convergente.

Je remarquerai d'abord que si x et m désignent deux nombres positifs, dont le premier est inférieur à un, on a l'inégalité, qui sera établie plus tard (§ 102) :

$$\frac{1}{(1-x)^m} > 1 + mx;$$

on aura donc

$$\frac{1}{(s_n - u_n)^\alpha} = \frac{1}{s_n^\alpha\left(1 - \frac{u_n}{s_n}\right)^\alpha} > \frac{1}{s_n^\alpha} + \frac{\alpha u_n}{s_n^{1+\alpha}},$$

et par conséquent

$$\frac{u_n}{s_n^{1+\alpha}} < \left(\frac{1}{s_{n-1}^\alpha} - \frac{1}{s_n^\alpha}\right)\frac{1}{\alpha};$$

on en déduit sans peine

$$\frac{u_1}{s_1^{1+\alpha}} + \frac{u_2}{s_2^{1+\alpha}} + \ldots + \frac{u_n}{s_n^{1+\alpha}} < \frac{1}{u_1^\alpha} + \frac{1}{\alpha}\left(\frac{1}{u_1^\alpha} - \frac{1}{s_n^\alpha}\right);$$

le second membre, et par conséquent le premier, est inférieur à

$$\left(1 + \frac{1}{\alpha}\right)\frac{1}{u_1^\alpha};$$

et cela, quel que soit n; la série proposée est donc convergente quand α est positif, et sa somme est inférieure à $\left(1+\frac{1}{\alpha}\right)\frac{1}{u_1^\alpha}$. Quand α est négatif, la même série est divergente puisque ses termes sont respectivement plus grands que les termes correspondants de la série divergente (U').

Si l'on prend par exemple pour la série (U) la série évidemment divergente

$$1+1+1+1+\ldots$$

on obtiendra, en appliquant les propositions précédentes, les résultats du paragraphe 49.

Si l'on prend pour la série (U) la série divergente

$$1+\frac{1}{2}+\frac{1}{3}+\frac{1}{4}+\ldots,$$

on en conclura que la série

$$1+\frac{1}{2s_2^{1+\alpha}}+\frac{1}{3s_3^{1+\alpha}}+\ldots+\frac{1}{ns_n^{1+\alpha}}+\ldots,$$

où l'on suppose en général

$$s_n=1+\frac{1}{2}+\frac{1}{3}+\ldots+\frac{1}{n},$$

est convergente pour α positif, divergente pour α nul ou négatif; le lecteur verra (§ 104) que le rapport $\frac{s_n}{\log n}$ a pour limite l'unité quand n augmente indéfiniment; il en déduira que la série

$$1+\frac{1}{2(\log 2)^{1+\alpha}}+\frac{1}{3(\log 3)^{1+\alpha}}+\ldots+\frac{1}{n(\log n)^{1+\alpha}}+\ldots$$

est convergente pour α positif, divergente pour α nul ou négatif.

Je me contenterai de citer le résultat plus général qui suit, en renvoyant le lecteur, pour la démonstration et pour les conséquences, à la note d'Abel déjà signalée, au Mémoire de M. Joseph Bertrand sur les règles de convergence des séries à termes positifs (*Journal de*

Liouville, 1re série, t. VII, p. 35) ou au Traité de calcul différentiel et intégral du même auteur.

La série dont les termes successifs s'obtiennent en faisant $n = 2$, 3, 4, ... dans l'expression

$$\frac{1}{n.\log n.\log^2 n.\log^3 n \ldots \log^{n-1} n\,[\log^n n]^{1+\alpha}}$$

est convergente si α est positif, divergente si α est nul ou négatif.

Dans cette expression $\log n$ désigne le logarithme népérien (§ 88) du nombre n, $\log^2 n$ est mis à la place de $\log\log n$, de même $\log^3 n$ est mis à la place de $\log\log\log n$, etc.

69. Relativement aux séries qui sont convergentes sans l'être absolument, je me bornerai à établir quelques propositions dont la première concerne les séries à termes alternativement positifs et négatifs.

Une série à termes alternativement positifs et négatifs est convergente si la valeur absolue de chaque terme est plus petite que la valeur absolue des termes précédents et si, en outre, les termes décroissent indéfiniment en valeur absolue quand leur rang s'éloigne indéfiniment.

Cette proposition repose sur le lemme que voici :

Si $a, b, c, \ldots, j, k, l$ sont des nombres positifs rangés par ordre de grandeur décroissante, la quantité

$$a - b + c - \ldots \pm j \mp k \pm l,$$

où les signes vont en alternant, est positive : on peut en effet l'écrire sous l'une ou l'autre des deux formes

$$(a - b) + (c - d) + \ldots + (k - l),$$

$$(a - b) + (c - d) + \ldots + (j - k) + (l)$$

suivant que le nombre des quantités $a, \ldots, l$ est pair ou impair.

Soit maintenant

$$\text{(U)} \qquad u_1 - u_2 + u_3 \ldots + (-1)^{n-1} u_n - \ldots,$$

la série proposée, où tous les nombres u sont positifs et où l'on suppose

$$u_1 > u_2 > u_3 > \ldots > u_n > \ldots,$$
$$\lim_{n=\infty} u_n = 0.$$

Désignons par s_n la somme des n premiers termes $u_1 - u_2 + \ldots \pm u_n$.

Le lemme précédent donne immédiatement les inégalités

$$s_n > 0, \qquad s_{2p+1} > s_{2q},$$
$$s_{2q} > s_{2p}, \qquad s_{2q+1} < s_{2p+1}.$$

Les deux premières ont lieu quels que soient les nombres n, p, q; les deux dernières supposent $q > p$: il suffit, pour vérifier ces inégalités, de former les différences $s_{2p+1} - s_{2q}$, $s_{2q} - s_{2p}$, $s_{2q+1} - s_{2p+1}$. Les sommes à indices pairs

$$s_2, \quad s_4, \quad s_6, \ldots, \quad s_{2p}, \ldots$$

vont en croissant; elles restent inférieures à une somme quelconque d'indice impair s_{2q+1}; elles tendent donc, lorsque leur indice augmente indéfiniment, vers une limite A, pour laquelle on a, quels que soient p et q,

$$s_{2p} < A < s_{2q+1};$$

les sommes à indices impairs

$$s_1, \quad s_3, \quad s_5, \ldots, \quad s_{2p+1},$$

vont en décroissant et restent supérieures à une somme quelconque d'indice pair s_{2q}; elles tendent donc vers une limite B, pour laquelle on a, quels que soient p et q,

$$s_{2p+1} > B > s_{2q}.$$

On n'a pas encore fait intervenir la condition

$$\lim_{n=\infty} u_n :$$

elle conduit à la conclusion $A = B$; en effet ces deux nombres sont compris entre s_{2p} et s_{2p+1}, dont la différence u_{2p+1} peut être supposée aussi petite qu'on le veut.

Ainsi la série (U) est convergente : sa somme est plus grande qu'une somme quelconque s_{2p} à indice pair, plus petite qu'une somme quelconque s_{2q+1} à indice impair. En prenant pour la somme de la série la somme des n premiers termes, on commet une erreur en plus ou en moins, selon que le premier terme négligé est négatif ou positif et qui est moindre en valeur absolue que ce premier terme négligé, puisque la somme de la série est comprise entre la somme des n premiers et celle des $n+1$ premiers termes.

On aurait pu aussi établir la convergence de la série U en appliquant le caractère général du paragraphe 44; la somme des m termes qui suivent le $n^{\text{ième}}$ est en effet

$$(-1)^n (u_{n+1} - u_{n+2} + \dots \pm u_{n+m});$$

la quantité entre parenthèses est positive, en vertu du lemme, elle est moindre que u_{n+1}, puisqu'on peut l'écrire

$$u_{n+1} - (u_{n+2} - u_{n+3} + \dots \mp u_{n+m})$$

et que, dans cette dernière expression, la quantité entre parenthèses est positive en vertu du même lemme; la valeur absolue de la somme des m termes est donc moindre que u_{n+1}, et cela quel que soit m; comme on peut, quel que soit le nombre positif ε, prendre n assez grand pour que l'on ait

$$u_{n+1} < \varepsilon,$$

la convergence est démontrée.

Par exemple la série

$$1 - \frac{1}{2} + \frac{1}{3} - \frac{1}{4} + \dots$$

est convergente sans l'être absolument. C'est une de ces séries dont la somme dépend de l'ordre dans lequel les termes sont écrits.

Voici un exemple de ce fait dont la raison a été donnée au paragraphe 60. Si l'on pose

$$s'_{2n+1} = 1 + \frac{1}{3} + \frac{1}{5} + \dots + \frac{1}{2n-1},$$

$$s''_{2n} = \frac{1}{2} + \frac{1}{4} + \frac{1}{6} + \dots + \frac{1}{2n},$$

on établira sans peine l'identité

$$s'_{2n-1} - s''_{4n} = \frac{1}{2}(s'_{2n-1} - s''_{2n}),$$

en faisant croître n indéfiniment, on voit que le premier membre a pour limite la moitié de la somme de la série proposée; c'est dire que cette somme est double de la somme de la série suivante, dont la convergence s'établit sans peine,

$$1 - \frac{1}{2} - \frac{1}{4} + \frac{1}{3} - \frac{1}{6} - \frac{1}{8} + \frac{1}{5} - \frac{1}{10} - \frac{1}{12} + \frac{1}{7} - \dots$$

Il est clair qu'une série appartenant au type qu'on a défini dans ce paragraphe peut être absolument convergente, telle serait la série

$$\frac{1}{1.2} - \frac{1}{1.2.3} + \frac{1}{1.2.3.4} - \frac{1}{1.2.3.4.5} + \dots,$$

que l'on obtient en faisant $x = -1$ dans la série déjà signalée

$$1 + \frac{x}{1} + \frac{x^2}{1.2} + \frac{x^2}{1.2.3} + \dots$$

Il convient encore de remarquer que la règle précédente permet d'affirmer la convergence de séries qui ne satisfont aux conditions imposées qu'à partir d'un certain terme : on a vu en effet (§ 45) que les premiers termes d'une série n'avaient pas d'influence sur la convergence ou la divergence d'une série.

Si par exemple on considère la série

$$F(\alpha, \beta, \gamma, -1) = 1 - \frac{\alpha.\beta}{1.\gamma} + \frac{\alpha(\alpha+1)\beta(\beta+1)}{1.2.\gamma(\gamma+1)} - \dots$$
$$+ (-1)^n \frac{\alpha(\alpha+1)\dots(\alpha+n-1)\beta(\beta+1)\dots(\beta+n-1)}{1.2\dots n.\gamma(\gamma+1)\dots(\gamma+n-1)} + \dots,$$

obtenue en faisant $x = -1$ dans la série hypergéométrique $F(\alpha, \beta, \gamma, x)$, on voit que le rapport d'un terme au précédent,

$$-\frac{(\alpha+n)(\beta+n)}{n(\gamma+n)},$$

finit, pour n suffisamment grand, par être négatif, donc les termes finissent par être alternativement positifs et négatifs; on sait qu'ils tendent vers la limite zéro si l'on a $\alpha + \beta - \gamma - 1 < 0$, et l'on reconnaît sans peine qu'à partir d'un certain rang ils décroissent constamment; on en conclut que sous cette condition la série est convergente; elle n'est d'ailleurs absolument convergente que si l'on a $\alpha + \beta - \gamma < 0$.

70. D'autres propositions, d'une nature un peu plus cachée, se déduisent d'un lemme dû à Abel (¹), et que j'énoncerai après avoir fait la remarque presque évidente que voici :

Soit

$$A_1 x_1 + A_2 x_2 + \ldots + A_n x_n$$

une fonction linéaire des variables $x_1, x_2, \ldots, x_n$, dans laquelle les coefficients $A_1, A_2, \ldots, A_n$ sont positifs ou nuls; si l'on considère deux systèmes de valeurs des variables $x_1, x_2, \ldots, x_n$ d'une part, $x'_1, x'_2, \ldots, x'_n$ de l'autre, tels que l'on ait

$$x'_1 \geqq x_1, \quad x'_2 \geqq x_2, \ldots, \quad x'_n \geqq x_n,$$

on a

$$A_1 x'_1 + A_2 x'_2 + \ldots + A_n x'_n \geqq A_1 x_1 + A_2 x_2 + \ldots + A_n x_n;$$

en effet la différence entre les deux membres, à savoir

$$A_1 (x'_1 - x_1) + A_2 (x'_2 - x_2) + \ldots + A_n (x'_n - x_n),$$

est évidemment positive ou nulle.

Voici maintenant en quoi consiste le lemme d'Abel : Soient $v_1, v_2, \ldots, v_n$ n nombres positifs ou négatifs, α un nombre au plus égal au plus petit des nombres

$$s_1 = v_1, \quad s_2 = v_1 + v_2, \ldots, \quad s_n = v_1 + v_2 + \ldots + v_n,$$

A un nombre au moins égal au plus grand de ces mêmes nombres; soient enfin $\varepsilon_1, \varepsilon_2, \ldots, \varepsilon_n$ n nombres positifs rangés par ordre de

(¹) Recherches sur la série $1 + \frac{m}{1} x + \frac{m(m-1)}{1.2} x^2 + \frac{m(m-1)(m-2)}{1.2.3} x^3 + \ldots$ (*Œuvres*, 2ᵉ éd., p. 222.)

grandeur décroissante, on aura

$$\varepsilon_1 a \leqq \varepsilon_1 v_1 + \varepsilon_2 v_2 + \ldots + \varepsilon_n v_n \leqq \varepsilon_1 A;$$

en effet la quantité intermédiaire peut s'écrire

$$\begin{aligned} &\varepsilon_1 s_1 + \varepsilon_2 (s_2 - s_1) + \ldots + \varepsilon_n (s_n - s_{n-1}) \\ &\quad = s_1 (\varepsilon_1 - \varepsilon_2) + s_2 (\varepsilon_2 - \varepsilon_3) + \ldots + s_{n-1} (\varepsilon_{n-1} - \varepsilon_n) + s_n \varepsilon_n; \end{aligned}$$

les coefficients $\varepsilon_1 - \varepsilon_2, \varepsilon_2 - \varepsilon_3, \ldots, \varepsilon_{n-1} - \varepsilon_n, \ldots, \varepsilon_n$ étant positifs, on ne peut que diminuer le second membre de l'égalité précédente en y remplaçant $s_1, s_2, \ldots, s_n$ par a; on ne peut que l'augmenter en y remplaçant les mêmes quantités par A; or on trouve ainsi $\varepsilon_1 a$ d'une part, $\varepsilon_1 A$ de l'autre; la proposition est donc démontrée.

Il résulte de là que si on désigne par K un nombre égal ou supérieur à la plus grande des valeurs absolues des nombres $s_1, s_2, \ldots, s_n$, on aura

$$-\varepsilon_1 K \leqq \varepsilon_1 v_1 + \varepsilon_2 v_2 + \ldots + \varepsilon_n v_n \leqq \varepsilon_1 K,$$

ou, si l'on veut,

$$|\varepsilon_1 v_1 + \varepsilon_2 v_2 + \ldots + \varepsilon_n v_n| \leqq \varepsilon_1 K.$$

71. Voici maintenant deux conséquences de ce lemme :

I. Soit

$$\text{(V)} \qquad v_1 + v_2 + \ldots + v_n + \ldots$$

une série convergente, soit

$$\varepsilon_1, \quad \varepsilon_2, \ldots, \quad \varepsilon_n, \ldots$$

une suite infinie de nombres positifs tels que chacun soit inférieur ou égal à celui qui le précède, la série

$$\text{(V')} \qquad \varepsilon_1 v_1 + \varepsilon_2 v_2 + \ldots + \varepsilon_n v_n + \ldots$$

est convergente.

En effet, à cause de la convergence de la série (V), à chaque nombre positif α correspond un entier positif n tel que les quantités

$$|v_{n+1}|, \quad |v_{n+1} + v_{n+2}|, \ldots,$$
$$|v_{n+1} + v_{n+2} + \ldots + v_{n+p}|, \ldots,$$

soient toutes inférieures à α; à cause du lemme, les quantités

$$|\varepsilon_{n+1} v_{n+1}|, \quad |\varepsilon_{n+1} v_{n+1} + \varepsilon_{n+2} v_{n+2}|, \ldots,$$
$$|\varepsilon_{n+1} v_{n+1} + \varepsilon_{n+2} v_{n+2} + \ldots + \varepsilon_{n+p} v_{n+p}|, \ldots,$$

seront toutes inférieures à $\alpha\,\varepsilon_{n+1}$, et par suite à $\alpha\,\varepsilon_1$; comme α est arbitraire, la convergence de la série (V') est démontrée.

On voit, par exemple, en conservant aux ε la signification précédente, que la série

$$\frac{\varepsilon_1}{1} - \frac{\varepsilon_2}{2} + \frac{\varepsilon_3}{3} - \ldots \pm \frac{\varepsilon_n}{n} \mp \ldots$$

est convergente.

II. Soit

$$\text{(V)} \qquad v_1 + v_2 + \ldots + v_n + \ldots,$$

une série convergente ou divergente, mais dans laquelle la somme des n premiers termes reste toujours, quel que soit n, inférieure en valeur absolue au nombre positif a, soit en outre

$$\varepsilon_1, \quad \varepsilon_2, \ldots, \quad \varepsilon_n, \ldots$$

une suite infinie de nombres positifs tels que chacun d'eux soit égal ou inférieur à celui qui le précède, tels en outre que l'on ait

$$\lim_{n=\infty} \varepsilon_n = 0,$$

la série

$$\text{(V')} \qquad \varepsilon_1 v_1 + \varepsilon_2 v_2 + \ldots + \varepsilon_n v_n + \ldots$$

est convergente.

On a en effet, quels que soient n et p,

$$|v_{n+1} + v_{n+2} + \ldots + v_{n+p}| < 2a$$

et, en vertu du lemme,

$$|\varepsilon_{n+1} v_{n+1} + \varepsilon_{n+2} v_{n+2} + \ldots + \varepsilon_{n+p} v_{n+p}| < 2\varepsilon_{n+1}\, a;$$

or, à cause de la supposition

$$\lim_{n=\infty} \varepsilon_n = 0,$$

on peut supposer n assez grand pour que $2\,\varepsilon_{n+1}\,a$ soit plus petit que tel nombre positif que l'on voudra. La convergence de la série (V') est donc démontrée.

Le théorème du paragraphe 69 n'est qu'un cas particulier de celui-ci; il suffit pour s'en convaincre de remplacer les quantités ε_1, ε_2, ..., par les quantités u_1, u_2, ... et de prendre pour la série (V) la série divergente

$$+1-1+1-1+\ldots,$$

dans laquelle la somme des n premiers termes est zéro ou un.

CHAPITRE III

PREMIERS PRINCIPES DE LA THÉORIE DES FONCTIONS D'UNE VARIABLE.

72. Considérons un ensemble (E) de nombres tous distincts et regardons ces nombres comme des valeurs attribuées à une variable x; si à chacun de ces nombres x on fait correspondre un nombre y, on dira que y est une fonction définie de x pour chacun des nombres appartenant à l'ensemble (E). Par exemple a étant un nombre positif donné, l'expression a^x, où x est un nombre entier positif, représente le produit de x facteurs égaux à a; a^x est en ce sens une fonction définie pour l'ensemble des valeurs entières et positives attribuées à x. Si l'on adopte les conventions qu'expriment les formules suivantes, où p, q sont des entiers positifs,

$$a^{+\frac{p}{q}} = \sqrt[q]{a^p}, \qquad a^{-\frac{p}{q}} = \frac{1}{\sqrt[q]{ap}}, \qquad a^0 = 1,$$

on peut dire que a^x est une fonction de x, dont la valeur est toujours positive, et qui est définie pour l'ensemble des valeurs rationnelles de x.

Soient a, b deux nombres quelconques, a étant le plus petit des deux, j'appellerai *intervalle* (a, b) l'ensemble des nombres a, b et de tous les nombres rationnels ou non qui sont compris entre a et b; je dirai de l'un quelconque de ces nombres qu'il *appartient* à l'intervalle (a, b); les deux nombres a, b sont les limites de l'intervalle; la différence $b - a$ est l'*étendue* de l'intervalle; un intervalle (a', b') est *contenu dans* l'intervalle (a, b) si les nombres a', b' appartiennent à cet intervalle.

Une fonction y de x est définie dans l'intervalle (a, b) si à chaque valeur de x appartenant à cet intervalle correspond une valeur déterminée de y.

La notion de fonction, ainsi entendue, est extrêmement générale; elle paraîtrait autoriser l'introduction de fonctions à définition tout à fait arbitraire : ainsi, ce serait définir une fonction dans l'intervalle (2, 3) que de convenir qu'on prendra $y = x$ pour toutes les valeurs rationnelles de x qui appartiennent à cet intervalle et $y = \frac{1}{x}$ pour toutes les valeurs irrationnelles.

En procédant ainsi, on risquerait singulièrement d'introduire des fonctions qui n'offriraient aucun intérêt aux géomètres; les fonctions dont l'étude s'est trouvée féconde n'ont pas été construites arbitrairement; dans le développement de la science, elles se sont présentées d'une façon nécessaire : telles sont, pour ne citer que les plus simples, les fonctions entières, les fonctions rationnelles, les fonctions algébriques, les fonctions transcendantes a^x, $\log x$, $\sin x$, $\cos x$, etc.

73. On entend par fonction entière un polynôme entier en x,

$$y = A_0 x^m + A_1 x^{m-1} + \ldots + A_{m-1} x + A_m;$$

m est un nombre entier positif, A_0, A_1, ..., A_{m-1}, A_m sont des nombres constants. Une telle fonction, si l'on se donne les coefficients A_0, ..., A_m, est évidemment définie dans un intervalle quelconque.

Une fonction rationnelle est le quotient de deux polynômes entiers en x,

$$y = \frac{A_0 x^m + A_1 x^{m-1} + \ldots + A_{m-1} x + A_m}{B_0 x^n + B_1 x^{n-1} + \ldots + B_{n-1} x + B_n};$$

une pareille fonction est définie dans tout intervalle qui ne contient pas de valeurs de x pour lesquelles le dénominateur s'annule : pour ces dernières valeurs, la fonction n'est pas définie; elle n'a point de sens, puisque le cas où le diviseur est nul doit toujours être exclu.

Une fonction *algébrique* de x est telle que chaque valeur de x et chaque valeur correspondante y de la fonction vérifient une équation de la forme

$$f(x, y) = 0$$

où le premier membre est un polynôme entier en x et y; la définition précise d'une fonction algébrique dans chaque intervalle présente d'ailleurs des difficultés qui ne peuvent être abordées ici. Les fonctions non algébriques sont dites transcendantes. On reviendra plus tard sur la définition des fonctions transcendantes a^x, $\log x$, $\sin x$, $\cos x$, ... — C'est l'observation et l'étude des propriétés de ces fonctions particulières (ou d'autres), des relations qu'elles ont entre elles, des combinaisons qu'on peut en former, etc., qui constitue le véritable objet de l'analyse; il est toutefois commode, quand ce ne serait que pour éviter d'insupportables répétitions, de faire précéder cette étude de quelques théorèmes généraux, d'un caractère purement logique, et qui reposent uniquement sur les définitions.

74. Une fonction définie dans un intervalle (a, b) a nécessairement une valeur finie pour chaque valeur de la variable x qui appartient à cet intervalle; je dirai que la fonction est *finie* dans cet intervalle s'il existe un nombre positif A tel que chaque valeur de la fonction soit, en valeur absolue, inférieure à A : en ce sens une fonction qui serait égale à zéro pour $x = 0$ et à $\frac{1}{x}$ pour toute autre valeur de x appartenant à l'intervalle $(0, 1)$ n'est pas une fonction finie, quoique sa valeur soit finie pour chaque valeur de x appartenant à l'intervalle $(0, 1)$. Cette fonction est au contraire finie dans tout intervalle $(\alpha, 1)$, dont la limite inférieure α est un nombre positif plus petit que un.

Lorsqu'une fonction $f(x)$ est *finie* dans un intervalle (a, b), il existe deux nombres M, m qui jouissent des propriétés suivantes : Chaque valeur de la fonction qui correspond à une valeur de x appartenant à l'intervalle est au plus égale à M; de plus, ou bien il existe au moins une valeur de x, appartenant à l'intervalle, pour laquelle on a

$$f(x) = M;$$

ou bien, quelque petit que soit le nombre positif ε, il existe au moins une valeur de x appartenant à l'intervalle, pour laquelle $f(x)$ a une valeur comprise entre M et $M - \varepsilon$.

De même, chaque valeur de la fonction $f(x)$ qui correspond à une valeur de x appartenant à l'intervalle est au moins égale à m; de plus, ou bien il existe au moins une valeur de x appartenant à l'intervalle pour laquelle on a

$$f(x) = m;$$

ou bien, quelque petit que soit le nombre positif ε, il existe au moins une valeur de x appartenant à l'intervalle, pour laquelle $f(x)$ a une valeur comprise entre m et $m + \varepsilon$.

M est dit la *limite supérieure* de la fonction dans l'intervalle (a, b); m est dit la *limite inférieure* de la fonction dans l'intervalle (a, b). La différence positive (ou nulle) $M - m$ est dite l'*oscillation* de la fonction dans ce même intervalle.

Pour établir l'existence du nombre M, il suffit de se reporter au paragraphe 16 en considérant l'ensemble des valeurs distinctes de la fonction $f(x)$ qui correspondent aux diverses valeurs de x qui appartiennent à l'intervalle (a, b); puisque la fonction est finie, chacune de ces valeurs est inférieure à un certain nombre A; si elles sont en nombre fini, le nombre M sera la plus grande de toutes; si elles sont en nombre infini, leur ensemble admet une limite supérieure M qui, d'après ce qui a été démontré (§ 16), jouit des propriétés énoncées plus haut. Inversement, ces propriétés caractérisent complètement le nombre M.

L'existence du nombre m s'établit de la même façon.

Une fonction peut ne pas atteindre sa limite supérieure ou sa limite inférieure. Si, par exemple, une fonction est égale à x pour toute valeur de x appartenant à l'intervalle $(0, 1)$, excepté pour $x = 1$, et si, pour $x = 1$, la valeur de la fonction est zéro, il est clair que la limite supérieure de cette fonction dans l'intervalle $(0, 1)$ sera un et que, pour aucune valeur de x appartenant à cet intervalle, la fonction ne sera égale à un.

Si la fonction $f(x)$ admet dans l'intervalle (a, b) les limites supérieure et inférieure M, m, et si x, x' sont deux nombres appartenant à cet intervalle, la valeur absolue de la différence $f(x) - f(x')$ sera au plus égale à l'oscillation $M - m$ de la fonction; cette oscillation peut être regardée comme la limite supérieure des valeurs distinctes que prend l'expression $|f(x) - f(x')|$ quand on donne à x et à x' toutes les valeurs qui appartiennent à l'intervalle (a, b).

Si une fonction $f(x)$ est définie dans l'intervalle (a, b) et si l'on a, pour toutes les valeurs x, x' appartenant à cet intervalle,

$$|f(x) - f(x')| < A,$$

A étant un nombre positif, on peut affirmer que la fonction $f(x)$ est finie dans cet intervalle, puisque sa valeur absolue est toujours inférieure à $2A$; on peut affirmer aussi que son oscillation est au plus égale à A.

Soit $f(x)$ une fonction finie dans l'intervalle (a, b); soient M et m ses limites supérieure et inférieure. Si l'on divise l'intervalle (a, b) en p intervalles partiels égaux ou inégaux, et si l'on désigne par $M_1, M_2, \ldots, M_p$ les limites supérieures, par $m_1, m_2, \ldots, m_p$ les limites inférieures de la fonction dans ces intervalles partiels, M sera le plus grand des nombres $M_1, M_2, \ldots, M_p$, m sera le plus petit des nombres $m_1, m_2, \ldots, m_p$.

L'oscillation de la fonction $f(x)$ dans un intervalle (a', b') contenu dans l'intervalle (a, b), est au plus égale à l'oscillation $M - m$ de cette fonction dans l'intervalle (a, b).

Si une fonction $f(x)$ est définie dans un intervalle (a, b) sans y être finie, c'est que, quel que soit le nombre positif A, il y a, dans l'intervalle (a, b), au moins une valeur x telle que la valeur absolue de $f(x)$ soit supérieure à A; on peut aussi dire qu'il y a au moins deux valeurs x, x' appartenant à cet intervalle, pour lesquelles on a

$$|f(x) - f(x')| > A.$$

Enfin on voit encore que, si l'on divise l'intervalle (a, b) en un nombre quelconque d'intervalles partiels, il y aura au moins un de ces intervalles dans lequel la fonction ne sera pas finie.

75. On dit qu'une fonction $f(x)$ est continue dans l'intervalle (a, b) si à chaque nombre positif ε correspond un autre nombre positif η tel que la différence des valeurs que prend la fonction pour deux valeurs quelconques de x, appartenant à l'intervalle et ayant entre elles une différence moindre que η, soit, en valeur absolue, moindre que ε; en d'autres termes, sous la condition que x et x' appartiennent à l'intervalle et que l'on ait

$$|x - x'| < \eta,$$

on doit avoir, si la fonction $f(x)$ est continue,

$$|f(x) - f(x')| < \varepsilon.$$

Une fonction continue dans l'intervalle (a, b) est nécessairement finie dans cet intervalle : si, en effet, après avoir choisi arbitrairement ε et déterminé η en conséquence, on divise l'intervalle (a, b) en un nombre n d'intervalles dont chacun soit moindre que η, la fonction $f(x)$ sera moindre, en valeur absolue, que $|f(a)| + \varepsilon$ dans le premier intervalle, que $|f(a)| + 2\varepsilon$ dans le second, ..., que $|f(a)| + n\varepsilon$ dans le dernier.

Si $f(x)$ est une fonction continue dans l'intervalle (a, b), on pourra, quel que soit le nombre positif ε, diviser l'intervalle (a, b) en un nombre fini d'intervalles partiels tels que, dans chacun d'eux, l'oscillation de la fonction soit moindre que ε.

Réciproquement, s'il en est ainsi, la fonction est continue : car si l'on désigne par η un nombre plus petit que l'étendue du plus petit des intervalles, deux valeurs x, x' appartenant à l'intervalle (a, b) et ayant entre elles une différence moindre que η appartiendront au même intervalle partiel, ou à deux intervalles partiels contigus, ayant pour limite commune un certain nombre x''; dans le premier cas, on aura

$$|f(x) - f(x')| < \varepsilon;$$

dans le second,

$$|f(x) - f(x') = |f(x) - f(x'') + f(x'') - f(x')| < 2\varepsilon.$$

Le lecteur démontrera sans peine les propositions suivantes :

Si deux fonctions $f(x)$, $\varphi(x)$ sont continues dans l'intervalle (a, b), il en est de même des fonctions $f(x) + \varphi(x)$, $f(x) \times \varphi(x)$; il en est de même aussi de la fonction $\frac{f(x)}{\varphi(x)}$, si la limite inférieure des valeurs absolues de la fonction $\varphi(x)$ dans l'intervalle (a, b) est un nombre positif.

Une fonction entière est continue dans tout intervalle.

76. Si une fonction $f(x)$ est définie dans l'intervalle (a, b), on dira qu'elle est continue pour une valeur x appartenant à l'intervalle (a, b) si à chaque nombre positif ε correspond un nombre positif η tel que, sous la condition que x' appartienne à l'intervalle et diffère de x d'une quantité moindre que η, on ait

$$|f(x) - f(x')| < \varepsilon.$$

Si x est différent de a et de b, on peut dire encore qu'à chaque nombre positif ε doit correspondre, si la fonction est continue pour la valeur x, un nombre positif η tel que l'on ait

$$|f(x+\theta\eta)-f(x)|<\varepsilon,$$

pour toutes les valeurs de θ comprises entre -1 et $+1$; si $x=a$, cette condition doit être vérifiée pour les valeurs de θ comprises entre zéro et un; si $x=b$, pour les valeurs de θ comprises entre -1 et zéro.

On peut dire enfin que si la fonction est continue pour la valeur x, on peut à chaque nombre positif ε faire correspondre un nombre η tel que dans tout intervalle (a', b'), d'étendue moindre que η, contenu dans l'intervalle (a, b) et auquel appartienne le nombre x, l'oscillation soit moindre que ε.

En effet, si ε' est un nombre positif moindre que $\frac{\varepsilon}{2}$, on peut faire correspondre à ce nombre un nombre η tel que l'on ait

$$|f(x)-f(x')|<\varepsilon',$$

pourvu que x' appartienne à l'intervalle (a, b) et diffère de x d'une quantité moindre que η; or si l'on a

$$a\leqq a'\leqq x\leqq b'\leqq b, \qquad b'-a'<\eta,$$

et si l'on désigne par x_1, x_2 deux nombres quelconques appartenant à l'intervalle (a', b'), on aura

$$|f(x)-f(x_1)|<\varepsilon',$$
$$|f(x)-f(x_2)|<\varepsilon',$$

et par conséquent

$$|f(x_1)-f(x_2)|<2\varepsilon';$$

l'oscillation de la fonction dans l'intervalle (a', b') est donc au plus égale à $2\,\varepsilon'$ et par conséquent inférieure à ε.

77. Il est clair que si une fonction est continue dans un intervalle (a, b), elle est continue, au sens qui vient d'être précisé, pour chaque valeur de x qui appartient à cet intervalle; mais la réciproque de cette proposition n'est pas évidente (¹).

En effet, si on conserve les notations du paragraphe précédent, on voit que, si la fonction $f(x)$, définie dans l'intervalle (a, b), est continue pour chaque valeur de x appartenant à cet intervalle, et si l'on se donne le nombre positif ε, on pourra faire correspondre à chaque valeur de x un nombre positif η tel, par exemple, que l'oscillation de la fonction soit moindre que ε dans tout intervalle contenu dans (a, b) d'étendue plus petite que η et auquel appartienne la valeur x; mais il n'est pas évident que toutes ces valeurs de η, correspondantes aux diverses valeurs de x qui vont de a jusqu'à b, soient supérieures à un certain nombre positif η', en sorte qu'on puisse affirmer que, dans tout intervalle moindre que η' et contenu dans (a, b), l'oscillation de la fonction soit moindre que ε. On sait seulement que tous ces nombres η sont supérieurs à zéro. On ne peut pas non plus affirmer que la fonction $f(x)$ soit *finie* dans l'intervalle (a, b) au sens du paragraphe 74.

On lève cette double difficulté par la réduction à l'absurde, comme il suit.

Tout d'abord, pour ne pas être obligé de faire deux démonstrations presque identiques, je conviendrai, bien que les définitions qui précèdent n'autorisent à parler de l'oscillation d'une fonction que si elle est finie, de dire d'une fonction $f(x)$ qui est définie dans un intervalle sans y être finie, que son oscillation y est supérieure à tel nombre positif A que l'on voudra, en entendant simplement par là qu'il y a, dans cet intervalle, au moins deux nombres x, x' pour lesquels on a

$$|f(x) - f(x')| > \text{A}.$$

Ceci posé, soit $f(x)$ une fonction définie dans l'intervalle (a, b) : supposons qu'il existe un nombre positif ε tel que, de quelque façon que l'on décompose l'intervalle (a, b) en intervalles partiels, l'oscillation de la fonction, dans l'un au moins de ces intervalles, soit supérieure ou égale à ε; je vais montrer que cette supposition entraîne

---

(¹) Heine, *Die Elemente der Functionenlehre* (*Journal de Crelle*, t. LXXIV, p. 172).
On pourrait peut-être éviter dans l'enseignement élémentaire, ces distinctions un peu subtiles, en se bornant à considérer la continuité dans un intervalle.

la discontinuité de la fonction pour une valeur de x appartenant à l'intervalle (a, b). Si donc la fonction $f(x)$ est continue pour chacune de ces valeurs, le nombre ε n'existera pas, en sorte que, si l'on se donne arbitrairement un nombre positif ε', il y aura assurément un mode de décomposition de l'intervalle (a, b) en intervalles partiels tels que, dans chacun d'eux, l'oscillation de la fonction soit inférieure à ε', et que, par conséquent, la continuité de la fonction $f(x)$ dans l'intervalle (a, b), au sens du paragraphe 75, sera mise hors de doute.

Divisons l'intervalle (a, b) en $10, 100, \ldots, 10^n$ parties égales. Considérons en général les intervalles partiels obtenus en divisant (a, b) en 10^n parties et supposons-les rangés dans l'ordre suivant :

$$\left(a, a + \frac{b-a}{10^n}\right), \quad \left(a + \frac{b-a}{10^n}, a + 2\frac{b-a}{10^n}\right), \ldots,$$
$$\left(a + (10^n - 1)\frac{b-a}{10^n}, b\right).$$

Dans l'un de ces intervalles au moins, l'oscillation de la fonction est au moins égale à ε; soit (a_n, b_n) le premier de ces intervalles pour lesquels cela a lieu; on aura

$$a \leqq a_1 \leqq a_2 \leqq \ldots \leqq a_n \leqq a_{n+1} \leqq \ldots \leqq b.$$

En effet, dans les intervalles qui précèdent (a_n, b_n), l'oscillation de la fonction est moindre que ε; il en est de même dans les intervalles obtenus en les divisant en dix parties égales, c'est à dire dans tous les intervalles partiels obtenus en décomposant (a, b) en 10^{n+1} parties égales qui précèdent l'intervalle

$$\left(a_n, \quad a_n + \frac{b-a}{10^{n+1}}\right).$$

On a donc $a_n \leqq a_{n+1}$, etc.

Dès lors, si l'on suppose que l'opération soit continuée indéfiniment, on voit que les deux suites infinies

$$(1) \qquad \begin{cases} a, & a_1, & a_2, \ldots, & a_n, \ldots, \\ b, & b_1, & b_2, \ldots, & b_n, \ldots, \end{cases}$$

ont une même limite x'; en effet, d'une part, les termes de la première suite ne vont jamais en décroissant quand on s'avance dans cette suite, et restent tous inférieurs à b; de l'autre, la différence $b_n - a_n = \frac{b-a}{10^n}$ tend vers la limite zéro quand n augmente indéfiniment.

L'oscillation de la fonction dans tout intervalle (a_n, b_n) limité par deux termes correspondants des deux suites est au moins égale à ε; il en résulte que la fonction $f(x)$ est discontinue pour la valeur x', puisque les nombres a_n, b_n qui appartiennent, ainsi que x', à l'intervalle (a, b), peuvent être supposés aussi voisins qu'on le veut de x'.

78. Si une fonction $f(x)$, définie dans l'intervalle (a, b), est continue pour la valeur x appartenant à cet intervalle et si l'on considère en outre la suite infinie de valeurs

$$x_1, x_2, \ldots, x_n, \ldots, \tag{1}$$

appartenant aussi à l'intervalle et ayant pour limite x, la suite infinie

$$f(x_1), \quad f(x_2), \ldots, \quad f(x_n), \ldots \tag{2}$$

aura pour limite $f(x)$; il suffit pour s'en convaincre de rapprocher les définitions des mots *continuité* et *limite*.

Réciproquement si, quelle que soit la suite (1) ayant pour limite x, la suite (2) a pour limite $f(x)$, la fonction considérée est continue pour la valeur x.

En effet, nier la continuité pour cette valeur, c'est affirmer l'existence d'un nombre positif ε jouissant de la propriété suivante : quelque petit que soit le nombre positif η, il y a un nombre x' dont la différence avec x est moindre que η et tel que l'on ait

$$| f(x) - f(x') | > \varepsilon.$$

Dès lors si l'on considère la suite de nombres positifs

$$\eta_1, \eta_2, \ldots, \eta_n, \ldots$$

ayant pour limite zéro et que l'on forme la suite correspondante de nombres

$$x'_1, x'_2, \ldots, x'_n, \ldots \tag{3}$$

de façon que l'on ait toujours

$$| f(x'_n) - f(x) | > \varepsilon,$$

il est clair que la suite (3) aura pour limite x et que la suite

$$f(x'_1), \quad f(x'_2), \ldots, \quad f(x'_n), \ldots$$

n'aura pas pour limite $f(x)$.

79. Il convient de signaler ici une nouvelle acception du mot *limite*.

Considérons d'abord une fonction $f(x)$ définie dans l'intervalle (a, b) et soit x' une valeur appartenant à cet intervalle : on dira que, x tendant vers x', $f(x)$ a pour limite un nombre X' si à chaque nombre positif ε correspond un nombre positif η tel que l'on ait

$$|f(x) - X'| < \varepsilon$$

pour toutes les valeurs de x appartenant à l'intervalle (a, b) et pour lesquelles on a

$$|x - x'| < \eta.$$

S'il en est ainsi, la valeur absolue de $f(x') - X'$ devra être moindre que tout nombre positif ε, puisque $|x' - x'| = 0$ est plus petit que tout nombre positif η. C'est dire qu'on aura nécessairement

$$f(x') = X'$$

et que la fonction $f(x)$ est continue pour $x = x'$. Mais, au lieu de considérer toutes les valeurs de x qui appartiennent à l'intervalle (a, b), on peut en exclure quelques-unes et même une infinité ; si par exemple on exclut la valeur x', on dira que x tendant vers x' par des valeurs différentes de x', $f(x)$ a pour limite un nombre X', si à chaque nombre ε correspond un nombre positif η tel que l'on ait

$$|f(x) - X'| < \varepsilon$$

pour toutes les valeurs de x appartenant à l'intervalle (a, b), autres que x' et pour lesquelles on a

$$|x - x'| < \eta;$$

dans ce cas il n'est pas nécessaire que le nombre $f(x')$ soit égal à X'. On pourrait encore exclure une infinité de valeurs

$$x_1, x_2, \ldots, x_n, \ldots$$

ayant x' pour limite; il n'y aura rien à changer à la définition, si ce n'est que les valeurs de x qui devront satisfaire à l'inégalité

$$|f(x) - X'| < \varepsilon$$

seront les valeurs de x, autres que $x_1, x_2, \ldots, x_n, \ldots$ et pour lesquelles on a

$$|x - x'| < \eta.$$

On peut se placer à un point de vue à peine différent et ne considérer que les valeurs de x qui appartiennent à un ensemble (E) qui toutefois doit contenir, quelque petit que soit α, une infinité de nombres compris entre $x' - \alpha$ et $x' + \alpha$, qui, en d'autres termes, doit admettre la valeur x' comme valeur *limite* (§ 37). Si la fonction $f(x)$ est définie, au moins pour les valeurs appartenant à cet ensemble (E), on dira que, x tendant vers la valeur x' par des valeurs appartenant à l'ensemble (E), $f(x)$ a pour limite X', si à chaque nombre positif ε correspond un nombre positif η tel que l'on ait

$$|f(x) - X'| < \varepsilon$$

pour toutes les valeurs de x qui appartiennent à l'ensemble (E) et pour lesquelles on a

$$|x - x'| < \eta.$$

L'ensemble (E) peut être, par exemple, composé des valeurs rationnelles appartenant à un intervalle (a, b), qui comprend le nombre x', ou des nombres plus petits que x', ou des nombres plus grands que x', etc.

De même, si l'on considère un ensemble (E) contenant des nombres plus grands que A, quel que soit A, comme est, par exemple, l'ensemble de tous les nombres plus grands qu'un nombre donné, ou de tous les nombres entiers positifs, ou de tous les nombres rationnels, etc., et si la fonction $f(x)$ est définie, au moins pour chaque valeur de x qui appartient à (E), on dira que, x grandissant indéfiniment par des valeurs positives appartenant à l'ensemble (E), $f(x)$ tend vers une limite X si à chaque nombre positif ε correspond un nombre positif m tel que l'on ait

$$|f(x) - X| < \varepsilon$$

pour tous les nombres x appartenant à l'ensemble (E) et plus grands que m. C'est à ce dernier point de vue qu'on s'était placé jusqu'ici, en parlant de suites infinies

$$u_1, u_2, \ldots, u_n, \ldots$$

qui admettent une limite U; le terme général u_n de cette suite peut être regardé comme une fonction de son indice n, fonction qui n'est définie que pour les valeurs entières et positives; au lieu de dire que la suite infinie a une limite U, on peut dire que u_n a pour limite U quand n grandit indéfiniment par des valeurs entières et positives, c'est la convention déjà énoncée au paragraphe 40.

En se reportant à la définition des suites convergentes, on est amené naturellement à la généralisation que voici :

Considérons comme tout à l'heure une fonction $f(x)$ définie pour les valeurs de x qui appartiennent à un ensemble (E) admettant la valeur x' comme valeur limite (§ 37). Si à chaque nombre positif ε' correspond un nombre positif η' tel que l'on ait

$$(1) \qquad | f(x_p) - f(x_q) | < \varepsilon'$$

pour toutes les valeurs x_p, x_q appartenant à l'ensemble (E) qui, mises à la place de ξ dans l'inégalité

$$(2) \qquad | \xi - x' | < \eta',$$

satisfont à cette inégalité, la fonction $f(x)$ tendra vers une limite quand x tendra vers la valeur x' par des valeurs appartenant à l'ensemble (E) :

Si, en effet, on considère une suite infinie de valeurs de x appartenant à l'ensemble (E),

$$x_1, x_2, \ldots, x_n, \ldots,$$

et ayant pour limite x', les termes de cette suite, à partir d'un certain rang, mis à la place de ξ dans l'inégalité (2), finiront par vérifier cette inégalité; on en conclut que la suite

$$f(x_1), \quad f(x_2), \ldots, \quad f(x_n), \ldots$$

est convergente; soit X' sa limite. Ceci posé, après s'être donné le nombre positif ε, que l'on prenne $\varepsilon' = \frac{\varepsilon}{2}$ et qu'on lui fasse correspondre le nombre η' comme il a été expliqué plus haut; si l'on désigne par x_n et x deux nombres qui appartiennent à l'ensemble (E), qui, mis à la place de ξ, vérifient l'inégalité (2), dont le premier enfin appartienne à la suite x_1, x_2, ... et vérifie l'inégalité

$$|f(x_n) - X'| < \varepsilon',$$

on aura

$$|f(x) - X'| = |f(x) - f(x_n) + f(x_n) - X'| < \varepsilon.$$

La proposition est donc démontrée. Le lecteur énoncera et démontrera sans peine une proposition analogue qui permettra de reconnaître si une fonction tend vers une limite quand x croît indéfiniment par des valeurs appartenant à un ensemble (E).

Les théorèmes énoncés au paragraphe 36 s'étendent sans peine à ces nouvelles acceptions du mot *limite;* si u, v, w, ... sont des fonctions d'une variable x qui, lorsque x tend vers x', ou bien augmente indéfiniment, ont pour limites les nombres U, V, W, ..., la fonction de x $\varphi(u, v, w, ...)$, où φ désigne un polynôme entier en u, v, w, ..., aura pour limite, dans les mêmes conditions, le nombre $\varphi(U, V, W, ...)$; si $\psi(u, v, w, ...)$ désigne un second polynôme en u, v, w, ... qui ne s'annule pas pour les valeurs considérées de x, qui n'est pas nul non plus pour $u = U$, $v = V$, $w = W$, ..., la fonction $\frac{\varphi(u, v, w, ...)}{\psi(u, v, w, ...)}$ aura pour limite $\frac{\varphi(U, V, W, ...)}{\psi(U, V, W, ...)}$.

On précisera d'une façon analogue cette expression : lorsque x tend vers x', $f(x)$ augmente indéfiniment : on entendra par là qu'à chaque nombre positif A, si grand qu'il soit, correspond un nombre positif ε tel que l'on ait

$$f(x) > A$$

pour toutes les valeurs de x (appartenant à l'ensemble que l'on considère) pour lesquelles on a

$$|x - x'| < \varepsilon.$$

Le nombre x', en particulier, ne peut être l'une des valeurs que l'on considère.

On dira ainsi que la valeur absolue de $\frac{1}{x}$ augmente indéfiniment quand x tend vers zéro, que $\frac{1}{x}$ grandit indéfiniment quand x tend vers zéro par des valeurs positives, etc.; c'est dans le même sens qu'on dit que $\frac{1}{x}$ devient infini par des valeurs positives ou négatives quand x tend vers zéro pour des valeurs positives ou négatives, etc.

De même, dire que $f(x)$ grandit indéfiniment avec x, ou est infiniment grand avec x, c'est dire qu'à chaque nombre positif A correspond un nombre positif B tel que l'inégalité

$$x > B$$

entraîne l'inégalité

$$f(x) > A.$$

Les expressions grandies indéfiniment par des valeurs positives ou par des valeurs négatives n'offrent aucune difficulté.

80. Une fonction $f(x)$, définie dans l'intervalle (a, b), est dite croissante si la différence $f(x) - f(x')$ n'est jamais nulle et est du même signe que la différence $x - x'$ quelles que soient les valeurs distinctes x, x' appartenant à l'intervalle (a, b). Si la différence $f(x) - f(x')$ est toujours différente de zéro et de signe contraire à $x - x'$, la fonction est décroissante.

Si la fonction $f(x)$ est croissante dans l'intervalle (a, b), sa limite inférieure est $f(a)$, sa limite supérieure est $f(b)$, son oscillation est $f(b) - f(a)$: Si l'on considère une suite infinie

$$x_1, x_2, \ldots, x_n, \ldots$$

de nombres croissants, appartenant à l'intervalle, ayant x pour limite, la suite infinie de nombres croissants

$$f(x_1), \quad f(x_2), \ldots, \quad f(x_n), \ldots$$

qui ne peuvent dépasser $f(b)$ a une limite; cette limite, si la fonction n'est pas continue pour la valeur x, peut être différente de $f(x)$.

81. L'importante notion de la continuité permet de compléter en quelque sorte la définition d'une fonction qui n'est pas définie pour toutes les valeurs de la variable.

Soit, par exemple,

$$f(x) = \frac{x^2 - 1}{x - 1},$$

la valeur du second membre est définie pour toute valeur de x autre que un; elle est d'ailleurs égale à celle de la fonction $x + 1$, continue dans tout intervalle; si l'on veut que l'expression $\frac{x^2 - 1}{x - 1}$ représente aussi une fonction continue de x, quel que soit x, il faut lui attribuer la valeur 2 pour $x = 1$.

L'expression a^x, où a est un nombre positif, va nous fournir un exemple beaucoup plus important.

On a rappelé plus haut la définition de a^x pour les valeurs rationnelles de x; on étend sans peine à cette fonction ainsi définie, pour l'ensemble des valeurs rationnelles, la propriété fondamentale qu'exprime l'équation

$$(1) \qquad a^x \times a^y = a^{x+y},$$

où x et y sont des nombres rationnels quelconques, propriété qui résulte immédiatement de la définition quand x et y sont des nombres entiers positifs.

Pour définir ensuite a^x, quand x est irrationnel, on suit la même marche que lorsqu'on a voulu définir la somme ou le produit de deux nombres irrationnels : on considère une suite infinie de nombres rationnels

$$x_1, x_2, \ldots, x_n, \ldots$$

ayant le nombre x pour limite et on montre que la suite

$$a^{x_1}, a^{x_2}, \ldots, a^{x_n}, \ldots$$

a une limite qui est toujours la même, quelle que soit la suite infinie de nombres rationnels qui sert à définir le nombre x : c'est cette limite qui est, par définition, la valeur de a^x; cette définition est d'ailleurs nécessaire, si l'on veut que la fonction a^x soit continue.

Avant de faire cette démonstration, il convient d'établir quelques propriétés de la fonction a^x, qui peuvent se résumer comme il suit. A ne considérer que les valeurs rationnelles de la variable x, la fonction a^x, où a est un nombre positif, est continue et croissante dans tout intervalle si a est plus grand que un, continue et décroissante si a est plus petit que un.

Je supposerai dans ce qui suit $a > 1$.

Je remarque tout d'abord que les puissances entières et positives d'un nombre sont plus grandes ou plus petites que un, suivant que ce nombre est lui-même plus grand ou plus petit que un; il en est de même par conséquent des racines d'un nombre. Donc si p et q désignent des nombres entiers positifs, on aura

$$a^{\frac{p}{q}} = \sqrt[q]{a^p} > 1.$$

Si donc x est un nombre rationnel positif, a^x est plus grand que un.

L'égalité fondamentale (1) montre ensuite que a^{x+y}, où x et y sont des nombres rationnels, est plus grand que a^x, si y est positif : car alors le facteur a^y est plus grand que un, cela revient à dire que la fonction a^x croît avec x, cette variable étant toujours supposée rationnelle.

Quant à la continuité, bornons-nous à considérer les valeurs de la variable qui sont, en valeur absolue, plus petites qu'un nombre positif rationnel r, arbitrairement fixé à l'avance; si x' et x'' sont deux nombres rationnels plus petits que r, on aura

$$|a^{x''} - a^{x'}| = a^{x'}|a^{x''-x'} - 1| < a^r|a^{x''-x'} - 1|.$$

Pour prouver que, ε étant un nombre positif quelconque, on peut lui faire correspondre un nombre positif η tel que, pour toutes les valeurs rationnelles de x' et x'' qui satisfont à l'inégalité

$$|x' - x''| < \eta,$$

$a^r|a^{x''-x'} - 1|$ et par conséquent $|a^{x''} - a^{x'}|$ soit plus petit que ε, il suffit de démontrer que $a^x - 1$ a pour limite zéro quand x tend vers zéro par des valeurs rationnelles.

Soit m un nombre entier positif égal ou inférieur à la valeur absolue de $\frac{1}{x}$, on aura, si x est positif,

$$0 < a^x - 1 \leqq a^{\frac{1}{m}} - 1,$$

et, si $x = -\xi$ est négatif,

$$0 < 1 - a^{-\xi} = \frac{a^\xi - 1}{a^\xi} < a^\xi - 1 \leqq a^{\frac{1}{m}} - 1;$$

tout revient donc à prouver que $\sqrt[m]{a} - 1$ a pour limite zéro quand m augmente indéfiniment par des valeurs positives entières. Or, puisque $\sqrt[m]{a}$ est un nombre plus grand que un, soit, en désignant par α un nombre positif,

$$\sqrt[m]{a} = 1 + \alpha;$$

on aura

$$a = (1 + \alpha)^m > 1 + m\alpha;$$

en d'autres termes

$$\sqrt[m]{a} - 1 < \frac{a - 1}{m},$$

le second membre a manifestement zéro pour limite quand m augmente indéfiniment.

En résumé, si l'on se donne le nombre positif ε, il suffira de prendre m supérieur à la partie entière de $\frac{a^r(a-1)}{\varepsilon}$ pour que l'on ait

$$| a^{x''} - a^{x'} | < \varepsilon,$$

pour toutes les valeurs rationnelles de x' et x'' moindres que r en valeur absolue et dont la différence est, en valeur absolue, moindre que $\frac{1}{m}$.

Soit maintenant x un nombre irrationnel plus petit que r et soit

$$x_1, x_2, \ldots, x_n, \ldots$$

une suite infinie de nombres rationnels, plus petits que r, ayant x pour limite. Si l'on se donne arbitrairement le nombre positif ε, il existera toujours un nombre entier positif n tel que, quel que soit l'entier p plus grand que n, on ait

$$| a^{x_n} - a^{x_p} | < \varepsilon;$$

cette inégalité, en effet, sera vérifiée, pourvu que l'on ait, en conservant les notations précédentes,

$$| x_n - x_p | < \frac{1}{m}.$$

La suite

(2) $$a^{x_1}, \quad a^{x_2}, \ldots, \quad a^{x_n}, \ldots$$

est donc convergente. La limite de cette suite sera, par définition, la valeur de a^x. Il suffit, pour légitimer cette définition, de prouver que si l'on considère une seconde suite de nombres rationnels

$$y_1, \quad y_2, \ldots, \quad y_n, \ldots$$

ayant aussi x pour limite, la suite

$$a^{y_1}, \quad a^{y_2}, \ldots, \quad a^{y_n}, \ldots$$

a la même limite que la suite (2), ou encore que la suite

$$a^{x_1} - a^{y_1}, \quad a^{x_2} - a^{y_2}, \ldots, \quad a^{x_n} - a^{y_n}, \ldots$$

a zéro pour limite : or cela résulte de ce que l'on peut supposer n assez grand pour que l'on ait, pour tous les nombres entiers $p > n$,

$$| x_p - y_p | < \frac{1}{m}, \qquad | a^{x_p} - a^{y_p} | < \varepsilon.$$

On peut maintenant étendre à la fonction a^x, entièrement définie dans l'intervalle $(-r, +r)$, les propriétés établies seulement pour les valeurs rationnelles de x. D'abord, si x est un nombre positif, a^x est un nombre plus grand que un ; en effet tous les nombres de la suite $x_1, x_2, \ldots, x_n, \ldots$, qui a pour limite le nombre positif x finissent, après un certain rang, par être plus grands que tel nombre rationnel positif $\xi < x$ que l'on voudra ; à partir du même rang tous les termes de la suite (2) sont donc plus grands que $a^\xi > 1$; la limite de cette suite, au moins égale à a^ξ, est donc plus grande que un.

L'égalité fondamentale

$$a^x \times a^y = a^{x+}$$

est vraie quels que soient les nombres x et y : car si l'on considère deux suites infinies de nombres rationnels

$$x_1, \quad x_2, \ldots, \quad x_n, \ldots; \qquad y_1, \quad y_2, \ldots, \quad y_n, \ldots,$$

ayant respectivement x et y pour limite, la suite infinie de nombres rationnels

$$x_1 + y_1, \quad x_2 + y_2, \ldots, \quad x_n + y_n, \ldots$$

aura pour limite $x + y$ et les trois suites

$$\begin{array}{lll} a^{x_1}, & a^{x_2}, \ldots, & a^{x_n}, \ldots, \\ a^{y_1}, & a^{y_2}, \ldots, & a^{y_n}, \ldots, \\ a^{x_1+y_1}, & a^{x_2+y_2}, \ldots, & a^{x_n+y_n}, \ldots \end{array}$$

auront respectivement pour limites a^x, a^y, a^{x+y} : comme on a d'ailleurs, quel que soit n,

$$a^{x_n} \times a^{y_n} = a^{x_n+y_n},$$

on a nécessairement

$$a^x \times a^y = a^{x+y};$$

tout ce qui a été démontré concernant la croissance et la continuité de a^x pour les valeurs rationnelles de x s'appuyait uniquement sur cette égalité et sur ce fait que a^x est un nombre plus grand que *un* quand x est positif; les conclusions, établies pour les nombres rationnels, sont donc valables dans tous les cas et la fonction a^x est continue et croissante dans tout intervalle.

Il n'est peut-être pas inutile d'observer qu'on aurait pu établir cette dernière proposition sans s'appuyer sur les propriétés particulières de la fonction a^x. La proposition suivante résulte en effet immédiatement du paragraphe 79 :

Si une fonction $f(x)$ est définie pour l'ensemble des valeurs rationnelles appartenant à l'intervalle (p, q) et si cette fonction est continue pour l'ensemble de ces valeurs, elle tend vers une limite lorsque x tend par des valeurs rationnelles vers une valeur x' appartenant à l'intervalle (p, q). Cette limite, si x' est irrationnel, peut servir à la définition de l'expression $f(x')$. La fonction $f(x)$, ainsi définie dans tout l'intervalle (p, q), est continue. — Si la fonction primitivement donnée pour les valeurs rationnelles de la variable était croissante pour l'ensemble de ces valeurs, il en est de même de la fonction complétée.

Enfin on aurait pu encore, pour définir a^x, lorsque x est irrationnel, se placer à un point de vue un peu différent, en portant d'abord l'attention sur ce fait que, pour des valeurs rationnelles de x, a^x est une fonction croissante : considérons l'ensemble (E) des nombres obtenus en élevant a à une puissance dont l'exposant est un nombre rationnel moindre que x, et l'ensemble (E') des nombres obtenus en élevant a à une puissance dont l'exposant est un nombre rationnel plus grand que x. Chacun des nombres de l'ensemble (E) est plus petit que chacun des nombres de l'ensemble (E'); l'ensemble (E) a une limite supérieure (§ 16) plus grande que chacun de ses éléments, plus petite que chacun des éléments de l'ensemble (E'); de même l'ensemble (E') a une limite inférieure, plus petite que chacun de ses éléments, plus grande que chacun des éléments de l'ensemble (E); comme il y a dans les ensembles (E) et (E') des nombres qui diffèrent entre eux aussi peu qu'on le veut, il faut que les deux limites soient égales. Leur valeur commune peut servir à définir a^x. Cette définition n'est pas distincte de la première, comme on le voit en prenant pour cette suite $x_1, x_2, \ldots, x_n, \ldots$, qui a pour limite le nombre x et dont on est parti dans la première définition, une suite de nombres rationnels croissants. Il ne serait pas difficile, en restant au même point de vue, d'établir les propriétés fondamentales de la fonction a^x.

La fonction a^x grandit indéfiniment avec x (supposé positif); il suffit de le prouver quand x croît par valeurs entières : or, cela résulte immédiatement de l'inégalité

$$(1+\alpha)^m > 1 + m\alpha,$$

où α est un nombre positif et m un nombre entier positif; l'égalité $a^{-x} = \frac{1}{a^x}$ montre ensuite que, lorsque x augmente indéfiniment par des valeurs négatives, a^x a pour limite zéro.

Enfin si $a = \frac{1}{a'}$ est un nombre plus petit que un, on définira a^x par la formule

$$a^x = \frac{1}{a'^x}.$$

82. La propriété fondamentale

$$\varphi(x) \times \varphi(y) = \varphi(x+y) \tag{1}$$

dont jouit la fonction a^x caractérise cette fonction; toute fonction $\varphi(x)$, continue pour toute valeur de x et qui jouit de la propriété (1), est de la forme a^x; j'emprunte la démonstration de cette proposition à Cauchy (¹).

En remplaçant d'abord dans l'égalité (1) x et y par $\frac{x}{2}$, on trouve

$$\varphi(x) = \left[\varphi\left(\frac{x}{2}\right)\right]^2,$$

ce qui montre que la fonction $\varphi(x)$ doit être positive quel que soit x. Puis la supposition $y = 0$ donne

$$\varphi(x) \times \varphi(0) = \varphi(x);$$

on a donc

$$\varphi(0) = 1; \tag{2}$$

si l'on ne veut pas supposer que la fonction $\varphi(x)$ soit constamment nulle.

En faisant $y = -x$ dans (1), on trouve

$$\varphi(x) \times \varphi(-x) = \varphi(0) = 1. \tag{3}$$

L'égalité fondamentale (1) conduit immédiatement à la suivante :

$$\varphi(x_1) \times \varphi(x_2) \times \ldots \times \varphi(x_n) = \varphi(x_1 + x_2 + \ldots + x_n),$$

d'où, en supposant toutes les quantités $x_1, x_2, \ldots, x_n$, égales à x

$$\varphi(nx) = [\varphi(x)]^n; \tag{4}$$

cette égalité, établie pour un nombre entier n, s'étend aux nombres quelconques.

Elle s'étend d'abord aux nombres positifs n de la forme $\frac{1}{p}$, où p est un nombre entier, car l'égalité (4), quand on y remplace n par p

---

(¹) *Cours d'analyse de l'École royale polytechnique*, p. 106.

et x par $\frac{x}{p}$, devient

$$\varphi(x) = \varphi\left(\frac{x}{p}\right)^p,$$

d'où

$$\varphi\left(\frac{x}{p}\right) = \sqrt[p]{\varphi(x)} = [\varphi(x)]^{\frac{1}{p}}; \tag{5}$$

c'est bien la détermination arithmétique qu'il faut prendre pour $\sqrt[p]{\varphi(x)}$, puisque $\varphi\left(\frac{x}{p}\right)$ doit être positif : l'égalité (5) n'est autre que l'égalité (4), où $\frac{1}{p}$ remplace n.

Si maintenant on élève à la puissance q, q étant un nombre entier positif, les deux membres de l'égalité (5), on a

$$\left[\varphi\left(\frac{x}{p}\right)\right]^q = [\varphi(x)]^{\frac{q}{p}};$$

mais en vertu de l'égalité (4) on a,

$$\left[\varphi\left(\frac{x}{p}\right)\right]^q = \varphi\left(q\,\frac{x}{p}\right);$$

par suite on a

$$\varphi\left(\frac{q}{p}\,x\right) = [\varphi(x)]^{\frac{q}{p}}.$$

Ainsi l'égalité (4) est étendue à tous les nombres rationnels positifs; en tenant compte de (3), elle s'étend immédiatement à tous les nombres rationnels négatifs : elle est vraie pour $n = 0$, en vertu de (2).

Jusqu'ici, on ne s'est pas servi de cette supposition que la fonction $\varphi(x)$ est continue.

Cette supposition intervient pour étendre aux nombres irrationnels l'égalité (4).

Soit en effet

$$n_1, \quad n_2, \ldots, \quad n_r, \ldots,$$

une suite infinie de nombres rationnels ayant pour limite le nombre irrationnel n; on aura, quel que soit l'indice r,

$$\varphi(n_r x) = [\varphi(x)]^{n_r}$$

lorsque r augmente indéfiniment, $n_r x$ tend vers nx, et puisque la fonction φ est continue, $\varphi(n_r x)$ a pour limite $\varphi(nx)$; de même $[\varphi(x)]^{n_r}$ a pour limite $[\varphi(x)]^n$, à cause de la continuité de la fonction a^x; les limites des deux membres sont égales et l'on a ainsi, quel que soit le nombre n,

$$\varphi(nx) = [\varphi(x)]^n.$$

Observons en passant que le même mode de raisonnement appliqué à la fonction a^x, montrerait que l'on a, quels que soient les nombres n et x,

$$a^{nx} = [a^x]^n.$$

Si maintenant, dans l'égalité

$$\varphi(nx) = [\varphi(x)]^n,$$

on remplace x par un et n par x, il vient

$$\varphi(x) = [\varphi(1)]^x;$$

en désignant par a la constante positive $\varphi(1)$, on aura finalement

$$\varphi(x) = a^x.$$

83. Lorsque m est entier positif ou négatif, la fonction x^m est entière ou rationnelle. Si m est un nombre fractionnaire ou irrationnel, la fonction x^m est définie pour toutes les valeurs positives de x. La formule

$$x^{-m} = \frac{1}{x^m}$$

montre qu'on peut se borner à l'étude du cas où m est positif. Alors la fonction x^m est nulle pour $x = 0$, comprise entre zéro et un quand x est compris entre zéro et un, plus grande que un pour $x > 1$.

L'équation

$$(1)\qquad (x+h)^m - x^m = x^m\left[\left(1+\frac{h}{x}\right)^m - 1\right],$$

où h désigne un nombre positif, montre que la fonction x^m est croissante, puisque l'on a

$$\left(1+\frac{h}{x}\right)^m - 1 > 0.$$

La même égalité fait voir que pour établir la continuité de la fonction pour toutes les valeurs positives de x inférieures à un nombre arbitrairement choisi A, il suffit de prouver que la fonction $(1+\eta)^m$ a pour limite l'unité lorsque η tend vers zéro par des valeurs positives : or, si η est un nombre positif moindre que un, on aura, en désignant par M un nombre entier positif plus grand que m,

$$1 < (1+\eta)^m < (1+\eta)^M < 1 + M\eta\,(1+\eta)^{M-1} < 1 + 2^{M-1}M\eta,$$

inégalités qui mettent en évidence la proposition énoncée; si l'on prend, en désignant par ε un nombre positif,

$$\eta \leqq \frac{\varepsilon}{M\,2^{M-1}A^m},$$

l'égalité (1) montre que l'on aura

$$|\,x'^m - x''^m\,| < \varepsilon$$

pour tous les nombres positifs x', x'' moindres que A et dont la différence est, en valeur absolue, moindre que η.

Si m était négatif, la fonction x^m serait continue et décroissante dans tout intervalle limité par des nombres positifs.

La fonction

$$\varphi(x) = x^m$$

jouit de la propriété

$$\varphi(x) \times \varphi(y) = \varphi(xy).$$

On pourra montrer, par un procédé analogue à celui qui a été employé au paragraphe précédent, que toute fonction positive et continue pour les valeurs positives de x qui jouit de cette propriété est de la forme x^m.

84. Revenant maintenant à la théorie générale, je vais démontrer, relativement aux fonctions continues, deux théorèmes fondamentaux.

Le premier de ces théorèmes, que l'on a longtemps admis comme évident, a été démontré d'une façon rigoureuse par Cauchy (¹). Voici en quoi il consiste :

Si $f(x)$ est une fonction continue dans l'intervalle (a, b) et si les deux nombres $f(a)$, $f(b)$ sont de signes contraires, il existe un nombre x, appartenant à l'intervalle (a, b), différent de a et de b, pour lequel on a

$$f(x) = 0.$$

Supposons en effet $f(a) < 0$, $f(b) > 0$; divisons l'intervalle (a, b) en dix intervalles égaux $\left(a, a + \frac{b-a}{10}\right), \ldots, \left(a + 9\,\frac{b-a}{10}, b\right)$ et substituons dans $f(x)$ les onze nombres $a, a + \frac{b-a}{10}, \ldots, b$ qui limitent ces intervalles; si l'un des résultats de la substitution est nul, il n'est pas nécessaire d'aller plus loin; si aucun de ces résultats n'est nul, désignons par b_1 le premier nombre qui fournit un résultat positif, par a_1 celui qui le précède; on aura

$$f(a_1) < 0, \quad f(b_1) > 0, \quad b_1 - a_1 = \frac{b-a}{10},$$

l'on pourra raisonner sur l'intervalle (a_1, b_1) comme sur l'intervalle (a, b), le décomposer encore en dix intervalles égaux et en déduire ou une valeur de x qui annule $f(x)$, ou un nouvel intervalle (a_2, b_2) pour lequel on aura

$$f(a_2) < 0, \quad f(b_2) < 0, \quad b_2 - a_2 = \frac{b-a}{100}.$$

En continuant toujours de la même façon, si l'on ne rencontre jamais de nombre qui annule $f(x)$, on formera deux suites infinies

$$\begin{matrix} a, & a_1, & a_2, \ldots, & a_n, \ldots, \\ b, & b_1, & b_2, \ldots, & b_n, \ldots, \end{matrix}$$

jouissant des propriétés suivantes : les nombres de la première suite

(¹) *Cours d'analyse de l'École royale polytechnique*, p. 460.

ne vont jamais en diminuant, ils sont tous inférieurs à b; les nombres de la seconde suite ne vont jamais en augmentant, ils sont tous supérieurs à a; chacune des deux suites a une limite, ces limites sont égales, car la différence

$$b_n - a_n = \frac{b-a}{10^n}$$

a évidemment zéro pour limite quand n augmente indéfiniment : soit A la limite commune aux deux suites. En vertu de la continuité de la fonction $f(x)$, qui n'a pas encore été invoquée, les deux suites infinies

$$\begin{array}{lll} f(a), & f(a_1), \ldots, & f(a_n), \ldots, \\ f(b), & f(b_1), \ldots, & f(b_n), \ldots, \end{array}$$

ont pour limite commune $f(\mathrm{A})$; mais tous les éléments de la première suite sont négatifs, donc leur limite $f(\mathrm{A})$ est négative ou nulle; tous les éléments de la seconde suite sont positifs, donc leur limite $f(\mathrm{A})$ est positive ou nulle; donc, enfin, on a

$$f(\mathrm{A}) = 0.$$

Voici une conséquence immédiate de cette proposition.

Soit $f(x)$ une fonction continue dans l'intervalle (a, b) et N un nombre compris entre $f(a)$ et $f(b)$; il y a un nombre x appartenant à l'intervalle (a, b), différent de a et de b, pour lequel on a

$$f(x) = \mathrm{N}.$$

En effet, la fonction $f(x) - \mathrm{N}$ est continue et les deux nombres $f(a) - \mathrm{N}$, $f(b) - \mathrm{N}$ sont de signes contraires.

On exprime cette propriété des fonctions continues en disant qu'elles ne peuvent passer d'une valeur à une autre sans passer par toutes les valeurs intermédiaires. Il importe de remarquer que cette propriété ne caractérise pas les fonctions continues [1].

---

(1) M. Darboux a signalé toute une classe de fonctions qui ne peuvent passer d'une valeur à une autre sans passer par les valeurs intermédiaires. (*Mémoire sur les fonctions discontinues. — Annales scientifiques de l'École normale supérieure*, 2e série, t. IV, p. 109.) Il suffira de lui emprunter l'exemple suivant : Soit $f(x)$ une fonction qui soit nulle pour $x = 0$ et égale à $\sin \frac{1}{x}$ pour toutes les autres valeurs de x. Cette fonction est discontinue pour $x = 0$, cependant il est aisé de voir qu'elle ne peut passer d'une valeur à une autre sans passer par les valeurs intermédiaires.

85. La seconde propriété fondamentale des fonctions continues est la suivante :

Si une fonction $f(x)$ est continue dans un intervalle (a, b) et si M, m désignent respectivement sa limite supérieure et sa limite inférieure, il existe deux nombres X, x, appartenant à cet intervalle, pour lesquels on a

$$f(X) = M, \qquad f(x) = m.$$

On exprime plus brièvement cette propriété en disant qu'une fonction continue atteint sa limite supérieure et sa limite inférieure ([1]).

Je me bornerai à établir le théorème pour la limite supérieure.

Divisons encore l'intervalle (a, b) en dix intervalles égaux

$$\left(a, \frac{b-a}{10}\right), \ \ldots, \ \left(a + 9\,\frac{b-a}{10}, \, b\right).$$

Dans l'un de ces intervalles au moins, la limite supérieure de la fonction $f(x)$ est M : en effet, la limite supérieure de la fonction dans l'intervalle total est la plus grande des limites supérieures dans les intervalles partiels; soit (a_1, b_1) le premier intervalle dans lequel la limite supérieure soit M; en le divisant encore en dix intervalles égaux, on formera un nouvel intervalle (a_2, b_2) pour lequel la limite supérieure sera M, etc... ; en continuant ainsi indéfiniment, on formera deux suites infinies

$$(1) \qquad \left\{ \begin{array}{lllll} a, & a_1, & a_2, \ldots, & a_n, \ldots, \\ b, & b_1, & b_2, \ldots, & b_n, \ldots, \end{array} \right.$$

jouissant des propriétés suivantes : les nombres de la première suite ne vont jamais en décroissant, ceux de la seconde suite ne vont jamais en croissant; chacune des suites a une limite et les deux limites sont égales à un même nombre X, puisque l'on a

$$b_n - a_n = \frac{b-a}{10^n};$$

([1]) M. Weierstrass donne depuis longtemps la démonstration de cette proposition dans son enseignement. Voyez la Note de M. Darboux *Sur un théorème relatif à la continuité des fonctions* (*Bulletin des Sciences mathématiques et astronomiques*, t. III, p. 307), où il établit la proposition analogue dans le cas de deux variables, et le *Mémoire* déjà cité du même auteur sur les fonctions discontinues, p. 63.

enfin, dans chaque intervalle limité par deux termes correspondants a_n, b_n, la fonction $f(x)$ admet la limite supérieure M.

On déduit de là l'égalité

$$f(X) = M.$$

Supposons, en effet, que l'on ait

$$f(X) = M' < M$$

et que X ne soit ni a ni b.

Puisque la fonction $f(x)$ est continue, à chaque nombre positif ε correspondra un nombre positif η tel que l'intervalle $(X - \eta, X + \eta)$ soit contenu dans l'intervalle (a, b) et que, pour toutes les valeurs de x appartenant à l'intervalle $(X - \eta, X + \eta)$, la valeur de $f(x)$ soit comprise entre $M' - \varepsilon$ et $M' + \varepsilon$; on peut supposer ce dernier nombre plus petit que M. Mais, d'un autre côté, les termes de la suite (1) finissent après un certain rang par tomber entre $X - \eta$ et $X + \eta$; si l'on a, par exemple,

$$X - \eta \leqq a_n < b_n \leqq X + \eta,$$

comme la fonction $f(x)$ doit prendre, pour des valeurs de x appartenant à l'intervalle (a_n, b_n) et par conséquent à l'intervalle $(X - \eta, X + \eta)$, des valeurs plus grandes que tout nombre $M' + \varepsilon$ inférieur à la limite supérieure M de la fonction dans l'intervalle (a_n, b_n), la contradiction est manifeste. Si l'on avait $X = b$, on considèrerait un intervalle $(b - \eta, b)$ tel que l'on eût, pour toutes les valeurs de x appartenant à cet intervalle,

$$| f(b) - f(x) | < \varepsilon.$$

Si l'on avait $X = a$, il faudrait que l'on eût

$$a = a_1 = a_2 = \dots = a_n = \dots = X,$$

et l'on considèrerait un intervalle $(a, a + \eta)$ tel que l'on eût pour toutes les valeurs de x appartenant à cet intervalle

$$| f(a) - f(x) | < \varepsilon;$$

les termes des suites (2), après un certain rang, finiraient par appartenir tous à l'intervalle $(b - \eta, b)$ ou $(a, a + \eta)$ et la contradiction apparaîtrait de la même façon.

86. Les deux propositions que l'on vient d'établir ont été démontrées en supposant seulement que la fonction considérée $f(x)$ est continue, il convient de s'arrêter un peu sur le cas où elle est à la fois continue et croissante, ou bien continue et décroissante. Les choses se présentent alors d'une façon plus simple. Je supposerai dans ce qui suit que la fonction $f(x)$, dans l'intervalle (a, b), est continue et croissante; d'abord, il est clair qu'elle atteint, pour $x = a$, sa limite inférieure $f(a)$, et pour $x = b$, sa limite supérieure $f(b)$.

On n'a donc affaire qu'à la première proposition. Si $f(a)$ et $f(b)$ sont de signes contraires, $f(x)$ s'annule pour une valeur x' appartenant à l'intervalle (a, b), autre que a et que b. On observera d'abord qu'il ne peut y avoir qu'un nombre x' appartenant à l'intervalle (a, b) pour lequel on ait $f(x') = 0$: en effet, la fonction étant croissante est négative pour les valeurs de x inférieures à x', positives pour les valeurs de x supérieures à x'.

Ceci posé, considérons l'ensemble des valeurs de x appartenant à l'intervalle (a, b) pour lesquelles la fonction $f(x)$ est négative, et l'ensemble des valeurs pour lesquelles elle est positive; chaque nombre du premier ensemble est plus petit que chaque nombre du second ensemble; le premier ensemble a donc une limite supérieure x_1 et le second ensemble une limite inférieure x_2; d'ailleurs, tout nombre X supérieur à x_1 appartient au second ensemble; en effet, on ne peut avoir ni $f(X) < 0$, ni $f(X) = 0$, puisque, dans le premier cas, X appartiendrait au premier ensemble, et que, dans le second cas, il en serait de même de tout nombre plus petit que X, en particulier des nombres compris entre x_1 et X; en d'autres termes, tout nombre plus grand que x_1 est aussi plus grand que x_2; de même tout nombre plus petit que x_2 est aussi plus petit que x_1 : donc $x_2 = x_1$. Jusqu'ici on n'a pas fait intervenir la continuité : elle sert à prouver que l'on a $f(x_1) = 0$. Si l'on avait $f(x_1) > 0$, par exemple, pour un nombre un peu plus petit que x_1, $f(x)$ serait encore positif, et $x_2 = x_1$ ne serait pas la limite inférieure de l'ensemble des nombres appartenant à l'intervalle (a, b) pour lesquels la fonction $f(x)$ est positive.

87. Si la fonction $f(x)$ est continue et croissante dans l'intervalle (a, b) et si l'on pose

$$f(a) = \mathrm{A}, \quad f(b) = \mathrm{B},$$

l'équation

$$(1) \qquad f(x) = \mathrm{X},$$

définit x comme une fonction croissante et continue de la variable X dans l'intervalle (A, B).

En effet, à chaque valeur de X appartenant à cet intervalle, correspond une valeur de x et une seule appartenant à l'intervalle (a, b) qui vérifie l'équation (1); x peut donc être regardé comme une fonction $\varphi(\mathrm{X})$ de la variable X, définie dans l'intervalle (A, B). La fonction $\varphi(\mathrm{X})$ est croissante : en effet, si l'on a

$$f(x) = \mathrm{X}, \quad f(x') = \mathrm{X}',$$

ou

$$x = \varphi(\mathrm{X}), \quad x' = \varphi(\mathrm{X}'),$$

l'expression

$$\frac{f(x) - f(x')}{x - x'}$$

est positive, puisque la fonction $f(x)$ est croissante; il en est de même de l'expression

$$\frac{\varphi(\mathrm{X}) - \varphi(\mathrm{X}')}{\mathrm{X} - \mathrm{X}'};$$

la fonction $\varphi(\mathrm{X})$ est donc croissante.

Enfin la fonction $\varphi(\mathrm{X})$ est continue; en effet, si ε est un nombre positif plus petit que $b - a$, la différence

$$f(x + \varepsilon) - f(x)$$

lorsque x varie de a à $b - \varepsilon$ reste positive et continue; elle admet une limite inférieure positive η; cette limite ne peut être nulle puisqu'elle doit être atteinte pour une certaine valeur ξ appartenant à l'intervalle $(a, b - \varepsilon)$ et que l'on ne saurait avoir

$$f(\xi + \varepsilon) = f(\xi).$$

Si maintenant x et x' désignent deux valeurs appartenant à l'intervalle (a, b) et telles que l'on ait $x' - x > \varepsilon$, on aura

$$f(x') > f(x + \varepsilon)$$

et, par suite,

$$f(x') - f(x) > f(x + \varepsilon) - f(x) > \eta.$$

Ainsi, pour des nombres x, x' appartenant à l'intervalle (a, b), la supposition

$$|f(x') - f(x)| < \eta$$

entraîne l'inégalité

$$|x - x'| < \varepsilon.$$

En d'autres termes, à chaque nombre positif ε correspond un nombre positif η tel que la condition

$$|X - X'| < \eta,$$

entraîne l'inégalité

$$|\varphi(X) - \varphi(X')| < \varepsilon,$$

pourvu, toutefois, que les nombres X, X' appartiennent à l'intervalle (A, B).

La fonction $x = \varphi(X)$ est dite la fonction inverse de la fonction $f(x)$.

88. Par exemple, la fonction a^x où a désigne un nombre plus grand que *un*, est une fonction continue et croissante dans tout intervalle; elle est toujours positive, s'approche autant que l'on veut de zéro, et peut prendre des valeurs positives aussi grandes qu'on le veut. Il résulte de là que si X désigne un nombre positif, il existe un nombre x et un seul pour lequel on a

$$a^x = X,$$

ce nombre est dit le logarithme de X dans la base a; on l'écrit log X; la fonction log X est croissante et continue dans tout intervalle dont les limites sont des nombres positifs; elle est négative quand X est compris entre zéro et un, positive quand X est plus grand que un (1),

(1) Si a était plus petit que un, le logarithme se définirait de la même façon, log X serait alors une fonction décroissante.

nulle pour $X = 1$; lorsque X grandit indéfiniment, il en est de même de log X ; lorsque X tend vers zéro par des valeurs positives, log X est négatif et grandit indéfiniment en valeur absolue ; à la propriété de la fonction exponentielle

$$a^x \times a^y = a^{x+y},$$

correspond la propriété fondamentale de la fonction logarithmique

$$\log(XY) = \log X + \log Y.$$

La fonction logarithmique est la seule fonction continue qui jouisse de cette propriété ; on établira cette proposition en suivant la même voie qu'au paragraphe 82, ou en considérant la fonction inverse de la fonction logarithmique.

Remarquons encore que, en élevant à la puissance y les deux membres de l'identité

$$a^{\log x} = x,$$

où x est un nombre positif, on trouve

$$a^{y \log x} = x^y,$$

ou bien

$$y \log x = \log x^y.$$

Cette dernière égalité peut aussi se déduire de l'égalité fondamentale

$$\log(xy) = \log x + \log y$$

et de la continuité de la fonction logarithmique.

CHAPITRE IV

DES SÉRIES ET DES PRODUITS INFINIS DONT LES TERMES SONT DES FONCTIONS D'UNE VARIABLE.

89. Considérons une suite infinie de fonctions d'une variable x,

$$u_1, \quad u_2, \ldots, \quad u_n, \ldots,$$

fonctions dont chacune est donnée dans l'intervalle (a, b); si pour chaque valeur de x appartenant à cet intervalle la série

$$\text{(S)} \qquad u_1 + u_2 + \ldots + u_n + \ldots$$

est convergente, à chaque valeur de x correspondra une valeur de la somme de cette série; en d'autres termes, la somme de la série est une fonction de x définie dans l'intervalle (a, b).

Désignons en général par $R_n(x)$ le reste de la série quand on s'arrête au terme u_n, c'est à dire la somme de la série convergente

$$u_{n+1} + u_{n+2} + \ldots,$$

puisque, pour chaque valeur de x appartenant à l'intervalle (a, b) la série est convergente, à chacune de ces valeurs et à chaque nombre positif ε correspond un nombre entier positif p tel que l'inégalité $n > p$ entraîne l'inégalité

$$| R_n(x) | < \varepsilon;$$

le nombre p dépend en général de la valeur de x, en même temps que de la valeur de ε.

Mais les séries pour lesquelles ce nombre p peut être déterminé indépendamment du nombre x et ne dépend ainsi que de la valeur de ε offrent un intérêt particulier. En effet dans tout l'intervalle (a, b), la somme des p premiers termes de la série représente la fonction définie par la série avec une erreur dont la limite supérieure ε est la même quel que soit x; en sorte que, en étudiant cette somme, on pourra se rendre compte, au moins approximativement, des propriétés et de la marche de la fonction; il en est tout autrement si, pour avoir un même degré d'approximation, il suffit, pour certaines valeurs de x, de considérer un petit nombre de termes de la série tandis qu'il faut, pour d'autres valeurs, prendre un très grand nombre de termes. Les séries qui rentrent dans le premier cas, et que l'on nomme *uniformément convergentes,* sont donc particulièrement intéressantes.

On dit qu'une série

$$(1) \qquad u_1 + u_2 + \ldots + u_n + \ldots$$

dont les termes sont des fonctions d'une variable x et qui est convergente pour chaque valeur de x appartenant à l'intervalle (a, b) est *uniformément convergente* dans cet intervalle, lorsque à chaque nombre positif ε correspond un nombre entier positif p jouissant de la propriété suivante :

Quel que soit le nombre x appartenant à l'intervalle (a, b) et le nombre entier n égal ou supérieur à p, le reste R_n de la série limitée au $n^{\text{ième}}$ terme est en valeur absolue moindre que ε.

On réunira les conditions nécessaires et suffisantes pour que la série (1) converge (§ 45) et pour qu'elle converge uniformément, en disant qu'à chaque nombre positif ε' doit correspondre un entier p tel que, quels que soient les entiers n, m vérifiant les inégalités

$$p \leqq n < m,$$

on ait

$$| u_{n+1} + u_{n+2} + \ldots + u_m | < \varepsilon',$$

pour toutes les valeurs de x appartenant à l'intervalle (a, b).

Il est clair que si une série est uniformément convergente dans deux intervalles contigus (a, b), (b, c), elle est uniformément convergente dans l'intervalle (a, c) [1].

---

[1] Je donne ici la définition adoptée par Heine (*Handbuch der Kugelfunctionen*, 2e éd., t. I, p. 63) et par M. Weierstrass (*Remarques sur quelques points de la théorie des fonctions analytiques: Bulletin des Sciences mathématiques et astronomiques*, 2e série, t. V, 1re partie, p. 157). Je crois toutefois devoir faire remarquer qu'elle diffère de celle

Par exemple la série

$$\frac{x}{1.(x+1)} + \frac{x}{(x+1)(2x+1)} + \ldots + \frac{x}{[(n-1)x+1][nx+1]} + \ldots,$$

est convergente quel que soit le nombre positif ou nul x.

Pour $x = 0$, elle a évidemment zéro pour somme, si x est un nombre positif, on voit, en partant de l'identité

$$\frac{x}{[(n-1)x+1][nx+1]} = \frac{1}{(n-1)x+1} - \frac{1}{nx+1},$$

que la somme de ses n premiers termes est égale à

$$1 - \frac{1}{nx+1};$$

quel que soit le nombre positif x, cette somme pour n infini a pour limite un; la série est donc convergente et a pour somme l'unité; le reste, quand on s'arrête au $n^{\text{ième}}$ terme, a d'ailleurs pour valeur

---

adoptée par d'autres géomètres, notamment par M. Darboux (*Mémoire sur les fonctions discontinues*, p. 77) et par M. Dini (*Fundamenti per la teorica delle funzioni di variabili reali*, p. 103). Pour ces auteurs, une série est uniformément convergente si, à chaque nombre positif ε correspond un entier positif p tel que le reste $R_p(x)$ de la série bornée au $p^{\text{ième}}$ terme soit, en valeur absolue, moindre que ε : on n'a pas à se préoccuper des restes suivants. Par exemple si on considère une série dont les termes $u_1, u_2, \ldots, u_p \ldots$ obéissent à la loi suivante, pour $n = 1, 2, 3, \ldots$

$$u_{2n-1} = \frac{x}{nx^2 + (1-nx)^2}, \quad u_{2n} = \frac{-x}{(n+1)x^2 + [1-(n+1)x]^2},$$

on voit de suite que cette série est convergente quel que soit x, qu'elle a pour somme $\frac{x}{x^2 + (1-x)^2}$, que le reste est nul si on prend p impair, qu'il est égal à u_{2n-1} si l'on suppose p pair et égal à $2n-2$; cette série est uniformément convergente dans tout intervalle, au second sens du mot, puisqu'il y a des restes nuls; elle ne l'est pas, au sens primitivement adopté, dans un intervalle tel que $(-1, +1)$, en effet u_{2n-1}, pour $x = \frac{1}{n}$, se réduit à un; quel que soit le nombre p, il y aura un reste, après le $p^{\text{ième}}$, qui sera, pour une valeur convenable de x, égal à un. La seconde définition a donc cet avantage d'être plus large; en outre elle se légitime par ce fait qu'elle suffit pour la démonstration des propriétés fondamentales des séries convergentes relatives à la continuité et à l'intégration, comme on le verra d'ailleurs dans la démonstration de ces propriétés; mais, d'un autre côté, il est naturel de faire entrer dans la notion de la convergence uniforme, cette idée que le degré d'approximation auquel on parvient lorsqu'on prend un certain nombre de termes se conserve en quelque sorte quand on prend un plus grand nombre de termes; on peut vouloir aussi que le reste d'une série uniformément convergente soit lui-même donné par une série uniformément convergente. C'est ce qui m'a décidé à adopter la définition que j'ai donnée dans le texte.

absolue $\frac{1}{nx+1}$; pour $x = \frac{1}{n}$ cette valeur est égale à $\frac{1}{2}$; on voit donc que dans un intervalle dont la limite inférieure est zéro et la limite supérieure un nombre positif quelconque, la série n'est pas uniformément convergente, puisque, si l'on assigne un terme quelconque, on peut trouver un terme de rang plus éloigné tel que, en adoptant pour x une valeur convenable, le reste de la série, limitée à ce terme, soit égal à $\frac{1}{2}$. On remarquera encore que, dans un pareil intervalle, la somme de la série n'est pas une fonction continue de x, quoiqu'il en soit ainsi de tous ses termes.

Au contraire, dans un intervalle quelconque (a, b) limité par deux nombres positifs, la série est uniformément convergente. Si on se donne en effet le nombre positif ε, il suffira de prendre n plus grand que la partie entière de $\frac{1-\varepsilon}{a\varepsilon}$ pour que le reste correspondant au $n^{\text{ième}}$ terme et les restes suivants soient, quelle que soit la valeur de x appartenant à l'intervalle (a, b), en valeur absolue, inférieurs à ε.

90. Les séries dont les termes sont des fonctions d'une variable x et qui sont absolument convergentes pour chaque valeur de x appartenant à l'intervalle (a, b) sont dites absolument convergentes dans cet intervalle. Les séries qui sont à la fois absolument et uniformément convergentes dans un intervalle donné présentent évidemment un intérêt particulier : il y a un cas très général où l'on peut reconnaître facilement cette double propriété d'une série [1].

Soit

$$(1) \qquad u_1 + u_2 + \ldots + u_n + \ldots,$$

une série dont les termes dépendent de la variable x; soit en outre

$$(2) \qquad v_1 + v_2 + \ldots + v_n + \ldots$$

une série convergente dont les termes sont des nombres positifs donnés; s'il arrive que pour chaque valeur de x appartenant à l'intervalle (a, b), les termes de la série (1) soient, en valeur absolue,

(1) Weierstrass, à l'endroit cité dans la note précédente.

inférieurs aux termes de même rang de la série (2), la série (1) sera, dans l'intervalle (a, b), absolument et uniformément convergente. Que la série (1) converge absolument, cela est évident; qu'elle converge uniformément, cela résulte de ce qu'à chaque nombre ε correspond assurément un nombre entier p tel que la somme de la série infinie

$$v_{p+1} + v_{p+2} + \dots \tag{3}$$

soit inférieure à ε; or, quel que soit le nombre entier n supérieur à p, il est clair que la somme de la série

$$u_{n+1} + u_{n+2} + \dots$$

est inférieure à la somme de la série (3).

Considérons par exemple la série

$$1 + \frac{x}{1} + \frac{x^2}{1.2} + \dots + \frac{x^n}{1.2\dots n} + \dots \tag{4}$$

Soit A un nombre positif quelconque; on a vu que la série

$$1 + \frac{A}{1} + \frac{A^2}{1.2} + \dots + \frac{A^n}{1.2\dots n} + \dots$$

était convergente; donc la série (4) est absolument et uniformément convergente dans tout intervalle dont les limites sont, en valeur absolue, inférieures à A, c'est à dire dans tout intervalle, puisque A est arbitraire.

Soit encore la série

$$1 + \frac{m}{1}x + \frac{m(m-1)}{1.2}x^2 + \dots + \frac{m(m-1)\dots(m-p+1)}{1.2\dots p}x^p + \dots \tag{5}$$

Soit ξ un nombre positif inférieur à un, et M un nombre positif quelconque, la série à termes positifs

$$1 + \frac{M}{1}\xi + \frac{M(M+1)}{1.2}\xi^2 + \dots + \frac{M(M+1)\dots(M+p-1)}{1.2\dots p}\xi^p + \dots, \tag{6}$$

est convergente.

On peut considérer les termes de la série (5) soit comme des fonctions de x, soit comme des fonctions de m. En se plaçant au premier point de vue, on voit que si m est un nombre donné, inférieur à M en valeur absolue, la série (5) est uniformément et absolument convergente dans tout intervalle dont les deux limites sont, en valeur absolue, inférieures à ξ, ou, puisque ξ est aussi voisin de un qu'on le veut, dans tout intervalle dont les limites sont, en valeur absolue, inférieures à un. De même, en considérant les termes de la série (5) comme des fonctions de m, on voit que, si x est un nombre donné plus petit que un en valeur absolue, la série est absolument et uniformément convergente dans tout intervalle dont les limites sont, en valeur absolue, moindres que M, c'est à dire dans tout intervalle, puisque M est un nombre arbitraire.

91. Lorsqu'une série dont les termes sont des fonctions continues de la variable x dans l'intervalle (a, b) est uniformément convergente dans cet intervalle, la somme de cette série est une fonction continue de x dans l'intervalle (a, b).

Soit en effet,

$$\varphi_1(x) + \varphi_2(x) + \ldots + \varphi_n(x) + \ldots$$

la série considérée, où $\varphi_1, \varphi_2, \ldots, \varphi_n, \ldots$ désignent des fonctions continues de x dans l'intervalle (a, b); soit $F(x)$ la somme de cette série. Désignons par ε un nombre positif quelconque; il y a un nombre entier n tel que, pour toute valeur appartenant à l'intervalle (a, b), le reste $R_n(x)$ de la série soit en valeur absolue moindre que $\frac{\varepsilon}{3}$; on a d'ailleurs en posant

$$S_n(x) = \varphi_1(x) + \varphi_2(x) + \ldots + \varphi_n(x),$$
$$F(x) = S_n(x) + R_n(x);$$

mais, les n premières fonctions φ étant continues, il en est de même de leur somme $S_n(x)$, il existe donc un nombre η tel que l'on ait

$$|S_n(x) - S_n(x')| < \frac{\varepsilon}{3}$$

pour toutes les valeurs de x et x' qui appartiennent à l'intervalle

(a, b) et dont la différence est moindre que η; cette inégalité jointe aux suivantes

$$|R_n(x)| < \frac{\varepsilon}{3}, \quad |R_n(x')| < \frac{\varepsilon}{3},$$

montre que, dans les mêmes conditions, la différence

$$F(x) - F(x') = S_n(x) - S_n(x') + R_n(x) - R_n(x')$$

est moindre en valeur absolue que

$$\frac{\varepsilon}{3} + \frac{\varepsilon}{3} + \frac{\varepsilon}{3} = \varepsilon;$$

c'est dire que la fonction $F(x)$ est continue dans l'intervalle (a, b).

Ainsi la série (4) du paragraphe précédent est une fonction continue de x dans tout intervalle; la série (5), si l'on y regarde m comme donné, est une fonction continue de x dans tout intervalle dont les limites sont, en valeur absolue, moindres que un; la même série, lorsqu'on y regarde x comme un nombre donné moindre que un en valeur absolue, est une fonction continue de m dans tout intervalle.

92. Le mode de raisonnement si simple qui a été employé dans le paragraphe précédent permet d'établir une propriété très importante de la série

$$(1) \qquad 1 + \frac{x}{1} + \frac{x^2}{1.2} + \ldots + \frac{x^n}{1.2\ldots n} + \ldots;$$

je vais montrer en effet que si, laissant x fixe, on fait croître m indéfiniment, l'expression

$$\left(1 + \frac{x}{m}\right)^m$$

a une limite et que cette limite est la somme de la série (1). D'une façon plus précise je vais montrer que, x étant un nombre donné quelconque et ε un nombre positif quelconque, il existe un nombre positif n tel que la différence entre $\left(1 + \frac{x}{m}\right)^m$ et la somme de la série (1) soit, en valeur absolue, moindre que ε lorsque la valeur absolue de m est plus grande que n.

Supposons d'abord que m ne prenne que des valeurs positives entières; on aura, par la formule du binôme,

$$\begin{aligned}\left(1+\frac{x}{m}\right)^m &= 1+\frac{m}{1}\frac{x}{m}+\frac{m(m-1)}{1.2}\frac{x^2}{m^2}+\dots\\ &+\frac{m(m-1)(m-2)\dots(m-p+1)}{1.2\dots p}\cdot\frac{x^p}{m^p}\\ &+\dots\\ &+\frac{m(m-1)\dots 1}{1.2\dots m}\frac{x^m}{m^m},\end{aligned}$$

ce qui peut s'écrire encore

$$(2)\quad \left\{\begin{aligned}\left(1+\frac{x}{m}\right)^m &= 1+\frac{x}{1}+\left(1-\frac{1}{m}\right)\frac{x^2}{1.2}+\dots\\ &+\left(1-\frac{1}{m}\right)\left(1-\frac{2}{m}\right)\cdots\left(1-\frac{p-1}{m}\right)\frac{x^p}{1.2\dots p}\\ &+\dots\\ &+\left(1-\frac{1}{m}\right)\left(1-\frac{2}{m}\right)\cdots\left(1-\frac{m-1}{m}\right)\frac{x^m}{1.2\dots m}.\end{aligned}\right.$$

Ceci posé, soit A un nombre positif quelconque égal ou supérieur à la valeur absolue de x. La série à termes positifs

$$1+\frac{A}{1}+\frac{A^2}{1.2}+\dots+\frac{A^p}{1.2\dots p}+\dots$$

est convergente et chacun de ses termes est supérieur à la valeur absolue du terme de même rang dans le second membre de l'équation (2); on peut prendre p assez grand pour que la somme de la série

$$\frac{A^{p+1}}{1.2\dots(p+1)}+\frac{A^{p+2}}{1.2\dots(p+1)(p+2)}+\dots$$

soit moindre que $\frac{\varepsilon}{3}$. Il en est de même, *à fortiori*, de la valeur absolue du reste R_p de la série (1) limitée au $(p+1)^{\text{ième}}$ terme et de la valeur absolue de la somme R'_p des termes du développement de $\left(1+\frac{x}{m}\right)^m$ qui suivent le $(p+1)^{\text{ième}}$ terme; on a d'ailleurs, en désignant par S la somme de la série (1), par S_p la somme de ses $p+1$ premiers termes, par S'_p la somme des $p+1$ premiers termes du développement de $\left(1+\frac{x}{m}\right)^m$,

$$S = S_p + R_p,$$
$$\left(1+\frac{x}{m}\right)^m = S'_p + R'_p;$$

mais S'_p est une fonction entière de $\frac{1}{m}$ qui se réduit à S_p quand on y remplace $\frac{1}{m}$ par zéro; puisque toute fonction entière est continue, il existe un nombre positif n assez grand pour que l'inégalité

$$\frac{1}{m} < \frac{1}{n}, \quad \text{ou} \quad m > n,$$

entraîne l'inégalité

$$|S_p - S'_p| < \frac{\varepsilon}{3}.$$

Cette inégalité, jointe aux suivantes

$$|R_p| < \frac{\varepsilon}{3}, \quad |R'_p| < \frac{\varepsilon}{3},$$

montre que la valeur absolue de la différence

$$S - \left(1+\frac{x}{m}\right)^m = (S_p - S'_p) + R_p - R'_p$$

est moindre que ε pourvu que m soit un nombre entier positif supérieur à n; c'est ce qui avait été annoncé.

Supposons maintenant que m soit positif, mais non entier; on observera d'abord que l'expression $\left(1+\frac{x}{m}\right)^m$ n'a été définie dans tous les cas que si $1+\frac{x}{m}$ est positif, mais cela finit toujours par arriver pour des valeurs suffisamment grandes de m; ceci posé, soit μ la partie entière de m, et supposons $1+\frac{x}{\mu}$ positif; l'expression

$\left(1+\frac{x}{m}\right)^m$ sera toujours comprise entre

$$\left(1+\frac{x}{\mu+1}\right)^\mu = \frac{\left(1+\frac{x}{\mu+1}\right)^{\mu+1}}{1+\frac{x}{\mu+1}}$$

et

$$\left(1+\frac{x}{\mu}\right)^{\mu+1} = \left(1+\frac{x}{\mu}\right)^\mu \left(1+\frac{x}{\mu}\right);$$

la première de ces deux quantités sera d'ailleurs la plus petite si x est positif, la plus grande si x est négatif; mais lorsque m grandit indéfiniment, il en est de même de μ, et les formes que l'on a données aux deux quantités entre lesquelles $\left(1+\frac{x}{m}\right)^m$ est compris montrent clairement que ces deux quantités ont S pour limite; il en est de même de $\left(1+\frac{x}{m}\right)^m$.

Supposons enfin $m = -m'$ négatif; on aura

$$\left(1+\frac{x}{m}\right)^m = \left[\frac{1}{1-\frac{x}{m'}}\right]^{m'} = \left(1+\frac{x}{m'-x}\right)^{m'},$$

d'ailleurs,

$$\left(1+\frac{x}{m'-x}\right)^{m'} = \left(1+\frac{x}{m'-x}\right)^{m'-x}\left(1+\frac{x}{m'-x}\right)^x;$$

lorsque m' grandit indéfiniment par des valeurs positives, il en est de même de $m'-x$; par conséquent, le premier facteur du second membre a S pour limite; quant au second facteur, on a prouvé (§ 83) qu'il a l'unité pour limite; la proposition est donc démontrée.

Pour peu qu'il y réfléchisse, le lecteur verra que les raisonnements précédents, légèrement modifiés, permettent d'énoncer le théorème suivant, un peu plus général que celui qui a été établi.

Si l'on considère l'expression

$$\left(1+\frac{\xi}{m}\right)^m$$

et si l'on se donne un nombre positif ε aussi petit qu'on le veut, il existe deux nombres positifs n et α tels que la différence entre $\left(1+\frac{\xi}{m}\right)^m$ et la somme de la série

$$1+\frac{x}{1}+\frac{x^2}{1.2}+\ldots+\frac{x^p}{1.2\ldots p}+\ldots$$

soit, en valeur absolue, moindre que ε, pourvu que l'on ait

$$|m|>n, \quad |\xi-x|<\alpha.$$

Si l'on suppose $x=1$, on voit que la somme de la série

$$(3) \qquad 1=\frac{1}{1}+\frac{1}{1.2}+\ldots+\frac{1}{1.2\ldots p}+\ldots,$$

somme que l'on désigne habituellement par la lettre e, est la limite vers laquelle tend l'expression $\left(1+\frac{1}{m}\right)^m$ quand m augmente indéfiniment en valeur absolue; le nombre e joue dans l'analyse un rôle considérable. En s'arrêtant au terme $\frac{1}{1.2\ldots p}$ dans la série (3), on voit que le reste de cette série, c'est-à-dire la somme de la série

$$\frac{1}{1.2\ldots p(p+1)}+\frac{1}{1.2\ldots p.(p+1)(p+2)}+\ldots,$$

est plus petit que la somme suivante :

$$\frac{1}{1.2\ldots p}\left[\frac{1}{p+1}+\frac{1}{(p+1)^2}+\ldots\right]=\frac{1}{1.2\ldots p.p}.$$

On peut donc écrire

$$(4) \qquad e=1+\frac{1}{1}+\frac{1}{1.2}+\ldots+\frac{1}{1.2\ldots p}+\frac{\theta}{1.2\ldots p.p};$$

θ étant un nombre inconnu plus grand que zéro et plus petit que un, cette formule permet de calculer e avec telle approximation que l'on voudra; on trouve ainsi

$$e=2,718\,281\,828\,459\,045\,235\,36\ldots$$

La même formule (4) montre que e est irrationnel : si, en effet, il était égal à la fraction irréductible $\frac{q}{p}$, on aurait

$$\frac{q}{p} - 1 - \frac{1}{1} - \frac{1}{1.2} - \dots - \frac{1}{1.2\dots p} = \frac{\theta}{1.2\dots p.p}.$$

En multipliant les deux membres par $1.2\dots p$, le premier membre deviendrait entier, le second membre serait $\frac{\theta}{p}$, quantité qui ne peut jamais être un nombre entier, même nul. On doit à M. Hermite d'avoir montré que e est un nombre transcendant, c'est à dire que e n'est racine d'aucune équation algébrique entière à coefficients rationnels [1].

L'identité

$$\left(1 + \frac{x}{m}\right)^m = \left[\left(1 + \frac{x}{m}\right)^{\frac{m}{x}}\right]^x$$

montre que, lorsque m augmente indéfiniment, $\left(1 + \frac{x}{m}\right)^m$ a pour limite e^x : en effet, lorsque m augmente indéfiniment, il en est de même de $\frac{m}{x}$ et par suite

$$\left(1 + \frac{x}{m}\right)^{\frac{m}{x}} = \left[1 + \frac{1}{\left(\frac{m}{x}\right)}\right]^{\frac{m}{x}}$$

a pour limite e : donc, à cause de la continuité de la fonction z^n où z est un nombre positif (§ 83), le nombre $\left(1 + \frac{x}{m}\right)^{\frac{x}{m}}$ élevé à la puissance x a pour limite e^x. On a donc

$$(5) \qquad e^x = 1 + \frac{x}{1} + \frac{x^2}{1.2} + \dots + \frac{x^p}{1.2\dots p} + \dots,$$

de même

$$e^{-x} = 1 - \frac{x}{1} + \frac{x^2}{1.2} + \dots \pm \frac{x^p}{1.2\dots p} \mp \dots$$

L'application de la règle de la multiplication aux deux séries

---

(1) *Comptes rendus*, t. LXXVII, 1873. En allant plus loin dans la voie ouverte par M. Hermite, M. Lindemann est parvenu à établir la même proposition pour le nombre π (*Mathematische Annalen*, t. XX, p. 213).

absolument convergentes

$$\varphi(x) = 1 + \frac{x}{1} + \frac{x^2}{1.2} + \ldots, \qquad \varphi(y) = 1 + \frac{y}{1} + \frac{y^2}{1.2} + \ldots$$

donnera immédiatement l'égalité

$$\varphi(x) \times \varphi(y) = 1 + \frac{x+y}{1} + \frac{(x+y)^2}{1.2} + \ldots,$$

ou

$$\varphi(x) \times \varphi(y) = \varphi(x+y).$$

On peut regarder ce résultat comme une simple vérification ; on peut aussi en déduire directement la forme de la fonction $\varphi(x)$; il montre en effet, en se reportant à ce que l'on a établi au paragraphe 82, que la fonction continue

$$\varphi(x) = 1 + \frac{x}{1} + \frac{x^2}{1.2} + \ldots$$

est de la forme a^x, a étant une constante positive, que l'on détermine en supposant $x = 1$; on a ainsi

$$a = \varphi(1) = 1 + \frac{1}{1} + \frac{1}{1.2} + \ldots = e$$

et par conséquent

$$\varphi(x) = e^x.$$

93. On appelle logarithme naturel ou logarithme népérien d'un nombre positif X le logarithme de ce nombre pris dans la base e ; le symbole log sera réservé désormais aux logarithmes népériens ; on a ainsi, par définition,

$$e^{\log x} = x.$$

En désignant par $\log_a x$ le logarithme du nombre x dans la base a et en prenant les logarithmes népériens des deux membres de la formule

$$a^{\log_a x} = x,$$

on trouve

$$\log_a x = \frac{\log x}{\log a},$$

le symbole log désignant le logarithme népérien, et l'on voit comment on peut passer du système de logarithmes naturels à un système de logarithmes quelconques.

94. D'un autre côté l'identité

$$a^x = e^{x \log a},$$

qui devient évidente en prenant les logarithmes népériens des deux membres, montre que l'on a, quel que soit le nombre positif a,

$$a^x = 1 + \frac{x \log a}{1} + \frac{(x \log a)^2}{1.2} + \ldots + \frac{(x \log a)^p}{1.2 \ldots p} + \ldots$$

De cette égalité on déduit la suivante :

$$\frac{a^x - 1}{x} = \log a + \frac{x (\log a)^2}{1.2} + \ldots + \frac{x^{p-1} (\log a)^p}{1.2 \ldots p} + \ldots,$$

dont le second membre est une fonction continue de x; en faisant tendre x vers zéro, on voit que le second membre a pour limite $\log a$; telle est donc aussi la limite, pour $x = 0$, de

$$\frac{a^x - 1}{x}.$$

En remplaçant x par $\frac{1}{m}$ et a par x, on arrive à la conclusion suivante : lorsque m augmente indéfiniment par des valeurs positives et entières, l'expression

$$m\left(\sqrt[m]{x} - 1\right),$$

où x est un nombre positif quelconque, a pour limite $\log x$. Cette propriété du logarithme népérien répond à la propriété de e^x d'être la limite de

$$\left(1 + \frac{x}{m}\right)^m$$

quand m augmente indéfiniment.

95. On appelle cosinus hyperbolique, sinus hyperbolique, tangente hyperbolique, les fonctions de x définies par les formules

$$\text{ch}\, x = \frac{e^x + e^{-x}}{2},$$

$$\text{sh}\, x = \frac{e^x - e^{-x}}{2},$$

$$\text{th}\, x = \frac{\text{sh}\, x}{\text{ch}\, x} = \frac{e^x - e^{-x}}{e^x + e^{-x}}.$$

En posant $e^x = y$ ces formules deviennent

$$\text{ch}\, x = \frac{1}{2}\left(y + \frac{1}{y}\right), \quad \text{sh}\, x = \frac{1}{2}\left(y - \frac{1}{y}\right), \quad \text{th}\, x = \frac{y^2 - 1}{y^2 + 1}.$$

Les fonctions ch x, sh x, th x sont continues dans tout intervalle; en se rappelant que lorsque x croît de zéro à l'infini positif, y croît de un à l'infini, on voit de suite que, dans les mêmes conditions, ch x croît de un à l'infini; sh x, de zéro à l'infini, et th x, de zéro à un. Les formules

$$\text{ch}\,(-x) = \text{ch}\, x, \quad \text{sh}\,(-x) = -\,\text{sh}\, x, \quad \text{th}\,(-x) = -\,\text{th}\, x$$

achèvent de faire connaître la façon dont varient ces mêmes fonctions quand x est négatif. Enfin le lecteur établira sans peine les relations suivantes :

$$\text{ch}\,(a + b) = \text{ch}\, a\, \text{ch}\, b + \text{sh}\, a\, \text{sh}\, b,$$

$$\text{sh}\,(a + b) = \text{sh}\, a\, \text{ch}\, b + \text{ch}\, a\, \text{sh}\, b,$$

$$\text{th}\,(a + b) = \frac{\text{th}\, a + \text{th}\, b}{1 + \text{th}\, a\, \text{th}\, b},$$

$$\text{ch}^2\, a - \text{sh}^2\, a = 1,$$

$$\text{ch}\, a = 1 + \frac{a^2}{1.2} + \frac{a^4}{1.2.3.4} + \ldots$$

$$\text{sh}\, a = \frac{a}{1} + \frac{a^3}{1.2.3} + \frac{a^5}{1.2.3.4.5} + \ldots$$

Les trois premières sont des conséquences immédiates des définitions des fonctions sh x, ch x, th x et de la formule

$$e^x \times e^y = e^{x+y}.$$

96. La méthode qui a été suivie au paragraphe 92 pour obtenir l'expression de la limite de $\left(1 + \frac{x}{m}\right)^m$ peut servir, ainsi qu'Euler (¹) l'a montré, à déduire des propositions les plus élémentaires de la trigonométrie les développements en série des fonctions sin x et cos x;

(¹) *Introductio in analysin infinitorum*, § 134.

tout en suivant la même marche, c'est à un point de vue un peu différent que je me placerai.

On définit les fonctions sin x et cos x, au début de la trigonométrie par des considérations géométriques; il y a un intérêt philosophique évident à introduire dans l'analyse le moins possible de données expérimentales, et il importe par conséquent de donner des fonctions sin x et cos x une définition qui repose uniquement sur la notion de nombre et n'emprunte rien à l'idée d'espace.

On établit encore par des considérations géométriques les formules

$$(1) \qquad \begin{cases} \cos(a+b) = \cos a \cos b - \sin a \sin b, \\ \sin(a+b) = \sin a \cos b + \cos a \sin b. \end{cases}$$

Je vais montrer (en supposant toutefois leur existence) comment on peut déterminer toutes les fonctions continues $\varphi(x)$, $\psi(x)$ qui jouissent des propriétés définies par les formules

$$(2) \qquad \begin{cases} \varphi(a+b) = \varphi(a)\,\varphi(b) - \psi(a)\,\psi(b), \\ \psi(a+b) = \psi(a)\,\varphi(b) + \psi(b)\,\varphi(a), \end{cases}$$

et satisfont en outre à une autre condition qui sera introduite plus tard.

Si, après avoir élevé au carré, on ajoute les équations (2) membre à membre, on obtient

$$\varphi^2(a+b) + \psi^2(a+b) = [\varphi^2(a) + \psi^2(a)]\,[\varphi^2(b) + \psi^2(b)].$$

Cette égalité montre que la fonction

$$f(x) = \varphi^2(x) + \psi^2(x)$$

jouit de la propriété

$$f(x+y) = f(x) \times f(y);$$

si l'on exclut le cas où cette fonction serait identiquement nulle, on voit (§ 82) qu'elle est de la forme A^x ou, ce qui revient au même, e^{gx}, g étant une certaine constante numérique.

Mais il est clair que si les fonctions $\varphi(x)$, $\psi(x)$ jouissent des propriétés que définissent les équations (2), il en est de même des fonctions $e^{-\frac{g}{2}x}\varphi(x)$, $e^{-\frac{g}{2}x}\psi(x)$: si l'on pose

$$e^{-\frac{g}{2}x}\varphi(x) = \cos x,$$
$$e^{-\frac{g}{2}x}\psi(x) = \sin x,$$

en désignant par cos x et sin x des fonctions dont on sait seulement qu'elles sont continues et qu'elles doivent satisfaire aux équations (1), on devra, à cause de la relation

$$\varphi^2(x) + \psi^2(x) = e^{gx},$$

avoir la relation

$$(3) \qquad \sin^2 x + \cos^2 x = 1,$$

tout revient à déterminer les fonctions inconnues sin x et cos x par les relations (1) et (3). Si d'ailleurs on fait $b = 0$ dans les équations (1) et que l'on résolve par rapport à cos 0 et à sin 0 les équations que l'on obtient, on trouve

$$\cos 0 = 1, \qquad \sin 0 = 0;$$

j'ajoute maintenant cette condition que le rapport $\frac{\sin x}{x}$, quand on fait tendre x vers zéro, ait l'unité pour limite.

L'application répétée des formules (1) conduit, par un procédé bien connu, aux relations suivantes où m désigne un nombre entier positif quelconque :

$$\cos ma = \cos^m a - \frac{m(m-1)}{1.2}\cos^{m-2} a \sin^2 a$$
$$+ \frac{m(m-1)(m-2)(m-3)}{1.2.3.4}\cos^{m-4} a \sin^4 a - \ldots,$$

$$\sin ma = \frac{m}{1}\cos^{m-1} a \sin a - \frac{m(m-1)(m-2)}{1.2.3}\cos^{m-3} a \sin^3 a$$
$$+ \frac{m(m-1)(m-2)(m-3)(m-4)}{1.2.3.4.5}\cos^{m-5} a \sin^5 a - \ldots$$

En remplaçant dans ces formules a par $\frac{x}{m}$, divisant par $\cos^m \frac{x}{m}$ et posant enfin

$$\operatorname{tg}\frac{x}{m}=\frac{\sin\frac{x}{m}}{\cos\frac{x}{m}},$$

elles deviennent :

$$(4)\quad\left\{\begin{aligned}
\frac{\cos x}{\cos^m\frac{x}{m}} &= 1-\left(1-\frac{1}{m}\right)\frac{\left(m\operatorname{tg}\frac{x}{m}\right)^2}{1.2}\\
&\quad+\left(1-\frac{1}{m}\right)\left(1-\frac{2}{m}\right)\left(1-\frac{3}{m}\right)\frac{\left(m\operatorname{tg}\frac{x}{m}\right)^4}{1.2.3.4}-\ldots,\\
\frac{\sin x}{\cos^m\frac{x}{m}} &= \frac{\left(m\operatorname{tg}\frac{x}{m}\right)}{1}-\left(1-\frac{1}{m}\right)\left(1-\frac{2}{m}\right)\frac{\left(m\operatorname{tg}\frac{x}{m}\right)^3}{1.2.3}\\
&\quad+\left(1-\frac{1}{m}\right)\left(1-\frac{2}{m}\right)\left(1-\frac{3}{m}\right)\left(1-\frac{4}{m}\right)\frac{\left(m\operatorname{tg}\frac{x}{m}\right)^5}{1.2.3.4.5}-\ldots
\end{aligned}\right.$$

Considérons par exemple le second membre de la première formule (4) et supposons que m grandisse indéfiniment par des valeurs entières.

La quantité

$$m\operatorname{tg}\frac{x}{m}=\frac{x}{\cos\frac{x}{m}}\,\frac{\sin\frac{x}{m}}{\frac{x}{m}},$$

aura pour limite x : en effet, $\cos\frac{x}{m}$ a pour limite l'unité, puisque l'on a $\cos 0=1$, et $\dfrac{\sin\frac{x}{m}}{\frac{x}{m}}$ a la même limite, à cause de la condition

$$\lim_{x=0}\frac{\sin x}{x}=1.$$

Si donc A désigne un nombre positif plus grand que $|x|$, les termes du second membre seront, en valeur absolue, pour des valeurs suffisamment grandes de m, plus petits que les termes correspondants de la série convergente à termes positifs

$$1 + \frac{A^2}{1.2} + \frac{A^4}{1.2.3.4} + \dots$$

Or, si ε est un nombre positif quelconque, on peut déterminer un nombre entier positif p tel que la somme de la série

$$\frac{A^{2p+2}}{1.2\dots(2p+2)} + \frac{A^{2p+4}}{1.2\dots(2p+4)} + \dots$$

soit plus petite que $\frac{\varepsilon}{3}$; il en sera de même *à fortiori* de la valeur absolue du reste R_p de la série

$$(5)\qquad 1 - \frac{x^2}{1.2} + \frac{x^4}{1.2.3.4} \dots \pm \frac{x^{2p}}{1.2.3\dots 2p} + \dots$$

limitée au terme

$$\pm \frac{x^{2p}}{1.2\dots 2p},$$

et de la valeur absolue de la somme R'_p des termes du développement de $\dfrac{\cos x}{\cos^m \dfrac{x}{m}}$ qui suivent le terme

$$\pm \left(1 - \frac{1}{m}\right)\left(1 - \frac{2}{m}\right)\cdots\left(1 - \frac{2p-1}{m}\right)\frac{\left(m \operatorname{tg} \dfrac{x}{m}\right)^{2p}}{1.2\dots 2p}.$$

Soit d'ailleurs S la somme de la série (5) et soient S_p, S'_p les sommes des $p+1$ premiers termes de cette série d'une part, du développement de $\dfrac{\cos x}{\cos^m \dfrac{x}{m}}$ de l'autre; on aura

$$S = S_p + R_p, \qquad \frac{\cos x}{\cos^m \dfrac{x}{m}} = S'_p + R'_p$$

il suffit maintenant de remarquer que S'_p étant une fonction entière des deux variables $\frac{1}{m}$ et $\left(m \operatorname{tg} \frac{x}{m}\right)$, qui se réduit à S_p quand on y remplace $\frac{1}{m}$ par zéro et $m \operatorname{tg} \frac{x}{m}$ par x, pour voir qu'il existe un nombre entier positif n tel que la condition $m > n$ entraîne l'inégalité

$$| S_p - S'_p | < \frac{\varepsilon}{3};$$

dès lors, en tenant compte des inégalités

$$| R_p | < \frac{\varepsilon}{3}, \quad | R'_p | < \frac{\varepsilon}{3},$$

on voit de suite que l'on a

$$\left| S - \frac{\cos x}{\cos^m \frac{x}{m}} \right| = | (S_p - S'_p) + R_p - R'_p | < \varepsilon,$$

pourvu que m soit supérieur à n.

C'est dire que lorsque m grandit indéfiniment par des valeurs entières et positives, $\frac{\cos x}{\cos^m \frac{x}{m}}$ a pour limite la somme S de la série (5).

Il est d'ailleurs aisé de voir que les relations (1) et (3) entraînent la suivante :

$$\cos a = 1 - 2 \sin^2 \frac{a}{2},$$

on doit donc avoir

$$\cos^m \frac{x}{m} = \left[1 - \frac{1}{2m^2}\left(2m \sin \frac{x}{2m}\right)^2\right]^m;$$

lorsque m grandit indéfiniment $2m \sin \frac{x}{2m}$ a pour limite x; on voit donc que, à partir d'une certaine valeur de m, les termes du second membre développé par la formule du binôme sont, en valeur absolue, inférieurs à partir du second aux termes du développement par la même formule de l'expression

$$\left(1+\frac{A}{2m^2}\right)^m;$$

ces termes sont eux-mêmes plus petits que les termes correspondants de la série

$$1+\frac{\frac{A}{2m}}{1}+\frac{\left(\frac{A}{2m}\right)^2}{1.2}+\frac{\left(\frac{A}{2m}\right)^3}{1.2.3}+\ldots;$$

par conséquent la différence

$$1-\cos^m\frac{x}{m}$$

est moindre que la somme de la série

$$\frac{\frac{A}{2m}}{1}+\frac{\left(\frac{A}{2m}\right)^2}{1.2}+\frac{\left(\frac{A}{2m}\right)^3}{1.2.3},$$

somme qui est égale à

$$e^{\frac{A}{2m}}-1$$

et qui, pour m infini, a zéro pour limite. Il en résulte que $\cos^m\frac{x}{m}$ a l'unité pour limite; on a donc

$$(6)\qquad \cos x = 1-\frac{x^2}{1.2}+\frac{x^4}{1.2.3.4}-\frac{x^6}{1.2.3.4.5.6}+\ldots$$

et de même,

$$(7)\qquad \sin x = \frac{x}{1}-\frac{x^3}{1.2.3}+\frac{x^5}{1.2.3.4.5}-\ldots$$

97. Dans le raisonnement précédent, on a constamment supposé l'existence des fonctions $\sin x$ et $\cos x$ satisfaisant aux conditions imposées; on peut en conclure seulement que s'il existe de telles fonctions elles sont données par les formules (6) et (7). Mais ces formules définissant des fonctions évidemment continues dans tout intervalle, on peut les regarder comme les définitions analytiques des fonctions $\sin x$ et $\cos x$ et il ne reste qu'à montrer comment ces fonctions satisfont effectivement aux conditions dont on est parti.

L'application de la règle pour la multiplication des séries aux fonctions

$$(a)\qquad \begin{cases} \varphi(x) = 1 - \dfrac{x^2}{1.2} + \dfrac{x^4}{1.2.3.4} - \ldots, \\ \psi(x) = \dfrac{x}{1} - \dfrac{x^3}{1.2.3} + \dfrac{x^5}{1.2.3.4.5} - \ldots, \end{cases}$$

permet de vérifier sans peine les formules

$$(b)\qquad \begin{cases} \varphi(x+y) = \varphi(x)\,\varphi(y) - \psi(x)\,\psi(y), \\ \psi(x+y) = \psi(x)\,\varphi(y) + \psi(y)\,\varphi(x), \\ [\varphi(x)]^2 + [\psi(x)]^2 = 1. \end{cases}$$

Je ne m'arrêterai pas à développer ces calculs, d'autant qu'on aura plus tard l'occasion de déduire ces formules de la définition des fonctions $\varphi(x)$ et $\psi(x)$ par une voie simple et naturelle (§ 113). Je me bornerai à montrer comment on peut établir la périodicité des fonctions $\varphi(x)$ et $\psi(x)$ en partant des formules (a) et (b). Il faut tout d'abord arriver à la notion du nombre π.

La série qui définit $\psi(x)$ peut s'écrire :

$$\psi(x) = x\left[1 - \frac{x^2}{2.3}\right] + \frac{x^5}{1.2.3.4.5}\left[1 - \frac{x^2}{6.7}\right] + \ldots.$$
$$+ \frac{x^{4n+1}}{1.2\ldots(4n+1)}\left[1 - \frac{x^2}{(4n+2)(4n+3)}\right] + \ldots;$$

toutes les quantités entre crochets sont évidemment positives si l'on a $x^2 < 6$ et *à fortiori* si l'on a $|x| < 2$; ainsi $\psi(x)$ a une valeur toujours positive si x est compris entre zéro et deux; il en est de même de $\dfrac{\psi(x)}{x}$ si x est compris entre -2 et $+2$. D'un autre côté les formules (b) donnent sans peine l'égalité

$$\frac{\varphi(x+h) - \varphi(x)}{h} = -\frac{\psi\left(\dfrac{h}{2}\right)}{\dfrac{h}{2}}\,\psi\left(x + \frac{h}{2}\right),$$

qui montre que le premier membre est toujours négatif si x et $x+h$ appartiennent à l'intervalle (0, 2); car alors $\left(x+\frac{h}{2}\right)$ appartient à ce même intervalle et $\frac{h}{2}$ est certainement compris entre -1 et $+1$: donc les deux facteurs qui figurent dans le second membre sont positifs; ainsi dans l'intervalle (0, 2) la fonction $\varphi(x)$ est décroissante; mais cette fonction se réduit à la valeur positive $+1$ pour $x=0$ et en l'écrivant sous la forme

$$1-\frac{x^2}{2}+\frac{x^4}{24}-\frac{x^6}{1.2.3.4.5.6}\left[1-\frac{x^2}{7.8}\right]-\dots$$
$$-\frac{x^{4n-2}}{1.2\dots(4n-2)}\left[1-\frac{x^2}{(4n-1)\,4n}\right]-\dots,$$

on voit que toutes les quantités entre crochets sont positives pour $x=2$ et l'on constate que pour la même valeur de x la quantité $1-\frac{x^2}{2}+\frac{x^4}{24}$ est négative, on a donc

$$\varphi(2)<0.$$

Donc la fonction $\varphi(x)$ continue et décroissante dans l'intervalle (0, 2), positive pour $x=0$, négative pour $x=2$, admet une racine et une seule comprise dans cet intervalle; désignons-la par $\frac{\pi}{2}$. La formule

$$[\varphi(x)]^2+[\psi(x)]^2=1$$

montre que l'on a

$$\psi\left(\frac{\pi}{2}\right)=\pm 1,$$

et la supposition $\psi\left(\frac{\pi}{2}\right)=-1$ doit être exclue puisque la fonction $\psi(x)$ est positive entre zéro et deux. Les formules (α) donnent ensuite

$$\varphi\left(x+\frac{\pi}{2}\right)=-\psi(x),\qquad \psi\left(x+\frac{\pi}{2}\right)=\varphi(x),$$

d'où

$$\varphi(x+\pi) = -\psi\left(x+\frac{\pi}{2}\right) = -\varphi(x),$$

$$\psi(x+\pi) = +\varphi\left(x+\frac{\pi}{2}\right) = -\psi(x),$$

$$\varphi(x+2\pi) = \varphi(x), \qquad \psi(x+2\pi) = \psi(x), \qquad \text{etc., ...}$$

D'ailleurs les séries mêmes qui définissent $\varphi(x)$ et $\psi(x)$ montrent que $\varphi(x)$ est une fonction paire et $\psi(x)$ une fonction impaire, c'est à dire que l'on a

$$\varphi(-x) = \varphi(x), \qquad \psi(-x) = -\psi(x);$$

par suite les formules précédentes, par le changement de x en $-x$, donnent :

$$\varphi\left(\frac{\pi}{2}-x\right) = -\psi(-x) = \psi(x),$$

$$\psi\left(\frac{\pi}{2}-x\right) = \varphi(-x) = \varphi(x);$$

de même,

$$\varphi(\pi - x) = -\varphi(x), \qquad \psi(\pi - x) = \psi(x),$$

$$\varphi(2\pi - x) = \varphi(x), \qquad \psi(2\pi - x) = -\psi(x).$$

De ces diverses formules, et de ce fait, établi plus haut, que la fonction $\varphi(x)$ décroît de un à zéro quand x croît de zéro à $\frac{\pi}{2}$, on déduit sans peine la façon dont varient les fonctions $\varphi(x)$, $\psi(x)$ ou $\cos x$, $\sin x$, quand x varie dans un intervalle quelconque.

98. De ce que $\cos x$ est une fonction continue et décroissante dans l'intervalle $(0, \pi)$ et qui varie de $+1$ à -1, il résulte (§ 87) que l'équation en y

$$(1) \qquad \varphi(y) = \cos y = x,$$

admet, lorsque x appartient à l'intervalle $(-1, 1)$, une racine et une seule appartenant à l'intervalle $(0, \pi)$; cette équation (§ 87) définit donc y comme une fonction continue et décroissante de x dans l'intervalle $(-1, 1)$; la valeur de cette fonction, qui sera désormais représentée par arc cos x (arc dont le cosinus est x), est toujours comprise entre zéro et π, limites qui sont atteintes pour $x = 1$ et $x = -1$; toutes les solutions de l'équation (1) sont d'ailleurs données par la formule

$$y = 2n\pi \pm \text{arc cos } x,$$

n étant un nombre entier quelconque, positif ou négatif.

On verra de même que, x étant toujours supposé appartenir à l'intervalle $(-1, 1)$, l'équation en y

$$\psi(y) = \sin y = x \tag{2}$$

admet une racine et une seule comprise entre $-\frac{\pi}{2}$ et $+\frac{\pi}{2}\cdot$ Cette équation définit y comme une fonction continue et croissante de x dans l'intervalle $(-1, 1)$; la valeur de cette fonction est toujours comprise entre $-\frac{\pi}{2}$ et $+\frac{\pi}{2}$; ces limites sont atteintes pour $x = -1$ et $x = +1$; on représentera cette fonction par arc sin x (arc dont le sinus est x) : toutes les solutions de l'équation (2) sont données par les formules

$$y = 2n\pi + \text{arc sin } x, \qquad y = (2n+1)\pi - \text{arc sin } x,$$

n étant un nombre entier positif ou négatif.

On établira sans peine les formules

$$\text{arc sin}(-x) + \text{arc sin } x = 0, \qquad \text{arc cos } x + \text{arc cos}(-x) = \pi,$$

$$\text{arc sin } x + \text{arc cos } x = \frac{\pi}{2}\cdot$$

Enfin la fonction tg x se définit par la formule

$$\text{tg } x = \frac{\psi(x)}{\varphi(x)} = \frac{\sin x}{\cos x};$$

les variations de cette fonction se déduisent sans peine des variations de sin x et de cos x; elle croît de $-\infty$ à $+\infty$ quand x varie de $-\frac{\pi}{2}$ à $\frac{\pi}{2}$; elle est continue dans tout intervalle auquel n'appartient pas un nombre de la forme $(2n+1)\frac{\pi}{2}$, n étant un nombre entier positif ou négatif. L'équation en y

$$\text{(3)} \qquad \operatorname{tg} y = x,$$

admet, quel que soit x, une racine et une seule comprise entre $-\frac{\pi}{2}$ et $\frac{\pi}{2}$; cette équation définit y comme une fonction continue et croissante de x dans tout intervalle; cette fonction, dont la valeur est toujours comprise entre $-\frac{\pi}{2}$ et $+\frac{\pi}{2}$ se représente par arc tg x (arc dont la tangente est x); toutes les solutions de l'équation (3) sont fournies par la formule

$$y = n\pi + \operatorname{arc} \operatorname{tg} x,$$

n étant un nombre entier positif ou négatif; on a

$$\operatorname{arc} \operatorname{tg}(-x) + \operatorname{arc} \operatorname{tg} x = 0,$$

quel que soit x, et

$$\operatorname{arc} \operatorname{tg} x + \operatorname{arc} \operatorname{tg} \frac{1}{x} = \pm \frac{\pi}{2},$$

suivant que x est positif ou négatif.

Il n'y a maintenant aucune difficulté à établir les formules de la trigonométrie élémentaire, que je supposerai acquises désormais.

99. La méthode employée au paragraphe 96 peut conduire à de nouvelles et importantes expressions pour les fonctions trigonométriques (¹). On a, dans ce paragraphe, utilisé les formules qui donnent le sinus ou le cosinus des multiples d'un arc, c'est en partant de formules du même genre qu'on arrivera aux développements que j'ai en vue.

Par exemple tg x est, comme on sait, une fonction rationnelle de $\operatorname{tg} \frac{x}{m}$; si l'on suppose m pair, le degré du numérateur sera $m-1$,

---

(¹) Euler, *Introductio*, etc., § 178.

celui du dénominateur sera m; on trouve aisément l'expression trigonométrique des m racines de l'équation en $\operatorname{tg}\frac{x}{m}$ obtenue en égalant ce dénominateur à zéro : ces racines s'obtiennent en donnant à k les valeurs 0, 1, 2, ..., $m-1$ dans l'expression

$$\operatorname{tg}\frac{2k+1}{2m}\pi,$$

elles sont deux à deux égales et de signes contraires, et leurs valeurs absolues sont

$$\operatorname{tg}\frac{\pi}{2m},\quad \operatorname{tg}\frac{3\pi}{2m},\ \ldots,\quad \operatorname{tg}\frac{(m-1)\pi}{2m}.$$

En appliquant ensuite la formule de décomposition d'une fraction rationnelle en éléments simples et en réunissant ensemble les fractions qui correspondent à deux racines égales et de signes contraires, on trouve :

$$(1)\quad \frac{\operatorname{tg} x}{2m\operatorname{tg}\frac{x}{m}}=\sum_{k=0}^{k=\frac{m}{2}-1}\frac{1}{\left[m\sin\frac{(2k+1)\pi}{2m}\right]^2-\cos^2\frac{(2k+1)\pi}{2m}\left(m\operatorname{tg}\frac{x}{m}\right)^2}.$$

Le terme écrit au second membre, lorsqu'on y fait croître m indéfiniment, a pour limite

$$\frac{1}{\frac{(2k+1)^2\pi^2}{4}-x^2}.$$

On est donc amené à comparer le développement (1) à la série

$$(2)\quad \sum_{k=0}^{k=\infty}\frac{1}{\frac{(2k+1)^2\pi^2}{4}-x^2}=\frac{1}{\frac{\pi^2}{4}-x^2}+\frac{1}{9\frac{\pi^2}{4}-x^2}+\frac{1}{25\frac{\pi^2}{4}-x^2}+\ldots,$$

série absolument convergente (§ 65), pourvu que x ne soit pas un multiple impair de $\frac{\pi}{2}$.

La somme de cette série est la limite vers laquelle tend $\frac{\operatorname{tg} x}{2m\operatorname{tg}\frac{x}{m}}$ lorsque m augmente indéfiniment par des valeurs paires.

Pour le prouver, on remarquera d'abord que le rapport $\frac{\sin x}{x}$, quand x varie de 0 à $\frac{\pi}{2}$, reste supérieur à $\frac{1}{2}$; on a par conséquent, quels que soient les entiers positifs m et $k < \frac{m}{2}$,

$$\left[m \sin \frac{(2k+1)\pi}{2m}\right]^2 > \frac{1}{4}\,\frac{2k+1)^2\pi^2}{4};$$

il est aisé d'en conclure que, en désignant par α un nombre positif inférieur à $\frac{1}{4}$, les termes du développement (4), pour les valeurs de m supérieurs à une certaine limite, et à partir d'un certain rang, deviennent en valeur absolue plus petits que les termes correspondants de la série convergente à termes positifs

$$\sum_{k=0}^{k=\infty} \frac{1}{\frac{\alpha(2k+1)^2\pi^2}{4}} = \frac{4}{\alpha\pi^2} + \frac{4}{9\,\alpha\pi^2} + \frac{4}{25\,\alpha\pi^2} + \dots$$

Il en est de même des termes du développement (2); cette remarque et ce fait que la somme d'un nombre limité p de termes du développement (1), quand m croît indéfiniment, a pour limite la somme des p termes correspondants de la série (2) suffisent, en raisonnant comme on l'a fait dans le paragraphe 96, pour établir la conclusion demandée; on a donc

$$(3)\quad \left\{\begin{aligned} \frac{\operatorname{tg} x}{2x} &= \sum_{k=0}^{k=\infty} \frac{1}{\frac{(2k+1)^2}{4}\pi^2 - x^2} \\ &= \frac{1}{\frac{\pi^2}{4} - x^2} + \frac{1}{9\,\frac{\pi^2}{4} - x^2} + \frac{1}{25\,\frac{\pi^2}{4} - x^2} + \dots \end{aligned}\right.$$

On établira de même la formule

$$(4)\quad \left\{\begin{aligned} \cot x &= \frac{1}{x} + 2x \sum_{k=1}^{k=\infty} \frac{1}{x^2 - k^2\pi^2} \\ &= \frac{1}{x} + 2x\left[\frac{1}{x^2 - \pi^2} + \frac{1}{x^2 - 4\pi^2} + \frac{1}{x^2 - 9\pi^2} + \dots\right]. \end{aligned}\right.$$

Au surplus cette formule peut se déduire de la précédente en y changeant x en $\frac{\pi}{2} - x$.

Par un procédé tout semblable, en partant de ce fait que $\dfrac{\cos^m \frac{a}{m}}{\sin a}$ est une fonction rationnelle en $\operatorname{tg} \frac{a}{m}$, on parviendra à la formule

$$(5) \quad \begin{cases} \dfrac{1}{\sin x} = \dfrac{1}{x} + 2x \displaystyle\sum_{k=1}^{k=\infty} \dfrac{(-1)^k}{x^2 - k^2\pi^2} \\ \quad = \dfrac{1}{x} - \dfrac{2x}{x^2 - \pi^2} + \dfrac{2x}{x^2 - 4\pi^2} - \dfrac{2x}{x^2 - 9\pi^2} + \dots \end{cases}$$

Cette dernière formule peut aussi être regardée comme une conséquence des formules (3), (4) et de l'identité

$$\operatorname{tg} \frac{x}{2} + \cot \frac{x}{2} = \frac{2}{\sin x}.$$

Les formules (3), (4), (5) sont valables pour toutes les valeurs de x qui ne rendent infini aucun des éléments qui figurent dans les séries.

100. Ces expressions des fonctions trigonométriques mettent en évidence la périodicité de ces fonctions ([1]).

Par exemple la formule (3) du paragraphe précédent équivaut à dire que $-\operatorname{tg} x$ est la limite, pour m infini, de la somme

$$(1) \qquad \theta_m(x) = \sum_{k=1}^{k=m} \left[\frac{1}{x - (2k+1)\frac{\pi}{2}} + \frac{1}{x + (2k+1)\frac{\pi}{2}} \right];$$

or cette somme, lorsqu'on y change x en $x + \pi$, devient :

$$\theta_m(x) + \frac{1}{x + (2m+3)\frac{\pi}{2}} - \frac{1}{x - (2m+1)\frac{\pi}{2}} = \theta_m(x + \pi);$$

d'où il résulte que l'on a

$$\lim_{m=\infty} \theta_m(x + \pi) = \lim_{m=\infty} \theta_m(x),$$

[1] Hermite, *Cours d'analyse à l'École polytechnique*, p. 42.

ou

$$\operatorname{tg}(x+\pi) = \operatorname{tg} x.$$

101. La formule (1) du paragraphe précédent donne encore lieu à une observation importante :

Les deux séries

$$\sum_{k=0}^{k=\infty} \frac{1}{x-(2k+1)\frac{\pi}{2}}, \quad \sum_{k=0}^{k=\infty} \frac{1}{x+(2k+1)\frac{\pi}{2}}$$

sont divergentes; mais si on désigne par S_m, S'_m les sommes respectives des m premiers termes de ces séries, la somme $S_m + S'_m$, lorsque m augmentera indéfiniment, aura pour limite $-\operatorname{tg} x$. Si l'on prenait des nombres différents de termes m, n dans les deux séries et si l'on faisait augmenter indéfiniment m et n, rien, dans ce qui précède, n'autoriserait à penser que la somme $S_m + S'_n$ dût tendre vers $-\operatorname{tg} x$, ou vers quelque autre limite.

Au contraire, les séries dont les $(k+1)^{\text{ièmes}}$ termes sont respectivement :

$$\left[\frac{1}{x-(2k+1)\frac{\pi}{2}} + \frac{1}{(2k+1)\frac{\pi}{2}}\right] = \frac{x}{(2k+1)\left[x-(2k+1)\frac{\pi}{2}\right]\frac{\pi}{2}},$$

$$\left[\frac{1}{x+(2k+1)\frac{\pi}{2}} - \frac{1}{(2k+1)\frac{\pi}{2}}\right] = \frac{-x}{(2k+1)\left[x+(2k+1)\frac{\pi}{2}\right]\frac{\pi}{2}},$$

$$(k = 0, 1, 2, \ldots)$$

sont absolument convergentes ([1]) (§ 65); en désignant par Σ_m, Σ'_n les sommes respectives de leurs m et n premiers termes, on est assuré que, de quelque façon que l'on fasse croître indéfiniment m et n, la somme $\Sigma_m + \Sigma'_n$ tend vers une limite; cette limite est d'ailleurs $-\operatorname{tg} x$, comme on le voit en faisant $m = n$.

Si l'on suppose maintenant $m = n + p$, p étant un nombre entier

---

([1]) C'est l'application à un cas particulier d'un procédé très général dû à M. Mittag-Leffler : *Sur la représentation analytique des fonctions monogènes uniformes d'une variable indépendante* (*Acta mathematica*, t. IV, p. 1).

positif, on aura

$$\Sigma_{n+p} + \Sigma'_n - (S_{n+p} + S'_n)$$
$$= \frac{1}{(2n+1)\frac{\pi}{2}} + \frac{1}{(2n+3)\frac{\pi}{2}} + \dots + \frac{1}{(2n+2p-1)\frac{\pi}{2}}$$

et il est aisé de voir (§ 49) qu'on peut faire augmenter n et p indéfiniment de telle façon que le second membre dépasse tel nombre que l'on voudra : dans ces conditions il est clair que $S_{n+p} + S'_n$ ne pourra avoir $-\operatorname{tg} x$ pour limite.

On peut aller un peu plus loin; on montrera en effet (§ 104) que si l'on pose

$$\frac{1}{3} + \frac{1}{5} + \dots + \frac{1}{2n-1} = \frac{1}{2}\log n - \varphi(n),$$

$\varphi(n)$ est un nombre positif, croissant avec n et tendant vers une limite lorsque n augmente indéfiniment. On en conclut que la somme

$$\frac{2}{\pi}\left[\frac{1}{2n+1} + \dots + \frac{1}{2n+2p-1}\right]$$

peut se représenter approximativement par $\frac{1}{\pi}\log\frac{n+p}{n}$ et que si p et n augmentent indéfiniment de telle façon que le rapport $\frac{p}{n}$ ait pour limite le nombre h, on aura

$$\lim (S_{n+p} + S'_n) = -\operatorname{tg} x - \frac{1}{\pi}\log(1+h).$$

102. Je vais maintenant montrer que la somme de la série

$$(1)\quad 1 + \frac{m}{1}x + \frac{m(m-1)}{1.2}x^2 + \dots + \frac{m(m-1)\dots(m-p+1)}{1.2\dots p}x^p + \dots,$$

où m est un nombre quelconque et x un nombre dont la valeur absolue est plus petite que un est égale à $(1+x)^m$ [1].

---

(1) Le mode de démonstration que je développe ici est dû à Abel : *Recherches sur la série* $1 + \frac{m}{1}x + \frac{m(m-1)}{1.2}x^2 + \dots$ (*Œuvres*, 2e éd., t. I, p. 219.

Désignons en effet cette somme par $\varphi(m)$ et multiplions la série (1) par la série

$$\varphi(n) = 1 + \frac{n}{1}x + \frac{n(n-1)}{1.2}x^2 + \ldots \tag{2}$$

On peut appliquer la règle du paragraphe 58, puisque les séries (1), (2) sont absolument convergentes; on aura ainsi

$$\varphi(m) \times \varphi(n) = 1 + A_1 x + A_2 x^2 + A_p x^p + \ldots,$$

en posant :

$$A_1 = \frac{m+n}{1},$$

$$A_2 = \frac{m(m-1)}{1.2} + \frac{m}{1}\cdot\frac{n}{1} + \frac{n(n-1)}{1.2} = \frac{(m+n)(m+n-1)}{1.2},$$

....

$$A_p = \frac{m(m-1)\ldots(m-p+1)}{1.2\ldots p} + \frac{m(m-1)\ldots(m-p+2)}{(1.2\ldots p-1)}\frac{n}{1} + \ldots$$
$$+ \frac{m(m-1)\ldots(m-p+i+1)}{1.2\ldots.(p-i)}\frac{n(n-1)\ldots(n-i+1)}{1.2\ldots i} + \ldots$$
$$+ \frac{n(n-1)\ldots(n-p+1)}{1.2\ldots p}.$$

On peut, par induction, écrire la formule

$$A_p = \frac{(m+n)(m+n-1)\ldots(m+n-p+1)}{1.2\ldots p}$$

et chercher ensuite à établir l'identité

$$(3)\left\{\begin{aligned} &(m+n)(m+n-1)\ldots(m+n-p+1)\\ &= m(m-1)\ldots(m-p+1) + \frac{p}{1}m(m-1)\ldots(m-p+2)n\\ &\quad + \ldots + \frac{p(p-1)\ldots(p-i+1)}{1.2\ldots i}m(m-1)\ldots(m-p+i+1)\\ &\qquad\qquad \times n(n-1)\ldots(n-i+1)\\ &\quad + \ldots + n(n-1)\ldots(n-p+1), \end{aligned}\right.$$

ou, sous une forme plus facile à retenir, en faisant en général

$$\left[\overline{a}\right]^i = a\,(a-1)\ldots(a-i+1),$$

$$(3^{bis})\quad \left\{\begin{aligned}\left[\overline{m+n}\right]^p &= \left[\overline{m}\right]^p + \frac{p}{1}\left[\overline{m}\right]^{p-1} n + \ldots\\ &+ \frac{p\,(p-1)\ldots(p-i+1)}{1.2\ldots i}\left[\overline{m}\right]^{p-i}\left[\overline{n}\right]^i + \ldots\\ &+ \left[\overline{n}\right]^p;\end{aligned}\right.$$

mais l'identité (3) peut se démontrer sans calcul; en effet, le procédé même que l'on a employé prouve qu'elle est vraie lorsque m et n sont des nombres entiers supérieurs à p, car alors il est clair que le produit du développement de $(1+x)^m$ par $(1+x)^n$ doit être égal, terme pour terme, au développement de $(1+x)^{m+n}$.

D'ailleurs les deux membres de l'identité à établir (3) sont des fonctions entières du degré p de m et de n; donnons à m une valeur entière quelconque supérieure à p et supposons les deux membres ordonnés par rapport à n; ils deviendront assurément égaux si l'on y suppose $n = p+1,\ p+2,\ p+3, \ldots$: mais deux polynômes entiers par rapport à n ne peuvent être égaux pour une infinité de valeurs de la variable sans que leurs coefficients soient égaux; donc les différents coefficients des diverses puissances de n, coefficients qui sont eux-mêmes des polynômes entiers en m sont égaux pour toutes les valeurs entières de m supérieures à p; il résulte du même théorème que ces polynômes sont identiques, et l'identité (3) est démontrée, pour toutes les valeurs de m et de n; le produit des deux séries (1) et (2) est donc

$$1 + \frac{m+n}{1}x + \frac{(m+n)(m+n-1)}{1.2}x^2 + \ldots$$
$$+ \frac{(m+n)(m+n-1)\ldots(m+n-p+1)}{1.2\ldots p}x^p + \ldots$$

c'est à dire $\varphi(m+n)$; en d'autres termes on a

$$(4)\qquad \varphi(m) \times \varphi(n) = \varphi(m+n).$$

Si l'on donne à x une valeur fixe, la somme de la série (1) est, comme on l'a vu (§ 91), une fonction de m continue dans tout intervalle; à cause de la propriété de cette fonction définie par l'équation (4), la fonction φ est (§ 82) de la forme

$$\varphi(m) = A^m,$$

A étant une certaine constante positive, qu'on déterminera immédiatement en faisant $m = 1$; on aura alors

$$A = \varphi(1) = 1 + x;$$

l'égalité

$$(5) \quad (1+x)^m = 1 + \frac{m}{1}x + \frac{m(m-1)}{1.2}x^2 + \ldots + \frac{m(m-1)\ldots(m-p+1)}{1.2\ldots p}x^p + \ldots$$

est donc démontrée quel que soit m, pourvu que la valeur absolue de x soit inférieure à un.

Notons, comme cas particuliers, les formules

$$(1-x)^{-m} = 1 + \frac{m}{1}x + \frac{m(m+1)}{1.2}x^2 + \ldots + \frac{m(m+1)\ldots(m+p-1)}{1.2\ldots p}x^p + \ldots,$$

ou, lorsque m est entier,

$$\frac{1.2.3\ldots(m-1)}{(1-x)^m} = 1.2.3\ldots(m-1) + 2.3.4\ldots mx + 3.4.5\ldots(m+1)x^2 + \ldots + (p+1)(p+2)(p+3)\ldots(p+m-1)x^p + \ldots;$$

$$\frac{1}{\sqrt{1-x^2}} = 1 + \frac{1}{2}x^2 + \frac{1.3}{2.4}x^4 + \frac{1.3.5}{2.4.6}x^6 + \ldots + \frac{1.3.5\ldots(2p-1)}{2.4.6\ldots 2p}x^{2p} + \ldots$$

103. On peut déduire de la formule (5) du paragraphe précédent le développement de $\log(1+x)$ suivant les puissances entières et positives de x, développement qui est valable tant que l'on a $|x| < 1$.

On a montré en effet (§ 94) que $\log(1+x)$ était la limite, pour $\alpha = 0$, de

$$\frac{1}{\alpha}[(1+x)^\alpha - 1];$$

or cette expression, pour les valeurs de x dont la valeur absolue est moindre que un, peut se développer en série procédant suivant les puissances entières et positives de x; on trouve qu'elle est égale à

$$(1)\quad \left\{\begin{array}{l} \frac{x}{1} - (1-\alpha)\frac{x^2}{2} + (1-\alpha)\left(1-\frac{\alpha}{2}\right)\frac{x^3}{3} - \cdots \\ \quad + (-1)^{p-1}(1-\alpha)\left(1-\frac{\alpha}{2}\right)\cdots\left(1-\frac{\alpha}{p-1}\right)\frac{x^p}{p} + \cdots \end{array}\right.$$

Je supposerai, pour simplifier, que α tende vers zéro par des valeurs positives; il est clair alors que, en supposant $\alpha < 1$ et en désignant par ξ un nombre compris entre $|x|$ et un, les termes de la série précédente seront, en valeur absolue, moindres que les termes de la série convergente

$$\frac{\xi}{1} + \frac{\xi^2}{2} + \frac{\xi^3}{3} + \cdots + \frac{\xi^p}{p} - \cdots;$$

il est prouvé par là (§ 91) que la somme de la série (1) est une fonction continue de α, on obtiendra donc la limite vers laquelle elle tend lorsque α tend vers zéro par des valeurs positives, en faisant simplement $\alpha = 0$ dans tous les termes. On a donc, pour toutes les valeurs de x comprises entre -1 et $+1$,

$$(2)\quad \log(1+x) = \frac{x}{1} - \frac{x^2}{2} + \frac{x^3}{3} - \cdots + (-1)^{p-1}\frac{x^p}{p} + \cdots$$

Le second membre est encore convergent pour $x = 1$; il résulte d'une proposition qui sera établie plus tard que la somme de la série

$$\frac{1}{1} - \frac{1}{2} + \frac{1}{3} - \cdots + \frac{(-1)^{p-1}}{p} + \cdots,$$

est encore log 2; pour $x = -1$ le second membre de l'équation (2) est une série divergente (§ 49); au surplus $\log(1+x)$, pour $x = -1$, n'a pas de sens.

Si dans l'équation (2) on remplace x par $-x$, on trouve, en supposant toujours $|x| < 1$,

$$\log(1-x) = -\frac{x}{1} - \frac{x^2}{2} - \frac{x^3}{3} - \dots;$$

on a donc encore

$$\log\frac{1+x}{1-x} = 2\left(\frac{x}{1} + \frac{x^3}{3} + \frac{x^5}{5} + \dots\right);$$

en remplaçant dans cette formule x par $\frac{h}{2n+h}$, on obtient la formule suivante qui, lorsqu'on y regarde n comme un nombre entier positif et h comme un nombre plus petit que un, permet de justifier la règle bien connue pour l'interpolation et qui, lorsqu'on y fait $h = 1$, permet de calculer de proche en proche les logarithmes des nombres entiers

$$\log(n+h) - \log n = 2\left[\frac{h}{2n+h} + \frac{1}{3}\frac{h^3}{(2n+h)^3} + \frac{1}{5}\frac{h^5}{(2n+h)^5} + \dots\right].$$

104. Si, dans cette dernière équation, on suppose $h = 1$, que l'on remplace successivement n par les nombres $1, 2, 3, \dots, n-1$, puis que l'on ajoute membre à membre, on trouve :

$$\begin{aligned}\log n - 2\left[\frac{1}{3} + \frac{1}{5} + \dots + \frac{1}{2n-1}\right] &= \frac{2}{3}\left[\frac{1}{3^3} + \frac{1}{5^3} + \dots + \frac{1}{(2n-1)^3}\right] \\ &+ \frac{2}{5}\left[\frac{1}{3^5} + \frac{1}{5^5} + \dots + \frac{1}{(2n-1)^5}\right] \\ &+ \frac{2}{7}\left[\frac{1}{3^7} + \frac{1}{5^7} + \dots + \frac{1}{(2n-1)^7}\right] + \dots\end{aligned}$$

La forme même du second membre montre qu'il augmente avec n ; mais on voit bien aisément que chaque terme entre crochets est moindre que le précédent multiplié par $\frac{1}{3^2}$ et que, par suite, en désignant par A la somme de la série convergente

$$\frac{1}{3^3} + \frac{1}{5^3} + \dots + \frac{1}{(2n-1)^3} + \dots,$$

ce second membre reste plus petit que le produit par $\frac{2A}{3}$ de la somme de la série convergente

$$1 + \frac{1}{3^2} + \frac{1}{3^4} + \ldots = \frac{9}{8}.$$

Il résulte de là que, lorsque n augmente indéfiniment, le premier membre tend vers une limite; on en conclut sans peine qu'il en est de même de la différence

$$1 + \frac{1}{2} + \ldots + \frac{1}{n} - \log n.$$

Cette dernière limite porte le nom de constante d'Euler; sa valeur est :

$$C = 0{,}577\,215\,664\,901\,532\,5\,\ldots\ (^1).$$

Cet important résultat met bien en lumière, sur un exemple particulier, la possibilité d'approcher d'une limite quelconque, en intervertissant l'ordre des termes d'une série non absolument convergente (§ 60); si l'on pose en effet

$$S_n = 1 + \frac{1}{2} + \frac{1}{3} + \ldots + \frac{1}{n} = \log n + C + \varphi(n),$$

$$S'_{2n-1} = 1 + \frac{1}{3} + \frac{1}{5} + \ldots + \frac{1}{2n-1},$$

$$S''_{2n} = \frac{1}{2} + \frac{1}{4} + \ldots + \frac{1}{2n} = \frac{1}{2} S_n,$$

$\varphi(n)$ étant une quantité qui tend vers zéro quand n croît indéfiniment, on aura

$$\begin{aligned} S'_{2n-1} - S''_{2p} &= S_{2n} - \frac{1}{2} S_n - \frac{1}{2} S_p \\ &= \log 2n - \frac{1}{2}\log n - \frac{1}{2}\log p + \varphi(2n) - \frac{1}{2}\varphi(n) - \frac{1}{2}\varphi(p) \\ &= \log 2 + \frac{1}{2}\log\frac{n}{p} + \varphi(2n) - \frac{1}{2}\varphi(n) - \frac{1}{2}\varphi(p), \end{aligned}$$

et il est clair que si n et p augmentent indéfiniment de façon que le

(1) Euler : *Institutiones calculi differentialis*, § 143.

rapport $\frac{n}{p}$ tende vers une limite h, la limite du second membre sera $\log 2 + \frac{1}{2} \log h$.

Les exemples qui précèdent suffisent pour faire pressentir au lecteur l'importance et l'intérêt que présentent les séries qui procèdent suivant les puissances entières et positives d'une variable; ils justifient l'étude que l'on va faire de ces séries considérées en elles-mêmes, indépendamment des fonctions particulières qu'elles peuvent représenter.

105. Étant donnée une suite infinie de nombres

$$u_0, \quad u_1, \quad u_2, \ldots, \quad u_n, \ldots$$

Considérons la série

$$(1) \qquad u_0 + u_1 x + u_2 x^2 + \ldots + u_n x^n + \ldots$$

Deux théorèmes essentiels ont été établis par Abel [1]; voici le premier :

Si, pour $x = a$, les termes de la série (1) restent finis; en d'autres termes, s'il existe un nombre positif A tel que l'on ait, quel que soit le nombre entier positif n,

$$|u_n a^n| < A,$$

la série (1) est absolument convergente pour toutes les valeurs de x dont la valeur absolue est inférieure à celle de a.

En effet, pour toutes ces valeurs, la série

$$(2) \qquad 1 + \frac{x}{a} + \frac{x^2}{a^2} + \ldots + \frac{x^n}{a^n} + \ldots,$$

est absolument convergente; or le rapport des valeurs absolues des $(n+1)^{\text{ièmes}}$ termes des deux séries (1), (2), à savoir $|u_n a^n|$ est inférieur à A; donc (§ 65) la série (1) est absolument convergente.

---

[1] *Remarques sur la série* $1 + \frac{m}{1} x + \frac{m(m-1)}{1.2} x^2 + \ldots$ (*Œuvres*, 2e éd., t. I, p. 223).

106. Dans les mêmes conditions, la série

$$(1)\qquad u_0 + u_1 x + u_2 x^2 + \ldots + u_n x^n + \ldots$$

est uniformément convergente dans tout intervalle (p, q) dont les limites sont, en valeur absolue, inférieures à a.

En effet, si b est un nombre positif plus petit que $|a|$, mais plus grand que $|p|$ et $|q|$, les termes de la série (1), pour toute valeur de x appartenant à l'intervalle (p, q) sont, en valeur absolue, plus petits que les termes correspondants de la série convergente à termes positifs

$$|u_0| + |u_1 b| + |u_2 b^2| + \ldots + |u_n b^n| + \ldots;$$

de là et de ce que x^n est une fonction continue de x, il résulte que la somme de la série (1) est une fonction continue de x dans l'intervalle (p, q) (§ 91).

107. En particulier si, pour $x = a$, la série

$$(1)\qquad u_0 + u_1 x + u_2 x^2 + \ldots + u_n x^n + \ldots$$

est convergente, les termes de la série

$$(2)\qquad u_0 + u_1 a + u_2 a^2 + \ldots + u_n a^n + \ldots$$

tendent vers zéro quand leur rang n croît indéfiniment; ils sont donc tous inférieurs à un certain nombre positif A; la série (1) est donc absolument convergente pour toutes les valeurs de x inférieures à a, en valeur absolue; elle est uniformément et absolument convergente dans tout intervalle (p, q) dont les limites sont, en valeur absolue, inférieures à a; mais il y a plus, et c'est en cela que consiste le second théorème d'Abel que j'ai annoncé, la série est uniformément convergente dans tout intervalle qui admet pour une de ses limites le nombre a lui-même, l'autre limite étant un nombre inférieur à a en valeur absolue; je démontrerai la proposition en prenant zéro pour la seconde limite et je désignerai par $(0, a)$ l'intervalle considéré [1].

Soit ε un nombre positif quelconque; puisque la série (2) est

---

[1] On devrait (§ 72) écrire $(a, 0)$, si a était négatif.

convergente, au nombre ε correspond (§ 41) un nombre entier positif p, tel que sous la condition $n \geqq p$, chacune des sommes

$$\begin{array}{l} u_n a^n, \\ u_n a^n + u_{n+1} a^{n+1}, \\ \dots\dots\dots\dots\dots\dots \\ u_n a^n + u_{n+1} a^{n+1} + \dots + u_{n+i} a^{n+i}, \end{array}$$

soit en valeur absolue inférieure à ε. D'un autre côté, si x désigne un nombre compris entre zéro et a, pouvant d'ailleurs être égal à l'un ou l'autre de ces nombres, les quantités

$$\frac{x^n}{a^n}, \quad \frac{x^{n+1}}{a^{n+1}}, \dots, \quad \frac{x^{n+i}}{a^{n+i}}$$

forment une suite de nombres positifs (ou nuls), décroissants (ou égaux), inférieurs (ou égaux) à un; par conséquent (§ 70), la somme

$$u_n a^n \frac{x^n}{a^n} + u_{n+1} a^{n+1} \frac{x^{n+1}}{a^{n+1}} + \dots + u_{n+i} a^{n+i} \frac{x^{n+i}}{a^{n+i}}$$
$$= u_n x^n + u_{n+1} x^{n+1} + \dots + u_{n+i} x^{n+i}$$

est, quelle que soit la valeur de x appartenant à l'intervalle $(0, a)$ et quels que soient les entiers positifs i et $n \geqq p$, inférieure à ε en valeur absolue, cela suffit (§ 89) à prouver que la série converge, ce que l'on savait déjà, et qu'elle converge uniformément dans l'intervalle $(0, a)$.

Il résulte de là, et de la continuité de la fonction x^n, que la somme de la série (1) est une fonction continue de x dans l'intervalle $(0, a)$ (§§ 75, 91) : cette somme a donc pour limite la somme de la série (2) lorsque x tend vers a par des valeurs plus petites que a en valeur absolue (1).

Par exemple la série

$$(5) \qquad \frac{x}{1} - \frac{x^2}{2} + \frac{x^3}{3} + \dots \pm \frac{x^n}{n} \mp \dots,$$

---

(1) Je n'ai fait qu'amplifier ici, afin d'en faire ressortir toutes les parties, la démonstration qu'Abel a donnée en cinq lignes. Lejeune-Dirichlet (*Journal de Liouville*, 2e série, t. VII, p. 251) a mis sous une forme un peu différente la démonstration du même théorème.

a pour somme $\log(1 + x)$, lorsque x est compris entre -1 et $+1$; il résulte du théorème précédent et de la continuité de la fonction $\log(1 + x)$, que la somme de la série convergente (§ 69)

$$(6) \qquad 1 - \frac{1}{2} + \frac{1}{3} + \ldots \pm \frac{1}{n} \mp \ldots$$

est égale à $\log 2$.

Il n'est peut-être pas inutile de faire remarquer qu'on n'aurait pas le droit de conclure la convergence de la série (6) de ce que la série (5) est convergente quand $|x|$ est plus petit que un et représente la fonction $\log(1 + x)$, continue pour $x = 1$. On a par exemple, pour $|x| < 1$,

$$\frac{1}{1-x} = 1 + x + x^2 + \ldots;$$

le premier membre est une fonction continue pour $x = -1$; et pour cette même valeur de x, le second membre est une série divergente.

On aperçoit de suite la vérité des propositions suivantes.

La série (1) est uniformément convergente dans tout intervalle limité d'une part par le nombre a, de l'autre par un nombre plus petit que a en valeur absolue.

Si une série telle que (1) est convergente pour deux nombres (a, b), elle est uniformément convergente dans l'intervalle (a, b); sa somme est, dans cet intervalle, une fonction continue de x.

Mais il convient de remarquer que la convergence de la série (1), pour $x = a$, n'entraîne pas la convergence de cette série pour $x = -a$, cemme on le voit sur la série (5), convergente pour $x = 1$, divergente pour $x = -1$.

108. Si une série procédant suivant les puissances entières et positives de la variable x contient un terme indépendant de x et est convergente pour d'autres valeurs de x que zéro, il existe un nombre positif ε tel que, pour toutes les valeurs de x inférieures à ε en valeur absolue, la somme de la série soit différente de zéro.

Soit en effet

$$f(x) = u_0 + u_1 x + u_2 x^2 + \ldots$$

la série proposée, convergente tant que l'on a

$$|x| < a, \quad (a > 0),$$

et supposons

$$u_0 \gtrless 0.$$

La somme $f(x)$ de la série est une fonction continue dans tout intervalle $(-b, b)$ tel que l'on ait

$$0 < b < a;$$

on a d'ailleurs

$$f(0) = u_0.$$

A tout nombre positif α moindre que $|u_0|$ correspond donc un nombre positif ε, que l'on peut supposer moindre que b et tel que, pour toutes les valeurs de x moindres que ε en valeur absolue, on ait

$$|f(x) - u_0| < \alpha$$

et, par conséquent,

$$|f(x)| > |u_0| - \alpha > 0 \text{ (1)}.$$

On donnera d'ailleurs bientôt (§ 110) une limite inférieure de la valeur absolue des nombres qui peuvent annuler $f(x)$.

109. Il résulte de ce théorème que, si deux séries

$$u_0 + u_1 x + \ldots + u_n x^n + \ldots,$$
$$v_0 + v_1 x + \ldots + v_n x^n + \ldots,$$

convergentes pour toutes les valeurs de x plus petites en valeur absolue que le nombre positif a, ont même somme pour une infinité de valeurs distinctes

$$x_1, \quad x_2, \ldots, \quad x_n, \ldots$$

plus petites que a en valeur absolue, différentes de zéro et telles que l'on ait

$$\lim_{n=\infty} x_n = 0,$$

(1) Il ne sera peut-être pas inutile de faire remarquer en passant que, quels que soient les signes des nombres A, B, l'inegalité $|A + B| < C$ entraine les inégalités $|A| < |B| + C, \quad |B| < |A| + C$.

elles sont identiques, c'est à dire que l'on a

$$u_0 = v_0, \quad u_1 = v_1, \ldots, \quad u_n = v_n, \ldots$$

Supposons en effet les n premiers coefficients égaux dans les deux séries, mais u_n différent de v_n, la série

$$(u_n - v_n)\, x^n + (u_{n+1} - v_{n+1})\, x^{n+1} + \ldots$$

aurait une somme nulle pour l'une quelconque des valeurs x_1, x_2, ... attribuées à x; il en résulterait que la série

$$(u_n - v_n) + (u_{n+1} - v_{n+1})\, x + \ldots,$$

dans laquelle le premier terme $(u_n - v_n)$ n'est pas nul, aurait aussi une somme nulle pour $x = x_1, x_2, \ldots$, et par conséquent pour des valeurs de x aussi voisines de zéro qu'on le voudrait, ce que l'on a démontré être impossible.

Si, par conséquent, une fonction $f(x)$ peut, pour toutes les valeurs de x inférieures en valeur absolue à un nombre positif a, être représentée par une série qui procède suivant les puissances entières et positives de x, elle ne peut l'être que d'une façon.

Si une telle fonction s'annule pour $x = 0$, dans la série qui la représente, le terme indépendant de x doit être nul, en vertu du paragraphe précédent; plusieurs des coefficients qui suivent peuvent aussi être nuls; ils ne peuvent d'ailleurs l'être tous, si la fonction n'est pas constamment nulle; si le premier coefficient qui n'est pas nul est le coefficient de x^n, on voit que la série qui représente $f(x)$ sera de la forme

$$u_n\, x^n + u_{n+1}\, x^{n+1} + u_{n+2}\, x^{n+2} + \ldots = x^n\, \varphi(x),$$

en posant

$$\varphi(x) = u_n + u_{n+1}\, x + u_{n+2}\, x^2 + \ldots$$

la série $\varphi(x)$, dont le premier terme u_n n'est pas nul, est convergente entre les mêmes limites que la série qui représente $f(x)$.

110. Soit

$$f(x) = u_0 + u_1 x + u_2 x^2 + \ldots$$

une série qui procède suivant les puissances entières et positives de x, convergente pour les valeurs de x inférieures en valeur absolue à un certain nombre positif, et dans laquelle enfin u_0 est différent de zéro. Il résulte du paragraphe 108 que l'expression $\frac{1}{f(x)}$ a un sens et est continue pour les valeurs de x suffisamment voisines de zéro.

Je vais montrer qu'il existe un nombre positif α tel que dans l'intervalle $(-\alpha, \alpha)$ l'expression $\frac{1}{f(x)}$ soit développable en une série qui procède suivant les puissances entières et positives de x. Cela résultera de la proposition suivante :

Soit

$$\varphi(x) = 1 + a_1 x + a_2 x^2 + \ldots + a_n x^n + \ldots$$

une série procédant suivant les puissances entières et positives de x, et pour laquelle les coefficients $a_1, a_2, \ldots, a_n, \ldots$ soient, en valeur absolue, au plus égaux à 1 ; cette série sera manifestement convergente pour les valeurs de x inférieures à un en valeur absolue. Je dis qu'il existe une série

$$\psi(x) = 1 + b_1 x + b_2 x^2 + \ldots + b_n x^n + \ldots$$

convergente pour toutes les valeurs de x inférieures à $\frac{1}{2}$ en valeur absolue et telle que l'on ait, pour toutes ces valeurs,

$$\varphi(x) \times \psi(x) = 1.$$

Si la série $\psi(x)$ existe, le produit $\varphi(x) \times \psi(x)$ pourra se représenter (§ 58) par la série

$$1 + c_1 x + c_2 x^2 + \ldots$$

en posant

$$\begin{aligned}
c_1 &= a_1 + b_1, \\
c_2 &= a_2 + a_1 b_1 + b_2, \\
&\ldots\ldots\ldots\ldots\ldots\ldots \\
c_n &= a_n + a_{n-1} b_1 + \ldots + a_1 b_{n-1} + b_n, \\
&\ldots\ldots\ldots\ldots\ldots\ldots\ldots\ldots
\end{aligned}$$

et, en vertu du paragraphe précédent, on doit avoir

$$c_1 = 0, \quad c_2 = 0, \ldots, \quad c_n = 0, \ldots;$$

ces équations déterminent les coefficients $b_1, b_2, \ldots, b_n, \ldots$, et, en vertu de la supposition,

$$|a_n| \leqq 1 \quad (n = 1, 2, 3, \ldots)$$

les équations précédentes donneront pour $b_1, b_2, \ldots, b_n, \ldots$ des valeurs qui devront satisfaire aux inégalités que voici :

$$\begin{aligned}
&|b_1| \leqq 1,\\
&|b_2| \leqq 1 + 1 \text{ ou } 2,\\
&|b_3| \leqq 1 + 1 + 2 \text{ ou } 2^2,\\
&\ldots\ldots\ldots\ldots\ldots\ldots\\
&|b_n| \leqq 1 + 1 + 2 + 2^2 + \ldots + 2^{n-2} \text{ ou } 2^{n-1},\\
&\ldots\ldots\ldots\ldots\ldots\ldots\ldots\ldots\ldots
\end{aligned}$$

or la série dont les coefficients sont des nombres qui vérifient ces inégalités, est absolument convergente tant qu'on a $|x| < \frac{1}{2}$; son produit par $\varphi(x)$ est bien égal à un, si les coefficients vérifient les équations

$$c_1 = 0, \quad c_2 = 0, \ldots, \quad c_n = 0, \ldots$$

Il suit de là que l'équation $\varphi(x) = 0$ n'a pas de racine entre $-\frac{1}{2}$ et $\frac{1}{2}$, et que, dans cet intervalle, la fonction $\frac{1}{\varphi(x)}$ peut être développée en une série procédant suivant les puissances entières et positives de x.

Si maintenant, on se reporte à la série proposée $f(x)$, on voit, en y remplaçant x par $k\xi$, qu'elle prend la forme

$$f(k\xi) = u_0\left(1 + \frac{u_1 k}{u_0}\xi + \ldots + \frac{u_n k^n}{u_0}\xi^n + \ldots\right);$$

si le nombre k est inférieur à toutes les valeurs que peut prendre l'expression $\sqrt[n]{\left|\frac{u_0}{u_n}\right|}$ pour $n = 1, 2, 3, \ldots$, l'expression $\frac{1}{f(k\xi)}$ pourra être développée en une série procédant suivant les puissances entières et positives de ξ, valable tant que l'on aura $|\xi| < \frac{1}{2}$; par conséquent l'expression $\frac{1}{f(x)}$ sera développable en une série procédant suivant les puissances entières et positives de x, valable tant que l'on aura $|x| < \frac{k}{2}$, en sorte que la valeur absolue de la plus petite racine de l'équation

$$f(x) = 0$$

est certainement supérieure à $\frac{k}{2}$.

Quant à l'existence du nombre k, elle s'établit comme il suit; soit a un nombre positif pour lequel la série $f(x)$ soit convergente, on aura

$$\lim_{n=\infty} |u_n| a^n = 0,$$

et, par suite, on peut prendre p assez grand pour que, sous la condition $n \geqq p$, on ait

$$|u_n| a^n < |u_0|,$$

il suffira dès lors de prendre k plus petit que a et que les nombres

$$\left|\frac{u_0}{u_1}\right|, \quad \sqrt{\left|\frac{u_0}{u_2}\right|}, \quad \sqrt[3]{\left|\frac{u_0}{u_3}\right|}, \ldots \quad \sqrt[p-1]{\left|\frac{u_0}{u_{p-1}}\right|}.$$

Si l'on considère maintenant une expression de la forme $\frac{\varphi(x)}{f(x)}$, où $f(x)$ a le même sens que précédemment et où $\varphi(x)$ désigne une fonction développable en une série procédant suivant les puissances entières et positives de x, convergente pour les valeurs de x qui sont, en valeur absolue, inférieures à un certain nombre positif, les deux séries qui représentent $\varphi(x)$ et $\frac{1}{f(x)}$ seront absolument convergentes pour les valeurs de x moindres en valeur absolue qu'un certain nombre positif α; en les multipliant, on arrivera à une égalité de la forme

$$\frac{\varphi(x)}{f(x)} = v_0 + v_1 x + v_2 x^2 + \ldots + v_n x^n + \ldots$$

qui sera valable pour ces valeurs de x. La règle de la multiplication montre d'ailleurs que les p premiers termes de la série qui figure au second membre ne peuvent être nuls que si les p premiers termes de la série $\varphi(x)$ sont nuls.

Supposons maintenant que $f(x)$ soit toujours développable en une série qui procède suivant les puissances entières et positives de x, mais que cette fonction s'annule pour $x = 0$; elle pourra se mettre sous la forme $x^n \psi(x)$, en désignant par n un nombre entier positif et par $\psi(x)$ une série procédant suivant les puissances entières et positives de x dans laquelle le terme indépendant de x n'est pas nul; on aura alors, pour toutes les valeurs de x inférieures en valeur absolue à un certain nombre positif ε, une égalité de la forme

$$\frac{\varphi(x)}{\psi(x)} = w_0 + w_1 x + w_2 x^2 + \ldots + w_n x^n + \ldots$$

et par conséquent, pour ces mêmes valeurs de x, sauf la valeur zéro,

$$\frac{\varphi(x)}{f(x)} = \frac{w_0}{x^n} + \frac{w_1}{x^{n-1}} + \ldots + \frac{v_{n-1}}{x} + w_n + w_{n+1}\,x + \ldots$$

et w_0 ne sera pas nul, si l'on n'a pas $\varphi(0) = 0$.

On a mis ainsi $\frac{\varphi(x)}{f(x)}$ sous la forme de la somme d'une fonction entière en $\frac{1}{x}$,

$$\frac{w_0}{x^n} + \frac{w_1}{x^{n-1}} + \ldots + \frac{w_{n-1}}{x}$$

qui, d'après une proposition bien connue concernant la façon dont se comporte un polynôme entier quand la variable augmente indéfiniment, augmente indéfiniment quand x tend vers zéro et d'une série $w_n + w_{n+1}, x + \ldots$ dont la somme est finie quand x est suffisamment voisin de zéro.

111. Soit

(1) $$u_0 + u_1 + u_2 + \ldots + u_n + \ldots$$

une série dont les termes sont des fonctions de la variable x, qui procèdent suivant les puissances entières et positives de x, en sorte que l'on ait, pour toutes les valeurs 0, 1, 2, 3, ..., attribuées à l'indice i,

(2) $$u_i = u_{i0} + u_{i1}x + \ldots + u_{in}x^n + \ldots;$$

supposons que toutes les séries (2) soient absolument convergentes pour $x = a$, a étant un nombre positif; désignons par U_i la somme de la série (2) lorsqu'on y remplace x par a et chaque terme par sa valeur absolue, en sorte qu'on ait

$$(3) \qquad U_i = u'_{i0} + u'_{i1} a + \ldots + u'_{in} a^n + \ldots,$$

en désignant en général par u'_{in} la valeur absolue de u_{in}. Si la série à termes positifs

$$(4) \qquad U_0 + U_1 + U_2 + \ldots + U_n + \ldots,$$

est convergente, il est clair que, tant que x appartiendra à l'intervalle $(-a, +a)$, la série (1) sera uniformément convergente et qu'elle définira une fonction $F(x)$ continue dans l'intervalle $(-a, +a)$. Je vais montrer que cette fonction peut être développée en une série procédant suivant les puissances entières et positives de x,

$$F(x) = v_0 + v_1 x + v_2 x^2 + \ldots + v_n x^n + \ldots$$

et que l'on a, pour toutes les valeurs 0, 1, 2, ..., attribuées à l'indice n,

$$(5) \qquad v_n = \sum_{i=0}^{i=\infty} u_{in} = u_{0n} + u_{1n} + u_{2n} + \ldots$$

le second membre étant d'ailleurs une série convergente.

Considérons les deux séries à double entrée dont les termes généraux sont respectivement

$$u_{in} x^n, \qquad u'_{in} a^n.$$

Les indices i et n devant prendre indépendamment toutes les valeurs 0, 1, 2, ..., il est clair que les valeurs absolues des termes de la première sont plus petites que les valeurs absolues des termes de la seconde; mais la seconde a tous ses termes positifs et est convergente : car si l'on groupe ensemble les termes qui répondent à une même valeur de i, on trouve pour somme U_i et, en ordonnant ensuite suivant les valeurs croissantes de i, on retrouve la série (4); donc la série à double entrée dont le terme général est $u_{in} x^n$ est absolument convergente et l'on retrouvera toujours la même somme de quelque façon que l'on groupe les termes. En groupant ensemble ceux qui répondent à une même valeur de i, on trouve pour somme u_i et en ordonnant ensuite par rapport aux puissances croissantes de i, on retrouve la série (1) dont la somme est $F(x)$; au contraire, en groupant ensemble les termes qui répondent à une même valeur de n, on a pour somme $v_n x^n$; ordonnant enfin par rapport aux valeurs croissantes de n, on aura

$$F(x) = v_0 + v_1 x + v_2 x^2 + \dots$$

C'est ce qu'il fallait démontrer.

Il est bien évident que le théorème qu'on vient d'établir ne suppose en aucune façon que les séries (2) soient illimitées; elles peuvent se réduire toutes à des polynômes et sont alors toujours convergentes. C'est une circonstance qui se présente dans l'importante proposition qui fait l'objet du paragraphe suivant.

112. Soit

$$(1) \qquad f(x) = a_0 + a_1 x + a_2 x^2 + \dots + a_n x_n + \dots$$

une série procédant suivant les puissances entières et positives de x; supposons qu'elle converge pour toute valeur de x inférieure en valeur absolue au nombre positif A.

La somme $f(x)$ de cette série sera une fonction continue de x dans tout intervalle dont les limites sont, en valeur absolue, inférieures à A.

Ceci posé, désignons par x un nombre dont la valeur absolue x' soit plus petite que A et par h un autre nombre dont la valeur absolue h' soit moindre que $A - x'$, en sorte que, $x + h$ étant inférieur en valeur absolue à A, la série

$$(2) \qquad f(x+h) = a_0 + a_1(x+h) + a_2(x+h)^2 + \dots$$

soit convergente.

Si l'on regarde x comme donné, le second membre est une fonction de h, définie tant que la valeur absolue de h est inférieure à $A - x'$ et les divers termes peuvent être remplacés par des polynômes ordonnés suivant les puissances ascendantes de h; d'ailleurs si l'on désigne par H un nombre positif inférieur à $A - x'$, la série

$$(3) \qquad a'_0 + a'_1(x' + H) + a'_2(x' + H)^2 + \dots,$$

où $a'_0, a'_1, a'_2, \dots$ désignent les valeurs absolues de $a_0, a_1, a_2, \dots$ est convergente; par conséquent, tant que l'on a

$$|h| \leqq H,$$

on se trouve dans les circonstances prescrites pour l'application du théorème du paragraphe précédent : la variable h remplace la variable x, H remplace a, $a_i(x+h)^i$ remplace u_i et le développement ordonné suivant les puissances ascendantes de h remplace la série (2); u_{in} doit ainsi être remplacé par

$$a_i \frac{i(i-1)\dots(i-n+1)}{1.2\dots n} x^{i-n},$$

toutefois, on doit avoir

$$n \leqq i$$

et les termes qui ne satisferaient pas à cette condition doivent être effacés. Enfin la quantité désignée dans le paragraphe précédent par U_i n'est autre chose que $a'_i(x'+H)^i$.

La fonction de h, $f(x+h)$ peut donc être développée suivant les puissances ascendantes de h, et le coefficient de h^n qui remplace le terme v_n du paragraphe précédent sera ici

$$\frac{1}{1.2\dots n}\sum_{i=n}^{i=\infty} i(i-1)\dots(i-n+1)\,a_i x^{i-n},$$

la quantité multipliée par $\frac{1}{1.2\dots n}$, écrite plus explicitement, est

$$\begin{gathered} n(n-1)\dots 1.a_n + (n+1)n\dots 2.a_{n+1}x \\ +(n+2)n\dots 3.a_{n+2}x^2+\dots+(n+p)(n+p-1)\dots(p+1)a_{n+p}.x^p+\dots \end{gathered}$$

C'est, en vertu du paragraphe précédent, une série convergente tant que $|x|$ est plus petit que A.

En résumé, on est parvenu au théorème que voici.

Soit

$$\text{I} \qquad f(x) = a_0 + a_1 x + a_2 x^2 + \dots + a_n x^n + \dots$$

une série procédant suivant les puissances entières et positives de x, convergente pour les valeurs de x qui sont, en valeur absolue, inférieures à A; pour ces mêmes valeurs de x, les séries

$$\text{II}\left\{\begin{aligned} &f'(x) = a_1 + 2a_2x + 3a_3x^2 + \dots + (n+1)\,a_{n+1}x^n + \dots, \\ &f''(x) = 1.2a_2 + 2.3a_3x + \dots + (n+1)(n+2)\,a_{n+2}x^n + \dots, \\ &\dots\dots\dots\dots\dots\dots\dots\dots\dots\dots\dots\dots \\ &f^{(p)}(x) = 1.2\dots p\,a_p + 2.3\dots(p+1)\,a_{p+1}x + \dots \\ &\qquad\qquad + (n+1)(n+2)\dots(n+p)\,a_{n+p}x^n + \dots \end{aligned}\right.$$

sont convergentes et l'on a

$$\text{III}\quad\left\{\begin{aligned} f(x+h) &= a_0 + a_1(x+h) + a_2(x+h)^2 + \dots \\ &= f(x) + \frac{h}{1} f'(x) + \frac{h^2}{1.2} f''(x) + \dots \\ &\qquad + \frac{h^p}{1.2\dots p} f^p(x) + \dots \end{aligned}\right.$$

pour toutes les valeurs de x et de h qui satisfont aux conditions

$$\text{IV}\qquad |x| < \text{A}, \qquad |x| + |h| < \text{A},$$

le signe $<$ excluant l'égalité.

Les séries $f'(x)$, $f''(x)$, ... sont dites *dérivées* première, seconde ... de la série $f(x)$.

Il convient de remarquer que lors même que la série (I) serait convergente pour $x = \text{A}$, on ne saurait affirmer la convergence des séries (II) pour cette valeur de x; par exemple si l'on prend

$$f(x) = \frac{x}{1^2} + \frac{x^2}{2^2} + \dots + \frac{x^n}{n^2} + \dots,$$

on aura

$$f'(x) = \frac{x}{1} + \frac{x}{2} + \dots + \frac{x}{n} + \dots;$$

la première est convergente pour $x = 1$, la seconde est divergente.

D'un autre côté, si l'on se donne le nombre x plus petit que A en valeur absolue, il peut se faire que la convergence de la série

$$f(x) + \frac{h}{1} f'(x) + \frac{h^2}{1.2} f''(x) + \dots$$

s'étende à des valeurs de h pour lesquelles on ait

$$|h| > \text{A} - |x|.$$

Si l'on prend par exemple

$$f(x) = 1 - x + x^2 - x^3 + \dots = \frac{1}{1+x}, \quad |x| < 1,$$

on trouvera sans peine, en appliquant les formules (II) et en tenant compte des formules finales du paragraphe 102,

$$f'(x) = \frac{-1}{(1+x)^2}, \dots, \quad f^p(x) = \frac{(-1)^p\, 1.2 \dots p}{(1+x)^p}, \dots,$$

en sorte que l'équation (III) donnera

$$f(x+h) = \frac{1}{1+x+h} = \frac{1}{1+x} - \frac{h}{(1+x)^2} + \frac{h^2}{(1+x)^3} - \dots,$$

résultat que l'on aurait d'ailleurs pu déduire immédiatement de l'identité

$$\frac{1}{1+x+h} = \frac{1}{1+x}\,\frac{1}{1+\dfrac{h}{1+x}}.$$

On voit par là-même que la dernière série converge tant que l'on a

$$|h| < |1+x|,$$

tandis que les inégalités (IV) auraient donné $1 - |x|$ pour la limite supérieure de $|h|$.

113. Dans le cas où la série

$$f(x) = u_0 + u_1 x + u_2 x^2 + \dots$$

converge pour toutes les valeurs de x, il en est de même des séries dérivées $f'(x)$, $f''(x)$, ...; si l'on applique les formules (III) du paragraphe précédent à la série

$$f(x) = e^x = 1 + \frac{x}{1} + \frac{x^2}{1.2} + \frac{x^3}{1.2.3} + \dots,$$

on trouvera

$$f'(x) = f''(x) = \dots = f(x) = e^x$$

et la formule (6) donnera alors

$$e^{x+h} = e^x + \frac{h}{1}e^x + \frac{h^2}{1.2}e^x + \dots = e^x \times e^h.$$

C'est la vérification d'un résultat connu.

En appliquant les mêmes formules aux séries

$$\varphi(x) = \cos x = 1 - \frac{x^2}{1.2} + \frac{x^4}{1.2.3.4} - \frac{x^6}{1.2.3.4.5.6} + \dots$$

$$\psi(x) = \sin x = \frac{x}{1} - \frac{x^3}{1.2.3} + \frac{x^5}{1.2.3.4.5} - \dots,$$

on trouvera, pour les séries dérivées,

$$\varphi'(x) = -\psi(x),\quad \varphi''(x) = -\varphi(x),\quad \varphi'''(x) = \psi(x),\quad \varphi^{\text{IV}}(x) = \varphi(x), \dots,$$

$$\psi'(x) = \varphi(x),\quad \psi''(x) = -\psi(x),\quad \psi'''(x) = -\varphi(x), \psi^{\text{IV}}(x) = \psi(x),$$

les dérivées se reproduisent ensuite périodiquement de quatre en quatre; la formule (6) donnera alors

$$\varphi(x+h) = \varphi(x)\left(1 - \frac{h^2}{1.2} + \frac{h^4}{1.2.3.4} - \dots\right) - \psi(x)\left(\frac{h}{1} - \frac{h^3}{1.2.3} + \dots\right),$$

$$\psi(x+h) = \psi(x)\left(1 - \frac{h^2}{1.2} + \frac{h^4}{1.2.3.4} - \dots\right) + \varphi(x)\left(h - \frac{h^3}{1.2.3} + \dots\right),$$

ou

$$(a)\qquad \begin{cases} \varphi(x+h) = \varphi(x)\,\varphi(h) - \psi(x)\,\psi(h), \\ \psi(x+h) = \psi(x)\,\varphi(h) + \varphi(x)\,\psi(h). \end{cases}$$

C'est la vérification annoncée au paragraphe 97.

114. On a vu (§ 108) que si, dans une série qui procède suivant les puissances entières et positives de la variable, un coefficient n'est pas nul, il existe un nombre positif tel que la somme de la série soit différente de zéro pour toutes les valeurs de la variable, autres que zéro, qui sont, en valeur absolue, inférieures à ce nombre.

Il est aisé d'en conclure que si

$$f(x) = u_0 + u_1 x + u_2 x^2 + \dots$$

désigne une série convergente tant que l'on a $|x| < A$, A étant un nombre positif, et dans laquelle tous les coefficients $u_0, u_1, u_2, \dots$

ne sont pas nuls, il est impossible que la fonction $f(x)$ et ses dérivées

$$f'(x) = u_1 + 2u_2 x + 3u_3 x^2 + \dots,$$
$$f''(x) = 1.2u_2 + 2.3u_3 x^2 + 3.4u_4 x^2 + \dots,$$
$$\dots\dots\dots\dots\dots\dots\dots\dots$$

soient toutes nulles pour un nombre $x = x_1$, dont la valeur absolue est moindre que A.

En effet la formule

$$(1) \qquad f(x+h) = f(x) + \frac{h}{1} f'(x) + \frac{h^2}{1.2} f''(x) + \dots$$

valable tant que l'on a

$$|x| < a, \qquad |h| < A - |x|,$$

montrerait, en y remplaçant x par x_1, que la supposition

$$f(x_1) = 0, \qquad f'(x_1) = 0, \qquad f''(x_1) = 0, \dots$$

entraînerait l'égalité

$$f(x_1 + h) = 0,$$

pour toutes les valeurs de h satisfaisant à l'inégalité

$$|h| < A - |x_1|.$$

Ainsi la fonction $f(x)$ serait nulle pour toutes les valeurs de x appartenant à un intervalle fini (α, β); il en serait de même de toutes ses dérivées; en effet, si l'on applique la formule (1) à une valeur de x qui appartienne à l'intervalle (α, β), le second membre devra être nul pour toutes les valeurs de h telles que $x + h$ appartienne aussi à l'intervalle (α, β); or cela, d'après le théorème du paragraphe 108 que l'on vient de rappeler, ne peut avoir lieu que si tous les coefficients $f(x)$, $f'(x)$, $f''(x)$, ... de la série ordonnée suivant les puissances de h qui constitue ce second membre, sont nuls. Si l'intervalle (α, β) contient le nombre zéro, la même proposition montre que l'on doit avoir

$$u_0 = 0, \qquad u_1 = 0, \qquad u_2 = 0, \dots;$$

si l'intervalle (α, β) ne contient pas le nombre zéro, supposons, pour fixer le langage, que ses deux limites α, β soient positives, en sorte que l'on ait

$$0 < \alpha < \beta < A.$$

En faisant dans la formule (1) $x = \alpha$ et en observant que cette formule convient certainement pour les valeurs de h telles que l'on ait

$$|h| < \beta - \alpha < A - \alpha,$$

on voit que la supposition

$$f(\alpha) = 0, \quad f'(\alpha) = 0, \quad f''(\alpha) = 0, \ldots$$

entraîne l'égalité

$$f(\alpha + h) = 0$$

pour toutes les valeurs de h qui vérifient l'inégalité précédente; ainsi, pour toutes les valeurs de x comprises entre $\alpha - (\beta - \alpha)$ et α la fonction $f(x)$ et toutes ses dérivées seraient nulles; si l'intervalle que limitent ces deux nombres contient le nombre zéro, le théorème est démontré; s'il n'en est pas ainsi, on continuera de la même façon et il est clair qu'on finira par prouver l'existence d'un intervalle fini, comprenant le nombre zéro, et dans lequel la fonction $f(x)$ est constamment nulle, ce qui, encore une fois, ne peut avoir lieu sans que tous les coefficients u_0, u_1, u_2, ... soient nuls.

Soit toujours

$$f(x) = u_0 + u_1 x + u_2 x^2 + \ldots$$

une série convergente tant que l'on a $|x| < A$, A étant un nombre positif et supposons que tous les coefficients u_0, u_1, u_2, ... ne soient pas nuls.

Il ne peut y avoir une infinité de nombres distincts $x_1, x_2, \ldots, x_n, \ldots$ plus petits que A en valeur absolue et ayant pour n infini une limite ξ plus petite que A en valeur absolue, tels que l'on ait

$$f(x_1) = 0, \quad f(x_2) = 0, \ldots, \quad f(x_n) = 0, \ldots,$$

il suffit en effet de poser

$$x = \xi + h, \quad x_1 = \xi + h_1, \ldots \quad x_n = \xi + h_n, \ldots,$$

et de considérer le développement de $f(\xi + h)$ suivant les puissances entières et positives de h pour voir que la somme de la série ainsi obtenue devrait être nulle pour les valeurs $h_1, h_2, \ldots, h_n, \ldots$ données à h; or la suite infinie de ces valeurs a pour limite zéro; il faudrait donc que tous les coefficients de la série fussent nuls; en d'autres termes la fonction $f(x)$ et toutes ses dérivées seraient nulles pour $x = \xi$.

La proposition ne serait plus vraie si l'on avait $\xi = A$.

Dans un intervalle (p, q), dont les limites sont inférieures à A en valeur absolue, il ne peut y avoir une infinité de valeurs distinctes de x pour lesquelles la fonction $f(x)$ soit nulle. En effet le théorème démontré dans le paragraphe 38 prouverait l'existence d'un nombre ξ appartenant à l'intervalle (p, q) et qui serait la limite d'une suite infinie de nombres $x_1, x_2, \ldots, x_n, \ldots$ appartenant au même intervalle et pour lesquels $f(x)$ s'annulerait. Deux séries

$$f(x) = u_0 + u_1 x + u_2 x^2 + \ldots,$$
$$\varphi(x) = v_0 + v_1 x + v_2 x^2 + \ldots,$$

convergentes tant que l'on a $|x| < A$, ne peuvent être identiques pour une infinité de valeurs distinctes appartenant à un intervalle (p, q), dont les limites sont inférieures à A en valeur absolue, à moins d'être identiques terme à terme, en sorte que l'on ait

$$u_0 = v_0, \quad u_1 = v_1, \ldots, \quad u_n = v_n, \ldots$$

Dans cette proposition, on ne peut supposer que l'une des limites p, q soit égale à $\pm$ A.

Deux séries procédant suivant les puissances entières et positives de x ne peuvent représenter la même fonction de x dans aucun intervalle, si petit qu'il soit, sans être identiques.

115. Si l'on a, en conservant les notations précédentes,

$$f(x) = 0$$

pour $x = x_1$, $|x_1|$ étant un nombre plus petit que A, on pourra mettre $f(x)$ sous la forme

$$f(x) = (x - x_1)^n \psi(x).$$

n est un nombre entier positif qui indique l'ordre de la première des dérivées

$$f'(x), \quad f''(x), \quad f'''(x), \ldots,$$

qui ne s'annule pas pour $x = x_1$; et l'on a

$$\psi(x) = \frac{1}{1.2\ldots n} f^{(n)}(x_1) + \frac{x - x_1}{1.2\ldots(n+1)} f^{(n+1)}(x_1) + \ldots,$$

c'est une série qui procède suivant les puissances entières et positives de $x - x_1$, convergente tant que l'on a

$$|x - x_1| < A - |x_1|$$

et dans laquelle le premier terme n'est pas nul.

Si l'on désigne par $f(x)$ et $\varphi(x)$ des séries qui procèdent suivant les puissances entières et positives de x, convergentes tant que la valeur absolue de x est inférieure au nombre positif A, et si, en désignant par x_1 un nombre dont la valeur absolue est inférieure à A, la fonction $f(x)$ n'est pas nulle pour $x = x_1$, on aura une égalité de la forme

$$\frac{\varphi(x)}{f(x)} = A_0 + A_1(x - x_1) + A_2(x - x_2)^2 + \ldots,$$

où $A_0, A_1, A_2, \ldots$ sont des constantes; cette égalité est valable pour les valeurs de $x - x_1$ telles que l'on ait, en désignant par ε un certain nombre positif,

$$|x - x_1| < \varepsilon.$$

A_0 ne peut être nul que si la fonction $\varphi(x)$ est nulle pour $x = x_1$.

Si, en conservant la même signification aux symboles $f(x)$, $\varphi(x)$, la fonction $f(x)$ était nulle pour $x = x_1$, on pourrait poser comme tout à l'heure

$$f(x) = (x - x_1)^n \psi(x)$$

et l'on parviendrait à une égalité de la forme

$$\frac{\varphi(x)}{f(x)} = \frac{A_0}{(x - x_1)^n} + \frac{A_1}{(x - x_1)^{n-1}} + \ldots + \frac{A_{n-1}}{x - x_1} + A_n$$
$$+ A_{n+1}(x - x_1) + A_{n+2}(x - x_1)^2 + \ldots,$$

où $A_0, A_1, \ldots$ désignent des constantes; cette égalité serait valable pour toutes les valeurs de $x - x_1$ autres que zéro, et moindres, en valeur absolue, qu'un certain nombre positif.

Enfin A_0 ne pourrait être nul que si l'on avait

$$\varphi(x_1) = 0.$$

116. Voici encore une application du théorème du paragraphe 111 dans le cas où les séries désignées par u_i se réduisent à des polynômes.

Partons de la formule

$$(1) \qquad (1 + x)^m = 1 + \frac{m}{1} x + \frac{m(m-1)}{1.2} x^2 + \dots$$

et regardons-y x comme une quantité donnée dont la valeur absolue x' est inférieure à un; les deux membres sont alors des fonctions continues de m. Si l'on désigne par M un nombre positif supérieur à $|m|$, la série

$$1 + \frac{M}{1} x' + \frac{M(M+1)}{1.2} x'^2 + \dots$$

est convergente; dès lors, si l'on regarde les coefficients des diverses puissances de x comme des polynômes ordonnés par rapport aux puissances ascendantes de la variable m, on pourra, pour toutes les valeurs de m inférieures à M en valeur absolue, ou, puisque M est arbitraire, pour toutes les valeurs de m, appliquer la transformation décrite au paragraphe 111; on mettra ainsi $(1 + x)^m$ sous la forme

$$1 + v_1 m + v_2 m^2 + \dots + v_p m^p + \dots$$

en posant

$$v_1 = \frac{x}{1} - \frac{x^2}{2} + \frac{x^3}{3} - \dots,$$

$$v_2 = \frac{x^2}{2} - \left(1 + \frac{1}{2}\right)\frac{x^3}{3} + \left(1 + \frac{1}{2} + \frac{1}{3}\right)\frac{x^4}{4} - \dots,$$

$$v_3 = \frac{1}{1.2}\frac{x^3}{3} - \left(\frac{1}{1.2} + \frac{1}{2.3} + \frac{1}{3.4}\right)\frac{x^4}{4} + \dots,$$

. . . .

$$v_p = \frac{1}{1.2 \dots (p-1)} \frac{x^p}{p} - \dots + (-1)^i a_{ip} \frac{x^{p+i}}{p+i} + \dots,$$

. . . .

a_{ip} est la somme des produits différents obtenus en prenant $p - 1$

facteurs distincts parmi les nombres

$$\frac{1}{1}, \quad \frac{1}{2}, \quad \frac{1}{3}, \ldots, \quad \frac{1}{p+i-1}.$$

Toutes les séries $v_1, v_2, \ldots, v_p, \ldots$ sont convergentes tant que l'on a $|x| < 1$. Mais, d'un autre côté, on a (§ 94)

$$(1+x)^m = 1 + m\frac{\log(1+x)}{1} + m^2\frac{[\log(1+x)]^2}{1.2} + \ldots$$
$$+ m^p\frac{[\log(1+x)]^p}{1.2\ldots p} + \ldots$$

Les deux séries procédant suivant les puissances entières et positives de m doivent être identiques terme à terme; on a donc, pour $|x| < 1$,

$$\log(1+x) = \frac{x}{1} - \frac{x^2}{2} + \frac{x^3}{3} - \ldots$$
$$\frac{[\log(1+x)]^2}{2} = \frac{x^2}{2} - \left(1+\frac{1}{2}\right)\frac{x^3}{3} + \left(1+\frac{1}{2}+\frac{1}{3}\right)\frac{x^4}{4} - \ldots$$

....

117. Je vais maintenant donner des applications du théorème du paragraphe 111 pour lesquelles les termes de la série transformée sont des séries indéfinies procédant suivant les puissances entières et positives de la variable.

Reprenons la formule

$$\frac{\operatorname{tg} x}{2x} = \sum_{k=0}^{k=\infty} \frac{1}{(2k+1)^2\dfrac{\pi^2}{4} - x^2}$$

établie au paragraphe 99.

Cette série est convergente, en particulier, pour les valeurs de x^2 plus petites que $\frac{\pi^2}{4}$; mais pour ces mêmes valeurs de x^2, on a, en désignant par n un nombre impair quelconque,

$$\frac{1}{n^2\dfrac{\pi^2}{4} - x^2} = \left(\frac{2}{n\pi}\right)^2 + \left(\frac{2}{n\pi}\right)^4 x^2 + \left(\frac{2}{n\pi}\right)^6 x^4 + \ldots$$
$$+ \left(\frac{2}{n\pi}\right)^{2p+2} x^{2p} + \ldots$$

Si l'on désigne par a un nombre positif quelconque $< \frac{\pi}{2}$, la transformation du paragraphe 111 sera légitime tant que l'on aura $| x | \leqq a$, c'est à dire $| x | < \frac{\pi}{2}$ et l'on pourra, dans ces conditions, écrire

$$(1) \qquad \frac{\operatorname{tg} x}{2x} = A_0 + A_1 x^2 + \ldots + A_p x^{2p} \ldots$$

en faisant

$$A_p = \frac{2^{2p+2}}{\pi^{2p+2}} \left[\frac{1}{1^{2p+2}} + \frac{1}{3^{2p+2}} + \frac{1}{5^{2p+2}} + \ldots \right];$$

si l'on désigne en général par S_r la somme de la série, convergente pour $r > 1$,

$$S_r = \frac{1}{1^r} + \frac{1}{2^r} + \frac{1}{3^r} + \ldots,$$

on a (§ 59)

$$\frac{1}{1^{2p+2}} + \frac{1}{3^{2p+2}} + \frac{1}{5^{2p+2}} + \ldots = S_{2p+2} \left(1 - \frac{1}{2^{2p+2}}\right),$$

et par conséquent

$$A_p = \frac{(2^{2p+2} - 1)}{\pi^{2p+2}} S_{2p+2}.$$

On désigne sous le nom de nombres de Bernoulli, les nombres B définis par l'équation

$$B_n = \frac{1.2.3 \ldots 2n}{2^{2n-1} \pi^{2n}} S_{2n};$$

on a par conséquent

$$A_p = \frac{2^{2p+1} (2^{2p+2} - 1)}{1.2.3 \ldots (2p+2)} B_{p+1},$$

et

$$\frac{\operatorname{tg} x}{2x} = \frac{2 (2^2 - 1)}{1.2} B_1 + \frac{2^3 (2^4 - 1)}{1.2.3.4} B_2 x^2 + \ldots$$
$$+ \frac{2^{2p+1} (2^{2p+2} - 1)}{1.2.3 \ldots (2p+2)} B_{p+1} x^{2p} + \ldots$$

La définition qu'on a donnée plus haut des nombres de Bernoulli cache leur propriété d'être des nombres rationnels; mais cette propriété apparaît bien facilement comme il suit.

La série (1) ou (2) est absolument convergente tant que l'on a $|x| < \frac{\pi}{2}$; si on la multiplie par la série

$$\cos x = 1 - \frac{x^2}{1.2} + \frac{x^4}{1.2.3.4} - \ldots,$$

on devra retrouver la série

$$\frac{\sin x}{2x} = \frac{1}{2}\frac{1}{1} - \frac{1}{2}\frac{x^2}{1.2.3} + \frac{1}{2}\frac{x^4}{1.2.3.4.5} - \ldots;$$

en égalant les coefficients des diverses puissances de x, on obtient une infinité d'équations du premier degré qui permettent de calculer de proche en proche les quantités $A_0, A_1, A_2, \ldots$, et dont voici les premières :

$$A_0 = \frac{1}{2},$$

$$A_1 - \frac{1}{1.2}A_0 = -\frac{1}{2.1.2.3},$$

$$\cdots\cdots\cdots\cdots\cdots\cdots$$

$$A_p - \frac{1}{1.2}A_{p-1} + \frac{1}{1.2.3.4}A_{p-2} - \ldots + (-1)^p \frac{A_0}{1.2.3\ldots 2p} = \frac{(-1)^p}{2.1.2.3\ldots(2p+1)};$$

ces équations montrent bien que les nombres A, et par conséquent les nombres B, sont rationnels; on trouve ainsi

$$A_0 = \frac{1}{2}, \quad A_1 = \frac{1}{6}, \quad A_2 = \frac{1}{15}, \quad A_3 = \frac{17}{630},$$

$$A_4 = \frac{31}{2\,835}, \quad A_5 = \frac{691}{155\,925}, \quad A_6 = \frac{10\,922}{6\,081\,075},$$

et

$$B_1 = \frac{1}{6}, \quad B_2 = \frac{1}{30}, \quad B_3 = \frac{1}{42}, \quad B_4 = \frac{1}{30},$$

$$B_5 = \frac{5}{66}, \quad B_6 = \frac{691}{2\,730}, \quad B_7 = \frac{7}{6}, \ldots$$

Les nombres de Bernoulli qui viennent ensuite sont

$$B_8 = \frac{3\,617}{510}, \quad B_9 = \frac{43\,867}{798}, \quad B_{10} = \frac{174\,611}{330},$$
$$B_{11} = \frac{854\,513}{138}, \quad B_{12} = \frac{236\,364\,091}{2\,730}, \ldots \text{ [1]}.$$

Le développement de $\operatorname{tg} x$ en série se présente sous une forme un peu plus simple, si l'on pose

$$a_{2p+1} = 2.1.2.3\ldots(2p+1)\,A_p = \frac{2^{2p+1}(2^{2p+2}-1)}{p+1} B_{p+1};$$

les formules qui ont permis de calculer de proche en proche les quantités A donnent alors

$$a_1 = 1,$$
$$\ldots\ldots$$
$$a_3 - 2a_1 = -1,$$
$$\ldots\ldots\ldots\ldots$$
$$a_{2n+1} - \frac{(2n+1)2n}{1.2} a_{2n-1} + \frac{(2n+1)2n(2n-1)(2n-2)}{1.2.3.4} a_{2n-3}$$
$$+ \ldots + (-1)^n \frac{2n+1}{1} a_1 = (-1)^n;$$

elles montrent que les nombres a sont entiers.

La formule

$$\frac{1}{\cos x} = \pi \sum_{m=0}^{m=\infty} \frac{(2m+1)(-1)^m}{(2m+1)^2 \dfrac{\pi^2}{4} - x^2}$$

---

(1) Les nombres de Bernoulli s'introduisent dans de nombreuses questions d'analyse et jouissent de curieuses propriétés arithmétiques parmi lesquelles je citerai la suivante, découverte en même temps par v. Staudt et Clausen. On a

$$(-1)^{n-1} B_n = E_n - \frac{1}{2} - \frac{1}{\alpha} - \frac{1}{\beta} - \ldots - \frac{1}{\lambda},$$

en désignant par E_n un nombre entier positif ou négatif et par $2, \alpha, \beta, \ldots, \lambda$ les nombres premiers qui, diminués d'une unité, divisent $2n$.

On doit à M. Kummer la proposition suivante (*Journal de Crelle*, t. XL, p. 130) : L'équation de Fermat $x^\lambda + y^\lambda = z^\lambda$ ne peut pas être résolue en nombres entiers si λ est un nombre premier impair qui ne figure pas en facteur dans les numérateurs des $\frac{1}{2}(\lambda - 3)$ premiers nombres de Bernoulli; parmi les nombres premiers inférieurs à 50, il n'y a que le nombre 37 pour lequel le théorème de Fermat ne se trouve pas démontré par la proposition de M. Kummer.

met de même en évidence la possibilité de développer $\frac{1}{\cos x}$ en une série procédant suivant les puissances entières et positives de x, convergente tant que l'on aura

$$|x| < \frac{\pi}{2}.$$

Si l'on pose

$$\frac{1}{\cos x} = a_0 + \frac{a_2}{1.2}x^2 + \ldots + \frac{a_{2n}}{1.2.3\ldots 2n}x^{2n} + \ldots;$$

on aura pour déterminer les quantités $a_0, a_2, \ldots, a_{2n}, \ldots$ la formule

$$a_{2n} = 2\left(\frac{2}{\pi}\right)^{2n+1} 1.2.3\ldots 2n\,\Sigma_{2n+1},$$

où

$$\Sigma_{2n+1} = \frac{1}{1^{2n+1}} - \frac{1}{3^{2n+1}} + \frac{1}{5^{2n+1}} - \frac{1}{7^{2n+1}} + \ldots \text{ (1)},$$

et les équations

$$a_0 = 1,$$
$$a_2 - a_0 = 0,$$
$$\ldots\ldots\ldots\ldots$$
$$a_{2n} - \frac{2n(2n-1)}{1.2}a_{2n-2} + \frac{2n(2n-1)(2n-2)2n-3)}{1.2.3.4}a_{2n-4} + \ldots + (-1)^n a_0 = 0,$$

qui montrent que les nombres a sont entiers (2).

J'ajoute à ces développements le suivant que le lecteur établira sans peine et qui est dû à M. D. André :

$$\operatorname{tg}\left(\frac{\pi}{4} + \frac{x}{2}\right) = a_0 + a_1\frac{x}{2} + a_2\frac{x^2}{1.2} + \ldots + a_n\frac{x^n}{1.2.3\ldots n} + \ldots;$$

les développements de $\operatorname{tg} x$ et de $\frac{1}{\cos x}$ s'en déduiraient immédiatement.

---

(1) Euler, *Introductio*, etc., § 175.

(2) Les nombres a_{2p+1}, a_{2n} ont été considérés par M. Catalan (*Mémoires de l'Académie royale de Belgique*, t. XLVII, 1877) et par M. D. André (*Journal de Liouville*, série III, t. VII), qui en a donné une curieuse définition combinatoire.

Si l'on cherchait, en supposant possible le développement de $\frac{\operatorname{th} x}{2x}$, à réaliser ce développement, on poserait

$$\frac{\operatorname{th} x}{2x} = \frac{\operatorname{sh} x}{2x \operatorname{ch} x} = A'_0 + A'_1 x^2 + \ldots + A'_p x^{2p} + \ldots;$$

les termes de degré impair n'ont pas été écrits parce que le premier membre ne change pas quand on y remplace x par $-x$; puis l'on égalerait, terme par terme, la série obtenue en multipliant la série qui figure dans le dernier membre par la série

$$\operatorname{ch} x = 1 + \frac{x^2}{1.2} + \frac{x^4}{1.2.3.4} + \ldots$$

à la série

$$\frac{\operatorname{sh} x}{2x} = \frac{1}{2}\frac{1}{1} + \frac{1}{2}\frac{x^2}{1.2.3} + \frac{1}{2}\frac{x^4}{1.2.3.4} + \ldots;$$

on obtiendrait ainsi une infinité d'équations qui permettraient de calculer de proche en proche les coefficients A'; il suffit de comparer ces équations à celles qui nous ont permis de déterminer les coefficients A pour s'assurer qu'on les vérifie toutes en prenant

$$A'_p = (-1)^p A_p;$$

le développement

$$A_0 - A_1 x^2 + A_2 x^4 + \ldots + (-1)^p A_p x^{2p} + \ldots,$$

auquel on parvient ainsi, est bien égal à $\frac{\operatorname{th} x}{2x}$, tant que l'on a $|x| < \frac{\pi}{2}$. Dans cette condition, en effet, il est absolument convergent et son produit par $\operatorname{ch} x$ est égal à $\frac{\operatorname{sh} x}{2x}$.

Relativement à la dernière série obtenue, il peut être utile de remarquer qu'on déduit sans peine de la première expression donnée pour A_p, l'inégalité

$$A_{p+1}\left(\frac{\pi}{2}\right)^2 < A_p,$$

en sorte que, dans cette série, les valeurs absolues des termes vont en diminuant constamment, tant que l'on a $|x| < \frac{\pi}{2}$.

De l'égalité

$$\frac{\operatorname{th} x}{2x} = A_0 - A_1 x^2 + A_2 x^4 - \dots,$$

on peut déduire, en remontant la chaîne des raisonnements que l'on a descendue pour obtenir le développement de $\frac{\operatorname{tg} x}{2x}$, la formule

$$\frac{e^x - e^{-x}}{e^x + e^{-x}} = 2x \sum_{k=0}^{k=\infty} \frac{1}{(2k+1)^2 \frac{\pi^2}{4} + x^2},$$

qui, à la vérité, ne serait démontrée par cette voie indirecte que pour les valeurs de x moindres que $\frac{\pi}{2}$ en valeur absolue, mais qui subsiste pour toutes les valeurs de x.

On trouvera de la même façon

$$(6) \quad \frac{1}{4x}\left(\frac{1}{x} - \cot x\right) = \frac{B_1}{1.2} + \frac{B_2}{1.2.3.4}(2x)^2 + \dots + \frac{B_{p+1}}{1.2\dots(2p+2)}(2x)^{2p} + \dots,$$

$$(7) \quad \frac{1}{2x}\left(\frac{1}{\sin x} - \frac{1}{x}\right) = \frac{B_1}{1.2}(2-1) + \frac{B_2}{1.2.3.4}(2^3-1)x^2 + \dots + \frac{B_{p+1}}{1.2\dots(2p+2)}(2^{2p+1}-1)x^{2p} + \dots$$

On doit supposer dans ces équations $|x| < \pi$. Au surplus, on transforme les unes dans les autres les formules (2), (6), (7), au moyen des relations

$$\operatorname{tg} x = \cot x - 2 \cot 2x,$$

$$\frac{1}{\sin x} = \cot \frac{x}{2} - \cot x.$$

On a des formules analogues pour les fonctions $\frac{1}{\operatorname{th} x}$, $\frac{1}{\operatorname{sh} x}$; je me contenterai de citer la formule

$$\left[\frac{1}{1-e^{-x}}-\frac{1}{x}-\frac{1}{2}\right]\frac{1}{x}=\frac{B_1}{1.2}-\frac{B_2}{1.2.3.4}x^2+\dots$$
$$+(-1)^p\frac{B_{p+1}}{1.2\dots(2p+2)}x^{2p}+\dots$$

qui est applicable tant que l'on a $|x|<2\pi$.

118. Soient les deux séries

(1) $$f(y)=u_0+u_1y+u_2y^2+\dots,$$

(2) $$\varphi(x)=v_0+v_1x+v_2x^2+\dots,$$

où les coefficients u, v sont des constantes. Supposons que la seconde série soit absolument convergente pour $x=a$, a étant un nombre positif; soit b la somme de la série à termes positifs

(3) $$v'_0+v'_1a+v'_2a^2+\dots,$$

où $v'_0, v'_1, v'_2, \dots$ sont les valeurs absolues de $v_0, v_1, v_2, \dots$; supposons enfin que la série (1) soit absolument convergente pour $y=b$, c'est à dire que la série à termes positifs

(4) $$u'_0+u'_1b+u'_2b^2+\dots,$$

où $u'_0, u'_1, u'_2, \dots$ sont les valeurs absolues des termes $u_0, u_1, u_2, \dots$, soit convergente.

Pour chaque valeur de x telle que l'on ait $|x|\leqq a$, la série (2) sera absolument convergente et aura une somme plus petite que b en valeur absolue; si dans la série (1) on remplace y par cette somme, on aura une série absolument convergente; la somme de cette série peut ainsi être regardée comme une fonction définie de x pour toutes les valeurs de x telles que l'on ait $|x|\leqq a$. Je vais montrer que cette fonction

$$F(x)=f[\varphi(x)]$$

peut être développée en une série qui procède suivant les puissances entières et positives de x et que l'on formera de la façon suivante :

n étant un nombre entier positif quelconque, on peut, en appliquant la règle de la multiplication des séries, mettre $[\varphi(x)]^n$ sous forme d'une série

(5) $$[\varphi(x)]^n=v_{0n}+v_{1n}x+v_{2n}x^2+\dots,$$

qui sera absolument convergente tant que l'on aura $|x| < a$; considérons maintenant la série à double entrée dont le terme général est

$$u_n v_{mn} x^m,$$

les nombres m et n doivent prendre toutes les valeurs 0, 1, 2, ..., en excluant toutefois les combinaisons de $n = 0$ avec toute autre valeur de m que la valeur $m = 0$ et en convenant de prendre $v_{00} = 1$. On va démontrer tout à l'heure que cette série à double entrée est absolument convergente, sous la supposition $|x| < a$; en groupant ensemble les termes où n est le même et ordonnant par rapport aux valeurs croissantes de n, on retrouve évidemment la série

$$u_0 + u_1 \varphi(x) + u_2 [\varphi(x)]^2 + \dots,$$

c'est à dire F (x); en groupant ensemble les termes pour lesquels m est le même et ordonnant par rapport aux valeurs croissantes de m, on obtient la série cherchée

$$F(x) = u_0 + \sum_{n=1}^{n=\infty} u_n v_{0n} + x \sum_{n=1}^{n=\infty} u_n v_{1n} + x^2 \sum_{n=1}^{n=\infty} u_n v_{2n} + \dots$$

Tout revient donc à démontrer la convergence absolue de la série à double entrée; or, si on désigne par x' la valeur absolue de x et que l'on fasse

$$\varphi'(x') = v'_0 + v'_1 x' + v'_2 x'^2 + \dots$$

$$[\varphi'(x')]^n = v'_{0n} + v'_{1n} x' + v'_{2n} x'^2 + \dots,$$

il est clair que la composition de v'_{mn} au moyen des quantités v'_0, v'_1, v'_2, ..., sera la même que la composition de v_{mn} au moyen de v_0, v_1, v_2, ..., en sorte que l'on a certainement

$$|v_{mn}| \leqq v'_{mn}.$$

Si maintenant on considère la série à double entrée, dont le terme général, essentiellement positif, est

$$u'_n v'_{mn} x'^m,$$

cette série est convergente puisque, en groupant ensemble les termes pour lesquels n est le même, on retrouve la série

$$u'_0 + u'_1\, \varphi'(x') + u'_2\, [\varphi'(x')]^2 + \ldots,$$

laquelle est convergente, à cause de la convergence de la série (4), où le nombre positif b est plus grand que le nombre positif $\varphi'(x')$.

Comme on a d'ailleurs

$$|\, u_n\, v_{nn}\, x^m \,| \leqq u'_n\, v'_{mn}\, x'^m,$$

la convergence absolue de la série à double entrée dont le terme général est

$$u_n\, v_{mn}\, x^m$$

est évidente.

Si la série (1) est convergente quel que soit y, la série qui donne F(x) sera certainement convergente pour toutes les valeurs de x telles que l'on ait $|\, x \,| < a$; la convergence peut d'ailleurs s'étendre plus loin, comme le lecteur pourra s'en convaincre en prenant

$$f(y) = 1 + \frac{y}{1} + \frac{y^2}{1.2} + \ldots \qquad = e^y,$$

$$\varphi(x) = \frac{x}{1} - \frac{x^2}{2} + \frac{x^3}{3} - \ldots \qquad = \log(1 + x);$$

on ne pourra manquer de trouver

$$\mathrm{F}(x) = 1 + x,$$

et la série limitée qui figure dans le second membre est convergente quel que soit x.

La proposition démontrée dans ce paragraphe sert surtout à assurer la possibilité de certains développements en série.

Par exemple, l'expression

$$(1 + x)^{\frac{1}{x}}$$

définit une fonction de x tant que l'on a $|\, x \,| < 1$: dans ces mêmes limites, elle peut être représentée par une série; en effet, on a

$$(1 + x)^{\frac{1}{x}} = e^{\frac{1}{x}\log(1+x)} = e^{1 - \frac{x}{2} + \frac{x^2}{3} - \frac{x^3}{4} + \ldots};$$

la série qui figure en exposant est absolument convergente tant que l'on a $|x| < 1$; on peut donc développer $(1 + x)^{\frac{1}{x}}$ suivant les puissances entières et positives de x, tant que l'on a $|x| < 1$: on obtient

$$(1 + x)^{\frac{1}{x}} = e\left(1 - \frac{1}{2}x + \frac{11}{24}x^2 - \frac{7}{16}x^3 + \ldots\right),$$

par la multiplication des séries qui représentent $e^{-\frac{x}{2}}, e^{+\frac{x^2}{3}}, e^{-\frac{x^3}{4}}, \ldots$: c'est là un mode de calcul qui sera légitimé plus tard (§ 122).

119. De même qu'on a considéré des séries dont les termes étaient des fonctions d'une variable x, de même on peut considérer des produits infinis dans lesquels les facteurs sont des fonctions d'une variable.

Soit

$$u_1, \quad u_2, \ldots, \quad u_n, \ldots$$

une suite infinie de fonctions de x définies dans l'intervalle (a, b); considérons le produit infini

$$\prod_{n=1}^{n=\infty}(1 + u_n) = (1 + u_1)(1 + u_2)\ldots(1 + u_n)\ldots$$

Si ce produit est convergent pour chaque valeur de x, appartenant à l'intervalle (a, b), on dira qu'il est convergent dans l'intervalle (a, b). S'il en est ainsi et si à chaque nombre positif ε correspond un nombre entier positif p tel que sous la condition $q \geqq p$ on ait

$$\left|\prod_{n=1}^{n=\infty}(1 + u_n) - \prod_{n=1}^{n=q}(1 + u_n)\right| < \varepsilon,$$

et cela quelle que soit la valeur de x appartenant à l'intervalle (a, b), on dira que le produit infini converge uniformément dans l'intervalle (a, b).

Si un produit infini converge uniformément dans un intervalle (a, b) et si ses facteurs sont des fonctions continues dans cet intervalle, il définit une fonction continue dans cet intervalle.

Si la série

$$u_1 + u_2 + u_3 + \ldots$$

est absolument convergente dans l'intervalle (a, b), on dira que le produit infini

$$\prod_{n=1}^{n=\infty}(1+u_n)$$

est absolument convergent dans cet intervalle, sa valeur ne dépendra pas alors de l'ordre de ses facteurs et ne pourra être nulle que si l'un de ses facteurs est nul.

Les produits infinis qui sont à la fois uniformément et absolument convergents dans un intervalle (a, b) sont évidemment ceux dont la considération fournira le plus de renseignements sur les fonctions qu'ils représentent.

S'il existe en particulier une suite infinie de nombres positifs $g_1, g_2, \ldots, g_n, \ldots$ tels que la série

$$g_1+g_2+\ldots+g_n+\ldots$$

soit convergente, et tels que l'on ait, pour chaque valeur de x appartenant à l'intervalle (a, b),

$$|u_1|<g_1, \quad |u_2|<g_2, \ldots, \quad |u_n|<g_n, \ldots;$$

le produit infini

$$\prod_{n=1}^{n=\infty}(1+u_n)$$

sera uniformément et absolument convergent dans l'intervalle (a, b); si, en outre dans ce même intervalle, les fonctions $u_1, u_2, \ldots$ sont continues, le produit infini définira une fonction continue dans ce même intervalle.

Toutes ces propositions ou sont des conséquences immédiates des théorèmes qui concernent les produits infinis, ou s'établissent comme les théorèmes analogues relatifs aux séries dont les termes sont des fonctions d'une variable; je me contenterai, sans insister davantage sur les démonstrations, de signaler quelques applications.

120. En vertu de la convergence de la série

$$\frac{1}{1^2}+\frac{1}{2^2}+\frac{1}{3^2}+\ldots$$

le produit infini

$$(1) \qquad \psi(x)=x\prod_{n=1}^{n=\infty}\left(1-\frac{x^2}{n^2}\right)=x\left(1-\frac{x^2}{1^2}\right)\left(1-\frac{x^2}{2^2}\right)\ldots$$

est absolument et uniformément convergent dans tout intervalle; il définit une fonction continue dans tout intervalle, impaire, s'annulant pour $x = 0, \pm 1, \pm 2, \ldots$ et seulement pour ces valeurs de x; une autre propriété de cette fonction apparaît facilement sur cette forme, à savoir la périodicité de la fonction $\psi(x)$. La démonstration est toute pareille à celle du paragraphe 100.

On verra de la même façon que le produit infini, convergent dans tout intervalle,

$$\varphi(x) = \prod_{m=0}^{m=\infty}\left(1 - \frac{x^2}{\left(m+\frac{1}{2}\right)^2}\right)$$
$$= \left(1 - \frac{4x^2}{1^2}\right)\left(1 - \frac{4x^2}{3^2}\right)\left(1 - \frac{4x^2}{5^2}\right)\cdots$$

définit une fonction continue dans tout intervalle et jouissant de la propriété

$$\varphi(x+1) = -\varphi(x).$$

121. Les fonctions $\varphi(x)$ et $\psi(x)$ qu'on a introduites au paragraphe précédent ne sont autre chose que les fonctions $\frac{\sin \pi x}{\pi}$, $\cos \pi x$, ainsi qu'on va le démontrer en appliquant la même méthode qu'aux paragraphes 92, 96 et 99.

Les fonctions $\dfrac{\cos x}{\cos^m \frac{x}{m}}$, $\dfrac{\sin x}{\sin^m \frac{x}{m}}$ sont des polynômes entiers en $\operatorname{tg}\frac{x}{m}$; les principes de la trigonométrie fournissent sans peine les racines de ces polynômes et la formule de décomposition d'un polynôme en facteurs binômes donne ensuite les équations

$$(1)\quad \frac{\cos x}{\cos^m \frac{x}{m}} = \left(1 - \frac{\operatorname{tg}^2 \frac{x}{m}}{\operatorname{tg}^2 \frac{\pi}{2m}}\right)\left(1 - \frac{\operatorname{tg}^2 \frac{x}{m}}{\operatorname{tg}^2 \frac{3\pi}{2m}}\right)\cdots\left(1 - \frac{\operatorname{tg}^2 \frac{x}{m}}{\operatorname{tg}^2 \frac{(2r+1)\pi}{2m}}\right),$$

$$(2)\quad \frac{\sin x}{\cos^m \frac{x}{m}} = m \operatorname{tg}\frac{x}{m}\left(1 - \frac{\operatorname{tg}^2 \frac{x}{m}}{\operatorname{tg}^2 \frac{\pi}{m}}\right)\left(1 - \frac{\operatorname{tg}^2 \frac{x}{m}}{\operatorname{tg}^2 \frac{2\pi}{m}}\right)\cdots\left(1 - \frac{\operatorname{tg}^2 \frac{x}{m}}{\operatorname{tg}^2 \frac{s\pi}{m}}\right).$$

Dans la première formule $2r+1$ est égal à $m-1$ ou à $m-2$, selon que m est pair ou impair; dans la deuxième s est égal à $\frac{m-1}{2}$ ou à $\frac{m-2}{2}$, selon que m est impair ou pair.

Occupons-nous de la première équation : faisons-y croître m indéfiniment par valeurs entières et positives, et comparons le second membre au produit infini

$$(3)\qquad \prod_{n=0}^{n=\infty}\left[1-\frac{x^2}{(2n+1)^2\frac{\pi^2}{4}}\right] = \left(1-\frac{x^2}{\frac{\pi^2}{4}}\right)\left(1-\frac{x^2}{9\frac{\pi^2}{4}}\right)\left(1-\frac{x^2}{25\frac{\pi^2}{4}}\right)\cdots$$

dont les divers facteurs sont les limites vers lesquelles tendent les facteurs correspondants du second membre de l'équation (1).

Considérons en même temps le produit infini

$$(4)\qquad D=\prod_{n=0}^{n=\infty}\left[1+\frac{K^2}{(2n+1)^2\frac{\pi^2}{4}}\right],$$

où K désigne un nombre quelconque plus grand que $|x|$; à cause de la convergence de ce produit, à chaque nombre positif ε correspond un nombre p tel que, pour ce nombre (ou les nombres plus grands), on ait

$$(5)\qquad \prod_{n=p}^{n=\infty}\left[1+\frac{K^2}{(2n+1)^2\frac{\pi^2}{4}}\right]-1<\varepsilon.$$

On aura *à fortiori,* à cause de $|x|<K$,

$$(6)\qquad \left|\prod_{n=p}^{n=\infty}\left[1-\frac{x^2}{(2n+1)^2\frac{\pi^2}{4}}\right]-1\right|<\varepsilon,$$

car la valeur absolue du résultat obtenu en ne prenant dans le premier membre qu'un nombre limité de facteurs est plus petite que le résultat correspondant obtenu en prenant dans le premier membre de (6) le même nombre de facteurs, comme il devient manifeste en supposant les multiplications effectuées.

De même, dès que m sera assez grand pour que l'inégalité

$$\left| m \operatorname{tg} \frac{x}{m} \right| < \mathrm{K} \tag{7}$$

soit vérifiée, on aura

$$\left| \prod_{n=p}^{n=r} \left[1 - \frac{\left(m \operatorname{tg} \frac{x}{m}\right)^2}{\left(m \operatorname{tg} \frac{2n+1}{2m} \pi\right)^2} \right] - 1 \right| < \varepsilon; \tag{8}$$

en effet, puisque r est au plus égal à $\frac{m-2}{2}$, les quantités $\frac{2n+1}{2m}\pi$ sont toutes comprises entre zéro et $\frac{\pi}{2}$; on a donc

$$\operatorname{tg} \frac{(2n+1)\pi}{2m} > \frac{(2n+1)\pi}{2m},$$

inégalité qui, jointe à l'inégalité (7), donne

$$\left| \frac{m \operatorname{tg} \frac{x}{m}}{m \operatorname{tg} \frac{(2n+1)\pi}{2m}} \right| < \frac{\mathrm{K}}{(2n+1)\frac{\pi}{2}}.$$

Ceci posé, désignons par A, B, C les produits respectifs des p premiers facteurs du second membre de l'équation (1), du produit infini (3) et du produit infini (4), par A′, B′ les produits respectifs des facteurs qui complètent soit le second membre de l'équation (1), soit le produit infini (3) : supposons p déterminé de façon que les inégalités (6) et (8) soient vérifiées, on pourra en conclure

$$\mathrm{A}' = 1 + \varepsilon',$$
$$\mathrm{B}' = 1 + \eta',$$

ε' et η' étant des quantités dont la valeur absolue soit inférieure à ε.

Il s'agit de montrer que la quantité

$$(9)\qquad \begin{cases} |\,AA' - BB'\,| = |\,A(1+\varepsilon') - B(1+\eta')\,| \\ \qquad\qquad \leqq |\,A - B\,| + |\,\varepsilon' A\,| + |\,\eta' B\,| \end{cases}$$

reste au-dessous de telle limite que l'on voudra fixer lorsqu'on prend m suffisamment grand.

Or, si l'on détermine un entier positif n assez grand pour que, sous la condition $m > n$, on ait

$$(7)\qquad \left|\, m \operatorname{tg} \frac{x}{m} \,\right| < K$$

et

$$|\,A - B\,| < \varepsilon,$$

on aura, à cause de l'inégalité (7),

$$|\,A\,| < C, \qquad |\,B\,| < C,$$

puis, à cause de l'inégalité (9), et en remarquant que C est plus petit que D,

$$|\,AA' - BB'\,| < (2D + 1)\,\varepsilon.$$

En d'autres termes, sous la condition $m > n$, la différence

$$\frac{\cos x}{\cos^m \dfrac{x}{m}} - \prod_{n=1}^{n=\infty} \left[1 - \frac{x^2}{(2n+1)^2 \dfrac{\pi^2}{4}} \right]$$

est en valeur absolue moindre que $(2D + 1)\,\varepsilon$; puisque D est fixe, que ε est arbitraire et que, enfin, $\cos^m \dfrac{x}{m}$ a pour limite l'unité quand m augmente indéfiniment, il est clair que l'on a

$$(11)\qquad \cos x = \prod_{n=1}^{n=\infty} \left[1 - \frac{x^2}{(2n+1)^2 \dfrac{\pi^2}{4}} \right];$$

on aura de même

$$(12)\qquad \sin x = x \prod_{n=1}^{n=\infty} \left[1 - \frac{x^2}{n^2 \pi^2} \right] \text{ (1)}.$$

---

(1) Ces formules sont dues à Euler : *Introductio*, etc., § 158. Euler les déduit des formules

122. Soit

$$(1) \qquad \prod_{n=1}^{n=\infty}(1+u_n) = (1+u_1)(1+u_2)\ldots(1+u_n)\ldots$$

un produit infini dans lequel les quantités $u_1, u_2, \ldots, u_n, \ldots$ soient des fonctions de x développables en séries suivant les puissances entières et positives de x, en sorte que l'on ait, pour $n = 1, 2, 3, \ldots,$

$$(2) \qquad u_n = v_{0n} + v_{1n}x + v_{2n}x^2 + \ldots;$$

et supposons que, a étant un nombre positif, les séries (2) soient, pour $x = a$, absolument convergentes, soit en général

$$(3) \qquad u'_n = v'_{0n} + v'_{1n}a + v'_{2n}a^2 + \ldots, \qquad (n = 1, 2, 3, \ldots)$$

en désignant par $v'_{0n}, v'_{1n}, v'_{2n}, \ldots$ les valeurs absolues de $v_{0n}, v_{1n}, v_{2n}, \ldots$; si la série à termes positifs

$$(4) \qquad u'_1 + u'_2 + \ldots + u'_n + \ldots$$

est convergente, il est clair que le produit infini (1) définira une fonction $f(x)$ continue dans l'intervalle $(-a, +a)$; je vais montrer que cette fonction peut être représentée par une série, convergente

---

analogues pour ch x et sh x qu'il établit par l'analyse suivante : l'identité

$$\frac{z^{2m}-1}{z^2-1} = \prod_{n=1}^{n=m-1}\left(1 - 2z\cos\frac{n\pi}{m} + z^2\right) = m\prod_{n=1}^{n=m-1}\left[\frac{1+z^2-2z\cos\frac{n\pi}{m}}{2-2\cos\frac{n\pi}{m}}\right]$$

donne après un calcul facile, en remplaçant z par $1+\frac{x}{m}$,

$$\left(1+\frac{x}{m}\right)^m - \left(1+\frac{x}{m}\right)^{-m} = \frac{2x+\frac{x^2}{m}}{1+\frac{x}{m}}\prod_{n=1}^{n=m-1}\left[1+\frac{x^2}{\left(1+\frac{x}{m}\right)\left(2m\sin\frac{n\pi}{m}\right)^2}\right];$$

en faisant ensuite croître m indéfiniment et remplaçant chaque terme par sa limite, on trouve

$$\frac{e^x - e^{-x}}{2} = \operatorname{sh} x = x\prod_{n=1}^{n=\infty}\left(1+\frac{x^2}{n^2\pi^2}\right);$$

ch x s'obtient de la même façon ; il serait facile de rendre cette analyse aussi rigoureuse que celle qui a été développée dans le texte.

dans le même intervalle, qui procède suivant les puissances entières et positives de x.

Désignons en effet par

$$V_{0n} + V_{1n}x + V_{2n}x^2 + \dots \tag{5}$$

la série obtenue en multipliant les n premiers facteurs du produit (1) d'après la règle ordinaire de la multiplication des séries, et par

$$V'_{0n} + V'_{1n}a + V'_{2n}a^2 + \dots \tag{6}$$

la série obtenue de même en multipliant les n facteurs $1 + u'_1$, $1 + u'_2$, ..., $1 + u'_n$; la composition des quantités V'_{0n}, V'_{1n}, V'_{2n}, ... au moyen des quantités v'_{ij} est la même que celle des quantités V_{0n}, V_{1n}, V_{2n}, ... au moyen des quantités v_{ij}; en sorte que l'on a, quels que soient les entiers positifs p, q,

$$V'_{pq} \geqq |V_{pq}|;$$

la somme de la série (6) est d'ailleurs supérieure ou égale à celle de la série (5) tant que x appartient à l'intervalle $(-a, a)$; soient d'ailleurs A et B deux nombres positifs, l'un supérieur, l'autre inférieur à la valeur du produit

$$P = \prod_{n=1}^{n=\infty} (1 + u'_n);$$

la somme de la série (6) est inférieure à P, il en est de même des quantités V'_{0n}, $V'_{1n}a$, ..., $V'_{pn}a^p$, ...; considérons par exemple V'_{pn} et supposons qu'en conservant le premier indice p, on fasse croître n; il est clair que les quantités V'_{pn} iront en grandissant avec n; puisqu'elles restent inférieures à $\frac{A}{a^p}$, la suite

$$V'_{p1}, \quad V'_{p2}, \dots, \quad V'_{pn}, \dots$$

admet une limite que je désigne par V'_p; de même, quand n grandit indéfiniment, la quantité

$$V'_{0n} + V'_{1n}a + \dots + V'_{pn}a^p,$$

toujours inférieure à A, tend vers la limite

$$V'_0 + V'_1 a + \dots + V'_p a^p$$

qui est elle-même au plus égale à A, quelque grand que soit p; la série

(7) $$V'_0 + V'_1 a + \ldots + V'_p a^p + \ldots$$

est donc convergente et sa somme est au plus égale à A.

D'un autre côté, on peut prendre n assez grand pour que le produit des n premiers facteurs du produit infini P, c'est à dire la somme de la série (6), soit supérieur à B; il en sera de même, *à fortiori,* de la somme de la série (7): cette dernière somme devant être comprise entre A et B est nécessairement égale à P.

De ce que, p restant fixe et n croissant indéfiniment, V'_{pn} tend vers une limite, il résulte que, dans les mêmes conditions, V_{pn} tend vers une limite; cela résulte, au fond, de ce qu'une série convergente à termes positifs reste convergente quand on change le signe d'autant de termes que l'on veut; mais on peut se dispenser de porter l'attention sur la composition, quelque peu compliquée, de la série en question en raisonnant comme il suit : soient m, n deux nombres entiers positifs et supposons $m > n$; si l'on imagine les quantités V'_{pm}, V'_{pn} écrites sous forme de polynômes entiers par rapport aux quantités positives v'_{ij}, on voit de suite que tous les termes qui figurent dans V'_{pn} figurent aussi dans V'_{pm}; en sorte que la différence $V'_{pm} - V'_{pn}$ se compose de termes essentiellement positifs; d'ailleurs la différence $V_{pm} - V_{pn}$ se compose des mêmes termes, pris les uns positivement, les autres négativement, en sorte que l'on a

$$| V_{pm} - V_{pn} | \leqq V'_{pm} - V'_{pn};$$

or, ε étant un nombre positif quelconque, il existe un entier positif q tel que, sous la condition

$$m > n > q,$$

la différence $V'_{pm} - V'_{pn}$ soit moindre que ε; il en est de même de la différence $V_{pm} - V_{pn}$; lors donc que n augmente indéfiniment, V_{pn} tend vers une limite et si on la désigne par V_p, on aura

$$| V_p | \leqq V'_p.$$

Puisque la série (7) est convergente, la série

(8) $$V_0 + V_1 x + V_2 x^2 + \ldots$$

est absolument convergente pour toutes les valeurs de x qui appartiennent à l'intervalle $(-a, a)$.

Ceci posé, il reste à prouver que, si l'on considère une valeur fixe quelconque de x appartenant à cet intervalle, la somme $S(x)$ de la série (8) est égale à la valeur $f(x)$ du produit infini $\prod_{n=1}^{n=\infty}(1+u_n)$, c'est à dire à la limite, pour n infini, du produit de ses n premiers facteurs, ou encore à la limite, pour n infini, de la somme $S_n(x)$ de la série

$$(5) \qquad V_{0n} + V_{1n}x + \dots + V_{pn}x^p + \dots$$

dans laquelle les coefficients $V_{0n}, V_{1n}, \dots, V_{pn}, \dots$, ont respectivement pour limites les quantités $V_0, V_1, \dots, V_p, \dots$: désignons par $S^{(p)}$, $S_n^{(p)}$ les sommes des $p+1$ premiers termes des séries (8) et (5), par $R^{(p)}$, $R_n^{(p)}$ leurs restes.

Si l'on se donne arbitrairement un nombre positif ε, il existera, à cause de la convergence de la série à termes positifs,

$$(7) \qquad V_0 + V'_1 a + \dots + V'_p a^p + \dots,$$

un nombre entier positif p tel que le reste de cette série, limitée au terme $V'_p\, a^p$, soit moindre que ε; en vertu des inégalités

$$| V_{pn} | < V'_{pn} < V'_p,$$
$$| V_p | \leqq V'_p, \qquad | x | < a,$$

les restes $R^{(p)}$, $R_n^{(p)}$ des séries (7) et (5) seront *à fortiori* moindres que ε en valeur absolue, et cela quel que soit le nombre n; d'ailleurs puisque $S_n^{(p)}$ a, *pour n infini*, une limite égale à $S^{(p)}$, on peut, au nombre ε, faire correspondre un entier positif m tel que l'on ait, sous la condition $n \geqq m$,

$$| S^{(p)} - S_n^{(p)} | < \varepsilon;$$

dès lors l'égalité

$$S(x) - S_n(x) = S^{(p)} - S_n^{(p)} + R^{(p)} - R_n^{(p)}$$

montre que l'on a

$$| S(x) - S_n(x) | < 3\varepsilon,$$

sous la seule condition $n > m$. La proposition est donc entièrement démontrée.

Considérons par exemple le produit infini

$$\left(1-\frac{x^2}{1^2}\right)\left(1-\frac{x^2}{2^2}\right)\left(1-\frac{x^2}{3^2}\right)\cdots\left(1-\frac{x^2}{n^2}\right)\cdots$$

dont la valeur est, d'après le paragraphe 121, égale à $\frac{\sin \pi x}{\pi x}$; de ce que la série

$$\frac{x^2}{1^2}+\frac{x^2}{2^2}+\frac{x^3}{3^2}+\ldots$$

est convergente quel que soit x, on peut conclure que le produit infini peut être développé, par le procédé du paragraphe précédent, en une série procédant suivant les puissances entières et positives de x^2, convergente quel que soit x; le coefficient de x^2 sera la somme de la série

$$\frac{1}{1^2}+\frac{1}{2^2}+\frac{1}{3^2}+\ldots$$

Comme on a, d'autre part,

$$\frac{\sin \pi x}{\pi x}=\frac{1}{\pi x}\left[\frac{\pi x}{1}-\frac{(\pi x)^3}{1.2.3}+\ldots\right]=1-\frac{\pi^2 x^2}{6}+\ldots,$$

on en conclut

$$\frac{\pi^2}{6}=\frac{1}{1^2}+\frac{1}{2^2}+\frac{1}{3^2}+\ldots$$

c'est l'un des résultats obtenus au paragraphe 117 où l'on a donné l'expression des nombres de Bernoulli, au moyen des séries

$$S_{2p}=\frac{1}{1^{2p}}+\frac{1}{2^{2p}}+\frac{1}{3^{2p}}+\ldots$$

123. Le produit infini

$$(1)\qquad x\left(1-\frac{x^2}{1^2}\right)\left(1-\frac{x^2}{2^2}\right)\cdots\left(1-\frac{x^2}{n^2}\right)\cdots$$

donne lieu à des remarques analogues à celles que l'on a faites (§ 101) à propos des développements des fonctions trigonométriques en séries de fractions. Tout d'abord, ainsi que je l'ai déjà dit, la forme même du produit infini met en évidence la périodicité de la fonction $\sin \pi x$.

La décomposition en facteurs du premier degré donne lieu à la remarque suivante :

Le produit de

$$\left(1-\frac{x}{1}\right)\left(1-\frac{x}{2}\right)\cdots\left(1-\frac{x}{p}\right)$$

par

$$x\left(1+\frac{x}{1}\right)\left(1+\frac{x}{2}\right)\cdots\left(1+\frac{x}{n}\right)$$

a pour limite $\frac{\sin \pi x}{\pi}$ lorsque l'on suppose $p = n$ et que n augmente indéfiniment; il n'en est pas ainsi, comme on le verra bientôt, lorsque les deux nombres n et p augmentent indéfiniment tous les deux indépendamment l'un de l'autre, et cela tient à ce que le produit infini

$$x\left(1+\frac{x}{1}\right)\left(1+\frac{x}{2}\right)\cdots\left(1+\frac{x}{n}\right)\cdots$$

n'est pas convergent.

On peut toutefois substituer à ce produit divergent un autre produit infini, absolument et uniformément convergent, et où figurent les facteurs x, $1+\frac{x}{1}$, $1+\frac{x}{2}$, ...; tel est en effet le produit (¹) :

$$(2)\quad x\prod_{n=1}^{n=\infty}\left(1+\frac{x}{n}\right)e^{-\frac{x}{n}} = x\left[\left(1+\frac{x}{1}\right)e^{-\frac{x}{1}}\right]\left[\left(1+\frac{x}{2}\right)e^{-\frac{x}{2}}\right]\cdots$$

On a en effet

$$\left(1+\frac{x}{n}\right)e^{-\frac{x}{n}} = 1+u_n$$

en posant

$$u_n = -\frac{x^2}{2n^2}+\frac{1}{1}\frac{1}{3}\frac{x^3}{n^3}-\ldots-(-1)^p\frac{1}{1.2\ldots(p-2)}\frac{1}{p}\frac{x^p}{n^p}+\ldots;$$

(¹) L'introduction des facteurs exponentiels dans les produits de ce genre est due à M. Weierstrass; elle lui a permis d'établir un théorème d'une grande généralité. Le mémoire de M. Weierstrass, publié dans les *Abhandlungen* 1876 de l'Académie de Berlin, a été traduit par M. Picard dans les *Ann. de l'École normale* (2ᵉ série, t. VIII, p. 211).

or si l'on pose, en désignant par A un nombre positif plus grand que $|x|$,

$$U_n = \frac{A^2}{2.n^2} + \frac{1}{1}\frac{1}{3}\frac{A^3}{n^3} + \dots + \frac{1}{1.2\dots(p-2)}\frac{1}{p}\frac{A^p}{n^p} + \dots,$$

on voit sans peine que la série à termes positifs

$$U_1 + U_2 + \dots + U_n + \dots$$

est convergente ; car la série à double entrée dont le terme général est

$$\frac{1}{1.2\dots(p-2)}\frac{1}{p}\frac{A^p}{n^p}, \quad \begin{pmatrix} p = 2, 3, 4, \dots \\ n = 1, 2, 3, \dots \end{pmatrix}$$

si l'on réunit ensemble les termes pour lesquels p est le même et si l'on pose

$$S_p = \frac{1}{1^p} + \frac{1}{2^p} + \frac{1}{3^p} + \dots,$$

prend la forme

$$\frac{1}{2}A^2S_2 + \frac{1}{1}\frac{1}{3}A^3S_3 + \dots + \frac{1}{1.2\dots(p-2)}\frac{1}{p}A^pS_p + \dots$$

Or, il suffit de remarquer que les quantités S_p diminuent lorsque p augmente, pour être assuré de la convergence de la dernière série ; la série à double entrée et la série

$$U_1 + U_2 + U_3 + \dots$$

sont donc convergentes.

Il résulte de là que le produit infini (2) est absolument convergent pourvu que l'on ait $|x| < A$, c'est à dire quel que soit x, puisque A est arbitraire, et qu'il peut être mis sous forme d'une série procédant suivant les puissances entières et positives de x, convergente quel que soit x.

124. Désignons par $\varphi(x)$ la valeur de ce produit infini et par $\varphi_n(x)$ le produit de ses $n+1$ premiers facteurs ; on aura

$$1.2.3\dots n\,\varphi_n(x) = x(x+1)(x+2)\dots(x+n)\,e^{-xs_n},$$

en posant

$$s_n = 1 + \frac{1}{2} + \dots + \frac{1}{n};$$

mais on a vu (§ 114) que lorsque n augmentait indéfiniment, la différence $s_n - \log n$ avait pour limite le nombre désigné sous le nom de constante d'Euler,

$$C = 0,577\,215\,6\dots$$

On peut donc, en désignant par ε_n un nombre qui a pour limite zéro quand n augmente indéfiniment, poser

$$s_n = \log n + C + \varepsilon_n,$$

et par suite

$$(3)\quad 1.2.3\dots n\,\varphi_n(x) = x(x+1)(x+2)\dots(x+n)\,e^{-x(\log n + C + \varepsilon_n)}.$$

On déduit de là, en changeant x en $x+1$ et en divisant membre à membre l'équation ainsi obtenue et l'équation (3),

$$\frac{\varphi_n(x+1)}{\varphi_n(x)} = e^{-(\log n + C + \varepsilon_n)} \times \frac{x+n+1}{x}$$
$$= \frac{x+n+1}{nx}\,e^{-C-\varepsilon_n},$$

lorsque n augmente indéfiniment, la limite du second membre est évidemment $\frac{1}{x}e^{-C}$; on a donc

$$(4)\qquad \varphi(x+1) = \frac{1}{x}e^{-C}\varphi(x).$$

Si l'on se reporte à la définition de $\varphi(x)$, on voit de suite que l'on a

$$\frac{\varphi(-x)}{-x} = \prod_{n=1}^{n=\infty}\left(1 - \frac{x}{n}\right)e^{\frac{x}{n}}$$

et l'égalité

$$\frac{\sin \pi x}{\pi x} = \prod_{n=1}^{n=\infty}\left(1 - \frac{x^2}{n^2}\right)$$

donne ensuite

$$(5)\qquad \frac{\sin \pi x}{\pi} = -\frac{\varphi(x)\,\varphi(-x)}{x},$$

ou, puisque l'égalité (4) donne, en changeant x en $-x$,

$$\frac{\varphi(-x)}{-x} = e^{C} \varphi(1-x),$$

(5 bis) $$\frac{\sin \pi x}{\pi} = e^{C} \varphi(x) \varphi(1-x).$$

On a, d'un autre côté,

$$\prod_{n=1}^{n=p} \left(1 + \frac{x}{n}\right) = \frac{1}{x} \varphi_p(x) e^{x s_p},$$

$$\prod_{n=1}^{n=q} \left(1 - \frac{x}{n}\right) = -\frac{1}{x} \varphi_q(-x) e^{-x s_q},$$

et en multipliant :

$$x \prod_{n=1}^{n=p} \left(1 + \frac{x}{n}\right) \times \prod_{n=1}^{n=q} \left(1 - \frac{x}{n}\right) = -\frac{1}{x} \varphi_p(x) \varphi_q(-x) e^{x(s_p - s_q)}.$$

Si l'on fait croître p et q indéfiniment, de façon que le rapport $\frac{p}{q}$ tende vers une limite K, la différence $s_p - s_q$ aura pour limite $\log K$, $\varphi_p(x)$ et $\varphi_q(-x)$ auront pour limites respectives $\varphi(x)$ et $\varphi(-x)$, le second membre aura donc pour limite

$$\frac{K \sin \pi x}{\pi}.$$

125. On a défini, dans le paragraphe précédent, une fonction $\varphi(x)$ qui jouit de la propriété

$$\varphi(x+1) = \frac{1}{x} e^{-C} \varphi(x);$$

il est clair que la fonction

$$\psi(x) = e^{Cx} \varphi(x)$$

jouira de la propriété

$$\psi(x+1) = \frac{1}{x} \psi(x);$$

pour me conformer aux habitudes, je poserai

$$\Pi(x) = \psi(x+1) = e^{C(x+1)} \varphi(x+1) = \frac{e^{Cx} \varphi(x)}{x},$$

on aura alors

$$(1) \qquad \Pi(x+1) = \frac{\Pi(x)}{x+1}.$$

Cette fonction $\Pi(x)$, développable comme la fonction $\varphi(x)$, en une série qui procède suivant les puissances entières et positives de x, convergente quel que soit x (¹), est définie par les égalités suivantes, où l'on a conservé les notations du paragraphe précédent :

$$(2) \qquad \left\{ \begin{aligned} \Pi(x) &= e^{Cx} \prod_{n=1}^{n=\infty} \left[\left(1+\frac{x}{n}\right) e^{-\frac{x}{n}} \right] \\ &= \lim_{n=\infty} . e^{Cx} \frac{\varphi_n(x)}{x} \\ &= \lim_{n=\infty} . \frac{(x+1)(x+2)\ldots(x+n)}{1.2.3\ldots n} e^{-x\log n} \\ &= \prod_{n=1}^{n=\infty} \left[\left(1+\frac{x}{n}\right) e^{-x\log\left(1+\frac{1}{n}\right)} \right]; \end{aligned} \right.$$

la dernière expression se déduit immédiatement de l'avant-dernière, où l'on remplace $\log n$ par $\log(n+1)$ et $\log(n+1)$ par la quantité égale

$$\log\left(1+\frac{1}{n}\right) + \log\left(1+\frac{1}{n-1}\right) + \ldots + \log\left(1+\frac{1}{1}\right).$$

Les formules (2) donnent immédiatement la valeur de la fonction $\Pi(x)$ pour $x = 0$, savoir

$$(3) \qquad \Pi(0) = \lim_{n=\infty} \frac{1.2\ldots n}{1.2\ldots n} = 1;$$

la formule (1) donne ensuite, pour x entier,

$$(4) \qquad \Pi(x) = \frac{1}{1.2.3\ldots x}.$$

La formule (5 *bis*) du paragraphe précédent montre que l'on a

$$(5) \qquad \Pi(x-1)\,\Pi(-x) = \frac{\sin \pi x}{\pi}.$$

(¹) Ce résultat est dû à M. Weierstrass.

Les formules (1) et (5) montrent que, pour avoir la valeur numérique de $\Pi(x)$, il suffit de pouvoir calculer cette valeur numérique dans un intervalle quelconque d'étendue égale à $\frac{1}{2}$. Gauss, à qui l'on doit l'introduction de la fonction $\Pi(x)$, a donné avec vingt décimales les valeurs de $\log \Pi(x)$ pour les valeurs de x comprises entre zéro et un, de centième en centième (*Œuvres*, t. III, p. 184). M. Bourguet (*Acta Mathematica*, t. II, p. 288) a donné avec vingt décimales les vingt premiers coefficients du développement en série de la fonction $\Pi(x-1)$.

Cette dernière fonction est l'inverse d'une fonction célèbre, considérée à un point de vue tout différent par Euler, et que l'on désigne habituellement par $\Gamma(x)$; en vertu des formules (2) et, en remarquant que $e^{-x \log n}$ est égal à n^{-x}, on voit que l'on peut écrire

$$\Gamma(x) = \lim_{n=\infty} \frac{1.2.3\ldots n.n^{x-1}}{x(x+1)\ldots(x+n-1)};$$

aux propriétés de la fonction $\Pi(x)$ correspondent les propriétés suivantes de la fonction $\Gamma(x)$,

$$\Gamma(x+1) = x\,\Gamma(x),$$

$$\Gamma(x)\,\Gamma(1-x) = \frac{\pi}{\sin \pi x}, \qquad \Gamma\left(\frac{1}{2}\right) = \sqrt{\pi},$$

$$\Gamma(1) = 1, \qquad \Gamma(n) = 1.2.3\ldots(n-1) \qquad (n \text{ entier positif}).$$

CHAPITRE V

DES DÉRIVÉES.

126. Lorsqu'on se donne une fonction $f(x)$ continue dans un intervalle (a, b) et que l'on veut connaître la marche de la fonction pour les valeurs de la variable voisines d'un nombre x compris entre a et b, il est naturel de comparer les variations de la fonction à celles de la variable; en d'autres termes, si l'on donne à la variable un accroissement h, d'où résulte pour la fonction un accroissement $f(x+h) - f(x)$, il convient d'étudier le rapport

$$\frac{f(x+h) - f(x)}{h};$$

on suppose, bien entendu, que $x + h$ appartienne comme x à l'intervalle (a, b).

Ce rapport dépend des deux nombres x et h; il n'a point de sens pour $h = 0$; lorsque l'on fait tendre le dénominateur h vers zéro, le numérateur $f(x+h) - f(x)$, à cause de la continuité de la fonction $f(x)$, a aussi pour limite zéro; dans ces conditions il peut arriver que le rapport tende vers une limite; on dit alors que, pour la valeur considérée de x, la fonction admet une *dérivée :* cette dérivée n'est autre que la limite du précédent rapport.

L'existence de la limite suppose évidemment la continuité de la fonction pour la valeur considérée de x; parler d'une fonction qui admet une dérivée, c'est supposer implicitement que cette fonction est continue.

Si l'on se reporte à la définition du mot limite (§ 79), on voit qu'on devra préciser comme il suit la définition de la dérivée.

Soit $f(x)$ une fonction continue dans l'intervalle (a, b); soit x une valeur appartenant à cet intervalle; on dira que, pour cette valeur x, la fonction admet une dérivée s'il existe un nombre X jouissant de la propriété suivante : à chaque nombre positif ε, si petit qu'il soit, correspond un nombre positif η tel que l'on ait

$$(1) \qquad \left| \frac{f(x+h)-f(x)}{h} - X \right| < \varepsilon$$

pour toutes les valeurs de h moindres que η en valeur absolue, et telles que $x+h$ appartienne à l'intervalle (a, b); le nombre X est la valeur de la dérivée de la fonction $f(x)$ pour la valeur x de la variable.

On remarquera que, si x n'est pas une des limites a, b de l'intervalle, et si le nombre X existe, rien n'empêchera de prendre le nombre η assez petit pour que $x+\eta$ et $x-\eta$ appartiennent à l'intervalle (a, b); dès lors l'inégalité (1) devra subsister pour toutes les valeurs de h, autres que zéro, comprises entre $-\eta$ et $+\eta$; on pourra donc dire, dans ce cas, que la fonction $f(x)$ admet, pour la valeur considérée x, une dérivée X si à chaque nombre positif ε correspond un nombre positif η tel que, sous la condition

$$0 < |h| < \eta,$$

on ait

$$\frac{f(x+h)-f(x)}{h} - X < \varepsilon.$$

C'est à cette définition précise qu'il faut toujours se reporter quand on parle d'une fonction admettant une dérivée pour une valeur donnée de x; on sous-entend que la fonction est définie pour cette valeur et pour les valeurs voisines, plus petites ou plus grandes, et qu'elle est continue pour la valeur donnée de x.

Revenons maintenant au cas d'une fonction définie dans un intervalle (a, b); si l'on a $x = a$, h devra être positif; η étant pris moindre que $b-a$, l'inégalité (1) devra subsister pour toutes les valeurs de h comprises entre zéro et η; on dit quelquefois, pour éviter toute ambiguïté que, s'il en est ainsi, la fonction $f(x)$ admet, pour $x = a$, une dérivée *à droite;* l'expression *à droite* vient de l'habitude que l'on a de représenter une valeur de x par un point sur une droite, point dont la distance à un point fixe O de la droite est mesurée par la valeur absolue de x et qui est à droite ou à gauche du point O suivant que x est un nombre positif ou un nombre négatif. De même, si l'on a $x = b$ et si l'on a pris $\eta < b - a$, l'inégalité (1), toujours en admettant l'existence du nombre X correspondant à la valeur $x = b$, devra subsister pour toutes les valeurs de h comprises entre zéro et $-\eta$. On dit alors que, pour $x = b$, la fonction admet une dérivée *à gauche*. Au surplus, ce n'est que dans des cas spéciaux qu'il y a lieu de porter l'attention sur les limites de l'intervalle.

Si la fonction admet une dérivée pour chaque valeur de x appartenant à l'intervalle (a, b), à chacune de ces valeurs correspond une valeur du nombre X précédemment défini; en d'autres termes X peut être regardé comme une fonction de x dans l'intervalle (a, b); c'est cette fonction qu'on désigne sous le nom de fonction dérivée, ou plus simplement de dérivée de la fonction $f(x)$; on la représente habituellement par l'un ou l'autre des symboles

$$f'(x), \quad \frac{df(x)}{dx}, \quad D_x f(x).$$

On dit dans ce cas que la fonction $f(x)$ admet une dérivée dans l'intervalle (a, b).

Il peut se faire que la fonction $f'(x)$ soit continue dans l'intervalle (a, b) ou dans une partie de cet intervalle, et qu'elle y admette elle-même une dérivée; on représentera celle-ci par

$$f''(x), \quad \text{ou} \quad \frac{d^2 f(x)}{dx^2}, \quad \text{ou} \quad D_x^2 f(x).$$

Cette nouvelle fonction prend le nom de dérivée seconde de la fonction proposée $f(x)$; on arrivera de même à la notion des dérivées troisième, quatrième, ..., $n^{\text{ième}}$,

$$f'''(x), \quad f^{\text{IV}}(x), \ldots, \quad f^{(n)}(x),$$

ou

$$\frac{d^3 f(x)}{dx^3}, \quad \frac{d^4 f(x)}{dx^4}, \ldots, \quad \frac{d^n f(x)}{dx^n},$$

ou encore

$$D_x^3 f(x), \quad D_x^4 f(x), \ldots, \quad D_x^n f(x).$$

Rien, dans ce qui précède, n'autorise à supposer que la continuité d'une fonction entraîne l'existence d'une dérivée; et en effet il n'en est pas ainsi [1].

Toutefois les fonctions qui admettent des dérivées présentent un intérêt si prépondérant qu'il n'y a guère lieu, au moins dans l'état actuel de la science, de considérer les autres; je ne m'y arrêterai pas davantage.

127. On a déjà rencontré la notion de dérivée au paragraphe 112; si la série

$$f(x) = u_0 + u_1 x + u_2 x^2 + \dots + u_n x^n + \dots$$

est absolument convergente pour les valeurs de x plus petites, en valeur absolue que le nombre positif a et si x est une telle valeur, on a vu que les séries

$$f'(x) = u_1 + 2u_2 x + \dots + n u_n x^{n-1} + \dots,$$
$$f''(x) = 2u_2 + 2.3\, u_3 x + \dots + (n-1)\, n\, u_n x^{n-2} + \dots$$
$$\dots\dots\dots\dots\dots\dots\dots\dots\dots\dots\dots\dots\dots\dots$$

sont convergentes, qu'il en est de même de la série

$$f(x) + \frac{h}{1} f'(x) + \frac{h^2}{1.2} f''(x) + \dots + \frac{h^n}{1.2\dots n} f^{(n)}(x) + \dots,$$

pour toutes les valeurs de h moindres en valeur absolue que $a - |x|$, que, enfin, la somme de cette dernière série est $f(x+h)$. On en conclut que le rapport $\frac{f(x+h) - f(x)}{h}$, pour les mêmes valeurs de h, est égal à la somme de la série

$$f'(x) + \frac{h}{1.2} f''(x) + \frac{h^2}{1.2.3} f'''(x) + \dots;$$

mais la somme de cette série est une fonction continue de la variable h, pour $h = 0$; cette somme, lorsque h tend vers zéro, a donc pour limite $f'(x)$; $f'(x)$ est bien ainsi la dérivée de $f(x)$, et cette dernière

[1] Voir le mémoire de M. Darboux, *Sur les fonctions discontinues*, p. 92 et suivantes, le livre de M. Dini, *Fondamenti...*, p. 147, un mémoire de M. P. du Bois-Reymond, *Versuch einer Classification der wirkürlichen Functionen reelle Argumente nach ihren Aenderungen in den kleinsten Intervalle* (*Journal de Crelle*, t. 79, p. 29), où se trouve cité un exemple dû à M. Weierstrass, etc.

fonction a une dérivée dans tout intervalle dont les limites sont, en valeur absolue, moindres que a; on voit de même que, dans un tel intervalle, $f''(x)$ est la dérivée de $f'(x)$ ou la dérivée seconde de $f(x)$, etc.

128. Cette règle, appliquée aux séries

$$e^x = 1 + \frac{x}{1} + \frac{x^2}{1.2} + \frac{x^3}{1.2.3} + \dots,$$
$$a^x = 1 + \frac{x \log a}{1} + \frac{x^2 (\log a)^2}{1.2} + \dots,$$
$$\cos x = 1 - \frac{x^2}{1.2} + \frac{x^4}{1.2.3.4} - \dots,$$
$$\sin x = x - \frac{x^3}{1.2.3} + \frac{x^5}{1.2.3.4.5} - \dots,$$
$$\operatorname{ch} x = 1 + \frac{x^2}{1.2} + \frac{x^4}{1.2.3.4} + \dots,$$
$$\operatorname{sh} x = x + \frac{x^3}{1.2.3} + \frac{x^5}{1.2.3.4.5} + \dots,$$

montre que ces diverses fonctions ont des dérivées pour toutes les valeurs de x et que ces dérivées sont respectivement

$$e^x, \quad a^x \log a, \quad -\sin x = \cos\left(x + \frac{\pi}{2}\right), \quad \cos x = \sin\left(x + \frac{\pi}{2}\right),$$
$$\operatorname{sh} x, \quad \operatorname{ch} x;$$

les dérivées $n^{\text{ièmes}}$ des quatre premières sont respectivement

$$e^x, \quad a^x (\log a)^n, \quad \cos\left(x + n\frac{\pi}{2}\right), \quad \sin\left(x + n\frac{\pi}{2}\right),$$

les dérivées $n^{\text{ièmes}}$ de $\operatorname{ch} x$ et $\operatorname{sh} x$ sont $\operatorname{sh} x$ et $\operatorname{ch} x$ si n est impair, $\operatorname{ch} x$ et $\operatorname{sh} x$ si n est pair; les dérivées successives de $\cos x$ et de $\sin x$ se reproduisent périodiquement de quatre en quatre, elles sont respectivement

$$-\sin x, \quad -\cos x, \quad \sin x, \quad \cos x, \dots$$
$$+\cos x, \quad -\sin x, \quad -\cos x, \quad \sin x, \dots$$

129. Si, au lieu d'avoir affaire à une série illimitée comme dans les exemples précédents, on considérait un polynôme entier en x, de degré n,

$$f(x) = u_0 + u_1 x + u_2 x^2 + \dots + u_n x^n,$$

les mêmes calculs qu'on a faits au paragraphe 112, très simplifiés d'ailleurs et débarrassés de toutes les complications qu'entraîne la considération d'un nombre infini de termes, montreraient que, si l'on pose

$$\begin{aligned} f'(x) &= u_1 + 2u_2 x + \dots + n u_n x^{n-1}, \\ f''(x) &= 1.2\, u_2 + 2.3\, u_3 x + \dots + (n-1) n u_n x^{n-2}, \\ &\dots\dots\dots\dots\dots\dots\dots\dots \\ f^n(x) &= 1.2.3 \dots n u_n, \end{aligned}$$

on a

$$f(x+h) = f(x) + \frac{h}{1} f'(x) + \dots + \frac{h}{1.2\dots n} f^n(x);$$

le second membre est un polynôme entier en h et par conséquent une fonction continue de h ; il en résulte, comme précédemment, que $f'(x)$, $f''(x)$, ..., $f^n(x)$ sont les n premières dérivées de $f(x)$; quant à la $n+1^{\text{ième}}$ dérivée, c'est à dire la dérivée de $f^n(x) = 1.2.3 \dots n u_n$, elle est nulle, comme la dérivée de toute constante, puisque l'accroissement d'une constante est nul, ainsi que le rapport de cet accroissement à celui de la variable. Il en est de même évidemment des dérivées suivantes.

En particulier la dérivée de x^n, où n est un entier positif, est $n\,x^{n-1}$; on retrouvera ce résultat tout à l'heure.

130. Considérons encore les fonctions $\log x$ et x^m. Si l'on suppose que x est un nombre positif et que l'on donne à cette variable un accroissement h, la fonction $\log x$ prend un accroissement

$$\log(x+h) - \log x = \log\left(1 + \frac{h}{x}\right),$$

en supposant $|h| < x$, on a (§ 103)

$$\log\left(1 + \frac{h}{x}\right) = \frac{h}{x} - \frac{h^2}{2x^2} + \frac{h^3}{3x^3} - \dots$$

et par conséquent

$$\frac{\log(x+h)-\log x}{h}=\frac{1}{x}-\frac{h}{2x^2}+\frac{h^2}{3x^3}-\ldots;$$

à cause de la continuité pour $h=0$, du second membre regardé comme une fonction de h, on voit que ce second membre, quand h tend vers zéro, a pour limite $\frac{1}{x}$ et que par conséquent la fonction $\log x$ admet pour dérivée $\frac{1}{x}$, pour toutes les valeurs positives de x.

De même l'égalité

$$\frac{(x+h)^m-x^m}{h}=x^m\,\frac{\left(1+\frac{h}{x}\right)^m-1}{h}$$
$$=x^m\left[\frac{m}{1}\frac{1}{x}+\frac{m(m-1)}{1.2}\frac{h}{x^2}+\ldots\right],$$

valable, si x est un nombre positif, pour toutes les valeurs de h telles que l'on ait $|h|<x$, montre que la fonction x^m admet une dérivée pour toutes les valeurs positives de x et que cette dérivée est $m\,x^{m-1}$.

131. On a utilisé, pour ces divers exemples, les développements en série établis dans le chapitre précédent; le lecteur trouvera dans les divers livres qui traitent de la matière d'autres procédés pour trouver les dérivées des fonctions simples que l'on a considérées dans les derniers paragraphes; il démontrera sans peine les propositions suivantes où u, v, w, ... désignent des fonctions de la variable x, en nombre fini, admettant, pour toutes les valeurs de x qui appartiennent à un intervalle (a, b) des dérivées u', v', w', ...

Si A, B, C, ... désignent des constantes, la fonction de x

$$y=\mathrm{A}u+\mathrm{B}v+\mathrm{C}w+\ldots$$

admettra, dans l'intervalle considéré, une dérivée et cette dérivée sera

$$y'=\mathrm{A}u'+\mathrm{B}v'+\mathrm{C}w'+\ldots$$

La fonction

$$y=uv$$

admet, dans le même intervalle, une dérivée, et cette dérivée est

$$y' = u'v + uv'.$$

On peut encore écrire

$$\frac{y'}{y} = \frac{u'}{u} + \frac{v'}{v}.$$

Si l'on désigne sous le nom de dérivée logarithmique d'une fonction le rapport de la dérivée de cette fonction à la fonction elle-même, on peut donc dire que la dérivée logarithmique d'un produit de deux facteurs est égale à la somme des dérivées logarithmiques de ces facteurs; cette proposition s'étend au cas de trois, quatre, ... facteurs : elle est générale.

Par exemple, si l'on suppose

$$y = uvw$$

on aura, en désignant par y' la dérivée de y,

$$\frac{y'}{y} = \frac{u'}{u} + \frac{v'}{v} + \frac{w'}{w},$$

ou

$$y' = u'vw + uv'w + uvw'.$$

Si l'on suppose

$$y = u^m,$$

m étant un nombre entier positif, on aura

$$\frac{y'}{y} = m\frac{u'}{u},$$

ou

$$y' = mu^{m-1}u'.$$

La fonction

$$y = \frac{u}{v}$$

admet une dérivée pour toutes les valeurs de x qui appartiennent à l'intervalle (a, b) et qui n'annulent pas v; cette dérivée est

$$y' = \frac{u'v - uv'}{v^2}.$$

on peut écrire encore

$$\frac{y'}{y} = \frac{u'}{u} - \frac{v'}{v},$$

et dire que la dérivée logarithmique d'un rapport est égale à la différence entre la dérivée logarithmique du numérateur et la dérivée logarithmique du dénominateur.

En particulier, si l'on suppose

$$y = u^{-m} = \frac{1}{u^m},$$

m étant un nombre entier positif, on aura

$$\frac{y'}{y} = -m\,\frac{u'}{u},$$

ou

$$y' = (-m)\,u^{-m-1}\,u',$$

ce qui permet d'étendre aux exposants entiers négatifs une règle établie précédemment pour les exposants entiers et positifs.

132. En appliquant la règle relative à un rapport, on trouve que la dérivée de

$$\operatorname{tg} x = \frac{\sin x}{\cos x}$$

est

$$\frac{\sin^2 x + \cos^2 x}{\cos^2 x} = \frac{1}{\cos^2 x} = 1 + \operatorname{tg}^2 x,$$

pour toutes les valeurs de x qui n'annulent pas $\cos x$.

De même, la dérivée de

$$\cot x = \frac{\cos x}{\sin x} = \frac{1}{\operatorname{tg} x}$$

est

$$-\frac{1}{\sin^2 x} = -\left(1 + \frac{1}{\operatorname{tg}^2 x}\right);$$

les dérivées de

$$\operatorname{th} x = \frac{\operatorname{sh} x}{\operatorname{ch} x}, \quad \frac{1}{\operatorname{th} x}$$

sont respectivement

$$\frac{1}{\mathrm{ch}^2 x} = 1 - \mathrm{th}^2 x, \qquad -\frac{1}{\mathrm{sh}^2 x} = 1 - \frac{1}{\mathrm{th}^2 x}.$$

Les règles précédentes permettent de trouver les dérivées des fonctions entières ou rationnelles, les dérivées des fonctions a^x, $\sin x$, $\cos x$, $\mathrm{sh}\, x$, $\mathrm{ch}\, x$, et de celles qu'on déduit de ces fonctions par addition, multiplication, division, élévation aux puissances. J'établirai dans les deux paragraphes qui suivent deux théorèmes qui permettent d'obtenir les dérivées des fonctions obtenues par d'autres combinaisons de ces fonctions simples.

133. Soit $u = f(x)$ une fonction de x admettant une dérivée u' dans l'intervalle (a, b); soient A et B les limites inférieure et supérieure de la fonction u dans cet intervalle; regardons pour un instant u comme une variable indépendante et soit $\varphi(u)$ une fonction de cette variable admettant une dérivée $\varphi'(u)$ dans l'intervalle (A, B); il est clair que, à chaque valeur de x appartenant à l'intervalle (a, b), correspond une valeur de u appartenant à l'intervalle (A, B) et par conséquent une valeur de $\varphi(u)$; en ce sens $\varphi(u)$ peut donc être regardé comme une fonction de x définie dans l'intervalle (a, b); je vais montrer qu'elle admet une dérivée égale à $\varphi'(u) \times u'$.

Considérons, en effet, une valeur particulière x appartenant à l'intervalle (a, b); soit $u = f(x)$ la valeur correspondante de la première fonction. Si l'on donne à x un accroissement h, la fonction u prendra un accroissement $k = f(x+h) - f(x)$ et il s'agit de montrer que, lorsque h tend vers zéro, le rapport

$$\frac{\varphi(u+k) - \varphi(u)}{h}$$

tend vers une limite, et d'évaluer cette limite.

Supposons d'abord que, pour les valeurs de $|h|$ inférieures à un certain nombre positif η, k ne soit pas nul, sauf pour $h = 0$, le précédent rapport pourra s'écrire

$$\frac{\varphi(u+k) - \varphi(u)}{k} \times \frac{k}{h}.$$

Si l'on fait tendre h vers zéro, k tend aussi vers zéro, à cause de la continuité de la fonction u, et le facteur

$$\frac{k}{h} = \frac{f(x+h) - f(x)}{h}$$

tend, par définition, vers la valeur u' de la dérivée de la fonction $u = f(x)$ qui correspond à la valeur x de la variable ; le premier facteur

$$\frac{\varphi(u+k) - \varphi(u)}{k}$$

a un sens pourvu que $|h|$ soit inférieur à η et différent de zéro ; lorsque h tend vers zéro, il en est de même de k, et le rapport a pour limite $\varphi'(u)$; la dérivée de la fonction de x, $\varphi(u)$, prise par rapport à x, est donc bien le produit de la dérivée de la fonction $\varphi(u)$ prise par rapport à u par la dérivée de u prise par rapport à x.

S'il arrivait que pour les valeurs de $|h|$ inférieures à n'importe quel nombre positif η, il y eût toujours des valeurs de k qui fussent nulles, on verrait tout d'abord que la valeur de u' est nécessairement nulle ; on pourrait, en effet, former une suite infinie de nombres

$$h_1, \quad h_2, \ldots, \quad h_n, \ldots$$

ayant zéro pour limite, et telle que l'on eût, pour toutes les valeurs entières et positives de n,

$$f(x+h_n) - f(x) = 0 ;$$

en sorte que la suite dont le $n^{\text{ième}}$ terme est

$$\frac{f(x+h_n) - f(x)}{h_n}$$

aurait zéro pour limite.

D'autre part, le raisonnement primitif s'applique pour toutes les valeurs de h auxquelles ne correspondent pas des valeurs nulles de k ; en sorte que l'on peut affirmer que, à chaque nombre positif ε correspond un nombre positif ε' tel que l'on ait

$$\left| \frac{\varphi(u+k) - \varphi(u)}{h} \right| < \varepsilon,$$

pour toutes les valeurs de h plus petites que ε' en valeur absolue et auxquelles ne correspondent pas des valeurs nulles de k; mais à ces valeurs de h que l'on vient d'exclure correspondent des valeurs nulles du précédent rapport; leur exclusion est donc inutile et l'on peut affirmer que, lorsque h tend vers zéro, le rapport

$$\frac{\varphi(u+k)-\varphi(u)}{h}$$

a pour limite zéro.

Ce théorème s'étend sans difficulté; si en conservant les notations précédentes on désigne par A_1, B_1 les limites inférieure et supérieure de la fonction $\varphi(u)$ dans l'intervalle (A, B) relatif à la variable u et que, en posant $v = \varphi(u)$, on considère une fonction $\psi(v)$ de la variable v admettant une dérivée $\psi'(v)$ dans l'intervalle (A_1, B_1), on pourra regarder $\psi(v)$ comme une fonction de x; cette fonction admettra une dérivée dans l'intervalle (a, b) et cette dérivée sera

$$\psi'(v) \times \varphi'(u) \times u',$$

etc...

Voici quelques applications :

La formule $\cos x = \sin\left(\frac{\pi}{2} - x\right)$ montre que l'on peut regarder $\cos x$ comme le sinus de la variable $u = \frac{\pi}{2} - x$; la dérivée de $\cos x$ est donc égale à la dérivée de $\sin u = \sin\left(\frac{\pi}{2} - x\right)$ par rapport à u, c'est à dire $\cos u = \cos\left(\frac{\pi}{2} - x\right)$, multipliée par la dérivée de u, c'est à dire -1; la dérivée de $\cos x$ est donc $-\sin x$; on relie ainsi des résultats établis précédemment (§ 128).

Si u désigne une fonction de x, admettant une dérivée u', les dérivées des fonctions de x

$$a^u, \quad \log u, \quad u^m$$

seront

$$a^u u' \log a, \quad \frac{u'}{u}, \quad m u^{m-1} u',$$

puisque les dérivées de

$$a^x, \quad \log x, \quad x^m$$

sont

$$a^x, \quad \frac{1}{x}, \quad mx^{m-1}.$$

Relativement aux fonctions $\log u$, u^m, on doit supposer que pour les valeurs de x appartenant à l'intervalle considéré, u reste positif; toutefois cette restriction ne serait pas nécessaire pour u^m, si m était égal à une fraction irréductible à dénominateur impair; en convenant de prendre

$$u^m = -(-u)^m$$

si u était négatif. Dans ce cas encore, la règle de dérivation serait la même.

134. Soit $f(y)$ une fonction de la variable y admettant, dans l'intervalle (A, B), une dérivée $f'(y)$; considérons l'équation

$$f(y) = x$$

et supposons qu'il y ait une fonction continue $\varphi(x)$, continue dans l'intervalle (a, b), dont les limites inférieure et supérieure relatives à cet intervalle soient comprises entre A et B; telle enfin que, x étant une valeur quelconque appartenant à l'intervalle (a, b), la valeur de $f(y)$ soit égale à x lorsqu'on remplace y par $\varphi(x)$; une telle fonction existera certainement (§ 87) si la fonction $f(y)$ est croissante dans l'intervalle (A, B) et si l'on prend

$$a = f(\mathrm{A}), \qquad b = f(\mathrm{B}).$$

Je vais montrer que la fonction $y = \varphi(x)$, dite *fonction inverse* de la fonction $f(y)$, admet une dérivée pour toutes les valeurs de x qui appartiennent à l'intervalle (a, b) et qui n'annulent pas $f'(y)$, et que cette dérivée est

$$\varphi'(x) = \frac{1}{f'(y)}.$$

Considérons, en effet, une valeur de x appartenant à l'intervalle (a, b) et la valeur correspondante de y; si l'on donne à x un accroissement h, $y = \varphi(x)$ prendra un accroissement $k = \varphi(x+h) - \varphi(x)$ et l'on aura

$$f(y) = x, \qquad f(y+k) = x + h:$$

ces deux égalités montrent d'abord que l'on ne peut avoir $k=0$ sans que h soit nul ; on en tire d'ailleurs

$$\frac{f(y+k)-f(y)}{k}=\frac{h}{k}.$$

A cause de la continuité de la fonction $\varphi(x)$, k tend vers zéro en même temps que h; dans ces conditions, le premier membre tend vers la limite $f'(y)$; si donc cette limite n'est pas nulle, le rapport

$$\frac{k}{h}=\frac{\varphi(x+h)-\varphi(x)}{h}$$

aura pour limite $\frac{1}{f'(y)}$ lorsque h tendra vers zéro. C'est ce qu'il fallait démontrer.

Ainsi le logarithme népérien y d'un nombre positif x peut être défini par l'équation

$$e^y=x$$

la dérivée y' de $\log x$ est donc l'inverse de la dérivée de e^y par rapport à y ; on a donc

$$y'=\frac{1}{e^y}=\frac{1}{x}.$$

Les fonctions $u=\text{arc sin } x$, $v=\text{arc cos } x$, $w=\text{arc tg } x$ ont été définies au paragraphe 98 ; elles vérifient respectivement les équations

$$\sin u=x, \qquad \cos v=x, \qquad \text{tg } w=x,$$

on en conclut que leurs dérivées sont respectivement

$$u'=\frac{1}{\cos u}=\frac{1}{\sqrt{1-x^2}}, \qquad v'=\frac{-1}{\sin v}=\frac{-1}{\sqrt{1-x^2}}$$
$$w'=\frac{1}{1+x^2};$$

pour les deux premières, le radical doit être pris avec sa signification arithmétique, puisque les arcs u et v doivent être compris l'un entre $-\frac{\pi}{2}$ et $+\frac{\pi}{2}$, l'autre entre zéro et π; en sorte que $\cos u$ et $\sin v$ sont certainement positifs.

Avant d'aller plus loin, j'établirai quelques théorèmes généraux dont on verra bientôt l'utilité.

135. Soit $f(x)$ une fonction qui admet une dérivée $f'(x)$ pour toutes les valeurs de x appartenant à l'intervalle (a, b) ; si l'on a

$$f(a) = 0, \qquad f(b) = 0,$$

il existe une valeur ξ de x appartenant à l'intervalle (a, b), différente de a et de b, pour laquelle on a

$$f'(\xi) = 0.$$

En effet, la fonction $f(x)$, puisqu'elle admet une dérivée pour chaque valeur de x appartenant à l'intervalle (a, b), est continue pour chacune de ces mêmes valeurs ; ceci posé, ou cette fonction est nulle pour chacune des valeurs de x appartenant à l'intervalle, ou il existe de telles valeurs qui la rendent différente de zéro. Dans le premier cas, elle est constante, sa dérivée est nulle pour toute valeur de x appartenant à l'intervalle (a, b) ; dans le second cas, elle prend des valeurs positives ou des valeurs négatives ; si elle prend des valeurs positives, elle admettra, dans l'intervalle (a, b) une limite supérieure (§ 74) différente de zéro ; puisqu'elle est continue, elle atteindra cette limite supérieure (§ 85) pour une valeur ξ de x appartenant à l'intervalle (a, b) et nécessairement distincte de a et de b ; dès lors, si h désigne un nombre positif quelconque assez petit pour que les deux nombres $\xi + h$, $\xi - h$, appartiennent à l'intervalle (a, b), on aura

$$f(\xi + h) - f(\xi) \leqq 0, \qquad f(\xi - h) - f(\xi)) \leqq 0,$$

et par suite

$$\frac{f(\xi + h) - f(\xi)}{h} \leqq 0, \qquad \frac{f(\xi - h) - f(\xi)}{-h} \geqq 0.$$

Si l'on suppose que h tende vers zéro, les deux rapports tendent par hypothèse vers la limite $f'(\xi)$; la première inégalité montre que cette limite est négative ou nulle, la seconde montre qu'elle est positive ou nulle : on a donc

$$f'(\xi) = 0.$$

S'il arrivait que $f(x)$ prît, dans l'intervalle (a, b) des valeurs négatives, on arriverait à la même conclusion en considérant la valeur de x qui fait acquérir à la fonction $f(x)$ sa valeur minimum dans l'intervalle (a, b).

Il convient de remarquer que cette démonstration ne suppose en aucune façon la continuité de la dérivée $f'(x)$; elle ne suppose même pas l'existence de cette dérivée pour $x = a$ et $x = b$, pourvu toutefois que la fonction soit continue dans l'intervalle (a, b) au sens du paragraphe 75.

Voici maintenant des conséquences importantes de cette proposition.

136. Si la fonction $f(x)$ admet une dérivée $f'(x)$ dans l'intervalle (a, b), on a

$$\frac{f(b) - f(a)}{b - a} = f'(\xi);$$

ξ étant un nombre compris entre a et b, différent de a et de b. Ce théorème s'appliquerait lors même que l'existence de la dérivée aux limites a, b ne serait pas assurée, pourvu que cette dérivée existât certainement pour toutes les autres valeurs de x appartenant à l'intervalle (a, b) et que la fonction fût continue dans cet intervalle.

Si l'on considère en effet la fonction de x

$$f(x) - f(a) - (x - a)\frac{f(b) - f(a)}{b - a},$$

on voit de suite qu'elle est nulle pour $x = a$ et $x = b$; qu'elle a, pour les valeurs de x comprises entre a et b, une dérivée égale à

$$f'(x) - \frac{f(b) - f(a)}{b - a};$$

cette dérivée doit s'annuler pour une valeur ξ de x appartenant à l'intervalle (a, b), autre que a et b; on a donc

$$\frac{f(b) - f(a)}{b - a} = f'(\xi).$$

Si l'on désigne par x et $x + h$ deux nombres appartenant à l'intervalle (a, b), on pourra évidemment remplacer, dans le théorème qui vient d'être démontré, a et b par x et $x + h$; le rapport

$$\frac{f(x + h) - f(x)}{h}$$

est donc égal à la valeur que prend la dérivée $f'(x)$ pour une valeur de la variable comprise entre x et $x + h$: on peut représenter une telle valeur par $x + \theta h$, en désignant par θ un nombre compris entre zéro et un, mais qui n'est ni zéro ni un, on peut donc écrire

$$f(x + h) - f(x) = hf'(x + \theta h)$$

et cette égalité suppose seulement l'existence de la dérivée pour les valeurs de la variable appartenant à l'intervalle $(x, x + h)$.

137. Si, dans l'intervalle (a, b) les fonctions $f(x)$, $\varphi(x)$ admettent des dérivées $f'(x)$, $\varphi'(x)$ et si cette dernière dérivée ne s'annule pas pour une valeur de x comprise entre a et b, on a

$$\frac{f(b) - f(a)}{\varphi(b) - \varphi(a)} = \frac{f'(\xi)}{\varphi'(\xi)},$$

ξ étant une valeur comprise entre a et b, autre que a et b.

Il suffit d'appliquer le précédent raisonnement à la fonction de x

$$f(x) - f(a) - [\varphi(x) - \varphi(a)] \frac{f(b) - f(a)}{\varphi(b) - \varphi(a)}$$

qui est nulle pour $x = a$ et $x = b$, et qui admet dans l'intervalle (a, b) la dérivée

$$f'(x) - \varphi'(x) \frac{f(b) - f(a)}{\varphi(b) - \varphi(a)}.$$

Cette dérivée doit s'annuler pour un nombre ξ compris entre a et b et, puisque la quantité $\varphi'(\xi)$ n'est pas nulle, on a

$$\frac{f(b) - f(a)}{\varphi(b) - \varphi(a)} = \frac{f'(\xi)}{\varphi'(\xi)}.$$

On peut remplacer cette égalité par la suivante, où les deux nombres x, $x + h$ sont supposés appartenir à l'intervalle (a, b) et où θ désigne un nombre compris entre zéro et un, qui n'est ni zéro ni un :

$$\frac{f(x + h) - f(x)}{\varphi(x + h) - \varphi(x)} = \frac{f'(x + \theta h)}{\varphi'(x + \theta h)}.$$

Les démonstrations précédentes sont dues à M. O. Bonnet.

138. Le théorème du paragraphe 136 met bien en évidence la possibilité pour une fonction $f(x)$ qui admet une dérivée finie dans l'intervalle (a, b) de trouver un nombre positif η correspondant à un nombre positif donné ε, tel que l'oscillation de la fonction, dans tout intervalle compris à l'intérieur de (a, b) et d'étendue moindre que η, soit plus petite que ε; en vertu de la formule

$$f(x+h) - f(x) = hf'(x + \theta h),$$

il suffit de prendre

$$\eta < \frac{\varepsilon}{M},$$

en désignant par M la limite supérieure de la dérivée $f'(x)$ dans l'intervalle (a, b).

Le même théorème montre encore que si la fonction $f(x)$ admet une dérivée $f'(x)$ dans l'intervalle (a, b) et si la dérivée $f'(x)$ est continue dans le même intervalle, le rapport

$$\frac{f(x+h) - f(x)}{h}$$

tend *uniformément* vers $f'(x)$ quand h tend vers zéro, c'est à dire qu'à chaque nombre positif ε correspond un nombre positif η tel que l'on ait

$$\left| \frac{f(x+h) - f(x)}{h} - f'(x) \right| < \varepsilon,$$

pourvu que $|h|$ soit inférieur à η et que x appartienne à l'intervalle (a, b), ainsi que $x + h$.

En effet, on a, en désignant par θ un nombre compris entre zéro et un,

$$\frac{f(x+h) - f(x)}{h} = f'(x + \theta h),$$

et, à cause de la continuité de la fonction $f'(x)$, il existe un nombre η tel que l'on ait

$$|f'(x + \theta h) - f'(x)| < \varepsilon,$$

pourvu que h soit inférieur à η en valeur absolue et que x et $x + h$ appartiennent à l'intervalle (a, b).

139. Je déduirai d'abord du théorème établi au paragraphe 136 une règle nouvelle d'une application fréquente pour le calcul des dérivées, règle qui contient comme cas particulier celle qui concerne les fonctions de fonction. Il est nécessaire, avant de l'exposer, de donner quelques définitions relatives aux fonctions de deux ou de plusieurs variables.

Soient u, v deux variables quelconques, A, A', B, B' ($A < A'$, $B < B'$) quatre nombres quelconques; je considèrerai le *champ* (E) des systèmes de valeurs attribuées à u, v qui satisfont aux inégalités

$$A \leqq u \leqq A', \qquad B \leqq v \leqq B',$$

et je dirai qu'une *fonction* $f(u, v)$ est définie dans le *champ* (E) si à chaque système de valeurs de u, v appartenant à ce champ correspond une valeur de $f(u, v)$.

La fonction $f(u, v)$ est *continue* pour le système u, v de valeurs des variables appartenant au champ (E) si à chaque nombre positif ε correspond un nombre positif η tel que l'on ait

$$(1) \qquad |f(u', v') - f(u, v)| < \varepsilon$$

pour toutes les valeurs de u', v' qui appartiennent au champ (E) et qui vérifient les inégalités

$$(2) \qquad |u' - u| < \eta, \qquad |v' - v| < \eta \text{ (1)}.$$

Si v est une valeur fixe appartenant à l'intervalle (A, A') et si l'on regarde u comme une variable, la fonction de u, $f(u, v)$, sera définie dans l'intervalle (B, B'); il peut se faire que cette fonction admette une dérivée dans cet intervalle; si cela arrive quelle que soit la valeur de v appartenant à l'intervalle (A, A'), on dit que, dans le champ (E), la fonction $f(u, v)$ admet une dérivée partielle par rapport à u et l'on désigne cette dérivée, qui est une fonction définie de u, v pour

---

(1) On dit que la fonction $f(u, v)$ est continue dans le champ (E) si à chaque nombre positif ε correspond un nombre positif η tel que l'inégalité (1) ait lieu pour tous les systemes de valeurs u, v, u', v' qui appartiennent a (E) et qui satisfont aux inégalités (2). On montre par un raisonnement analogue a celui du paragraphe 77 que, si la fonction est continue pour tous les systemes de valeurs des variables qui appartiennent au champ (E), elle est continue dans ce champ. Voir a ce sujet une note de M. Darboux, *Bulletin des Sciences mathématiques et astronomiques*, 1re serie, t. III, p. 307.

l'ensemble de systèmes de valeurs des variables que l'on considère par

$$f'_u(u, v), \quad \frac{\partial f(u, v)}{du} \quad \text{ou} \quad D_u f(u, v).$$

On définira de même, s'il y a lieu, la dérivée partielle

$$f'_v(u, v), \quad \frac{\partial f(u, v)}{dv} \quad \text{ou} \quad D_v f(u, v)$$

de la fonction considérée.

Supposons que la fonction $f(u, v)$, définie, comme il a été dit plus haut, admette des dérivées partielles dans le champ (E), et que ces dérivées soient continues pour chaque système de valeurs des variables appartenant à ce champ.

Supposons enfin que u, v soient des fonctions de x qui, lorsque cette variable reste dans l'intervalle (a, b), restent respectivement comprises entre A et A', B et B', ces limites pouvant d'ailleurs être atteintes. Il est clair que $f(u, v)$ sera une fonction définie de x dans l'intervalle (a, b); je vais montrer que si u, v sont des fonctions continues dans cet intervalle, admettant des dérivées u', v', la fonction de x, $f(u, v)$, sera aussi continue dans ce même intervalle et y admettra une dérivée égale à

$$f'_u(u, v)\, u' + f'_v(u, v)\, v'.$$

Posons en effet, pour abréger l'écriture,

$$f'_u(u, v) = \varphi(u, v), \qquad f'_v(u, v) = \psi(u, v)$$

et considérons deux valeurs x, $x + h$ appartenant à l'intervalle (a, b); soient u et $u + k$, v et $v + l$ les valeurs des fonctions u et v qui correspondent à ces valeurs x et $x + h$, on aura

$$\begin{aligned} & f(u + k, v + l) - f(u, v) \\ & \quad = f(u + k, v + l) - f(u + k, v) + f(u + k, v) - f(u, v); \end{aligned}$$

mais, en vertu du théorème démontré au paragraphe 136, on a

$$\begin{aligned} f(u + k, v + l) - f(u + k, v) &= l\psi(u + k, v + \theta l), \\ f(u + k, v) - f(u, v) &= k\varphi(u + \theta' k, v), \end{aligned}$$

en désignant par θ et θ' des nombres compris entre zéro et un : on a donc

$$\frac{f(u+k, v+l) - f(u, v)}{h} = \frac{k}{h}\varphi(u+\theta' k, v) + \frac{l}{h}\psi(u+k, v+\theta l);$$

supposons maintenant que h tende vers zéro; en vertu de la continuité des fonctions u et v, k et h tendront aussi vers zéro, et puisque les fonctions u, v admettent des dérivées, les rapports $\frac{k}{h}$, $\frac{l}{h}$ auront pour limites les dérivées u', v'; enfin en vertu de la continuité des fonctions $\varphi(u, v)$, $\psi(u, v)$, lorsque les quantités k, h et par conséquent $\theta' k$, θh tendent vers zéro, les quantités

$$\varphi(u+\theta' k, v),\ \psi(u+k, v+\theta l)$$

ont respectivement pour limites les quantités

$$\varphi(u, v),\ \psi(u, v);$$

lors donc que h tend vers zéro, le second membre de l'égalité précédente a pour limite

$$\varphi(u, v)\, u' + \psi(u, v)\, v';$$

mais le premier membre n'est autre chose que le rapport de l'accroissement de la fonction $f(u, v)$ regardée comme une fonction de x à l'accroissement h de cette variable; dire que ce rapport a pour limite $\varphi(u, v)\, u' + \psi(u, v)\, v'$, c'est dire que telle est la dérivée de la fonction $f(u, v)$ [1].

Ces considérations et la démonstration qui précède s'étendent sans peine à des fonctions d'un nombre quelconque de variables; je me contenterai d'énoncer le théorème suivant :

Soient $u, v, w, \ldots$ n variables, $A, A', B, B', C, C', \ldots$ ($A < A'$, $B < B'$, $C < C'$, ...), $2n$ nombres quelconques; considérons une fonction $f(u, v, w, \ldots)$ des n variables $u, v, w, \ldots$ définie dans le champ (E) formé par l'ensemble des systèmes de valeurs attribuées

---

[1] Cette démonstration est due à M. O. Bonnet.

à ces variables qui vérifient les inégalités

$$A \leqq u \leqq A', \quad B \leqq v \leqq B', \quad C \leqq v \leqq C', \ldots;$$

supposons que la fonction $f(u, v, w, \ldots)$ admette, dans le champ (E), des dérivées partielles f'_u, f'_v, f'_w, ... par rapport aux variables u, v, w, ... et que ces dérivées soient continues pour chaque système de valeurs attribuées à ces variables qui appartienne au champ (E); supposons que u, v, w, ... soient des fonctions de la variable x définies dans l'intervalle (a, b), admettant dans cet intervalle des dérivées u', v', w', ..., telles enfin que leurs valeurs restent respectivement comprises entre A et A', B et B', C et C', ..., la fonction $f(u, v, w, \ldots)$ pourra être regardée comme une fonction de x définie dans l'intervalle (a, b); elle y admettra une dérivée égale à

$$f'_u u' + f'_v v' + f'_w w' + \ldots$$

Considérons par exemple la fonction u^v, on pourra prendre pour A et A' deux nombres positifs quelconques et pour B et B' deux nombres quelconques; les dérivées partielles par rapport à u et à v seront respectivement $v\,u^{v-1}$ et $u^v \log u$; il est aisé de voir qu'elles sont continues pour chaque système de valeurs appartenant au champ (E); on en conclut que si u, v sont des fonctions de x définies dans l'intervalle (a, b), continues dans cet intervalle et y admettant des dérivées u', v', telles enfin que la première soit toujours positive et par conséquent supérieure à un nombre positif A, la fonction de x, u^v, admettra pour dérivée, dans l'intervalle (a, b),

$$u^{v-1}(v u' + u v' \log u).$$

Laissant maintenant de côté les règles relatives au calcul, je vais montrer le parti que l'on peut tirer des dérivées pour l'étude des fonctions.

140. Soit $f(x)$ une fonction admettant dans l'intervalle (a, b) une dérivée $f'(x)$, il résulte immédiatement de la définition de la dérivée que si la fonction $f(x)$ est constante dans l'intervalle (a, b) la dérivée $f'(x)$ est nulle pour toutes les valeurs de x qui appartiennent à cet intervalle, que si, dans ce même intervalle, la fonction $f(x)$ est croissante, la dérivée $f'(x)$ n'est jamais négative, puisque le rapport

$$\frac{f(x+h)-f(x)}{h}$$

étant positif, sa limite, pour $h=0$, ne peut être négative; enfin que, si la fonction $f(x)$ est décroissante, la dérivée $f'(x)$ n'est jamais positive.

On est tenté de regarder comme évidentes les réciproques de ces théorèmes; cela serait légitime s'il était vrai qu'un intervalle (a, b) pût toujours être décomposé en un nombre fini d'intervalles partiels tels que dans chacun d'eux la fonction $f(x)$ fût ou constante, ou croissante, ou décroissante; c'est la fausseté, aujourd'hui mise hors de doute, de cette supposition qui rend nécessaire la démonstration des théorèmes suivants.

I. Si la fonction $f(x)$ admet dans l'intervalle (a, b) une dérivée $f'(x)$ et si cette dérivée est constamment nulle, la fonction $f(x)$ est constante dans l'intervalle (a, b).

Soient en effet x_1, x_2 deux valeurs quelconques qui appartiennent à cet intervalle, on aura (§ 136)

$$f(x_2)-f(x_1)=(x_2-x_1)f'(\xi), \tag{1}$$

en désignant par ξ un nombre compris entre x_2 et x_1; mais par hypothèse on a

$$f'(\xi)=0$$

et par conséquent

$$f(x_2)=f(x_1).$$

La fonction $f(x)$ conserve donc toujours la même valeur dans l'intervalle (a, b); cette valeur est nécessairement $f(a)=f(b)$.

II. Si la fonction $f(x)$ admet dans l'intervalle (a, b) une dérivée $f'(x)$, si, dans cet intervalle, cette dérivée n'est jamais négative, si enfin elle n'est pas nulle pour toutes les valeurs de x qui appartiennent à un intervalle (a', b') contenu dans l'intervalle (a, b), la fonction $f(x)$ est croissante dans l'intervalle (a, b).

Soient encore x_1, x_2 deux valeurs quelconques appartenant à l'intervalle (a, b) et soit $x_1 < x_2$; l'égalité (1) montre, puisque la quantité $f'(\xi)$ est positive ou nulle, que l'on a

$$f(x_1) \leqq f(x_2).$$

Mais, dans l'intervalle (x_1, x_2) la fonction $f(x)$ ne peut être constante, puisque la fonction $f'(x)$ n'est pas constamment nulle dans cet intervalle; il existe donc un nombre x' compris entre x_1 et x_2 tel que la valeur de $f(x')$ diffère au moins de l'une des quantités $f(x_1)$, $f(x_2)$; les quantités x_1, x', x_2 étant d'ailleurs rangées par ordre de grandeur, on a

$$f(x_1) \leqq f(x') \leqq f(x_2);$$

comme les deux égalités ne peuvent avoir lieu simultanément, il faut que l'on ait

$$f(x_1) < f(x_2).$$

C'est ce qu'il fallait établir; on prouvera de la même façon le théorème suivant.

III. Si, dans l'intervalle (a, b), la fonction $f(x)$ admet une dérivée $f'(x)$ qui ne soit jamais positive, si cette dérivée n'est pas nulle pour toutes les valeurs de x qui appartiennent à un intervalle (a', b') compris dans l'intervalle (a, b), la fonction $f(x)$ est décroissante dans ce dernier intervalle.

141. Si une fonction $f(x)$ est définie dans l'intervalle (a, b), on dit qu'elle admet un maximum pour la valeur ξ attribuée à x, valeur appartenant à l'intervalle (a, b), mais distincte des limites a, b, s'il existe un nombre positif ε tel que l'on ait, pour toutes les valeurs de h inférieures à ε en valeur absolue,

$$f(\xi + h) - f(\xi) < 0;$$

si, dans les mêmes conditions, on avait

$$f(\xi + h) - f(\xi) > 0,$$

on dirait que la fonction $f(x)$ admet un minimum pour $x = \xi$.

Si la fonction $f(x)$ admet un maximum ou un minimum pour $x = \xi$, et si pour cette même valeur elle a une dérivée, cette dérivée est nulle; cela résulte du raisonnement employé au paragraphe 135:

pour h positif et suffisamment petit les deux rapports

$$\frac{f(\xi+h)-f(\xi)}{h}, \quad \frac{f(\xi-h)-f(\xi)}{-h}$$

finissent par être certainement de signes contraires; leur limite commune, pour $h=0$, est donc nulle.

Si donc la fonction $f(x)$ admet une dérivée dans l'intervalle (a, b), on devra chercher les valeurs de x qui lui font acquérir un maximum ou un minimum parmi celles qui annulent la dérivée; mais le choix et la distinction de ces valeurs exigent une étude plus approfondie.

142. Le cas le plus simple est celui où la fonction $f(x)$ étant continue dans l'intervalle (a, b), cet intervalle peut être partagé en un nombre fini d'intervalles partiels tels que dans chacun d'eux la fonction varie toujours dans le même sens; si, par exemple, la fonction est croissante dans un intervalle et décroissante dans l'intervalle suivant, il est clair qu'elle présentera un maximum pour la limite commune aux deux intervalles; on dit que, pour cette valeur, elle cesse de croître pour décroître ensuite; de même, si la fonction est décroissante dans un intervalle et croissante dans l'intervalle suivant, elle passe par un minimum pour la valeur de la variable égale à la limite commune des deux intervalles.

On est certain d'être dans ce cas si, dans l'intervalle (a, b), la fonction $f(x)$ admet une dérivée et si l'intervalle (a, b) peut être divisé en un nombre fini d'intervalles partiels, tels que dans chacun d'eux la dérivée $f'(x)$ ait un signe déterminé; si dans un intervalle partiel la dérivée est positive, la fonction est croissante, etc. Peu importe d'ailleurs que dans un intervalle partiel la dérivée s'annule, pourvu qu'elle ne change pas de signe et qu'elle ne soit pas nulle pour toutes les valeurs de x qui appartiennent à un intervalle fini.

Les valeurs qui fournissent les maxima sont alors caractérisées par ce fait que la dérivée y est nulle, qu'elle est positive pour les valeurs plus petites, négative pour les valeurs plus grandes; de même pour les valeurs qui fournissent les minima la dérivée est nulle et passe du négatif au positif.

Par exemple l'expression

$$4x^3 - 3x^4 - m,$$

où m est une constante, admet une dérivée dans tout intervalle, cette dérivée est

$$12x^2(1-x);$$

elle est positive pour toutes les valeurs de x inférieures à un, négative pour toutes les valeurs de x supérieures à un; la fonction proposée est donc croissante dans l'intervalle $(-\infty, 1)$, en désignant par ce symbole un intervalle dont la limite inférieure est un nombre négatif aussi grand qu'on le veut en valeur absolue; elle est décroissante dans l'intervalle $(1, +\infty)$, elle passe par un maximum pour $x = 1$, ce maximum est $1-m$; la fonction grandit d'ailleurs indéfiniment par des valeurs négatives, quand x grandit indéfiniment par des valeurs positives ou négatives, ou, comme l'on dit habituellement, pour $x = \pm\infty$, elle est égale à $-\infty$; en résumé, quand x croît de $-\infty$ à un, la fonction croît de $-\infty$ à $1-m$, et quand x croît de un à $+\infty$, la fonction décroît de $1-m$ à $-\infty$; on conclut de là (§ 86) que, si $1-m$ est positif, la fonction $4x^3 - 3x^4 - m$ s'annule pour une valeur de x inférieure à un et pour une valeur de x supérieure à un, et seulement pour ces valeurs; que, si l'on a $m=1$, la fonction s'annule pour $x=1$ et seulement pour cette valeur; enfin que, si $1-m$ est négatif, la fonction ne s'annule pour aucune valeur de x.

143. Il peut se faire que, dans l'intervalle où on la considère, la fonction $f(x)$, que je suppose toujours continue, admette une dérivée, sauf pour quelques valeurs exceptionnelles; une telle valeur x' sépare alors deux intervalles partiels (x_1, x'), (x', x_2) tels que la dérivée existe pour tous les nombres qui appartiennent à l'un ou à l'autre des deux intervalles, sauf toutefois pour le nombre x'; si la dérivée a le même signe pour toutes les valeurs de la variable qui appartiennent au premier intervalle, si, par exemple, la dérivée est positive pour les valeurs de x comprises entre x_1 et x', on peut affirmer que la fonction $f(x)$ est croissante dans l'intervalle (x_1, x'), sans exclure les limites de cet intervalle; en effet le théorème du paragraphe 136 subsiste alors, ainsi qu'on en a fait l'observation; il en est de même de ses conséquences. Si, de même, la dérivée est négative dans l'intervalle (x', x_2), la fonction sera décroissante dans cet intervalle et présentera un maximum pour $x = x'$; elle aurait passé par un minimum pour cette même valeur si la dérivée était négative dans le premier intervalle, positive dans le second; elle varierait dans le même sens dans tout l'intervalle (x_1, x_2) si la dérivée avait le même signe pour toutes les valeurs de x appartenant à cet intervalle, les nombres x_1, x', x_2 étant exceptés au besoin.

Par exemple la fonction $y = \left(\sqrt[3]{x}\right)^2$, continue dans tout intervalle, n'admet pas de dérivée pour $x = 0$, pour toute autre valeur de x elle a pour dérivée

$$y' = \frac{2}{3}\frac{1}{\sqrt[3]{x}};$$

pour $x = 0$, la fonction y passe par un minimum.

144. On voit d'après cela la marche à suivre pour étudier la variation d'une fonction donnée par son expression analytique. On décomposera d'abord l'ensemble des valeurs de x, de $-\infty$ à $+\infty$, en intervalles partiels tels que, dans chacun d'eux, la fonction soit définie et continue; les limites de ces intervalles pourront être des valeurs de x au delà ou en deçà desquelles l'expression donnée n'aura plus de sens; de telles valeurs se présenteront par exemple quand l'expression contiendra des radicaux à indices pairs, des logarithmes, des arcs sinus, etc.; ces limites pourront encore être des valeurs pour laquelle la fonction est discontinue, ou des nombres aussi voisins que l'on voudra de certaines valeurs isolées de la variable, telles que $x = 0$ pour la fonction $\frac{1}{x}$, pour lesquelles l'expression considérée n'a pas de sens, mais dans le voisinage desquelles elle grandit indéfiniment, ce que l'on exprime brièvement en disant que la fonction devient infinie. On se livrera à une étude analogue pour la dérivée, en se bornant toutefois aux valeurs de la variable qui appartiennent aux intervalles qu'il y a lieu de considérer, d'après l'étude préliminaire que l'on a faite de la fonction; mais, cette fois, on portera essentiellement l'attention sur les valeurs de la variable pour lesquelles la dérivée change de signe, soit qu'elle s'annule, soit qu'elle cesse d'exister en devenant infinie, ou tout autrement. Ces nombres limiteront ainsi des intervalles pour lesquels la dérivée conservera un signe constant. Les nombres qui limitent des intervalles soit pour la fonction proposée, soit pour la dérivée, étant ensuite rangés par ordre de grandeur, on se trouve avoir décomposé le champ de la variable x en intervalles partiels pour lesquels on peut appliquer les théorèmes du paragraphe 140; à l'aide de ces théorèmes et des remarques contenus dans les paragraphes suivants, on parvient à avoir une idée nette de la marche de la fonction.

Soit par exemple la fonction

$$y = e^{\frac{1}{x}} \sqrt{x+4};$$

elle n'a de sens ni pour les valeurs de x plus petites que -4, ni pour $x = 0$; sa dérivée, pour les autres valeurs de x, est

$$y' = e^{\frac{1}{x}} \frac{(x+2)(x-4)}{2x^2 \sqrt{x+4}};$$

elle est positive pour $x < -2$, négative pour x compris entre -2 et 4, positive pour $x > 4$; si l'on désigne par ε un nombre positif, aussi petit qu'on le veut, la fonction est continue de -4 à $-\varepsilon$, de $+\varepsilon$ à $+\infty$; si l'on considère la suite des nombres

$$-4, \quad -2, \quad -\varepsilon, \quad +\varepsilon, \quad 4, \quad +\infty,$$

et que l'on exclue l'intervalle $(-\varepsilon, +\varepsilon)$, la fonction sera continue et admettra (sauf pour $x = -4$) une dérivée de signe constant dans chacun des autres intervalles. On en conclut que lorsque x varie de -4 à -2, la fonction augmente de zéro à $\sqrt{\frac{2}{e}}$, qu'elle diminue depuis cette valeur jusqu'à

$$(1) \qquad e^{-\frac{1}{\varepsilon}} \sqrt{4-\varepsilon}$$

quand x varie de -2 à $-\varepsilon$, qu'elle diminue encore depuis

$$(2) \qquad e^{\frac{1}{\varepsilon}} \sqrt{4+\varepsilon}$$

jusqu'à $e^{\frac{1}{4}} \sqrt{8}$ quand x varie de ε jusqu'à $+4$, enfin qu'elle augmente quand x varie depuis $+4$ jusqu'à $+\infty$.

Il reste à avoir des valeurs approchées des nombres (1) et (2) pour ε positif et très petit; on les déduit des formules

$$e^{-\frac{1}{\varepsilon}}\sqrt{4-\varepsilon} = \frac{\sqrt{4-\varepsilon}}{1+\frac{1}{\varepsilon}+\frac{1}{1.2}\frac{1}{\varepsilon^2}+\ldots},$$

$$e^{\frac{1}{\varepsilon}}\sqrt{4+\varepsilon} = \sqrt{4+\varepsilon}\left(1+\frac{1}{\varepsilon}+\frac{1}{1.2}\frac{1}{\varepsilon^2}+\ldots\right);$$

la première, où le dénominateur peut être supposé aussi grand qu'on le veut, montre que lorsque ε tend vers zéro, l'expression (1) a pour limite zéro; on voit de même que lorsque ε tend vers zéro, l'expression (2) augmente indéfiniment par des valeurs positives; c'est ce qu'on exprime plus brièvement en disant que, x croissant de -2 à zéro, y diminue depuis $\sqrt{\frac{2}{e}}$ jusqu'à zéro, et que, x croissant depuis zéro jusqu'à $+4$, y diminue depuis $+\infty$ jusqu'à la valeur $e^{\frac{1}{4}}\sqrt{8}$. Des deux valeurs $\sqrt{\frac{2}{e}}$ et $e^{\frac{1}{4}}\sqrt{8}$, la première est un maximum correspondant à la valeur $x = -2$, la seconde est un minimum correspondant à la valeur $x = 4$; enfin on voit de suite que lorsque x augmente indéfiniment par des valeurs positives, il en est de même de y.

145. Il est quelquefois commode, pour reconnaître si une valeur a de x qui annule la dérivée $f'(x)$ d'une fonction $f(x)$ fait acquérir à cette fonction un maximum ou un minimum, de recourir à la dérivée seconde $f''(x)$, à supposer qu'elle existe. Si $f''(a)$ est un nombre positif et si la fonction $f''(x)$ est encore positive pour les valeurs voisines de a, ce qui arrivera assurément si elle est continue, on voit que dans un petit intervalle comprenant a la fonction $f'(x)$ sera croissante; puisqu'elle s'annule pour $x = a$, elle passe pour cette valeur du négatif au positif, il en résulte que, pour $x = a$, la fonction $f(x)$ présente un minimum. De même, si pour $x = a$, le nombre $f''(a)$ est négatif et si la fonction $f''(x)$ est continue pour $x = a$, on voit que, pour $x = a$, la fonction $f(x)$ présente un maximum. Si l'on a $f''(a) = 0$, on pourra recourir à la dérivée troisième; si celle-ci n'est pas nulle pour $x = a$ et est continue pour cette valeur, elle conservera le même signe dans un petit intervalle comprenant le nombre a, dans cet intervalle la fonction $f''(x)$ croîtra constamment ou décroîtra constamment, puisqu'elle s'annule pour $x = a$, elle changera de signe en s'annulant, la fonction $f'(x)$ admettra donc un maximum ou un minimum pour $x = a$; comme elle est nulle pour $x = a$, on voit que, dans un petit intervalle comprenant ce nombre, elle reste négative ou nulle si $x = a$ correspond à un maximum de $f'(x)$, positive ou nulle si $x = a$ correspond à un minimum de $f'(x)$; dans le premier cas la fonction $f(x)$ est décroissante dans ce même intervalle, dans le second cas elle est croissante : elle ne présente, pour $x = a$, ni maximum ni minimum. Si l'on a $f'''(a) = 0$, on recourra à la dérivée quatrième $f^{\text{IV}}(x)$ et l'on verra sans peine que suivant que l'on aura

$$f^{\text{IV}}(a) < 0, \qquad f^{\text{IV}}(a) > 0,$$

la fonction $f(x)$ admettra, pour $x = a$, un maximum ou un minimum, pourvu toutefois que la fonction f^{IV} soit continue pour $x = a$. Si l'on avait $f^{\text{IV}}(a) = 0$, on pourrait recourir à la dérivée cinquième, etc. On peut, en admettant l'existence et la continuité des dérivées successives $f'(x)$, $f''(x)$, $f'''(x)$, ... de la fonction $f(x)$, pour $x = a$, formuler la règle suivante : Si pour $x = a$ la dérivée $f'(x)$ est nulle ainsi que quelques-unes de celles qui la suivent, la fonction $f(x)$ n'admet, pour $x = a$, ni maximum, ni minimum lorsque la première dérivée qui ne s'annule pas est d'ordre impair; si la première dérivée qui ne s'annule pas est d'ordre pair, la valeur $x = a$ correspond à un maximum ou à un minimum, selon que cette dérivée est négative ou positive. Au reste, cette conclusion va résulter immédiatement d'une formule très importante, que je vais établir dans le paragraphe suivant.

146. Soit $f(x)$ une fonction continue dans l'intervalle (a, b); supposons qu'elle admette dans cet intervalle des dérivées première, seconde, ... $n^{\text{ième}}$: $f'(x)$, $f''(x)$, ..., $f^{(n)}(x)$. Supposons que les $n-1$ premières dérivées soient continues dans l'intervalle (a, b); quant à la $n^{\text{ième}}$ dérivée, on suppose seulement qu'elle existe pour les valeurs de x qui appartiennent à l'intervalle (a, b), il n'est même pas nécessaire qu'elle existe pour les limites a, b de l'intervalle.

Sous ces conditions, on aura la formule suivante, où ξ désigne un nombre appartenant à l'intervalle (a, b) différent de a et de b, et p un nombre entier positif quelconque, au plus égal à n (1) :

$$(1)\quad \left\{\begin{aligned} f(b) &= f(a) + \frac{b-a}{1} f'(a) + \frac{(b-a)^2}{1.2} f''(a) + \dots \\ &\quad + (b-a)^{n-1} f^{(n-1)}(a) + \frac{(b-a)^p (b-\xi)^{n-p}}{1.2\dots(n-1).p} f^{(n)}(\xi). \end{aligned}\right.$$

Il convient tout d'abord d'indiquer comment on a pu se proposer d'établir une pareille formule. C'est par une voie toute naturelle qu'on est parvenu (§ 112) à la formule

$$f(z+h) = f(z) + \frac{h}{1} f'(z) + \frac{h^2}{1.2} f''(z) + \dots \\ + \frac{h^{n-1}}{1.2\dots(n-1)} f^{(n-1)}(z) + \dots$$

où $f(z)$ désigne une fonction de la variable z développable en une série procédant suivant les puissances entières et positives de z, convergente tant que $|z|$ est inférieur à un certain nombre positif P et où $f'(z)$, $f''(z)$, ... désignent les séries dérivées de $f(z)$; cette formule convient tant que l'on a

$$|z| < \mathrm{P}, \quad |h| < \mathrm{P} - |z|.$$

Si $f(z)$ désigne une fonction continue quelconque, admettant des dérivées première, seconde, ..., $n^{\text{ième}}$, il est dès lors naturel de chercher une expression de l'erreur que l'on commet en prenant pour $f(z+h)$ la somme des n premiers termes du second membre, c'est à dire d'évaluer la différence

$$f(z+h) - f(z) - \frac{h}{1} f'(z) - \dots - \frac{h^{n-1}}{1.2\dots(n-1)} f^{(n-1)}(z);$$

(1) On donne l'habitude à cette formule le nom de Taylor; il convient toutefois de remarquer que Taylor n'a considéré que la série illimitée; l'expression du dernier terme de la formule, dit terme complémentaire, a été donné, pour $p = n$, par Lagrange dans le *Traité des fonctions*. L'expression générale de ce terme a été donnée par M. Schlömilch et par M. Rouche *Journal de Liouville*, t. III, p. 271 ; la démonstration qui suit est due à M. Rouché.

cette différence, quand on y remplace z par a et $z+h$ par b devient

$$f(b)-f(a)-\frac{b-a}{1}f'(a)-\ldots-\frac{(b-a)^{n-1}}{1.2\ldots(n-1)}f^{(n-1)}(a):$$

c'est précisément cette quantité dont on va trouver une expression qui justifiera l'égalité (1), et cela par un procédé tout semblable à celui que l'on a employé dans le paragraphe 136, pour établir un cas particulier de la proposition que nous avons en vue.

Soit donc, pour abréger,

$$(2)\quad \left\{\begin{aligned} A=\frac{1}{(b-a)^p}\Big[f(b)-f(a)-\frac{b-a}{1}f'(a)\\ -\frac{(b-a)^2}{1.2}f''(a)-\ldots-\frac{(b-a)^{n-1}}{1.2\ldots(n-1)}f^{(n-1)}(a)\Big]\end{aligned}\right.$$

et considérons la fonction de x :

$$(3)\quad \left\{\begin{aligned} \varphi(x)=f(b)-f(x)-\frac{b-x}{1}f'(x)-\frac{(b-x)^2}{1.2}f''(x)\\ -\ldots-\frac{(b-x)^{n-1}}{1.2\ldots(n-1)}f^{(n-1)}(x)-A(b-x)^p;\end{aligned}\right.$$

cette fonction est continue dans l'intervalle (a, b) puisque c'est une somme de produits de fonctions continues dans cet intervalle; elle est nulle identiquement pour $x=b$, et, en vertu de l'égalité (2), pour $x=a$; elle admet une dérivée pour toutes les valeurs de x qui appartiennent à l'intervalle (a, b), sauf peut-être pour les limites a, b; dans ces conditions, on sait (§ 135) que cette dérivée est nulle pour une valeur ξ comprise entre a et b, différente de a et de b; cette dérivée est d'ailleurs

$$\begin{aligned} -f'(x)-\frac{b-x}{1}f''(x)-\ldots-\frac{(b-x)^{n-1}}{1.2\ldots(n-1)}f^{(n)}(x)\\ +f'(x)+\frac{b-x}{1}f''(x)+\ldots+\frac{(b-x)^{n-2}}{1.2\ldots(n-2)}f^{(n-1)}(x)\\ +pA(b-x)^{p-1};\end{aligned}$$

on a écrit sur la première ligne les termes où figurent les dérivées des facteurs $f(x)$, $f'(x)$, ..., $f^{(n-1)}(x)$, sur la seconde ligne les termes où figurent les dérivées des facteurs $b - x$, $(b - x)^2$, ..., $(b - x)^{n-1}$, sur la troisième ligne la dérivée de $- A\,(b - x)^p$; après des réductions évidentes, on aura pour la dérivée cherchée

$$\varphi'(x) = pA\,(b - x)^{p-1} - \frac{(b-x)^{n-1}}{1.2\ldots(n-1)} f^{(n)}(x).$$

En écrivant que cette dérivée est nulle pour $x = \xi$, en supprimant le facteur $(b - \xi)^{p-1}$ qui n'est pas nul, on a

$$A = \frac{(b-\xi)^{n-p}}{1.2\ldots(n-1).p} f^{(n)}(\xi),$$

en remplaçant A par cette valeur dans l'égalité (2), on obtient l'égalité (1), qu'il s'agissait de démontrer.

Si l'on remplace a par x, h par $x + h$ et ξ par $x + \theta h$, en désignant par θ un nombre compris entre zéro et un, qui n'est d'ailleurs ni zéro ni un, l'égalité (1) prend la forme

$$(\mathrm{I}) \left\{ \begin{aligned} & f(x+h) = f(x) + \frac{h}{1} f'(x) + \frac{h^2}{1.2} f''(x) + \ldots \\ & + \frac{h^{n-1}}{1.2\ldots(n-1)} f^{(n-1)}(x) + \frac{h^n (1-\theta)^{n-p}}{1.2\ldots(n-1).p} f^{(n)}(x + \theta h). \end{aligned} \right.$$

Le dernier terme porte le nom de terme complémentaire; pour $p = n$ il prend la forme

$$\frac{h^n}{1.2\ldots n} f^{(n)}(x + \theta h).$$

147. Pour faire une application de cette formule à la théorie exposée dans le § 145, supposons que, pour $x = a$, la formule soit applicable et que l'on ait, en conservant les notations du paragraphe précédent,

$$f'(a) = 0, \quad f''(a) = 0, \ldots, \quad f^{(n-1)}(a) = 0,$$
$$f^{(n)}(a) \gtrless 0;$$

supposons enfin que dans un intervalle suffisamment petit comprenant le nombre a, la fonction $f^n(x)$ conserve le signe de $f^n(a)$, ce qui arrivera sûrement si $f^n(x)$ est une fonction continue pour $x = a$, la formule (1) donnera

$$f(a+h)-f(a)=\frac{h^n}{1.2\ldots n}f^{(n)}(a+\theta h);$$

Supposons que la valeur $a+h$ reste comprise dans l'intervalle où la fonction $f^n(x)$ conserve le signe de $f^n(a)$; la formule précédente montre que, si n est pair, la quantité $f(a+h)-f(a)$ est de même signe, quel que soit le signe de h, que $f^{(n)}(a)$; suivant donc qu'on aura

$$f^{(n)}(a)<0, \quad \text{ou} \quad f^{(n)}(a)>0,$$

on aura

$$f(a+h)<f(a) \quad \text{ou} \quad f(a+h)>f(a);$$

dans le premier cas, la fonction $f(x)$ admet un maximum pour $x=a$, dans le second cas elle admet un minimum. Au contraire, si n est impair, le second membre change de signe avec h et la fonction $f(x)$ n'admet, pour $x=a$, ni maximum ni minimum.

148. On a déjà rencontré (§§ 81, 144) des exemples de fonctions données par des expressions analytiques qui cessent d'avoir un sens pour certaines valeurs de la variable; telles sont, pour $x=0$, les fonctions

$$\frac{x-\sin x}{x^3}, \quad x\log x;$$

on dit souvent que, pour une telle valeur de la variable, l'expression considérée prend une forme illusoire. S'il arrive que, lorsque la variable tend vers la valeur a qui donne une forme illusoire à l'expression, celle-ci tende vers une limite, il y a lieu de chercher à déterminer cette limite et de continuer en quelque sorte la fonction en lui attribuant, pour la valeur a de la variable, cette valeur limite, à laquelle on donne souvent le nom de *vraie valeur*. Je donnerai tout à l'heure des règles, connues sous le nom de règles de l'Hospital, qui permettent, dans des cas assez nombreux, de trouver ces vraies valeurs. Je veux montrer auparavant sur quelques exemples comment on peut les obtenir par l'emploi des développements en série et comment on parvient souvent ainsi à des formules simples qui permettent de reconnaître la façon dont se comporte la fonction considérée pour les valeurs de la variable voisines de celle qui fait acquérir une forme illusoire à l'expression de cette fonction.

Pour abréger le langage, je me conformerai à l'usage en vertu duquel on dit qu'une fonction est infinie pour $x = a$ lorsqu'elle n'a pas de sens pour $x = a$ et qu'elle grandit indéfiniment en valeur absolue quand x tend vers a; il peut d'ailleurs être nécessaire de distinguer le cas où x tend vers a en restant plus petit que a du cas où x tend vers a en restant plus grand que a; la fonction considérée peut devenir infinie dans un cas et ne pas devenir infinie dans l'autre; ou bien elle peut grandir indéfiniment par des valeurs positives dans un cas, par des valeurs négatives dans l'autre, etc.; je dirai de même qu'une fonction a pour x infini une valeur A, ou bien est infinie pour x infini, lorsque x grandissant indéfiniment, soit en valeur absolue, soit par des valeurs positives, soit par des valeurs négatives (suivant les circonstances il convient on non de distinguer ces divers cas), la fonction a pour limite A, ou bien grandit indéfiniment (soit en valeur absolue, soit par des valeurs positives, soit par des valeurs négatives).

Soit $f(x)$ une fonction qui devient nulle ou infinie pour $x = a$; on a vu (§§ 110, 115) que, dans un grand nombre de cas, cette fonction, en y remplaçant x par $a + h$, prend la forme

$$h^n \, P(h), \tag{1}$$

$P(h)$ est une série qui procède suivant les puissances entières et positives de h, convergente tant que $|h|$ est inférieur à un certain nombre positif; et dans laquelle le terme indépendant de h n'est pas nul, en sorte que l'on a

$$P(0) \gtrless 0;$$

n est un nombre entier positif si la fonction $f(x)$ s'annule pour $x = a$, négatif si elle est infinie. Réciproquement, si une fonction $f(x)$, lorsqu'on y remplace x par $a + h$, prend la forme (1), on sait comment elle se comporte pour des valeurs de x voisines de a; on peut, en limitant la série $P(h)$ à tel terme que l'on veut, avoir des formules qui permettent de calculer la valeur de la fonction avec une grande approximation; on peut (§ 110), si elle devient infinie, en séparer la partie qui devient infinie, etc... Il n'est même pas nécessaire que n soit entier; toutefois, lorsque n n'est pas entier, h^n n'a de signification que si h est positif, à moins que n ne soit égal à une fraction dont le dénominateur est impair.

Considérons maintenant une expression de la forme

$$\frac{f(x)}{\varphi(x)};$$

si le numérateur et le dénominateur deviennent ou nuls ou infinis pour une valeur a attribuée à x et si, en posant $x = a + h$, le numérateur et le dénominateur prennent la forme (1), en sorte que l'on ait

$$f(a + h) = h^n \, P(h),$$
$$\varphi(a + h) = h^p \, Q(h),$$

en désignant par P (h), Q (h) des séries qui procèdent suivant les puissances entières et positives de h, convergentes tant que $|h|$ est inférieur à un certain nombre positif et dans lesquelles enfin le terme indépendant de h n'est pas nul, pour les valeurs de h suffisamment petites, autres que zéro, on aura

$$\frac{f(x)}{\varphi(x)} = \frac{f(a + h)}{\varphi(a + h)} = h^{n-p} \frac{P(h)}{Q(h)};$$

d'ailleurs (§ 110), le rapport $\frac{P(h)}{Q(h)}$ peut se mettre sous la forme d'une série R (h) procédant suivant les puissances entières et positives de h, dans laquelle le coefficient du terme indépendant de h n'est pas nul, on aura ainsi mis $\frac{f(a + h)}{\varphi(a + h)}$ sous la forme (1) et le problème sera résolu; en particulier, ce rapport n'aura de limite pour $h = 0$ que si l'on a $n \geqq p$. Cette limite sera nulle si n est plus grand que p, différente de zéro et égale au premier terme de la série R (h) si l'on a $n = p$. Lorsque n et p sont des entiers positifs et que l'inégalité précédente est vérifiée, on voit de suite, en se reportant à la forme des développements P (h) et Q (h) que la limite cherchée est égale à

$$\frac{f^{(p)}(a)}{\varphi^{(p)}(a)}.$$

La même méthode s'appliquera à des expressions de la forme

$$f(x) \times \varphi(x)$$

dans lesquelles le premier facteur est nul et le second facteur infini pour $x = a$, ces deux facteurs prenant tous les deux la forme (1) quand on fait $x = a + h$, comme aussi à des expressions de la forme

$$f(x) - \varphi(x)$$

où les deux termes, infinis pour $x = a$, prennent encore la forme (1) pour $x = a + h$; on a dans le premier cas à faire le produit de deux séries, et dans le second cas, la différence de deux séries.

Enfin, dans le cas où l'on aurait à chercher des valeurs limites pour x infini, on poserait $x = \frac{1}{z}$ et l'on serait ramené à chercher des valeurs limites pour $z = 0$; on y parviendra sans peine si les méthodes précédentes s'appliquent.

Voici quelques exemples :

Le numérateur et le dénominateur de la fraction

$$\frac{x - \sin x}{x^3}$$

s'annulent pour $x = 0$; en y remplaçant $\sin x$ par le développement en série

$$\frac{x}{1} - \frac{x^3}{6} + \frac{x^5}{120} - \dots,$$

on voit que la fraction, pour toutes les valeurs de x autres que zéro, est égale à

$$\frac{1}{6} - \frac{x^2}{120} + \dots;$$

en lui attribuant la valeur $\frac{1}{6}$ pour $x = 0$, la fraction proposée sera une fonction continue dans tout intervalle. La valeur approchée $\frac{1}{6} - \frac{x^2}{120}$ montre que cette fonction passe par un maximum pour $x = 0$ et que ce maximum est $\frac{1}{6}$.

L'expression

$$(2x - \pi) \operatorname{tg}^2 x$$

a un facteur nul et un facteur infini pour $x = \frac{\pi}{2}$; en faisant $x = \frac{\pi}{2} + h$, on voit aisément qu'elle se met sous la forme

$$\frac{2h}{\operatorname{tg}^2 h} = \frac{1}{h}\left(2 - \frac{4h^2}{3} + \ldots\right),$$

en sorte que, dans le voisinage de $\frac{\pi}{2}$, on a

$$(2x - \pi) \operatorname{tg}^2 x = \frac{2}{x - \frac{\pi}{2}} - \frac{4}{3}\left(x - \frac{\pi}{2}\right) + \ldots,$$

pour $x = \frac{\pi}{2}$, l'expression proposée devient infinie; elle diffère peu de $\frac{2}{x - \frac{\pi}{2}}$ lorsque x est voisin de $\frac{\pi}{2}$.

Soit encore l'expression

$$\sqrt{x^2 + x + 1} + \sqrt{4x^2 - 1} - 3x;$$

cherchons à l'évaluer pour des valeurs de x très grandes et positives; on a, pour de telles valeurs, en vertu des propositions démontrées dans les §§ 102 et 118,

$$\begin{aligned}\sqrt{x^2 + x + 1} &= x\left[1 + \frac{1}{x} + \frac{1}{x^2}\right]^{\frac{1}{2}} \\ &= x\left[1 + \frac{1}{2}\left(\frac{1}{x} + \frac{1}{x^2}\right) - \frac{1}{8}\left(\frac{1}{x} + \frac{1}{x^2}\right)^2 + \ldots\right] \\ &= x + \frac{1}{2} + \frac{3}{8}\frac{1}{x} + \ldots,\end{aligned}$$

$$\sqrt{4x^2 - 1} = 2x\left(1 - \frac{1}{4x^2}\right)^{\frac{1}{2}} = 2x - \frac{1}{4x} + \ldots$$

et par conséquent

$$\sqrt{x^2 + x + 1} + \sqrt{4x^2 - 1} - 3x = \frac{1}{2} + \frac{1}{8}\frac{1}{x} + \ldots;$$

il est clair que le second membre quand x augmente indéfiniment a pour limite $\frac{1}{2}$. Lorsque x augmente indéfiniment par des valeurs négatives, l'expression proposée augmente indéfiniment par des valeurs positives.

149. Voici maintenant quelques autres exemples où on parvient encore aux vraies valeurs par l'emploi de développements en séries; mais où l'on n'a pas, à proprement parler, des formules d'approximation comme dans les cas précédents.

Soit l'expression

$$\frac{e^x}{x^n}$$

où n est un nombre positif, le numérateur et le dénominateur augmentent indéfiniment quand x augmente indéfiniment par des valeurs positives; cherchons comment se comporte la fraction.

On a, quel que soit x,

$$e^x = 1 + \frac{x}{1} + \frac{x^2}{1.2} + \ldots + \frac{x^p}{1.2\ldots p} + \ldots$$

et, puisque x est positif,

$$\frac{e^x}{x^n} > \frac{1 + \frac{x}{1} + \frac{x^2}{1.2} + \ldots + \frac{x^p}{1.2\ldots p}}{x^n};$$

or, si l'on prend $p > n$, il est clair que le second membre augmentera indéfiniment avec x; il en est de même, *à fortiori*, du premier.

Mais le second membre ne fournit pas, pour x très grand, de valeurs approchées pour $\frac{e^x}{x^n}$, car les termes qu'on a négligés dans le développement de e^x sont très grands par rapport à ceux que l'on a conservés.

Il résulte de la démonstration précédente, ou l'on voit directement de la même façon, que, si $P(x)$ désigne un polynôme entier en x de degré quelconque, le rapport

$$\frac{e^x}{P(x)}$$

augmente indéfiniment, par des valeurs positives ou négatives suivant le signe du coefficient de la plus haute puissance de x dans $P(x)$, lorsque x augmente indéfiniment par des valeurs positives.

Le précédent rapport tend vers zéro quand x augmente indéfiniment par des valeurs négatives, puisque e^x tend alors vers la limite zéro.

L'expression

$$e^{-x}x^n = \frac{x^n}{e^x}$$

tend vers zéro, quel que soit n, quand x augmente indéfiniment par des valeurs positives.

Si n est un nombre positif, il y a lieu de chercher si l'expression

$$x^n \log x$$

tend vers une limite quand x tend vers zéro par des valeurs positives; si l'on fait

$$x = \frac{1}{e^z}, \quad z = -\log x;$$

lorsque x tendra vers zéro par des valeurs positives, z augmentera indéfiniment par des valeurs positives; on aura d'ailleurs

$$x^n \log x = -\frac{z}{e^{nz}} = \frac{-nz}{n\,e^{nz}},$$

lorsque z, ou nz, augmente indéfiniment par des valeurs positives, le dernier membre de l'égalité précédente tend vers zéro; il en est de même de l'expression considérée $x^n \log x$.

On prouvera de la même façon que si n est un nombre positif quelconque, l'expression

$$\frac{\log x}{x^n}$$

tend vers zéro quand x augmente indéfiniment par des valeurs positives.

Il résulte de là, par exemple, que la série

$$\frac{1}{(\log 2)^p} + \frac{1}{(\log 3)^p} + \ldots + \frac{1}{(\log n)^p} + \ldots$$

est divergente quel que soit le nombre p; car si on le compare à la série divergente

$$\frac{1}{2}+\frac{1}{3}+\dots+\frac{1}{n}+\dots,$$

on voit que le rapport de deux termes de même rang, à savoir

$$\left[\frac{n^{\frac{1}{p}}}{\log n}\right]^p$$

augmente indéfiniment quand n augmente indéfiniment (§ 65) ([1]).

Si n désigne un nombre positif, l'expression

$$x^n e^{\frac{1}{x}}$$

augmente indéfiniment quand x tend vers zéro par des valeurs positives.

On traitera ce cas directement en développant $e^{\frac{1}{x}}$ en série, ou on le ramènera à un cas précédemment étudié en posant

$$\frac{1}{x}=z.$$

Quand x tend vers zéro par des valeurs négatives, si n est un nombre positif ou négatif tel que l'expression x^n ait un sens, la quantité

$$x^n e^{\frac{1}{x}}$$

tend vers zéro; cela est évident si n est positif, cela résulte du théorème précédent si n est négatif.

Proposons-nous encore de chercher si l'expression

$$x^x$$

a une limite lorsque x tend vers zéro par des valeurs positives.

Le logarithme de cette expression est $x \log x$; il tend vers zéro quand x tend vers zéro par des valeurs positives; dans ces mêmes conditions l'expression x^x a donc pour limite l'unité.

([1]) Hermite, *Cours* ..., rédigé par M. Andoyer, p. 66.

150. Avant d'établir les règles de l'Hospital qui seront l'objet principal du paragraphe suivant, je vais démontrer le lemme que voici :

Soit $f(x)$ une fonction de x qui augmente indéfiniment en valeur absolue quand x tend vers x_1 par des valeurs moindres que x_1, mais qui, dans tout intervalle limité par un nombre donné $a < x_1$, d'une part, et, de l'autre, par un nombre quelconque b compris entre a et x_1, est continue et admet une dérivée $f'(x)$; il existe une suite infinie de nombres

$$\xi_1, \xi_2, \ldots, \xi_n, \ldots$$

compris entre a et x_1 et ayant x_1 pour limite, telle que la valeur absolue de $f'(\xi_n)$ grandisse indéfiniment avec n.

Soit en effet

$$A_1, A_2, \ldots A_n, \ldots$$

une suite infinie de nombres positifs croissants et telle que A_n augmente indéfiniment avec n.

Soit

$$a_1, a_2, \ldots, a_n, \ldots$$

une suite infinie de nombres croissants compris tous entre a et x_1, admettant x_1 pour limite.

Soient encore A un nombre positif quelconque, α et x deux nombres quelconques compris entre a et x_1, on aura (§ 136)

$$\frac{f(x) - f(\alpha)}{x - \alpha} = f'(\xi),$$

en désignant par ξ un nombre compris entre α et x; or, pour satisfaire à l'inégalité

$$|f'(\xi)| > A,$$

il suffira de supposer

$$|f(x)| > A(x_1 - a) + |f(\alpha)|;$$

il existe d'ailleurs certainement un nombre x qui permet de satisfaire à cette inégalité, puisque la valeur absolue de $f(x)$ augmente indéfiniment quand x s'approche de x_1.

Désignons en général par ξ_n le nombre trouvé pour ξ, en prenant dans le calcul précédent

$$\alpha = a_n, \quad A = A_n,$$

on aura

$$a_n < \xi_n < x_1,$$
$$|f'(\xi_n)| > A_n,$$

et ces deux inégalités, combinées avec les hypothèses relatives aux suites $a_1, a_2, \ldots, a_n, \ldots, A_1, A_2, \ldots, A_n, \ldots$, mettent en évidence la proposition annoncée.

Si, lorsque x tend vers x_1 par des valeurs croissantes, la dérivée $f'(x)$ finissait par croître (ou par décroître) constamment, il est clair que cette dérivée augmenterait indéfiniment, par des valeurs positives (ou négatives).

Il est clair aussi qu'on aurait un théorème analogue pour le cas où la fonction $f(x)$ augmenterait indéfiniment quand x tend vers x_1 par des valeurs plus grandes que x_1.

151. Les règles que j'ai maintenant en vue concernent la recherche de la vraie valeur d'une fraction

$$\frac{f(x)}{\varphi(x)}$$

dont le numérateur et le dénominateur s'annulent ou deviennent infinis pour une même valeur de x.

Plaçons-nous d'abord dans le premier cas, et supposons que les fonctions $f(x)$, $\varphi(x)$ soient nulles pour $x = a$, que ce nombre a appartienne à un intervalle (p, q) dans lequel les fonctions $f(x)$, $\varphi(x)$ admettent des dérivées $f'(x)$, $\varphi'(x)$, dans lequel enfin les fonctions $\varphi(x)$, $\varphi'(x)$ ne s'annulent pas, sauf pour $x = a$.

Dans ces conditions, je vais montrer que, si lorsque x tend vers a par des valeurs appartenant à l'intervalle (p, q), le rapport $\frac{f'(x)}{\varphi'(x)}$ tend vers une limite l, le rapport $\frac{f(x)}{\varphi(x)}$ tendra aussi vers cette limite.

Si, en effet, le rapport $\frac{f'(x)}{\varphi'(x)}$ tend vers l, à chaque nombre positif ε

correspondra un nombre positif η, tel que l'on ait

$$\left| \frac{f'(x)}{\varphi'(x)} - l \right| < \varepsilon$$

sous la condition que x appartienne à l'intervalle (p, q) et que l'on ait

$$0 < |x - a| < \eta.$$

Pour ces mêmes valeurs de x, on a (§ 137)

$$\frac{f(x)}{\varphi(x)} = \frac{f(x) - f(a)}{\varphi(x) - \varphi(a)} = \frac{f'(\xi)}{\varphi'(\xi)},$$

ξ étant un nombre compris entre x et a et satisfaisant donc aux inégalités

$$0 < |\xi - a| < \eta,$$

on aura donc

$$\left| \frac{f(x)}{\varphi(x)} - l \right| = \left| \frac{f'(\xi)}{\varphi'(\xi)} - l \right| < \varepsilon;$$

ainsi, à chaque nombre positif ε correspond un nombre positif η, tel que les inégalités

$$0 < |x - a| < \eta$$

entraînent l'inégalité

$$\left| \frac{f(x)}{\varphi(x)} - l \right| < \varepsilon,$$

en supposant toujours que x appartienne à l'intervalle (p, q). C'est dire (§ 79) que lorsque x tend vers a, le rapport $\frac{f(x)}{\varphi(x)}$ tend vers l.

On ne peut pas conclure de la démonstration précédente que, réciproquement, si le rapport $\frac{f(x)}{\varphi(x)}$ tend vers la limite l lorsque x tend vers a, le rapport $\frac{f'(x)}{\varphi'(x)}$ tend vers la même limite; on peut toutefois affirmer l'existence d'une suite infinie de nombres ξ_1, ξ_2, ..., ξ_n, ... appartenant à l'intervalle (p, q) et ayant pour limite le nombre a, telle que la suite infinie

$$\frac{f'(\xi_1)}{\varphi'(\xi_1)}, \quad \frac{f'(\xi_2)}{\varphi'(\xi_2)}, \ldots, \quad \frac{f'(\xi_n)}{\varphi'(\xi_n)}, \ldots$$

ait pour limite le nombre l.

En effet, si l'on considère une suite infinie de nombres $x_1, x_2, \ldots, x_n, \ldots$ appartenant à l'intervalle (p, q) et ayant a pour limite, la suite infinie

$$\frac{f(x_1)}{\varphi(x_1)}, \quad \frac{f(x_2)}{\varphi(x_2)}, \ldots, \quad \frac{f(x_n)}{\varphi(x_n)}, \ldots$$

aura pour limite le nombre l; or, à chaque nombre x_n correspond un nombre ξ_n, compris entre x_n et a, tel que l'on ait

$$\frac{f(x_n)}{\varphi(x_n)} = \frac{f'(\xi_n)}{\varphi'(\xi_n)},$$

la suite $\xi_1, \xi_2, \ldots, \xi_n, \ldots$ ainsi formée aura évidemment le nombre a pour limite et la suite dont le $n^{\text{ième}}$ terme est $\frac{f'(\xi_n)}{\varphi'(\xi_n)}$ aura pour limite l. Si, donc, le rapport $\frac{f'(x)}{\varphi'(x)}$ tend vers une limite lorsque x tend vers a, cette limite ne pourra être autre que l. Il en sera ainsi, en particulier, si les deux fonctions $f'(x)$ et $\varphi'(x)$ sont continues pour $x = a$ et si l'on a

$$\varphi'(a) \gtrless 0.$$

Au surplus, cette conséquence est contenue dans le théorème direct.

Revenons maintenant à ce théorème et à la règle qui en résulte. Il peut arriver que pour $x = a$, les termes du rapport $\frac{f'(x)}{\varphi'(x)}$ soient nuls; dans ce cas il semble qu'on n'ait rien gagné à l'application de la règle; toutefois le nouveau rapport peut être plus simple que l'ancien; il peut être plus facile d'en calculer la limite. Au surplus on peut appliquer à ce rapport la même règle qu'au précédent : si, dans l'intervalle (p, q) les fonctions $f'(x)$, $\varphi'(x)$ admettent des dérivées $f''(x)$, $\varphi''(x)$, si les fonctions $\varphi'(x)$ et $\varphi''(x)$ ne s'annulent pas pour d'autre valeur que $x = a$, si enfin le rapport $\frac{f''(x)}{\varphi''(x)}$ tend vers une limite l quand x tend vers a; le rapport $\frac{f'(x)}{\varphi'(x)}$ tendra vers la même limite, et il en sera par conséquent de même du rapport $\frac{f(x)}{\varphi(x)}$, etc.

Au surplus, si dans l'intervalle (p, q) les fonctions $f(x)$, $\varphi(x)$ admettent des dérivées d'ordre 1, 2, ..., i et sont, pour $x = a$, nulles ainsi que leurs dérivées jusqu'à l'ordre $i - 1$, si les fonctions $\varphi(x)$, $\varphi'(x)$, ..., $\varphi^{(i)}(x)$ ne s'annulent pas pour d'autre valeur que $x = a$, la suite d'égalités, obtenues par l'application répétée du théorème du paragraphe 137,

$$\frac{f(x)}{\varphi(x)} = \frac{f'(\xi)}{\varphi'(\xi)} = \frac{f'(\xi) - f'(a)}{\varphi'(\xi) - \varphi'(a)} = \frac{f''(\xi')}{\varphi''(\xi')} = \frac{f'''(\xi'')}{\varphi'''(\xi'')}$$
$$= \dots = \frac{f^{(i)}(\xi^{(i-1)})}{\varphi^{(i)}(\xi^{(i-1)})},$$

où les nombres $\xi, \xi', \xi'', \dots, \xi^{(i-1)}$ sont compris entre x et a, met directement en évidence cette proposition : si le rapport

$$\frac{f^{(i)}(x)}{\varphi^{(i)}(x)},$$

lorsque x tend vers a, tend vers une limite l, le rapport $\frac{f(x)}{\varphi(x)}$ tend vers la même limite.

Si l'on considère par exemple le rapport

$$\frac{x - \sin x}{x^3},$$

dont le numérateur et le dénominateur s'annulent pour $x = 0$, on voit, en appliquant la règle précédente, que, lorsque x tend vers zéro, il doit tendre vers la même limite que les rapports successifs

$$\frac{1 - \cos x}{3x^2}, \quad \frac{\sin x}{6x}, \quad \frac{1}{6};$$

la limite du dernier rapport est évidemment $\frac{1}{6}$, telle est donc la vraie valeur cherchée.

Supposons maintenant que pour $x = a$ les deux termes du rapport

$$\frac{f(x)}{\varphi(x)}$$

soient infinis.

Je supposerai qu'on cherche la limite de ce rapport lorsque x tend vers a par des valeurs plus petites que a; l'analyse serait toute pareille si l'on supposait que x tendît vers a par des valeurs plus grandes que a.

Je suppose qu'à chaque nombre positif A, quelque grand qu'il soit, corresponde un nombre positif η tel que les inégalités

$$0 < a - x < \eta$$

entraînent les inégalités

$$|f(x)| > \mathrm{A}, \quad |\varphi(x)| > \mathrm{A}.$$

Je suppose en outre qu'il existe un nombre $p < a$ tel que dans tout intervalle limité d'une part par le nombre p, de l'autre par un nombre quelconque compris entre p et a, les fonctions $f(x)$, $\varphi(x)$ admettent des dérivées $f'(x)$, $\varphi'(x)$ et que, enfin, dans un pareil intervalle les fonctions $f(x)$, $\varphi(x)$, $f'(x)$, $\varphi'(x)$ ne s'annulent jamais; je ne considérerai d'ailleurs que des valeurs de x comprises entre p et a.

Dans ces conditions, on peut énoncer le théorème suivant :

Si lorsque x tend vers a, par des valeurs comprises entre p et a, le rapport $\frac{f'(x)}{\varphi'(x)}$ tend vers une limite l, il en est de même du rapport $\frac{f(x)}{\varphi(x)}$.

Soit, en effet, ε un nombre positif arbitraire, d'après l'hypothèse relative au rapport $\frac{f'(x)}{\varphi'(x)}$, il existe un nombre α compris entre p et a tel que la différence

$$\frac{f'(x)}{\varphi'(x)} - l$$

soit en valeur absolue moindre que ε pour toutes les valeurs de la variable qui satisfont aux inégalités

(1) $$\alpha \leqq x < a$$

Soit x une quelconque de ces valeurs, on aura (§ 137)

$$\frac{f(x)}{\varphi(x)} \frac{1-\frac{f(\alpha)}{f(x)}}{1-\frac{\varphi(\alpha)}{\varphi(x)}} = \frac{f(x)-f(\alpha)}{\varphi(x)-\varphi(\alpha)} = \frac{f'(\xi)}{\varphi'(\xi)},$$

ξ étant un nombre compris entre α et x, qui, par conséquent, mis à la place de x, vérifie les inégalités (1), en sorte que les membres des égalités précédentes peuvent être représentés par $l+\varepsilon'$, en désignant par ε' un nombre dont la valeur absolue est moindre que ε.

D'autre part, comme $f(x)$ et $\varphi(x)$ grandissent indéfiniment en valeur absolue quand x tend vers a, il existe un nombre β compris entre α et a tel que, sous la condition

$$\beta \leqq x < a, \tag{2}$$

la différence

$$\frac{1-\frac{f(\alpha)}{f(x)}}{1-\frac{\varphi(\alpha)}{\varphi(x)}} - 1$$

soit, en valeur absolue, moindre que ε; si donc x vérifie les inégalités (2), on peut poser

$$\frac{1-\frac{f(\alpha)}{f(x)}}{1-\frac{\varphi(\alpha)}{\varphi(x)}} = 1+\varepsilon'',$$

en désignant par ε'' un nombre dont la valeur absolue est moindre que ε; dès lors, sous la condition (2), on aura

$$\frac{f(x)}{\varphi(x)} = \frac{l+\varepsilon'}{1+\varepsilon''}$$

la différence entre cette quantité et l, à savoir

$$\frac{\varepsilon'-\varepsilon'' l}{1+\varepsilon''},$$

est moindre en valeur absolue que

$$\frac{\varepsilon(1+l')}{1-\varepsilon},$$

où l' désigne la valeur absolue de l; or il est clair que la quantité positive $\frac{\varepsilon(1+l')}{1-\varepsilon}$ peut être supposée plus petite que tel nombre positif θ que l'on voudra; il suffit en effet de prendre

$$0<\varepsilon<\frac{\theta}{1+l'+\theta};$$

on est donc parvenu à cette conclusion : à chaque nombre positif θ correspond un nombre $\beta < a$, tel que les inégalités

$$\beta \leqq x < a$$

entraînent l'inégalité

$$\left|\frac{f(x)}{\varphi(x)}-l\right|<\theta.$$

C'est dire que le rapport $\frac{f(x)}{\varphi(x)}$ tend vers l quand x tend vers a.

On montrerait sans peine que, réciproquement, si le rapport $\frac{f(x)}{\varphi(x)}$ tend vers une limite l lorsque x tend vers a, il existe une suite infinie de nombres $\xi_1, \xi_2, \ldots, \xi_n, \ldots$ plus petits que a, ayant a pour limite, telle que la suite infinie

$$\frac{f'(\xi_1)}{\varphi'(\xi_1)},\quad \frac{f'(\xi_2)}{\varphi'(\xi_2)},\ \ldots,\quad \frac{f'(\xi_n)}{\varphi'(\xi_n)},\ \ldots$$

ait pour limite l.

Revenons maintenant à la règle qui résulte du théorème direct; il ne semble pas qu'il y ait grand avantage à l'appliquer à la recherche de la limite d'un rapport $\frac{f(x)}{\varphi(x)}$ dont les deux termes deviennent infinis pour $x=a$, puisque, en vertu du paragraphe précédent, il en est généralement ainsi des termes du rapport $\frac{f'(x)}{\varphi'(x)}$; mais ce rapport peut se présenter sous une forme plus simple, qui permette d'obtenir la vraie valeur cherchée.

Soit par exemple, en désignant par n un nombre positif, la fraction

$$\frac{\left(\frac{1}{x}\right)^n}{e^{\frac{1}{x}}},$$

dont les deux termes augmentent indéfiniment quand x tend vers zéro par des valeurs positives; pour en obtenir la vraie valeur, on est amené à chercher celle de

$$\frac{-n\left(\frac{1}{x}\right)^{n-1}\frac{1}{x^2}}{-e^{\frac{1}{x}}\frac{1}{x^2}} = n\frac{\left(\frac{1}{x}\right)^{n-1}}{e^{\frac{1}{x}}};$$

on a diminué d'une unité l'exposant de $\frac{1}{x}$; en continuant de la même façon on arrivera à le rendre nul ou négatif et à s'assurer ainsi que la limite cherchée est zéro.

Il convient enfin de faire quelques remarques relatives à l'application des règles précédentes pour le calcul de la vraie valeur d'une fraction

$$\frac{f(x)}{\varphi(x)}$$

dont les deux termes, pour $x = a$, s'annulent ou deviennent infinis; si l'on voit que la fraction

$$\frac{f'(x)}{\varphi'(x)}$$

est infinie pour $x = a$, on pourra en général en conclure qu'il en est de même de la fraction proposée; en effet, si la fraction inverse $\frac{\varphi(x)}{f(x)}$ est dans les conditions où la règle est applicable, on voit qu'elle a zéro pour limite quand x tend vers a.

Si c'est pour x infini qu'on a à chercher la vraie valeur de la fraction

$$\frac{f(x)}{\varphi(x)},$$

il suffira d'y poser $x = \frac{1}{z}$ et de faire ensuite tendre z vers zéro.

On est ainsi amené, par les règles précédentes, à chercher la limite du rapport

$$\frac{-f'\left(\frac{1}{z}\right)\frac{1}{z^2}}{-\varphi'\left(\frac{1}{z}\right)\frac{1}{z^2}}=\frac{f'\left(\frac{1}{z}\right)}{\varphi'\left(\frac{1}{z}\right)}$$

quand z tend vers zéro; on a désigné par $f'\left(\frac{1}{z}\right)$, $\varphi'\left(\frac{1}{z}\right)$ ce que deviennent les dérivées $f'(x)$, $\varphi'(x)$ quand on y remplace x par $\frac{1}{z}$. Le changement de variables est évidemment inutile et il suffira de chercher la limite du rapport $\frac{f'(x)}{\varphi'(x)}$ quand x grandit indéfiniment.

Considérons par exemple, en supposant n positif, la fraction

$$\frac{x^n}{\log x}$$

dont les deux termes sont infinis pour $x = +\infty$; le rapport des dérivées de ces deux termes est nx^n, ce rapport grandit infiniment quand x augmente indéfiniment par des valeurs positives; il en est de même de la fraction proposée.

CHAPITRE VI

DES INTÉGRALES DÉFINIES.

152. Étant donnée une fonction $f(x)$ définie dans l'intervalle (a_0, a), il est naturel de se demander s'il existe une fonction $F(x)$ qui, dans le même intervalle, admette $f(x)$ pour dérivée; cette fonction, si elle existe, est dite fonction *primitive* de la fonction $f(x)$.

Il est aisé de trouver toutes les fonctions qui sont finies dans l'intervalle (a_0, a) et qui y admettent $f(x)$ pour dérivée, si l'on en connaît une $F(x)$: soit en effet $\Phi(x)$ l'une quelconque des fonctions cherchées; dans l'intervalle (a_0, a), la dérivée de la fonction finie $\Phi(x) - F(x)$ sera constamment nulle; cette fonction (§§ 140, 136, 135) sera donc une constante C, et l'on aura

$$\Phi(x) = F(x) + C.$$

Réciproquement si C désigne une constante quelconque, il est clair que la dérivée de la fonction $F(x) + C$ sera la même que la dérivée de la fonction $F(x)$. On a donc le théorème suivant :

Si, dans l'intervalle (a_0, a), la fonction $F(x)$ est finie et admet pour dérivée la fonction $f(x)$, toute fonction qui, dans ce même intervalle, sera finie et aura $f(x)$ pour dérivée s'obtiendra en ajoutant à $F(x)$ une constante; toute fonction ainsi formée aura d'ailleurs $f(x)$ pour dérivée.

Si l'on connaît une fonction $F(x)$ qui admette $f(x)$ pour dérivée, on déterminera sans peine une fonction qui jouisse de cette propriété et qui, pour une valeur x_0 de x appartenant à l'intervalle (a_0, a), prenne une valeur déterminée F_0 : cette fonction sera de la forme $F(x) + C$ et l'on déterminera la constante C par la condition

$$F(x_0) + C = F_0,$$

en sorte que la fonction cherchée sera

$$F(x) + F_0 - F(x_0).$$

Toutes les fonctions primitives de la fonction

$$A_0 x^m + A_1 x^{m-1} + \dots + A_{m-1} x + A_m,$$

où les A désignant des constantes, s'obtiennent en ajoutant une constante arbitraire à la fonction

$$\frac{A_0 x^{m+1}}{m+1} + \frac{A_1 x^m}{m} + \dots + A_{m-1}\frac{x^2}{2} + A_m x.$$

Je me contenterai d'énoncer les résultats qui suivent; ce sont des conséquences immédiates des paragraphes 128, 130 : les fonctions e^x, a^x, $\sin x$, $\cos x$ admettent pour fonctions primitives les fonctions e^x, $\frac{a^x}{\log a}$, $-\cos x$, $\sin x$; dans tout intervalle dont les limites sont des nombres positifs, la fonction x^m, où m est une constante autre que -1, admet pour fonction primitive $\frac{x^{m+1}}{m+1}$, la fonction $x^{-1} = \frac{1}{x}$ admet pour fonction primitive la fonction $\log x$.

Les exemples qui précèdent ne nous apprennent rien sur la réponse à la question posée au début : étant donnée une fonction $f(x)$ définie dans un intervalle (a_0, a), existe-t-il une fonction $F(x)$ dont la dérivée soit, dans cet intervalle, égale à $f(x)$? La solution de cette question dépend de l'étude de certaines sommes dans lesquelles le nombre des éléments augmente indéfiniment tandis que ces éléments décroissent indéfiniment et qui, sous des conditions qu'on précisera plus tard, tendent vers des limites. La considération de pareilles sommes s'introduit tout naturellement, en géométrie, lorsqu'on cherche à évaluer l'aire d'une courbe ou la longueur d'un arc; je les définirai, dans le paragraphe suivant, en restant au point de vue de la pure analyse.

153. Soient a_0, a deux nombres quelconques, a_0 étant le plus petit des deux; soit $f(x)$ une fonction dont on suppose seulement, pour le moment, qu'elle est finie (§ 74) dans l'intervalle (a_0, a), on dit que cette fonction est intégrable dans l'intervalle (a_0, a) s'il existe un nombre J jouissant de la propriété suivante :

A chaque nombre positif ε correspond un nombre positif η tel que, si l'on partage l'intervalle (a_0, a) en intervalles partiels d'une étendue moindre que η,

$$(a_0, a_1), \quad (a_1, a_2), \ldots, \quad (a_{n-1}, a),$$

la différence entre le nombre J et la somme

$$(a_1 - a_0) f_1 + (a_2 - a_1) f_2 + \ldots + (a - a_{n-1}) f_n,$$

où $f_1, f_2, \ldots, f_n$ désignent des nombres respectivement compris entre les limites supérieures et inférieures de la fonction $f(x)$ dans les intervalles

$$(a_0, a_1), \quad (a_1, a_2), \ldots, \quad (a_{n-1}, a)$$

et pouvant atteindre ces limites, soit en valeur absolue moindre que ε.

Je vais établir diverses formes sous lesquelles on peut mettre la condition nécessaire et suffisante à laquelle doit satisfaire la fonction $f(x)$ dans l'intervalle (a_0, a) pour que le nombre J existe; on y parviendra par un mode de raisonnement qui est, au fond, identique à celui du paragraphe 78; l'importance de la règle donnée par Cauchy pour qu'une suite infinie admette une limite apparaîtra ainsi encore une fois.

J'observerai d'abord, pour éviter toute confusion, que la somme considérée

$$(a_1 - a_0) f_1 + (a_2 - a_1) f_2 + \ldots + (a - a_{n-1}) f_n$$

n'est pas complètement déterminée quand on se donne le mode de décomposition de l'intervalle (a_0, a) en intervalles partiels

$$(a_0, a_1), \quad (a_1, a_2), \ldots, \quad (a_{n-1}, a),$$

puisque les quantités $f_1, f_2, \ldots, f_n$ sont seulement assujetties à être comprises respectivement entre les limites inférieures et supérieures m_1 et M_1, m_2 et M_2, ..., m_n et M_n de la fonction $f(x)$ dans ces intervalles; l'une quelconque de ces sommes sera dite somme relative au mode de décomposition $(a_0, a_1, \ldots, a_{n-1}, a)$ de l'intervalle (a_0, a); toutes ces sommes, puisque les quantités $a_1 - a_0$, $a_2 - a_1$, ...,

$a - a_{n-1}$ sont positives (ou nulles) sont comprises entre

$$(a_1 - a_0)\, m_1 + (a_2 - a_1)\, m_2 + \ldots + (a - a_{n-1})\, m_n$$

et

$$(a_1 - a_0)\, \mathrm{M}_1 + (a_2 - a_1)\, \mathrm{M}_2 + \ldots + (a - a_{n-1})\, \mathrm{M}_n;$$

elles peuvent d'ailleurs atteindre ces limites qui seront dites, l'une somme inférieure, l'autre somme supérieure, relatives au mode de décomposition considéré.

Ces définitions posées, supposons que le nombre J existe; donnons-nous le nombre positif ε, et faisons-lui correspondre comme il a été expliqué le nombre positif η; si l'on désigne par S, S' deux sommes quelconques relatives à deux modes de décomposition où les intervalles aient tous une étendue moindre que η, on aura

$$|\mathrm{S} - \mathrm{J}| < \varepsilon, \quad |\mathrm{S}' - \mathrm{J}| < \varepsilon,$$
$$|\mathrm{S} - \mathrm{S}'| = |(\mathrm{S} - \mathrm{J}) - (\mathrm{S}' - \mathrm{J})| < 2\,\varepsilon;$$

si donc le nombre J existe, à chaque nombre positif ε_i devra correspondre un nombre positif η_i tel que la différence entre deux sommes quelconques relatives à deux modes quelconques de décomposition pour lesquels les intervalles sont moindres que η_i soit, en valeur absolue, moindre que ε_i. Réciproquement, je suppose réalisée cette dernière condition, et je vais démontrer l'existence du nombre J.

Soit

$$(1) \qquad \varepsilon_1, \quad \varepsilon_2, \ldots, \quad \varepsilon_i, \ldots,$$

une suite infinie de nombres positifs décroissants ayant zéro pour limite; soit en général η_i un nombre positif correspondant à ε_i, c'est à dire tel que la différence entre deux sommes quelconques relatives à des modes de décomposition pour lesquels les intervalles partiels sont tous d'étendue moindre que η_i, soit, en valeur absolue, assurément moindre que ε_i; comme on peut toujours remplacer le nombre η_i par un nombre positif plus petit, rien n'empêche de supposer, comme je le ferai désormais, que les nombres de la suite infinie

$$(2) \qquad \eta_1, \quad \eta_2, \ldots, \quad \eta_i, \ldots,$$

vont en décroissant. A chaque nombre η_i de cette suite faisons correspondre une somme S_i, prise parmi celles qui sont relatives à un mode de décomposition pour lequel les intervalles partiels sont tous d'étendue moindre que η_i; on formera ainsi une suite infinie

$$(3) \qquad S_1, \quad S_2, \ldots, \quad S_i, \ldots$$

qui sera convergente : en effet, si on se donne un nombre positif quelconque ε', on pourra trouver dans la suite (1) un terme $\varepsilon_i < \varepsilon'$; si l'on désigne par p, q deux entiers positifs quelconques plus grands que i, on aura

$$\eta_p < \eta_i, \qquad \eta_q < \eta_i;$$

les intervalles des modes de décomposition auxquels se rapportent les sommes S_p, S_q étant moindres que η_i, on a

$$| S_p - S_q | < \varepsilon_i < \varepsilon'$$

sous les seules conditions

$$p > i, \quad q > i.$$

La suite (3) étant convergente (§ 34), soit J sa limite.

L'inégalité évidente

$$| S_p - J | \leqq | S_p - S_q | + | S_q - J |,$$

où l'on suppose p, q supérieurs à i, et où, par conséquent, $| S_p - S_q |$ est inférieur à ε_i, montre, en supposant que p reste fixe et que q grandisse indéfiniment, en sorte que $| S_q - J |$ tende vers sa limite zéro, que l'on a

$$| S_p - J | \leqq \varepsilon_i < \varepsilon'$$

sous la seule condition $p > i$.

Soit enfin Σ une somme quelconque relative à n'importe quel mode de décomposition pour lequel les intervalles partiels soient tous d'étendue moindre que η_i on aura, en désignant toujours par p un nombre égal ou supérieur à i

$$| \Sigma - S_p | < \varepsilon_i < \varepsilon'$$

et, par suite,

$$| \Sigma - J | < | \Sigma - S_p | + | S_p - J | < 2\,\varepsilon'.$$

En résumé, si l'on se donne le nombre positif ε, il suffira de prendre $\varepsilon' = \frac{\varepsilon}{2}$, de déterminer η_i comme il a été expliqué, de prendre enfin η_i pour le nombre η que l'on veut faire correspondre à ε; et l'on sera assuré que la différence entre le nombre J et toute somme relative à un mode de décomposition dans lequel les intervalles ont une étendue inférieure à η est moindre que ε.

Voici donc une première forme sous laquelle on peut mettre la condition nécessaire et suffisante pour l'existence du nombre J :

I. Pour que la fonction $f(x)$, finie dans l'intervalle (a_0, a) soit intégrable dans cet intervalle, il faut et il suffit qu'à chaque nombre positif ε corresponde un nombre positif η tel que la différence entre deux sommes relatives à deux modes de décomposition soit moindre que ε, sous la seule condition que, dans l'un et l'autre mode, les intervalles partiels soient tous d'étendue moindre que η.

Ceci posé, afin de transformer la condition (I), il est utile d'avoir une limite de la différence entre deux sommes relatives au même mode de décomposition ou à deux modes différents de l'intervalle (a_0, a).

Observons tout d'abord que si on désigne par m et M les limites inférieure et supérieure de la fonction $f(x)$ dans l'intervalle (a_0, a) et, comme plus haut, par m_1 et M_1, m_2 et M_2, ..., m_n et M_n, les limites inférieures et supérieures de la même fonction dans les intervalles partiels

$$(a_0, a_1), \quad (a_1, a_2) \ldots, \quad (a_{n-1}, a),$$

on aura

$$(a_1 - a_0)\,m_1 + (a_2 - a_1)\,m_2 + \ldots + (a - a_{n-1})\,m_n \geqq (a - a_0)\,m,$$
$$(a_1 - a_0)\,M_1 + (a_2 - a_1)\,M_2 + \ldots + (a - a_{n-1})\,M_n \leqq (a - a_0)\,M.$$

Considérons en effet la première inégalité : puisque les quantités $a_1 - a_0$, $a_2 - a_1$, ..., $a - a_{n-1}$ sont toutes positives ou nulles, la somme qui figure dans le premier membre ne peut que diminuer quand on remplace toutes les quantités m_1, m_2, ..., m_n par la plus petite d'entre elles, qui est égale à m; or ce premier membre devient alors égal à $(a - a_0)\,m$. Un raisonnement semblable s'applique à la seconde inégalité. On a déjà fait observer que toute somme relative au mode de décomposition $(a_0, a_1, \ldots, a)$ de l'intervalle (a_0, a) était comprise entre les deux sommes considérées, désignées sous le nom de sommes inférieure et supérieure relatives au mode de décomposition considéré. La différence entre deux sommes quelconques relatives à ce mode de décomposition est au plus égale, en valeur absolue, à

$$(a_1 - a_0)(M_1 - m_1) + (a_2 - a_1)(M_2 - m_2) + \ldots$$
$$+ (a_n - a_{n-1})(M_n - m_n),$$

et, *à fortiori*, au plus égale à $(a - a_0)(M - m)$.

Supposons maintenant qu'on considère un second mode de décomposition, obtenu en subdivisant les intervalles partiels (a_0, a_1), (a_1, a_2), ..., (a_{n-1}, a); les éléments de toute somme relative au second mode de décomposition pourront se grouper de la façon suivante : d'abord, les éléments qui correspondent aux intervalles partiels dans lesquels on a décomposé l'intervalle (a_0, a_1); leur somme est, en vertu de la remarque précédente, comprise entre $(a_1 - a_0)m_1$ et $(a_1 - a_0)M_1$; puis les éléments qui correspondent aux intervalles qui proviennent de la décomposition de l'intervalle (a_1, a_2); leur somme est comprise entre $(a_2 - a_1)m_2$ et $(a_2 - a_1)M_2$, etc.; enfin les éléments qui correspondent aux intervalles qui proviennent de la décomposition de l'intervalle (a_{n-1}, a), dont la somme est comprise entre $(a - a_{n-1})m_n$ et $(a - a_{n-1})M_n$; en résumé, on voit que la somme considérée est comprise entre les deux sommes inférieure et supérieure relatives au premier mode de décomposition; cette conclusion subsisterait évidemment quand même on aurait laissé, sans le décomposer, quelqu'un des premiers intervalles partiels.

Ces remarques faites, je vais établir la proposition suivante :

II. Pour que la fonction $f(x)$ soit intégrable dans l'intervalle (a_0, a), il faut et il suffit que, à chaque nombre positif ε corresponde un nombre positif η tel que, pour tout mode de décomposition dans lequel les intervalles partiels sont tous d'étendue inférieure à η, la différence entre les sommes supérieure et inférieure soit moindre que ε.

Que cette condition soit nécessaire, c'est ce qui résulte du théorème (I) et de ce fait que les sommes supérieure et inférieure relatives à un mode de décomposition font partie des sommes relatives à ce mode.

Pour prouver qu'elle est suffisante, je vais la supposer réalisée et en conclure que la condition (I) est aussi réalisée.

Soient donc deux modes de décomposition

$$(a_0, a_1, \ldots, a_{n-1}, a), \qquad (a_0, a'_1, \ldots, a'_{p-1}, a)$$

pour lesquels les intervalles partiels aient tous une étendue moindre que le nombre positif η, correspondant, d'après la condition (II), au nombre positif arbitrairement choisi ε; si l'on désigne par s, s' les sommes inférieures, par S, S' les sommes supérieures relatives à ces deux modes de décomposition, on aura, en vertu de l'hypothèse admise,

$$(4) \qquad S - s < \varepsilon, \qquad S' - s' < \varepsilon;$$

soient maintenant Σ, Σ' deux sommes quelconques relatives, l'une au premier mode de décomposition, l'autre au second; on aura

$$(5) \qquad \left\{ \begin{array}{l} s \leqq \Sigma \leqq S, \\ s' \leqq \Sigma' \leqq S'; \end{array} \right.$$

rangeons tous les nombres $a_0, a_1, \ldots, a_{n-1}, a'_1, a'_2, \ldots, a'_{p-1}, a$ par ordre de grandeur; il résultera de là un troisième mode de décomposition de l'intervalle (a_0, a), qui pourra être considéré comme obtenu par une subdivision ultérieure, soit des intervalles

$$(a_0, a_1) \quad (a_1, a_2), \ldots, \quad (a_{n-1}, a),$$

soit des intervalles

$$(a_0, a'_1), \quad (a'_1, a'_2), \ldots, \quad (a'_{p-1}, a).$$

Désignons par s'' et S'' les sommes inférieure et supérieure relatives à ce troisième mode de décomposition; on aura, en vertu des remarques précédentes,

$$(6) \qquad \left\{ \begin{array}{l} s \leqq s'' \leqq S'' \leqq S, \\ s' \leqq s'' \leqq S'' \leqq S'. \end{array} \right.$$

On a d'ailleurs

$$(7) \quad \Sigma - \Sigma' = (\Sigma - s) + (s - s'') + (s'' - s') + (s' - \Sigma');$$

il résulte des inégalités (4) et (5) que l'on a

$$|\Sigma - s| < \varepsilon, \qquad |s' - \Sigma'| < \varepsilon,$$

puis des inégalités (6) que l'on a

$$|s - s''| < \varepsilon, \quad |s'' - s'| < \varepsilon;$$

l'égalité (7) montre donc que l'on a

$$|\Sigma - \Sigma'| < 4\varepsilon.$$

Puisque le nombre arbitraire ε peut être remplacé par $\frac{\varepsilon}{4}$, on voit qu'à chaque nombre positif ε correspond un nombre positif η tel que la différence entre deux sommes quelconques Σ, Σ' relatives à n'importe quel mode de décomposition pour lesquels l'étendue de chaque intervalle partiel est inférieure à η soit moindre que ε; c'est la première forme que l'on a donnée à la condition nécessaire et suffisante pour l'existence du nombre J. Le théorème (II) est donc démontré.

Il suffit à établir l'existence de l'intégrale si la fonction $f(x)$ est continue, ou si elle est croissante.

Si en effet la fonction $f(x)$ est continue, au nombre positif ε correspondra un nombre positif η tel que l'oscillation de la fonction dans tout intervalle d'étendue moindre que η et contenu dans l'intervalle (a_0, a) soit moindre que ε; si donc on divise l'intervalle (a_0, a) en intervalles partiels moindres que η, la différence entre les sommes supérieure et inférieure relatives à ce mode de décomposition, ou la somme des oscillations respectivement multipliées par les étendues des intervalles partiels, sera au plus égale à la somme que l'on déduirait de cette dernière en remplaçant les oscillations par ε, c'est à dire au plus égale à $(a - a_0)\varepsilon$; comme le nombre arbitraire ε peut être remplacé par $\frac{\varepsilon}{a - a_0}$, on voit bien que la condition (II) est réalisée. Supposons maintenant que la fonction $f(x)$ soit constamment croissante dans l'intervalle (a_0, a); on peut même entendre le mot *croissante* dans un sens un peu moins restrictif que celui qui a été donné au paragraphe 80 et entendre que, quels que soient les nombres x, x' appartenant à l'intervalle (a_0, a), l'expression

$$\frac{f(x) - f(x')}{x - x'}$$

est positive ou *nulle*.

Dès lors si l'on considère un mode quelconque de décomposition $(a_0, a_1, \ldots, a_{n-1}, a)$, les sommes inférieure et supérieure relatives à ce mode de décomposition seront

$$(a_1 - a_0) f(a_0) + (a_2 - a_1) f(a_1) + \ldots + (a - a_{n-1}) f(a_{n-1}),$$
$$(a_1 - a_0) f(a_1) + (a_2 - a_1) f(a_2) + \ldots + (a - a_{n-1}) f(a)$$

et leur différence sera

$$(a_1 - a_0)[f(a_1) - f(a_0)] + (a_2 - a_1)[f(a_2) - f(a_1)] \\ + \ldots + (a - a_{n-1})[f(a) - f(a_{n-1})].$$

Comme toutes les quantités entre crochets sont positives ou nulles, on voit de suite que la somme précédente est au plus égale à celle qu'on en déduirait en remplaçant toutes les quantités $a_1 - a_0$, $a_2 - a_1, \ldots, a - a_{n-1}$ par un nombre plus grand η, c'est à dire au plus égale à $\eta\,[f(a) - f(a_0)]$; il suffira, étant donné le nombre positif ε, de prendre

$$\eta < \frac{\varepsilon}{f(a) - f(a_0)};$$

il est à peine utile de remarquer que l'on arriverait à une conclusion semblable si la fonction $f(x)$ était constamment décroissante dans l'intervalle (a_0, a).

Revenons au cas général : on peut encore transformer la seconde forme donnée à la condition nécessaire et suffisante, de façon à la rendre plus simple.

III. Pour que la fonction $f(x)$ soit intégrable dans l'intervalle (a_0, a), il faut et il suffit qu'à chaque nombre positif ε corresponde un certain mode de décomposition de l'intervalle (a_0, a) tel que la différence entre les sommes supérieure et inférieure relatives à ce mode soit moindre que ε.

On a seulement à prouver que cette condition est suffisante : pour cela, je la suppose encore réalisée.

Soit $(a_0, a_1, \ldots, a_{n-1}, a)$ un mode de décomposition tel que l'on ait

$$(a_1 - a_0)\,\delta_1 + (a_2 - a_1)\,\delta_2 + \ldots + (a - a_{n-1})\,\delta_n < \varepsilon,$$

en désignant par $\delta_1, \delta_2, \ldots, \delta_n$ les oscillations dans les intervalles partiels; soit η un nombre positif plus petit que le plus petit des nombres

$$a_1 - a_0, \quad a_2 - a_1, \ldots, \quad a - a_{n-1};$$

considérons un second mode de décomposition $(a_0, a'_1, \ldots, a'_{p-1}, a)$ de l'intervalle (a_0, a) dans lequel tous les intervalles partiels soient moindres que η, et enfin, comme plus haut, un troisième mode de décomposition $(a_0, a''_1 \ldots, a''_{q-1}, a)$, où $a_0, a''_1, \ldots, a''_{q-1}$, sont les nombres $a_0, a_1, \ldots, a_{n-1}, a'_1, a''_1, \ldots, a'_{p-1}, a$ rangés par ordre de grandeur; désignons encore par s, s', s'' les sommes inférieures, par S, S', S'' les sommes supérieures relatives aux trois modes de décomposition, on aura toujours

$$s \leqq s'' \leqq S'' \leqq S,$$
$$s' \leqq s'' \leqq S'' \leqq S';$$

chaque intervalle partiel $(a_0, a'_1), (a'_1, a'_2), \ldots, (a'_{p-1}, a)$ étant plus petit que η contiendra au plus l'un des nombres $a_0, a_1, \ldots, a_{n-1}, a$. Imaginons qu'on ait écrit explicitement les différences $S' - s'$, $S'' - s''$; chacune sera la somme des produits obtenus en multipliant les étendues des intervalles par les oscillations correspondantes; chaque intervalle du second mode qui ne contient aucun des nombres $a_1, a_2, \ldots, a_{n-1}$ se retrouve dans le troisième; à ces intervalles correspondent des termes identiques dans $S' - s'$ et $S'' - s''$; un intervalle du second mode tel que (a'_i, a'_{i+1}) qui contient l'un des nombres a_j $(j = 1, 2, \ldots, n-1)$ est remplacé dans le troisième mode par les deux intervalles $(a'_i, a_j), (a_j, a'_{i+1})$; le terme de $S' - s'$,

$$(a'_{i+1} - a'_i)\,\delta'_{i+1},$$

où δ'_{i+1}, est l'oscillation de la fonction dans l'intervalle (a'_i, a'_{i+1}), est remplacé dans $S'' - s''$ par la somme

$$(a_j - a_i)\,\delta'' + (a'_{i+1} - a_j)\,\delta''',$$

somme au plus égale à $(a'_{i+1} - a'_i)\delta'_{i+1}$, puisque les oscillations δ'', δ''' de la fonction dans les intervalles $(a'_i, a_j)\,(a_j, a'_{i+1})$ ne peuvent dépasser δ'_{i+1}. La différence entre $S' - s'$ et $S'' - s''$ qui provient de là est donc moindre que $(a'_{i+1} - a'_i)\delta'_{i+1}$ et, *à fortiori,* moindre que $\eta\Delta$, en désignant par Δ l'oscillation de la fonction dans l'intervalle (a_0, a);

on a donc

$$S' - s' - (S'' - s'') < (n-1)\Delta\eta;$$

comme on a d'ailleurs

$$S'' - s'' \leqq S - s < \varepsilon,$$

on aura

$$S' - s' < \varepsilon + (n-1)\Delta\eta,$$

sous la seule condition que chaque intervalle du second mode de décomposition ait une étendue moindre que η. Que l'on prenne par exemple

$$\eta \leqq \frac{\varepsilon}{(n-1)\Delta}$$

et la différence $S' - s'$ sera sûrement inférieure à 2ε; ainsi à chaque nombre positif arbitraire 2ε correspond un nombre positif η tel que la différence entre les sommes supérieure et inférieure relatives à n'importe quel mode de décomposition dans lequel les intervalles ont tous une étendue moindre que η soit plus petite que 2ε. Le théorème (III) se ramène donc au théorème (II).

La forme (III) de la condition nécessaire et suffisante pour que la fonction $f(x)$ soit intégrable dans l'intervalle (a_0, a) est équivalente à celle qu'a donnée Riemann, qui le premier a résolu la question que l'on vient de traiter [1].

Si l'on se reporte à l'expression

$$(a_1 - a_0)\,\delta_1 + (a_2 - a_1)\,\delta_2 + \ldots + (a - a_{n-1})\,\delta_n$$

de la différence entre les sommes supérieure et inférieure relatives au mode de décomposition $(a_0, a_1, \ldots, a_{n-1}, a)$, et si l'on désigne par K un nombre positif quelconque, par α la somme des étendues des intervalles partiels pour lesquels l'oscillation est supérieure ou égale à K, on voit de suite que la différence entre les sommes supérieure et inférieure relatives à ce mode de décomposition est comprise entre αK et $(a - a_0)K + \alpha\Delta$, en appelant Δ l'oscillation de la fonction dans l'intervalle total (a_0, a) : l'oscillation dans chaque intervalle partiel est en effet au plus égale à Δ.

---

(1) *Sur la possibilité de représenter une fonction par une série trigonométrique.* (*Bulletin des sciences mathématiques et astronomiques*, 1re série, t. V, p. 35; *Werke*, p. 226.)

IV. Il résulte de là que, pour que la fonction finie $f(x)$ soit intégrable dans l'intervalle (a_0, a), il faut et il suffit qu'à chaque couple de nombres positifs K', α' réponde un mode de décomposition tel que la somme des étendues des intervalles partiels pour lesquels l'oscillation est égale ou supérieure à K' soit moindre que α'.

La condition est nécessaire : en effet, supposons donnés les nombres α', K'; soit ε un nombre positif arbitraire; si la fonction est intégrable, il y a un mode de décomposition pour lequel la différence entre les deux sommes supérieure et inférieure est moindre que ε; il faut donc, en désignant par α la somme des étendues des intervalles où les oscillations sont supérieures ou égales à K', que l'on ait

$$\alpha \mathrm{K}' < \varepsilon,$$

et, par suite, en prenant $\varepsilon = \alpha' \mathrm{K}'$,

$$\alpha < \alpha'.$$

La condition est suffisante, car si elle est réalisée, si l'on se donne le nombre ε et que l'on prenne

$$\mathrm{K}' = \frac{\varepsilon}{2(a - a_0)}, \qquad \alpha' = \frac{\varepsilon}{2\Delta},$$

il y aura un mode de décomposition pour lequel la différence entre les sommes supérieure et inférieure sera moindre que

$$(a - a_0)\mathrm{K}' + \alpha'\Delta = \varepsilon \text{ (1)}.$$

Le nombre J dont on a démontré l'existence sous des conditions précises imposées à la fonction $f(x)$, nombre qui dépend de cette fonction et de l'intervalle (a_0, a), est ce que l'on appelle une *intégrale définie*. On le représente par le symbole

$$\mathrm{J} = \int_{a_0}^{a} f(x)\, dx$$

que l'on énonce somme depuis a_0 jusqu'à a de $f(x)\,dx$; le symbole dx

---

(1) M. Darboux (*Mémoire sur les fonctions discontinues*, p. 64) a montré que, étant donnée une fonction quelconque $f(x)$ finie dans l'intervalle (a_0, a), les sommes supérieure et inférieure tendent toujours vers des limites lorsque l'on décompose l'intervalle (a_0, a) en un nombre infiniment grand d'intervalles infiniment petits; quand ces deux limites sont égales, la fonction est intégrable dans l'intervalle (a_0, a).

est mis là pour garder la trace des intervalles partiels $a_1 - a$, $a_2 - a_1$, ..., $a - a_{n-1}$. On peut, si l'on veut, supposer tous ces intervalles égaux à

$$\Delta x = \frac{a - a_0}{n}$$

et regarder J comme la limite, pour n infini, de la quantité

$$\Delta x \left\{ f(x) + f(x + \Delta x) + f(x + 2\Delta x) + \ldots + f[x + (n-1)\Delta x] \right\}.$$

Dans la définition de l'intégrale définie, on a supposé la *limite inférieure* a_0 plus petite que la *limite supérieure* a; supposant toujours $a_0 < a$, on convient de définir la valeur du symbole

$$\int_a^{a_0} f(x)\, dx$$

par l'égalité

$$\int_a^{a_0} f(x)\, dx = -\int_{a_0}^{a} f(x)\, dx;$$

si l'on avait $a_0 = a$, on regarderait les deux membres de l'égalité précédente comme nuls.

154. En se reportant à la définition de l'intégrale définie et aux conditions qu'implique cette définition, on apercevra sans peine la vérité des propositions qui suivent.

Si une fonction $f(x)$, finie dans l'intervalle (a_0, a), est intégrable dans cet intervalle, il en sera de même d'une fonction $F(x)$ égale à la fonction $f(x)$ pour toutes les valeurs de x appartenant à l'intervalle (a_0, a), sauf quelques valeurs en nombre limité, et l'on a

$$\int_{a_0}^{a} f(x)\, dx = \int_{a_0}^{a} F(x)\, dx;$$

si, en effet, pour les deux fonctions $f(x)$, $F(x)$ on considère par exemple deux sommes supérieures relatives à un même mode de décomposition, on voit que les éléments de ces deux sommes ne peuvent différer que pour les intervalles partiels auxquels appartiennent des valeurs de x qui rendent différentes les deux fonctions $f(x)$, $F(x)$; la différence entre les deux sommes peut donc être supposée aussi petite qu'on le veut, puisque ces intervalles sont en nombre limité; le même raisonnement s'applique à deux sommes inférieures relatives au même mode de décomposition, etc.

Si une fonction $f(x)$, finie dans l'intervalle (a_0, a) est intégrable dans cet intervalle, elle est intégrable dans tout intervalle (b_0, b) contenu dans l'intervalle (a_0, a).

Si, en effet, on considère un mode de décomposition de l'intervalle (a_0, a) tel que b_0, b fassent partie des nombres qui limitent les intervalles partiels, on voit que la différence entre les sommes supérieure et inférieure pour l'intervalle (b_0, b) sera inférieure ou égale à la différence entre les sommes supérieure et inférieure pour l'intervalle (a_0, a).

Si b appartient à l'intervalle (a_0, a), on a

$$\int_{a_0}^{a} f(x)\,dx = \int_{a_0}^{b} f(x)\,dx + \int_{b}^{a} f(x)\,dx.$$

Réciproquement une fonction $f(x)$ intégrable dans deux intervalles contigus (a_0, b), (b, a) est intégrable dans l'intervalle (a_0, a), et l'égalité précédente a toujours lieu; cette égalité subsiste lorsque l'on a $a_0 < a < b$, pourvu que la fonction $f(x)$ soit intégrable dans l'intervalle (a_0, b); elle équivaut en effet alors à l'égalité

$$\int_{a_0}^{b} f(x)\,dx = \int_{a_0}^{a} f(x)\,dx + \int_{a}^{b} f(x)\,dx.$$

Elle a lieu, en général, quel que soit l'ordre dans lequel sont rangés les nombres a_0, a, b, pourvu que la fonction soit intégrable dans l'intervalle limité par le plus petit et le plus grand de ces trois nombres.

Si, étant donnée une fonction $f(x)$ dans un intervalle (a_0, a), on peut décomposer cet intervalle en intervalles partiels tels que dans chacun d'eux la fonction soit, ou continue, ou constante, ou croissante, ou décroissante, la fonction sera susceptible d'intégration dans l'intervalle (a_0, a) et l'intégrale définie relative à cet intervalle sera la somme des intégrales relatives aux intervalles partiels.

155. Si $f(x)$ et $\varphi(x)$ sont des fonctions susceptibles d'intégration dans l'intervalle (a_0, a), on voit de suite que, en désignant par A et B des constantes quelconques, la fonction

$$A f(x) + B \varphi(x)$$

est aussi susceptible d'intégration dans le même intervalle et que l'on a

$$\int_{a_0}^{a} [A f(x) + B \varphi(x)]\, dx = A \int_{a_0}^{a} f(x)\, dx + B \int_{a_0}^{a} \varphi(x)\, dx.$$

Si les deux fonctions $f(x)$, $\varphi(x)$ sont finies et intégrables dans l'intervalle (a_0, a), il en est de même de la fonction $f(x) \times \varphi(x)$.

Supposons en effet que, dans un même intervalle, les limites inférieures des deux fonctions $f(x)$, $\varphi(x)$ soient respectivement m, μ et leurs oscillations d, δ; on aura, en désignant par x et x' deux valeurs quelconques appartenant à cet intervalle,

$$f(x) = m + hd, \qquad f(x') = m + h' d,$$
$$\varphi(x) = \mu + \eta\delta, \qquad \varphi(x') = \mu + \eta' \delta,$$

h, h', η, η' étant des nombres qui appartiennent à l'intervalle $(0, 1)$; on en déduit

$$f(x) \times \varphi(x) - f(x') \times \varphi(x') = (h - h')\, \mu d + (\eta - \eta')\, m\delta$$
$$+ (h\eta - h'\eta')\, d\delta;$$

si donc on désigne par A un nombre positif supérieur aux valeurs absolues de m et μ, on voit que, dans l'intervalle considéré, l'oscillation de la fonction $f(x) \times \varphi(x)$ sera moindre que

$$A(d + \delta) + d\delta;$$

ceci posé, considérons un mode de décomposition $(a_0, a_1, \ldots, a_{n-1}, a)$ de l'intervalle (a_0, a) : soient $d_1, d_2, \ldots, d_n, \delta_1, \delta_2, \ldots, \delta_n$ les oscillations respectives des fonctions $f(x)$ et $\varphi(x)$ dans les intervalles partiels (a_0, a_1), (a_1, a_2), ..., (a_{n-1}, a); si A est un nombre auquel les valeurs absolues des fonctions $f(x)$, $\varphi(x)$ restent inférieures dans l'intervalle (a_0, a), la somme Σ des oscillations de la fonction $f(x) \times \varphi(x)$ dans les intervalles (a_0, a_1), (a_1, a_2), ..., (a_{n-1}, a), respectivement multipliées par les étendues de ces intervalles, sera moindre que

$$(a_1 - a_0)[A(d_1 + \delta_1) + d_1\delta_1] + (a_2 - a_1)[A(d_2 + \delta_2) + d_2\delta_2] \\ + \ldots + (a - a_{n-1})[A(d_n + \delta_{n-1}) + d_n\delta_n];$$

dès lors, si ε désigne un nombre positif arbitraire, on peut, puisque les fonctions $f(x)$, $\varphi(x)$ sont intégrables dans l'intervalle (a_0, a), supposer le mode de décomposition tel que l'on ait

$$(a_1 - a_0)d_1 + (a_2 - a_1)d_2 + \ldots + (a - a_{n-1})d_n < \varepsilon,$$
$$(a_1 - a_0)\delta_1 + (a_2 - a_1)\delta_2 + \ldots + (a - a_{n-1})\delta_n < \varepsilon;$$

si donc on désigne par B un nombre positif égal ou supérieur à l'oscillation de la fonction $\varphi(x)$ dans l'intervalle total (a_0, a), au moins égal par conséquent à chacun des nombres $\delta_1, \delta_2, \ldots, \delta_n$, on aura

$$\Sigma < (2A + B)\varepsilon,$$

puisque ε est arbitraire, et que les nombres A et B sont fixes, on voit que le mode de décomposition peut être supposé tel que la différence Σ entre deux sommes supérieure et inférieure soit moindre que tel nombre que l'on voudra; la fonction $f(x) \times \varphi(x)$ est donc intégrable dans l'intervalle (a_0, a).

On démontrera d'une façon analogue que si $\varphi(x)$ est une fonction finie et intégrable dans l'intervalle (a_0, a), et dont la valeur absolue reste supérieure à un nombre positif A, la fonction $\dfrac{1}{\varphi(x)}$ sera intégrable dans le même intervalle.

156. La définition de l'intégrale définie permet, lorsqu'on se donne la fonction à intégrer et les limites de l'intégrale, d'obtenir des valeurs approchées de l'intégrale définie, mais ce n'est que dans des cas très particuliers qu'elle fournit la valeur exacte de cette intégrale; je me contenterai de citer l'exemple suivant (1) :

---

(1) Cet exemple est tiré des *Vorlesungen über die Theorie der bestimmten Integrale* de M. Ferdinand Meyer, ouvrage rédigé d'après un cours professé par Lejeune-Dirichlet; la valeur de l'intégrale considérée a été donnée par Poisson (*Journal de l'École polytechnique*, 17e cahier, p. 617).

Soit, en désignant par α un nombre quelconque différent de un en valeur absolue,

$$J = \int_0^\pi \log(1 - 2\alpha \cos x + \alpha^2)\, dx.$$

La fonction $\log(1 - 2\alpha \cos x + \alpha^2)$ étant continue dans l'intervalle considéré, elle est intégrable, et l'on a par définition

$$J = \lim_{n=\infty} \frac{\pi}{n} \sum_{i=0}^{i=n-1} \log\left(1 - 2\alpha \cos \frac{i\pi}{n} + \alpha^2\right)$$

$$= \lim_{n=\infty} \frac{\pi}{n} \log \prod_{i=0}^{i=n-1} \left(1 - 2\alpha \cos \frac{i\pi}{n} + \alpha^2\right);$$

mais, en vertu d'une identité bien connue, on a

$$\prod_{i=0}^{i=n-1} \left(1 - 2\alpha \cos \frac{i\pi}{n} + \alpha^2\right) = \frac{(\alpha^{2n} - 1)(\alpha - 1)}{\alpha + 1},$$

on aura donc

$$J = \lim_{n=\infty} \frac{\pi}{n} \left[\log \frac{1-\alpha}{1+\alpha} + \log(1 - \alpha^{2n})\right],$$

ou

$$J = \lim_{n=\infty} \frac{\pi}{n} \left[\log \frac{\alpha - 1}{\alpha + 1} + \log(\alpha^{2n} - 1)\right],$$

suivant que α sera, ou non, compris entre -1 et $+1$; dans le premier cas, J est manifestement nul; dans le second cas, l'identité

$$\log(\alpha^{2n} - 1) = n \log \alpha^2 + \log\left(1 - \frac{1}{\alpha^{2n}}\right)$$

montre que J a pour valeur $\pi \log \alpha^2$.

On aperçoit bien que c'est grâce à une circonstance très particulière que l'on a pu parvenir au résultat final. On va voir comment le calcul d'une intégrale définie se relie à la recherche de la fonction primitive d'une fonction donnée et comment ainsi ce calcul peut être effectué dans des cas très généraux.

157. Si $f(x)$ est une fonction finie susceptible d'intégration dans l'intervalle (a_0, a), l'intégrale

$$\int_{a_0}^{a} f(x)\,dx$$

est comprise, ainsi qu'on l'a vu (§ 153), entre les nombres $m(a - a_0)$ et $M(a - a_0)$ en désignant par m et M les limites inférieure et supérieure de la fonction $f(x)$ dans l'intervalle (a_0, a). Soit maintenant x un nombre quelconque appartenant à cet intervalle, l'intégrale

$$\int_{a_0}^{x} f(x)\,dx$$

aura un sens (§ 154); elle peut être considérée comme une fonction de x définie dans l'intervalle (a_0, a); elle est d'ailleurs comprise entre les nombres

$$m(x - a_0) \quad \text{et} \quad M(x - a_0),$$

elle est donc *finie* (§ 74) dans l'intervalle (a_0, a); elle y est aussi *continue* (§ 75) : en effet, si l'on désigne par x et $x + h$ deux nombres appartenant à l'intervalle (a_0, a), on aura (§ 154)

$$\int_{a_0}^{x+h} f(x)\,dx - \int_{a_0}^{x} f(x)\,dx = \int_{x}^{x+h} f(x)\,dx$$

et le second membre est compris entre mh et Mh; sa valeur absolue est au plus égale à $M\,|\,h\,|$; si donc on se donne un nombre positif quelconque ε et si on fait correspondre à ce nombre ε le nombre positif $\eta = \frac{\varepsilon}{M}$, on voit que la différence entre deux valeurs de la fonction

$$\varphi(x) = \int_{a_0}^{x} f(x)\,dx$$

qui correspondent à deux valeurs de la variable x appartenant à l'intervalle (a_0, a) et ayant entre elles une différence moindre que η est, en valeur absolue, moindre que ε; la fonction $\varphi(x)$ est donc continue dans l'intervalle (a_0, a).

Enfin, si la fonction $f(x)$ est continue dans l'intervalle (a_0, a), la fonction $\varphi(x)$ a, dans cet intervalle, une dérivée égale à $f(x)$; en effet on a

$$\frac{\varphi(x+h)-\varphi(x)}{h}=\frac{1}{h}\int_x^{x+h} f(x)\,dx;$$

si l'on désigne par m' et M' les limites inférieure et supérieure de la fonction $f(x)$ dans l'intervalle $(x, x+h)$, l'intégrale

$$\int_x^{x+h} f(x)\,dx$$

est comprise entre $m'h$ et $M'h$, le second membre de l'égalité précédente est donc compris entre m' et M'; si la fonction $f(x)$ est continue pour la valeur considérée x de la variable, on peut affirmer qu'à chaque nombre positif ε correspond un nombre positif η tel que la différence $M'-m'$ soit moindre que ε, si la valeur absolue de h est moindre que η; puisque la valeur de $f(x)$ est comprise entre m' et M', on aura certainement, sous la même condition $|h|<\eta$,

$$\left|\frac{\varphi(x+h)-\varphi(x)}{h}-f(x)\right|<\varepsilon.$$

C'est ce qu'il fallait démontrer.

Il convient de faire en passant la remarque suivante : si l'on a

$$a_0<a_1<a_2,$$

et si $f_0(x)$, $f_1(x)$ sont deux fonctions respectivement continues dans les intervalles (a_0, a_1), (a_1, a_2), mais telles que l'on n'ait pas

$$f_0(a_1)=f_1(a_1),$$

une fonction $f(x)$, définie dans l'intervalle (a_0, a_2) par cette condition qu'elle soit, dans l'intervalle (a_0, a_1), constamment égale à $f_0(x)$, et, dans l'intervalle (a_1, a_2), constamment égale à $f_1(x)$, sauf pour la valeur $x=a_1$ qui lui fait acquérir la valeur $f(a_1)=f_0(a_1)$, sera, d'après les propositions établies dans les paragraphes 153 et 154, intégrable dans l'intervalle (a_0, a_2); dans cet intervalle, la fonction

$$\int_{a_0}^{x} f(x)\,dx$$

est une fonction continue de x; elle admet (au sens du paragraphe 126)

$f_0(x)$ pour dérivée dans l'intervalle (a_0, a_1), $f_1(x)$ pour dérivée dans l'intervalle (a_1, a_2); pour $x = a_1$, cette fonction admet $f_0(a_1)$ pour dérivée *à gauche*, $f_1(a_1)$ pour dérivée *à droite;* considérée dans tout l'intervalle (a_0, a_2) cette fonction continue n'admet pas de dérivée pour $x = a_1$. On voit bien nettement, sur cet exemple, comment, au moins pour une valeur particulière de la variable, la continuité n'implique en aucune façon l'existence de la dérivée.

On va maintenant répondre à la question posée au paragraphe 152. Étant donnée une fonction $f(x)$ continue dans l'intervalle (a_0, a), il existe une fonction $\varphi(x)$ continue et admettant $f(x)$ pour dérivée dans cet intervalle; elle est définie par l'égalité

$$\varphi(x) = \int_{a_0}^{x} f(x)\, dx.$$

Toutes les fonctions qui jouissent de la même propriété s'obtiendront en ajoutant à celle-là une constante arbitraire.

Inversement, si l'on connaît une fonction $\mathrm{F}(x)$ définie dans l'intervalle (a_0, a) et admettant $f(x)$ pour dérivée, on peut être certain qu'il existe une constante C telle que l'on ait, pour toutes les valeurs de x appartenant à l'intervalle (a_0, a),

$$\mathrm{F}(x) + \mathrm{C} = \int_{a_0}^{x} f(x)\, dx;$$

cette égalité devant subsister pour $x = a_0$, il faut que l'on ait

$$\mathrm{F}(a_0) + \mathrm{C} = 0:$$

on aura donc

$$\varphi(x) = \int_{a_0}^{x} f(x)\, dx = \mathrm{F}(x) - \mathrm{F}(a_0).$$

Par exemple on aura

$$\int_1^x \frac{dx}{x} = \log x, \qquad \int_a^x \frac{dx}{x} = \log \frac{x}{a}$$

en supposant a et x de mêmes signes;

$$\int_0^x \frac{dx}{1+x^2} = \operatorname{arc\,tg} x, \qquad \int_a^x \frac{dx}{1+x^2} = \operatorname{arc\,tg} x - \operatorname{arc\,tg} a,$$

quels que soient a et x; en donnant à arc tg x le sens précisé au paragraphe 98,

$$\int_a^x \frac{dx}{\sqrt{1-x^2}} = \text{arc sin } x - \text{arc sin } a,$$

en supposant a et x compris entre -1 et $+1$.

On désigne souvent par le symbole

$$\int f(x)\,dx$$

la fonction primitive de la fonction $f(x)$; la valeur de ce symbole n'est déterminée qu'à une constante près. On lui donne le nom d'intégrale *indéfinie*. On peut le regarder comme une intégrale *définie* dont la limite supérieure serait x et la limite inférieure arbitraire.

On écrit par exemple

$$\int \frac{dx}{1+x^2} = \text{arc tg } x, \quad \int \cos x\,dx = \sin x, \quad \text{etc. ...}$$

C'est l'objet de l'un des chapitres du calcul intégral que de faire connaître des classes très étendues de fonctions $f(x)$ dont on peut obtenir les fonctions primitives exprimées au moyen des fonctions algébriques, des fonctions e^x, $\log x$, tg x, arc tg x, ... et des combinaisons de ces fonctions; un autre problème, qui peut donner lieu à des développements indéfinis, est le suivant : des propriétés de la fonction donnée $f(x)$ déduire les propriétés de la fonction

$$\int_{a_0}^x f(x)\,dx;$$

on peut, par exemple, chercher à retrouver les propriétés de la fonction logarithmique en partant de la *définition*

$$\log x = \int_1^x \frac{dx}{x},$$

et l'on comprend comment la fonction logarithmique, si elle n'avait pas été connue avant l'invention du calcul intégral, se serait introduite d'une façon nécessaire pour répondre à cette question : quelle est la fonction dont la dérivée est $\frac{1}{x}$? la fonction logarithmique aurait ainsi conduit à la fonction e^x dont elle est la fonction inverse; on pourrait en dire autant des fonctions arc tg x et tg x, etc. On conçoit ainsi comment le problème posé au paragraphe 152 conduit inévitablement à la définition de nouvelles fonctions transcendantes. L'étude des propriétés de ces fonctions, des relations qu'elles ont entre elles ou avec les fonctions précédemment connues, a, dans ce siècle, conduit à des résultats considérables, dont il est impossible de prévoir le terme.

158. On a déjà eu plusieurs fois l'occasion de s'appuyer sur ce fait que, si l'on suppose la fonction $f(x)$ finie et susceptible d'intégration dans l'intervalle (a_0, a), l'intégrale

$$J = \int_{a_0}^{a} f(x)\,dx$$

est comprise entre $M(a - a_0)$ et $m(a - a_0)$; en désignant par M et m les limites supérieure et inférieure de la fonction $f(x)$, il est naturel de se demander si la valeur de J peut atteindre une de ces limites, la première, par exemple.

Si l'on considère un mode de décomposition quelconque $(a_0, a_1, \ldots, a_{n-1}, a)$ de l'intervalle (a_0, a), on a vu que J était compris entre les deux nombres

$$(a_1 - a_0)\,m_1 + (a_2 - a_1)\,m_2 + \ldots + (a - a_{n-1})\,m_n,$$
$$(a_1 - a_0)\,M_1 + (a_2 - a_1)\,M_2 + \ldots + (a - a_{n-1})\,M_n,$$

en désignant par $m_1, m_2, \ldots, m_n, M_1, M_2, \ldots, M_n$ les limites inférieures et supérieures de la fonction dans les intervalles partiels; puis donc que les nombres $M_1, M_2, \ldots, M_n$ sont au plus égaux à M, J ne peut être égal à

$$(a - a_0)\,M = (a - a_0)\,M + (a_2 - a_1)\,M + \ldots + (a - a_{n-1})\,M$$

que si l'on a

$$M_1 = M_2 = \ldots = M_n = M.$$

Par conséquent le nombre J ne peut être égal à $(a - a_0)M$ que dans le cas où, quels que soient les nombres différents p, q appartenant à l'intervalle (a_0, a), la fonction $f(x)$ a M pour limite supérieure dans l'intervalle (p, q); s'il en était ainsi et si l'on savait d'ailleurs que la fonction $f(x)$ est continue dans l'intervalle (a_0, a), ou que cet intervalle peut être décomposé en un nombre fini d'intervalles partiels tels que dans chacun d'eux la fonction fût, ou continue, ou croissante, ou décroissante, ou constante, on pourrait affirmer que dans l'intervalle (a_0, a) la fonction $f(x)$ est constamment égale à M.

De même pour que le nombre J fût égal à $(a - a_0)\,m$, il faudrait que, dans tout intervalle (p, q) dont les limites p, q, supposées distinctes, appartiennent à l'intervalle (a_0, a), la limite inférieure de la fonction $f(x)$ fût égale à m; si la fonction $f(x)$ était continue dans cet intervalle, ou si l'intervalle (a_0, a) pouvait être décomposé en un nombre fini d'intervalles tels que, dans chacun d'eux, la fonction $f(x)$ fût certainement ou croissante, ou décroissante, ou constante, on pourrait affirmer qu'elle est constamment égale à m.

Par conséquent, sauf dans les cas exceptionnels qui viennent d'être précisés, on peut affirmer que le nombre J est égal au produit de $a - a_0$, par un nombre μ compris entre m et M, ces limites étant exclues; si la fonction $f(x)$ est continue, il y a (§ 84) un nombre ξ appartenant à l'intervalle (a_0, a) tel que l'on ait

$$f(\xi) = \mu.$$

On peut donc écrire

$$\int_{a_0}^{a} f(x)\,dx = (a - a_0)\,f(\xi); \tag{1}$$

on peut même supposer dans ce cas le nombre ξ différent de a_0 et de a; soient en effet x' et x'' les deux nombres de l'intervalle (a_0, a) pour lesquels on a (§ 85)

$$f(x') = \mathrm{M}, \qquad f(x'') = m;$$

la fonction continue $f(x) - \mu$ étant positive pour $x = x'$, négative pour $x = x''$, s'annule pour un nombre ξ compris entre x' et x'', par conséquent compris entre a_0 et a et distinct de ces limites.

Si $\mathrm{F}(x)$ est une fonction qui, dans l'intervalle (a_0, a), admette $f(x)$ pour dérivée, on aura

$$\int_{a_0}^{a} f(x)\,dx = \mathrm{F}(a) - \mathrm{F}(a_0)$$

et l'égalité (1) deviendra

$$F(a) - F(a_0) = (a - a_0) f(\xi);$$

cette égalité exprime le théorème démontré d'une autre façon dans le paragraphe 136; mais, à la vérité, la nouvelle démonstration suppose la continuité de la dérivée $f(x)$ de la fonction $F(x)$, continuité qui n'était pas supposée dans la première démonstration.

On peut aussi établir de la même façon une formule analogue à celle du paragraphe 146; je vais le faire en suivant une méthode due à M. Darboux [1], et qui peut conduire, comme il l'a montré, à un grand nombre d'autres résultats.

Soit $\varphi(t)$ un polynôme entier en t du degré n, et $f(x)$ une fonction de x admettant des dérivées première, seconde, ..., $(n+1)^{\text{ième}}$

$$f'(x), \quad f''(x), \ldots, \quad f^{(n+1)}(x);$$

considérons la fonction de t

$$\begin{aligned}\Psi(t) = \varphi^{(n)}(t) f(x+ht) - h\varphi^{(n-1)}(t) f'(x+ht)\\ + h^2\varphi^{(n-2)}(t) f''(x+ht) + \ldots + (-1)^{n-1} h^{n-1}\varphi'(t) f^{(n-1)}(x+ht)\\ + (-1)^n h^n \varphi(t) f^n(x+ht),\end{aligned}$$

où h est une constante et où $\varphi'(t)$, $\varphi''(t)$, ..., $\varphi^{(n)}(t)$ sont les dérivées successives du polynôme $\varphi(t)$; en prenant les dérivées des deux membres par rapport à t, on trouvera après des réductions faciles

$$\Psi'(t) = (-1)^n h^{n+1}\varphi(t) f^{n+1}(x+ht).$$

On en déduira, en intégrant entre les limites zéro et un,

$$\Psi(1) - \Psi(0) = (-1)^n h^{n+1}\int_0^1 \varphi(t) f^{n+1}(x+ht)\,dt,$$

ou, en désignant le second membre par R_n et en remarquant que $\varphi^{(n)}(1)$ est égal à $\varphi^{(n)}(0)$, puisque $\varphi^{(n)}(t)$ ne dépend pas de t,

$$\begin{aligned}&\varphi^{(n)}(0)[f(x+h) - f(x)]\\ &\quad = h[\varphi^{(n-1)}(1) f'(x+h) - \varphi^{(n-1)}(0) f'(x)]\\ &\quad - h^2[\varphi^{(n-2)}(1) f''(x+h) - \varphi^{(n-2)}(0) f''(x)]\\ &\quad + \ldots\ldots\ldots\ldots\ldots\ldots\ldots\ldots\\ &\quad - (-1)^n h^n[\varphi(1) f^{(n)}(x+h) - \varphi(0) f^{(n)}(x)] + R_n.\end{aligned}$$

[1] *Sur les développements en série des fonctions d'une seule variable* (*Journal de Liouville*, 3e série, t. II, p. 295).

Si, dans cette formule, on remplace $\varphi(t)$ par $(1-t)^n$ et que l'on divise les deux membres par $(-1)^n 1.2 \ldots n$, on aura

$$f(x+h) - f(x) = \frac{h}{1} f'(x) + \frac{h^2}{1.2} f''(x) + \ldots$$
$$+ \frac{h^n}{1.2\ldots n} f^{(n)}(x) + \frac{h^{n+1}}{1.2\ldots n} \int_0^1 (1-t)^n f^{(n+1)}(x+ht)\,dt.$$

159. Soient $\varphi(x)$ et $f(x)$ deux fonctions finies et intégrables dans l'intervalle (a_0, a); il en sera de même de leur produit; supposons que, dans cet intervalle, la première fonction $\varphi(x)$ ne soit jamais négative, ou jamais positive, on aura

$$\int_{a_0}^{a} \varphi(x) f(x)\,dx = \mu \int_{a_0}^{a} \varphi(x)\,dx,$$

en désignant par μ un nombre compris entre la limite inférieure m et la limite supérieure M de la fonction $f(x)$ dans l'intervalle (a_0, a) (1); sauf dans des cas exceptionnels, que la démonstration précisera suffisamment, on peut affirmer que le nombre μ est distinct des nombres m et M. Je supposerai, pour la démonstration, que $\varphi(x)$ ne soit jamais négative. Les fonctions

$$\varphi(x)[\mathrm{M} - f(x)], \quad \varphi(x)[f(x) - m],$$

ne sont, en vertu des hypothèses que l'on a faites, jamais négatives dans l'intervalle (a_0, a), leurs limites inférieures sont donc, ou nulles, ou positives; on a donc, d'après le théorème démontré dans le paragraphe précédent,

$$(1) \qquad \left\{ \begin{aligned} &\int_{a_0}^{a} \varphi(x)[\mathrm{M} - f(x)]\,dx \geqq 0, \\ &\int_{a_0}^{a} \varphi(x)[f(x) - m]\,dx \geqq 0; \end{aligned} \right.$$

on ne pourrait avoir le signe = dans la première inégalité que si la fonction

$$\varphi(x)[\mathrm{M} - f(x)]$$

(1) On donne souvent à ce théorème le nom de *premier théorème de la moyenne.*

avait pour limite inférieure zéro dans tout intervalle contenu dans l'intervalle (a_0, a); de même pour la seconde inégalité.

D'ailleurs les inégalités qui précèdent équivalent aux suivantes :

$$(2) \qquad m\int_{a_0}^{a} \varphi(x)\,dx \leqq \int_{a_0}^{a} \varphi(x)\,f(x)\,dx \leqq \mathrm{M}\int_{a_0}^{a} \varphi(x)\,dx,$$

qui démontrent la proposition énoncée. Si la fonction $f(x)$ est continue dans l'intervalle (a_0, a), il y aura une valeur ξ appartenant à cet intervalle pour laquelle on aura

$$f(\xi) = \mu;$$

et l'on pourra écrire

$$\int_{a_0}^{a} \varphi(x)\,f(x)\,dx = f(\xi)\int_{a_0}^{a} \varphi(x)\,dx.$$

S'il y a un intervalle contenu dans l'intervalle (a_0, a) dans lequel la fonction $\varphi(x)$ ait une limite inférieure autre que zéro et dans lequel la fonction continue $f(x)$ ne soit pas constante, on peut affirmer que le nombre ξ est différent de a_0 et de a. Dans ce cas, en effet, il y aura un intervalle contenu dans l'intervalle considéré dans lequel les fonctions $\mathrm{M} - f(x)$, $f(x) - m$ ne s'annuleront pas et resteront supérieures à un certain nombre positif; il en sera de même du produit de ces fonctions par $\varphi(x)$; en sorte que le signe $=$ devra être exclu des inégalités (1) ou (2); d'ailleurs si l'on désigne par x', x'' les valeurs appartenant à l'intervalle (a_0, a) pour lesquelles on a

$$f(x') = \mathrm{M}, \qquad f(x'') = m,$$

les inégalités (2) équivalent à dire que la fonction continue de x

$$f(x)\int_{a_0}^{a} \varphi(x)\,dx - \int_{a_0}^{a} \varphi(x)\,f(x)\,dx$$

(où les intégrales doivent être regardées comme des constantes), est positive pour $x = x'$, négative pour $x = x''$; cette fonction s'annule donc pour un nombre ξ compris entre x' et x'', distincts de ces nombres et par conséquent de a_0 et de a.

Si l'on se reporte, par exemple, à l'expression considérée à la fin du dernier paragraphe,

$$\int_{0}^{1} (1-t)^n\,f^{(n+1)}(x+ht)\,dt,$$

on voit que cette expression, si la fonction de t, $f^{(n+1)}(x+ht)$, est continue dans l'intervalle (0, 1), peut s'écrire

$$f^{n+1}(x+\theta h)\int_0^1 (1-t)^n\,dt = \frac{1}{n+1}f^{(n+1)}(x+\theta h),$$

θ étant un nombre compris entre zéro et un; en multipliant cette quantité par $\frac{h^n}{1.2\ldots n}$, on retrouve l'expression du reste de la série de Taylor, donnée par Lagrange.

Considérons encore l'expression

$$J = \int_0^x \frac{dx}{\sqrt{(1-x^2)(1-k^2x^2)}},$$

où la constante k^2 est supposée plus petite que un et où la limite supérieure x de l'intégrale est un nombre positif plus petit que un; on aura, en désignant par ξ un nombre compris entre zéro et x,

$$J\sqrt{1-k^2\xi^2} = \text{arc}\sin x,$$

et par conséquent

$$\sin\left(J\sqrt{1-k^2}\right) < x < \sin J.$$

160. Au théorème qui fait l'objet du paragraphe précédent se rattache une autre proposition, un peu plus cachée, à laquelle on donne habituellement le nom de second théorème de la moyenne [1]; elle repose sur le lemme d'Abel établi au paragraphe 70.

---

[1] Ce théorème est dû à M. O. Bonnet qui l'a énoncé sous la forme suivante :
« Si l'intégrale définie

$$\int_a^x f(x)\,dx,$$

dans laquelle $f(x)$ est une fonction finie quelconque, reste comprise entre les limites A et B quand x varie de a à b, l'intégrale

$$\int_a^x f(x)\,\varphi(x)\,dx,$$

dans laquelle $\varphi(x)$ est une fonction toujours positive, et croissante ou constante lorsque x croît, reste comprise pour les mêmes valeurs de x entre $A\varphi(a)$ et $B\varphi(a)$. » (*Mémoire sur la théorie générale des suites*, dans les *Mémoires couronnés et Mémoires des Savants étrangers publiés par l'Académie royale de Belgique*; t. XXIII, p. 8.) M. Bonnet fait

Je ferai d'abord la remarque suivante : Soit $f(x)$ une fonction finie et intégrable de la variable x dans l'intervalle (a_0, a); soit $(a_0, a_1, \ldots, a_{n-1}, a)$ un mode de décomposition de l'intervalle (a_0, a) en intervalles partiels: désignons par $f_0, f_1, \ldots, f_{n-1}, f_n$ les valeurs de la fonction $f(x)$ pour les valeurs $a_0, a_1, \ldots, a_{n-1}, a$ attribuées à la variable x; la somme

$$(a_1 - a_0) f_0 + (a_2 - a_1) f_1 + \ldots + (a - a_{n-1}) f_{n-1}$$

sera une valeur approchée de l'intégrale

$$\int_{a_0}^{a} f(x)\, dx,$$

et l'erreur commise en substituant la somme à l'intégrale sera au plus égale à la somme δ des oscillations de la fonction $f(x)$ dans les intervalles partiels (a_0, a_1), (a_1, a_2), ..., (a_{n-1}, a) respectivement multipliées par les étendues $a_1 - a_0$, $a_2 - a_1$, ..., $a - a_{n-1}$ de ces intervalles; de même les quantités

$$\begin{array}{l}(a_1 - a_0) f_0,\\ (a_1 - a_0) f_0 + (a_2 - a_1) f_1,\\ \ldots\ldots\ldots\ldots\ldots\ldots\ldots\ldots\\ (a_1 - a_0) f_0 + (a_2 - a_1) f_1 + \ldots + (a_i - a_{i-1}) f_{i-1}\end{array}$$

pourront être prises pour des valeurs approchées des quantités

$$\int_{a_0}^{a_1} f(x)\, dx, \quad \int_{a_0}^{a_2} f(x)\, dx, \quad \ldots, \quad \int_{a_0}^{a_i} f(x)\, dx$$

et, pour chacune d'elles, l'erreur sera moindre que δ; si donc on désigne par A_0 et A deux nombres tels que l'on ait, pour toute valeur de x appartenant à l'intervalle (a_0, a),

$$A_0 \leqq \int_{a_0}^{x} f(x)\, dx \leqq A,$$

reposer la démonstration sur le lemme d'Abel. Les transformations de cet énoncé que l'on trouvera dans le texte sont dues à M. Weierstrass; elles ont été publiées par M. du Bois-Reymond (*Journal de Crelle*, t. LXIX, p. 65 et suivantes). On peut consulter aussi sur ce sujet une intéressante lettre de M. Kronecker à M. Mansion (*Mathesis*, t. V, p. 99). On verra dans les remarques relatives à l'énoncé que l'illustre algébriste se place à un point de vue très différent de celui qui a été adopté dans cet ouvrage.

on peut affirmer que les quantités

$$s_i = (a_1 - a_0) f_0 + (a_2 - a_1) f_1 + \dots + (a_i - a_{i-1}) f_{i-1}$$
$$(i = 1, 2, \dots, n)$$

sont toutes comprises entre $A_0 - \delta$ et $A + \delta$; enfin, je rappelle que, si ε est un nombre positif arbitrairement donné, on peut supposer le mode de décomposition $(a_0, a_1, \dots, a_{n-1}, a)$ tel que l'on ait $\delta < \varepsilon$.

Ceci posé, soit $\varphi(x)$ une fonction de la variable x qui, dans l'intervalle (a_0, a), ne soit jamais négative, qui, en outre, soit décroissante ou constante; j'entends par là que, quelles que soient les valeurs x, x' appartenant à l'intervalle (a_0, a), on doit avoir

$$\varphi(x) \geqq 0, \quad \frac{\varphi(x) - \varphi(x')}{x - x'} \leqq 0;$$

la fonction $f(x)\,\varphi(x)$ sera intégrable dans l'intervalle (a_0, a) (§ 155).

Si, tout en conservant les notations précédemment adoptées, on désigne par $\varphi_0, \varphi_1, \dots, \varphi_{n-1}$ les valeurs de la fonction $\varphi(x)$ pour les valeurs $a_0, a_1, \dots, a_{n-1}$ attribuées à la variable x, la somme

$$S = (a_1 - a_0) f_0 \varphi_0 + (a_2 - a_1) f_1 \varphi_1 + \dots + (a - a_{n-1}) f_{n-1} \varphi_{n-1},$$

sera une valeur approchée de l'intégrale

$$J = \int_{a_0}^{a} f(x)\,\varphi(x)\,dx,$$

et le mode de décomposition $(a_0, a_1, \dots, a_{n-1}, a)$ peut être supposé tel que les conditions précédemment imposées, relatives à la fonction $f(x)$, soient vérifiées et que l'erreur commise dans l'évaluation de la dernière intégrale soit moindre que ε. Dès lors les quantités φ_0, $\varphi_1, \dots, \varphi_{n-1}$ étant toutes positives (ou nulles) et formant une suite décroissante, et les quantités $s_0, s_1, \dots, s_{n-1}$ étant toutes comprises entre $A_0 - \varepsilon$ et $A + \varepsilon$, la quantité S sera comprise entre

$$\varphi_0 (A_0 - \varepsilon) \quad \text{et} \quad \varphi_0 (A + \varepsilon),$$

ainsi qu'il résulte (§ 70) de l'identité

$$S = \varphi_0 s_1 + \varphi_1 (s_2 - s_1) + \dots + \varphi_{n-1} (s_n - s_{n-1})$$
$$= s_1 (\varphi_0 - \varphi_1) + s_2 (\varphi_1 - \varphi_2) + \dots + s_{n-1} (\varphi_{n-2} - \varphi_{n-1}) + s_n \varphi_{n-1},$$

dans le dernier membre de laquelle toutes les quantités

$$\varphi_0 - \varphi_1, \quad \varphi_1 - \varphi_2, \dots, \quad \varphi_{n-2} - \varphi_{n-1}, \quad \varphi_{n-1}$$

sont positives ou nulles; mais les inégalités

$$\varphi_0 (A_0 - \varepsilon) < S < \varphi_0 (A + \varepsilon),$$
$$S - \varepsilon < J < S + \varepsilon,$$

entraînent les suivantes :

$$\varphi_0 A_0 - \varepsilon (\varphi_0 + 1) < J < \varphi_0 A + \varepsilon (\varphi_0 + 1);$$

et, comme ε peut être pris aussi petit que l'on veut, il faut que l'on ait

$$\varphi_0 A_0 \leqq J \leqq \varphi_0 A;$$

c'est la proposition que j'avais en vue. En résumé si, dans l'intervalle (a_0, a), la fonction $f(x)$ est finie et intégrable; si, dans le même intervalle, la fonction $\varphi(x)$ n'est jamais négative et, en outre, décroissante ou constante (dans le sens précisé plus haut), on aura

$$(1) \qquad \varphi(a_0) A_0 \leqq \int_{a_0}^{a} f(x) \varphi(x)\, dx \leqq \varphi(a_0) A,$$

en désignant par A_0 et A deux nombres tels que l'on ait, quelle que soit la valeur de x appartenant à l'intervalle (a_0, a),

$$A_0 \leqq \int_{a_0}^{a} f(x)\, dx \leqq A.$$

On pourra prendre en particulier pour A_0 et A les limites inférieure et supérieure (§ 74) de la fonction de x,

$$\int_{a_0}^{x} f(x)\, dx,$$

définie et continue (§ 157) dans l'intervalle (a_0, a). Ces limites sont atteintes pour des valeurs de x appartenant à cet intervalle (§ 85).

Les inégalités (1) donnent lieu à la remarque suivante : si la fonction $\varphi(x)$ n'est pas continue pour la valeur $x = a_0$ qui, dans l'énoncé du théorème comme dans la démonstration, est supposée plus petite que a, cette fonction, lorsque le nombre x tend vers a_0 par des valeurs décroissantes, tend vers une limite, puisque, dans ces conditions, elle ne décroît jamais et reste toujours inférieure ou égale à $\varphi(a_0)$; désignons, en adoptant une notation employée par Lejeune-Dirichlet, cette limite par $\varphi(a_0 + 0)$; si la fonction $\varphi(x)$

était continue pour $x = a_0$, le symbole $\varphi(a_0 + 0)$ ne représenterait pas autre chose que $\varphi(a_0)$. Dans tous les cas, la valeur de l'intégrale

$$\int_{a_0}^{a} f(x)\,\varphi(x)\,dx$$

ne serait pas modifiée, si l'on remplaçait la fonction $\varphi(x)$ par une fonction $\Phi(x)$ égale à $\varphi(a_0 + 0)$ pour $x = a_0$, et à $\varphi(x)$ pour toutes les autres valeurs de x appartenant à l'intervalle (a_0, a); d'ailleurs la fonction $\Phi(x)$ jouirait des propriétés requises pour l'application du théorème; on peut donc substituer aux inégalités (1) les suivantes, où les nombres A_0 et A conservent les mêmes significations :

$$(2) \qquad A_0\varphi(a_0 + 0) \leqq \int_{a_0}^{a} f(x)\,\varphi(x)\,dx \leqq A\,\varphi(a_0 + 0).$$

Enfin, si A_0 et A sont les limites inférieure et supérieure de la fonction de x,

$$\int_{a_0}^{x} f(x)\,dx,$$

définie et continue dans l'intervalle (a_0, a), cette fonction doit prendre n'importe quelle valeur B appartenant à l'intervalle (A_0, A) pour une valeur ξ de x, appartenant à l'intervalle (a_0, a); on voit donc que les inégalités précédentes peuvent être remplacées par l'égalité

$$(3) \qquad \int_{a_0}^{a} f(x)\,\varphi(x)\,dx = \varphi(a_0 + 0)\int_{a_0}^{\xi} f(x)\,dx,$$

ξ étant un nombre dont on sait seulement qu'il appartient à l'intervalle (a_0, a).

M. Weierstrass a transformé ce dernier énoncé de manière à obtenir une proposition applicable à une fonction $\varphi(x)$ qui, dans l'intervalle (a_0, a) est, ou bien décroissante ou constante, ou bien croissante ou constante, c'est à dire, d'une façon plus précise, à une fonction $\varphi(x)$ telle que, quels que soient les nombres x, x' appartenant à l'intervalle (a_0, a), on ait toujours

$$\frac{\varphi(x) - \varphi(x')}{x - x'} \leqq 0,$$

ou toujours

$$\frac{\varphi(x) - \varphi(x')}{x - x'} \geqq 0.$$

Supposons en effet qu'on soit dans le premier cas, la fonction

$$\varphi(x) - \varphi(a - 0),$$

où $\varphi(a - 0)$ désigne la limite vers laquelle tend l'expression $\varphi(x)$, lorsque x tend vers a par des valeurs croissantes, sera décroissante ou constante dans l'intervalle (a_0, a) et ne sera négative pour aucune valeur de x appartenant à cet intervalle; on pourra donc lui appliquer le théorème qu'exprime l'égalité (3) et l'on aura ainsi

$$\int_{a_0}^{a} f(x)\,[\varphi(x) - \varphi(a - 0)]\,dx$$
$$= [\varphi(a_0 + 0) - \varphi(a - 0)] \int_{a_0}^{\xi} f(x)\,dx,$$

ou

$$(4)\quad \left\{ \begin{aligned} &\int_{a_0}^{a} f(x)\,\varphi(x)\,dx \\ &\qquad = \varphi(a_0 + 0)\int_{a_0}^{\xi} f(x)\,dx + \varphi(a - 0)\int_{\xi}^{a} f(x)\,dx; \end{aligned} \right.$$

ξ désigne toujours un nombre appartenant à l'intervalle (a_0, a). C'est l'égalité que j'avais en vue; elle subsisterait, si dans l'intervalle (a_0, a) la fonction $\varphi(x)$ était croissante ou constante; on le verra en remplaçant dans l'égalité (3) $\varphi(x)$ par $\varphi(a - 0) - \varphi(x)$.

On trouvera plus tard une importante application du second théorème de la moyenne à la théorie des séries trigonométriques.

161. On a supposé jusqu'ici, lorsque l'on a considéré une intégrale définie

$$\int_{a_0}^{a} \varphi(x)\,dx,$$

que, dans l'intervalle (a_0, a), la fonction $\varphi(x)$ était finie (§ 74); on peut étendre la notion d'intégrabilité à des fonctions qui ne satisfont pas à cette condition.

Soit (a_0, a) un intervalle et supposons que, quelque petit que soit le nombre positif $\varepsilon < a - a_0$, la fonction $\varphi(x)$ soit finie et intégrable dans l'intervalle $(a_0, a - \varepsilon)$; si la quantité

$$\chi(\varepsilon) = \int_{a_0}^{a-\varepsilon} \varphi(x)\, dx,$$

définie tant que l'on a $0 < \varepsilon < a - a_0$, tend vers une limite J lorsque ε tend vers zéro (par des valeurs positives), il sera naturel de regarder le nombre J comme étant, par définition, la valeur du symbole

$$\int_{a_0}^{a} \varphi(x)\, dx.$$

Cette circonstance se présentera nécessairement si la fonction $\varphi(x)$ est finie et intégrable dans l'intervalle (a_0, a), puisque alors $\chi(\varepsilon)$ est une fonction continue de ε et la nouvelle définition du symbole

$$\int_{a_0}^{a} \varphi(x)\, dx$$

coïncidera avec celle qui avait été primitivement adoptée; mais la quantité désignée par $\chi(\varepsilon)$ peut avoir une limite, lors même que la fonction $\varphi(x)$ ne serait pas finie au sens du paragraphe 74 dans l'intervalle $(a - \varepsilon, a)$, lors même qu'elle ne serait pas *définie*, ou n'aurait pas de sens pour $x = a$; on sait, par exemple, que l'on a, quel que soit le nombre x compris entre zéro et un,

$$\int_0^x \frac{dx}{\sqrt{1 - x^2}} = \text{arc sin}\, x$$

lorsque x tend vers un par des valeurs croissantes, le second membre tend vers la limite $\frac{\pi}{2}$; il en est nécessairement de même du premier, quoique la fonction $\frac{1}{\sqrt{1 - x^2}}$ grandisse indéfiniment quand x tend vers un par des valeurs croissantes et n'ait point de sens pour $x = 1$. On dira que la fonction $\frac{1}{\sqrt{1 - x^2}}$ est intégrable dans l'intervalle $(0, 1)$ et l'on écrira

$$\int_0^1 \frac{dx}{\sqrt{1 - x^2}} = \frac{\pi}{2}.$$

Ce qui vient d'être dit pour la limite supérieure a de l'intervalle s'applique à la limite inférieure a_0; on pourra écrire, par exemple,

$$\int_{-1}^{0} \frac{dx}{\sqrt{1-x^2}} = \frac{\pi}{2}.$$

Supposons maintenant que b étant un nombre compris entre a_0 et a, la fonction $\varphi(x)$, quelque petits que soient les nombres positifs ε, η, soit finie et intégrable dans les intervalles $(a_0, b-\varepsilon)$, $(b+\eta, a)$ et que la quantité

$$\chi(\varepsilon, \eta) = \int_{a_0}^{b-\varepsilon} \varphi(x)\, dx + \int_{b+\eta}^{a} \varphi(x)\, dx,$$

définie tant que l'on a

$$0 < \varepsilon < b - a_0, \qquad 0 < \eta < a - b,$$

tende vers une limite J lorsque les nombres ε, η tendent vers zéro, indépendamment l'un de l'autre, on dira que la fonction $\varphi(x)$ est intégrable dans l'intervalle (a_0, a) et l'on écrira

$$J = \int_{a_0}^{a} \varphi(x)\, dx;$$

c'est ce qui arrivera certainement si la fonction $\varphi(x)$ est finie et intégrable dans l'intervalle $(b-\varepsilon, b+\eta)$, et par conséquent dans l'intervalle (a_0, a); mais cela pourrait arriver sans que la fonction $\varphi(x)$ fût finie dans l'intervalle $(b-\varepsilon, b+\eta)$, lors même qu'elle n'aurait point de sens, ou ne serait pas définie, pour $x = b$. Par exemple, dans tout intervalle qui ne contient pas zéro, la fonction $\sqrt[3]{x}$ a pour dérivée $\frac{1}{3\sqrt[3]{x^2}}$, on en conclut, ε et η étant positifs,

$$\int_{-1}^{-\varepsilon} \frac{dx}{\sqrt[3]{x^2}} + \int_{\eta}^{+1} \frac{dx}{\sqrt[3]{x^2}} = 3\left(2 - \sqrt[3]{\varepsilon} - \sqrt[3]{\eta}\right);$$

lorsque ε et η tendent vers zéro par des valeurs positives, le second membre a pour limite le nombre 6; telle est donc aussi la limite du premier membre; la fonction $\frac{1}{\sqrt[3]{x^2}}$ qui grandit indéfiniment quand x

tend vers zéro, qui n'a pas de sens pour $x = 0$, est intégrable dans l'intervalle $(-1, +1)$ et l'on a

$$\int_{-1}^{+1} \frac{dx}{\sqrt[3]{x^2}} = 6.$$

En disant en général que $\chi(\varepsilon, \eta)$ tend vers la limite J lorsque ε, η tendent vers zéro par des valeurs positives, on entend qu'à chaque nombre positif α correspond un nombre positif α' tel que les inégalités

(1) $$0 < \varepsilon < \alpha', \quad 0 < \eta < \alpha',$$

entraînent l'inégalité

(2) $$|\chi(\varepsilon, \eta) - J| < \alpha.$$

Cette circonstance se présentera évidemment si, lorsque ε, η tendent vers zéro, les quantités

$$\chi_1(\varepsilon) = \int_{a_0}^{b-\varepsilon} \varphi(x)\,dx, \quad \chi_2(\eta) = \int_{b+\eta}^{a} \varphi(x)\,dx,$$

tendent respectivement vers des limites J_1, J_2, on aura alors

$$J = J_1 + J_2;$$

elle ne peut d'ailleurs se présenter que dans ce cas; car si l'inégalité (2) a lieu pour toutes les valeurs de ε, η qui vérifient les inégalités (1), on voit que, en désignant par ε, ε', η des nombres positifs plus petits que α', on devra avoir

$$|\chi(\varepsilon', \eta) - J| < \alpha,$$

et par suite

$$|\chi(\varepsilon', \eta) - \chi(\varepsilon, \eta)| = |\chi_1(\varepsilon') - \chi_1(\varepsilon)| < 2\alpha.$$

Cette dernière inégalité devant avoir lieu sous les seules conditions

$$0 < \varepsilon < \alpha', \quad 0 < \varepsilon' < \alpha',$$

il faut (§ 78) que la fonction $\chi(\varepsilon)$ ait une limite quand ε tend vers zéro par des valeurs positives.

Si, par exemple, en supposant toujours

$$a_0 < b < a,$$

on prend

$$\varphi(x) = \frac{1}{x-b},$$

on aura, en remarquant que $\dfrac{1}{x-b}$ est la dérivée de $\log(b-x)$ si x est plus petit que b, de $\log(x-b)$ si x est plus grand que b,

$$\int_{a_0}^{b-\varepsilon} \frac{dx}{x-b} = \log \frac{\varepsilon}{b-a_0},$$

$$\int_{b+\eta}^{a} \frac{dx}{x-b} = \log \frac{a-b}{\eta},$$

$$\int_{a_0}^{b-\varepsilon} \frac{dx}{x-b} + \int_{b+\eta}^{a} \frac{dx}{x-b} = \log \frac{a-b}{b-a_0} + \log \frac{\varepsilon}{\eta},$$

et il suffit de faire tendre ε et η vers zéro de façon que leur rapport ait pour limite un nombre positif arbitraire K pour que le second membre tende vers la limite

$$\log \frac{a-b}{b-a_0} + \log K.$$

On voit qu'il n'y a pas lieu d'attribuer un sens au symbole

$$\int_{a_0}^{a} \varphi(x)\, dx$$

quand les deux quantités désignées plus haut par $\chi_1(\varepsilon)$, $\chi_2(\eta)$ ne tendent pas vers des limites lorsque ε, η tendent vers zéro.

En me bornant toujours aux valeurs de x qui appartiennent à un intervalle (a_0, a) et b étant une de ces valeurs, je dirai d'une fonction $\varphi(x)$ qui peut n'être pas définie ou n'avoir pas de sens pour $x = b$, mais qui est définie pour les valeurs voisines qui appartiennent à l'intervalle (a_0, a), qu'elle devient infinie dans le voisinage de b si à chaque couple de nombres positifs A, α, dont le premier peut être aussi grand et le second aussi petit qu'on le veut, correspond une valeur x appartenant à l'intervalle (a_0, a) telle que l'on ait à la fois

$$|x-b| < \alpha, \qquad |\varphi(x)| > A \text{ [1]}.$$

---

[1] Il sera facile au lecteur de prouver, en employant un mode de raisonnement analogue à celui du paragraphe 77, que si une fonction est définie pour toutes les valeurs de x qui appartiennent à l'intervalle (a_0, a) et ne devient infinie dans le voisinage d'aucune valeur appartenant à cet intervalle, cette fonction est finie dans l'intervalle (a_0, a), au sens du paragraphe 74.

Si une fonction $\varphi(x)$ est définie pour toutes les valeurs de x appartenant à l'intervalle (a_0, a) sauf, peut-être, pour un nombre limité de ces valeurs, si elle ne devient infinie qu'aux environs d'un nombre limité de valeurs de x appartenant à l'intervalle, si enfin elle est finie [1] et intégrable dans tout intervalle contenu dans (a_0, a) et auquel n'appartient aucune des valeurs de x aux environs desquelles la fonction devient infinie, il est clair qu'on pourra étendre à cette fonction les considérations développées au début de ce paragraphe et chercher si elle est, ou non, intégrable dans l'intervalle (a_0, a). Comme dans le cas où la fonction ne devient infinie qu'aux environs d'une seule valeur de x, on ramènera le problème, en décomposant l'intervalle (a_0, a) en un nombre suffisant d'intervalles partiels, au cas où la fonction ne devient infinie qu'aux environs soit de la limite supérieure, soit de la limite inférieure de l'intégrale. Les raisonnements étant les mêmes pour les deux limites, je ne considérerai que la limite supérieure.

162. Soit donc $\varphi(x)$ une fonction qui, quelque voisin du nombre a que soit le nombre ξ compris entre $a_0 < a$ et a, soit finie et intégrable dans l'intervalle (a_0, ξ), il s'agit, en supposant que la fonction $\varphi(x)$ devienne infinie aux environs de $x = a$, de reconnaître si l'intégrale

$$\Phi(\xi) = \int_{a_0}^{\xi} \varphi(x)\,dx$$

tend vers une limite lorsque ξ tend vers a par des valeurs croissantes.

C'est un problème qui est de la même nature que celui qui consiste à reconnaître si une série donnée est convergente ou non.

On remarquera d'abord que rien n'empêche, quand on cherche à répondre à la question posée, de substituer au nombre a_0 un nombre fixe quelconque compris entre a_0 et a, mais distinct de a.

Le théorème du paragraphe 78 fournit ensuite immédiatement la règle suivante :

Pour que l'intégrale proposée ait une limite, il faut et il suffit qu'à chaque nombre positif α corresponde un nombre positif $a' < a$, tel

---

[1] En vertu de la note précédente la condition qu'exprime l'épithète *finie* est impliquée par celles qui précèdent.

que les inégalités

$$a' < x < x' < a$$

entraînent l'inégalité

$$\left| \int_x^{x'} \varphi(x)\, dx \right| < \alpha;$$

mais l'application de cette règle générale est souvent malaisée et il ne sera pas inutile de donner des règles particulières qui, dans des cas assez étendus, permettent de trancher la question.

Supposons que la fonction $\varphi(x)$ puisse être mise sous la forme $f(x) \times \psi(x)$, $f(x)$ étant une fonction finie et intégrable dans l'intervalle (a_0, a) et $\psi(x)$ étant une fonction qui, quelque voisin de a que soit le nombre ξ compris entre a_0 et a, soit finie, intégrable, positive (ou nulle), dans l'intervalle (a_0, ξ), qui enfin devienne infinie aux environs de $x = a$; le premier théorème de la moyenne fournira l'inégalité

$$\left| \int_{a_0}^{\xi} f(x)\, \psi(x)\, dx \right| < \mathrm{A} \int_{a_0}^{\xi} \psi(x)\, dx$$

en désignant par A un nombre positif auquel la valeur absolue de $f(x)$ reste inférieure ou égale dans l'intervalle (a_0, a). Supposons en outre que l'intégrale

$$\int_{a_0}^{\xi} \psi(x)\, dx$$

reste inférieure à un nombre fixe quand ξ tend vers a par des valeurs croissantes; on voit d'abord que cette dernière intégrale tendra vers une limite, puisque, la fonction $\psi(x)$ étant essentiellement positive (ou nulle), l'intégrale augmente avec sa limite supérieure. On voit aussi que, dans les mêmes conditions, l'intégrale proposée

$$\int_{a_0}^{\xi} \varphi(x)\, dx$$

reste, lorsque ξ s'approche de a, inférieure en valeur absolue à un nombre fixe. Si la fonction $f(x)$ n'était jamais négative, au moins à partir d'une certaine valeur de $x < a$, cela suffirait à prouver que l'intégrale proposée tend vers une limite, puisque, alors, elle irait en augmentant avec sa limite supérieure ; la même conclusion subsisterait si la fonction $f(x)$ n'était jamais positive, elle subsiste d'ailleurs dans tous les cas ; si, en effet, ξ et $\xi' > \xi$ désignent des nombres compris entre a_0 et a, le même théorème de la moyenne fournit l'inégalité

$$(3) \qquad \left| \int_{\xi}^{\xi'} f(x)\,\psi(x)\,dx \right| < \mathrm{A} \int_{\xi}^{\xi'} \psi(x)\,dx;$$

puisque, d'ailleurs, l'intégrale

$$\int_{a_0}^{\xi} \psi(x)\,dx$$

tend vers une limite quand ξ tend vers a par des valeurs croissantes, à chaque nombre positif $\frac{\alpha}{\mathrm{A}}$ correspondra un nombre $a' < a$ tel que l'on ait

$$\int_{\xi}^{\xi'} \psi(x)\,dx < \frac{\alpha}{\mathrm{A}},$$

sous les conditions

$$a' < \xi < \xi' < a;$$

on aura donc, à cause de l'inégalité (3), sous les mêmes conditions,

$$\left| \int_{\xi}^{\xi'} \varphi(x)\,dx \right| < \alpha,$$

ce qui, en vertu du théorème général, suffit à prouver l'existence d'une limite pour l'intégrale

$$\int_{a_0}^{\xi} \varphi(x)\,dx.$$

Supposons maintenant que, la fonction $\psi(x)$ satisfaisant toujours aux mêmes conditions, l'intégrale

$$\int_{a_0}^{\xi} \psi(x)\,dx$$

grandisse indéfiniment quand ξ tend vers a par des valeurs croissantes, s'il arrive que, a'_0 désignant un nombre fixe quelconque compris entre a_0 et a, et distinct de ce dernier nombre, la fonction

$f(x)$ dans l'intervalle (a'_0, a) conserve le même signe et reste supérieure, en valeur absolue, à un nombre positif B, le premier théorème de la moyenne fournira encore l'inégalité

$$\left| \int_{a'_0}^{\xi} f(x) \psi(x)\, dx \right| > B \int_{a'_0}^{\xi} \psi(x)\, dx,$$

qui montre clairement que le premier membre, comme le second, grandit indéfiniment quand ξ tend vers a par des valeurs croissantes, il en est de même de la valeur absolue de l'intégrale proposée

$$\int_{a_0}^{\xi} \varphi(x)\, dx.$$

On voit sans peine que, dans ce cas, le rapport

$$\frac{\int_{a_0}^{\xi} \varphi(x)\, dx}{\int_{a_0}^{\xi} \psi(x)\, dx}$$

finit par rester, lorsque ξ tend vers a par des valeurs croissantes, compris entre deux limites fixes, dont aucune n'est nulle; c'est ce que l'on exprime en disant que le numérateur devient infini comme le dénominateur; cette locution prendra un sens plus précis si $f(x)$ tend vers une limite, $f(a-0)$, différente de zéro, quand x tend vers a par des valeurs croissantes; le précédent rapport a aussi pour limite $f(a-0)$; on voit en effet tout d'abord que, dans ce cas, le numérateur augmente indéfiniment par des valeurs positives ou négatives, suivant que la quantité $f(a-0)$ est positive ou négative. Soit maintenant α un nombre positif aussi petit qu'on le voudra, on pourra lui faire correspondre un nombre $a' < a$ tel que sous les conditions

$$a' < x < a,$$

on ait

$$| f(x) - f(x-0) | < \alpha;$$

en désignant par ε un nombre positif égal ou inférieur à $a - a'$ et par ξ un nombre compris entre $a - \varepsilon$ et a, on aura, toujours en vertu du premier théorème de la moyenne

$$f(a-0)-\alpha<\frac{\displaystyle\int_{a-\varepsilon}^{\xi} f(x)\,\psi(x)\,dx}{\displaystyle\int_{a-\varepsilon}^{\xi}\psi(x)\,dx}<f(a-0)+\alpha$$

d'ailleurs, une fois ε fixé comme on vient de le dire, on pourra prendre ξ assez voisin de a pour que les deux rapports

$$\frac{\displaystyle\int_{a_0}^{a-\varepsilon}\varphi(x)\,dx}{\displaystyle\int_{a-\varepsilon}^{\xi}\varphi(x)\,dx},\quad \frac{\displaystyle\int_{a_0}^{a-\varepsilon}\psi(x)\,dx}{\displaystyle\int_{a-\varepsilon}^{\xi}\psi(x)\,dx}$$

soient, en valeur absolue, moindres que α, puisque leurs dénominateurs peuvent être supposés aussi grands qu'on le veut; dès lors l'identité

$$\frac{\displaystyle\int_{a_0}^{\xi}\varphi(x)\,dx}{\displaystyle\int_{a_0}^{\xi}\psi(x)\,dx}=\frac{\displaystyle\int_{a-\varepsilon}^{\xi}\varphi(x)\,dx}{\displaystyle\int_{a-\varepsilon}^{\xi}\psi(x)\,dx}\;\frac{1+\dfrac{\displaystyle\int_{a_0}^{a-\varepsilon}\varphi(x)\,dx}{\displaystyle\int_{a-\varepsilon}^{\xi}\varphi(x)\,dx}}{1+\dfrac{\displaystyle\int_{a_0}^{a-\varepsilon}\psi(x)\,dx}{\displaystyle\int_{a-\varepsilon}^{\xi}\psi(x)\,dx}},$$

montre que le premier membre est compris entre

$$[f(a-0)+\alpha]\,\frac{1+\alpha}{1-\alpha},$$

et

$$[f(a-0)-\alpha]\,\frac{1-\alpha}{1+\alpha}.$$

Or, le nombre α pouvant être supposé assez petit pour que l'un et l'autre de ces deux nombres soient aussi voisins que l'on voudra de $f(a-0)$, la proposition énoncée est démontrée. Le lecteur ne manquera pas de rapprocher cette proposition de l'une des règles de l'Hospital (§ 151).

Les remarques précédentes permettront, dans bien des cas, de ramener le problème proposé à un problème plus simple.

Supposons, par exemple, qu'on puisse mettre la fonction sous le signe $\int$ sous la forme

$$\varphi(x) = f_1(x) + (a-x)^{-r} f_2(x),$$

$f_1(x)$ et $f_2(x)$ étant des fonctions finies et intégrables dans l'intervalle (a_0, a) et r un nombre positif, on aura

$$\int_{a_0}^{\xi} \varphi(x)\,dx = \int_{a_0}^{\xi} f_1(x)\,dx + \int_{a_0}^{\xi} (a-x)^{-r} f_2(x)\,dx;$$

on n'a pas à s'occuper de la première intégrale du second membre; quant à la seconde, si l'on applique la méthode précédente en prenant pour $\psi(x)$ la fonction positive $\frac{1}{(a-x)^r}$, on voit de suite, en partant de l'identité

$$D_x (a-x)^{-r+1} = (r-1)(a-x)^{-r},$$

valable tant que r est différent de un, que l'on a

$$\int_{a_0}^{\xi} (a-x)^{-r}\,dx = \frac{1}{r-1}\left[(a-\xi)^{1-r} - (a-a_0)^{1-r}\right];$$

si l'on a $r < 1$, le second membre tend certainement vers une limite quand ξ tend vers a par des valeurs croissantes; dans ce cas l'intégrale

$$\int_{a_0}^{a} \varphi(x)\,dx$$

a un sens; si l'on a $r > 1$ et si, dans l'intervalle (a'_0, a), la fonction $f_2(x)$ garde un signe constant et reste supérieure, en valeur absolue, à un nombre positif fixe, l'intégrale

$$\int_{a_0}^{\xi} \varphi(x)\,dx$$

grandit indéfiniment en valeur absolue quand ξ tend vers a par des valeurs croissantes; elle devient infinie comme

$$\frac{1}{(a-\xi)^{r-1}};$$

si l'on avait $r = 1$, on aurait

$$\int_{a_0}^{\xi} (a - x)^{-1}\, dx = \log \frac{a - a_0}{a - \xi};$$

si la fonction $f_2(x)$ finit encore par garder un signe constant et par rester supérieure en valeur absolue à un nombre positif fixe, l'intégrale proposée deviendra infinie comme $\log(a - x)$.

Par exemple, l'intégrale

$$\int_0^1 \frac{dx}{\sqrt{(1 - x^2)(1 - k^2 x^2)}},$$

où k^2 est un nombre plus petit que un, a un sens, puisque l'on a

$$\frac{1}{\sqrt{(1 - x^2)(1 - k^2 x^2)}} = (1 - x)^{-\frac{1}{2}} \frac{1}{\sqrt{(1 + x)(1 - k^2 x^2)}},$$

et que le facteur $(1 - x)^{-\frac{1}{2}}$ qui devient infini aux environs de $x = 1$ est affecté de l'exposant $-\frac{1}{2}$ dont la valeur absolue est moindre que un; au contraire si l'on avait $k^2 = 1$, l'intégrale proposée n'aurait pas de sens et l'intégrale

$$\int_0^x \frac{dx}{\sqrt{(1 - x^2)^2}}$$

deviendrait, quand x tend vers un par des valeurs croissantes, infinie comme $\log(1 - x)$.

L'intégrale eulérienne de première espèce

$$\int_0^1 x^{p-1} (1 - x)^{q-1}\, dx,$$

où p, q sont des nombres positifs, bien que la quantité sous le signe $\int$ devienne infinie aux limites inférieure et supérieure de l'intégrale, a un même sens, si les nombres p, q sont plus petits que un.

L'intégrale

$$\int_0^x \frac{dx}{\cos x}$$

devient infinie comme $\log\left(\frac{\pi}{2}-x\right)$ quand x tend vers $\frac{\pi}{2}$ par des valeurs croissantes; on a en effet

$$\frac{1}{\cos x}=\frac{1}{\frac{\pi}{2}-x}\,\frac{\frac{\pi}{2}-x}{\sin\left(\frac{\pi}{2}-x\right)},$$

et le second facteur a pour limite l'unité quand x tend vers $\frac{\pi}{2}$ par des valeurs croissantes; on a d'ailleurs, pour x compris entre zéro et $\frac{\pi}{2}$,

$$\int_0^x \frac{dx}{\cos x}=\log \operatorname{tg}\left(\frac{\pi}{4}+\frac{x}{2}\right).$$

On a considéré au paragraphe 156 l'intégrale

$$\int_0^\pi \log(1-2\alpha\cos x+\alpha^2)\,dx;$$

en supposant $\alpha^2 \gtrless 1$; pour $\alpha=1$, la fonction sous le signe $\int$ peut s'écrire

$$\log(1-\cos x)^2=\log 4+4\log\sin\frac{x}{2};$$

elle devient infinie pour $x=0$; mais l'identité

$$\log\sin\frac{x}{2}=x^{-r}\left(x^r\log\sin\frac{x}{2}\right),$$

où l'on suppose que r est un nombre positif quelconque plus petit que un et où le facteur qui, dans le second membre, multiplie x^{-r} a zéro pour limite quand x tend vers zéro par des valeurs positives, montre que l'intégrale proposée a un sens; en appliquant une méthode analogue à celle du paragraphe 156, on trouve

$$\int_0^\pi \log(1-\cos x)^2\,dx=-2\pi\log 2\ (^1).$$

---

(1) La comparaison à $(x-a)^{-r}$ d'une fonction $\varphi(x)$ qui devient infinie aux environs de $x=a$ ne suffit pas toujours à décider de la nature de l'intégrale $\int_{a_0}^a \varphi(x)\,dx$. On peut alors avoir recours aux critériums logarithmiques dont l'usage sera exposé à la page 318; le lecteur fera sans peine les légers changements qui permettent d'appliquer ces critériums au problème actuel, lequel, comme on le verra § 165, ne diffère pas au fond du problème traité au § 164.

163. Les résultats du paragraphe précédent montrent que l'on peut donner un sens au symbole

$$\int_{a_0}^{a} \varphi(x)\, dx,$$

lors même que dans l'intervalle (a_0, a) la fonction $\varphi(x)$ devient infinie aux environs d'un nombre limité de valeurs; cette intégrale est alors la limite d'une somme d'intégrales relatives à des intervalles partiels auxquels il faudrait, pour obtenir l'intervalle total (a_0, a), adjoindre un nombre fini d'intervalles à étendue infiniment petite. Si cette limite existe, on dira encore que la fonction $\varphi(x)$, quoiqu'elle ne soit pas finie dans l'intervalle (a_0, a), quoiqu'elle puisse ne pas être définie pour un certain nombre de valeurs, est intégrable dans l'intervalle (a_0, a).

Cette notion d'intégrabilité peut encore s'étendre; le même procédé qui a permis de passer de la notion de l'intégrale d'une fonction finie dans l'intervalle (a_0, a) à la notion de l'intégrale d'une fonction qui devient, dans cet intervalle, infinie aux environs d'un nombre limité de valeurs, permettrait de passer de cette dernière notion à la notion de l'intégrale d'une fonction qui devient infinie aux environs d'un nombre illimité de valeurs, en supposant que l'ensemble (§ 15) de ces valeurs admette un nombre fini de valeurs limites (§ 37). Cette généralisation donnerait lieu elle-même à une généralisation ultérieure; mais je ne m'étendrai pas davantage sur ce sujet.

Plusieurs des théorèmes démontrés pour les fonctions finies et intégrables dans un intervalle donné s'étendent d'eux-mêmes aux fonctions qui sont intégrables sans être finies; je me contenterai de faire remarquer que si les deux fonctions $\varphi(x)$, $\psi(x)$ sont intégrables dans l'intervalle (a_0, a) sans y être finies, on ne peut plus affirmer que leur produit soit intégrable, comme on le voit en prenant par exemple

$$a_0 = 0, \quad a = 1, \quad \varphi(x) = \psi(x) = \frac{1}{\sqrt{1-x}}.$$

164. Voici maintenant un autre problème analogue à celui qui a été traité dans le paragraphe précédent.

Soit $\varphi(x)$ une fonction de x définie pour toutes les valeurs de x supérieures à a et intégrable dans tout intervalle (a, ξ), où ξ désigne un nombre quelconque plus grand que a : lorsque ξ augmente indéfiniment par des valeurs positives, l'expression

$$\int_a^\xi \varphi(x)\,dx$$

tend-elle vers une limite ?

S'il en est ainsi, on représente cette limite par le symbole

$$\int_a^\infty \varphi(x)\,dx.$$

On remarquera d'abord que, lorsqu'on cherche à répondre à cette question, on peut remplacer la limite inférieure de l'intégrale par tel nombre que l'on voudra, plus grand que a; puis, que la proposition générale du paragraphe 78 fournit immédiatement la règle générale que voici :

Pour que l'expression

$$\int_a^\xi \varphi(x)\,dx$$

tende vers une limite lorsque ξ augmente indéfiniment par des valeurs positives, il faut et il suffit que, à chaque nombre positif α corresponde un autre nombre positif A, tel que les inégalités

$$\xi > A, \qquad \xi' > A$$

entraînent l'inégalité

$$\left| \int_\xi^{\xi'} \varphi(x)\,dx \right| < \alpha.$$

Supposons d'abord que, à partir d'une certaine valeur de x, la fonction $\varphi(x)$ conserve le même signe. On pourra alors, sans nuire à la généralité, supposer que cette fonction soit positive pour les valeurs de x plus grandes que a; s'il en est ainsi, l'intégrale

$$\int_a^\xi \varphi(x)\,dx,$$

où ξ est plus grand que a, augmentera avec ξ; ou elle augmentera indéfiniment par des valeurs positives, ou elle tendra vers une limite; pour reconnaître ce qui en est, on comparera l'intégrale proposée à une autre de même nature,

$$\int_a^\xi \psi(x)\,dx,$$

où $\psi(x)$ est aussi une fonction qui reste positive lorsque la valeur de x est supérieure à a; si l'on a, pour les valeurs de x supérieures à un certain nombre fixe,

$$\varphi(x) \leqq \psi(x),$$

et que la seconde intégrale tende vers une limite, il en sera de même de la proposée; si, au contraire, on a

$$\varphi(x) \geqq \psi(x)$$

et que la seconde intégrale augmente indéfiniment avec ξ, il en sera de même de la première.

Il sera souvent commode, pour faire la comparaison, d'étudier le rapport

$$\frac{\varphi(x)}{\psi(x)},$$

si ce rapport reste compris, pour toutes les valeurs de x supérieures à un certain nombre fixe, entre deux nombres fixes positifs et non nuls α, β, les deux intégrales auront le même caractère : toutes deux augmenteront indéfiniment avec leur limite supérieure ξ, ou tendront vers une limite; on sera certainement dans ce cas si, pour $x = +\infty$, le précédent rapport a une limite différente de zéro. Le lecteur reconnaîtra sans peine que, s'il en est ainsi, et si les deux intégrales augmentent indéfiniment avec ξ, leur rapport aura, pour $\xi = +\infty$, une limite égale à celle du rapport $\frac{\varphi(x)}{\psi(x)}$, pour $x = +\infty$. Si le même rapport, pour les valeurs de x supérieures à un certain nombre fixe, reste plus petit qu'un nombre fixe β, ce qui arrivera certainement s'il a pour limite zéro, la première intégrale tendra vers une limite si la seconde tend vers une limite. Si, enfin, le rapport $\frac{\varphi(x)}{\psi(x)}$ finit par rester plus grand qu'un nombre positif et non nul α, et si la seconde intégrale augmente indéfiniment, il en sera de même de la première.

On voit tout d'abord que l'intégrale

$$\int_a^\xi \varphi(x)\,dx$$

augmentera indéfiniment si, pour les valeurs de x supérieures à un nombre fixe, la fonction $\varphi(x)$ reste plus grande qu'un nombre fixe $\beta > 0$: en effet, l'intégrale

$$\int_a^\xi \beta\, dx = \beta(\xi - a)$$

augmente indéfiniment avec ξ; mais lors même que l'on aurait

$$\lim_{x=\infty} . \varphi(x) = 0,$$

on ne pourrait affirmer l'existence d'une limite pour l'intégrale proposée; par exemple, l'intégrale

$$\int_1^\xi \frac{dx}{x} = \log \xi$$

croît indéfiniment avec ξ.

L'intégrale la plus simple qui puisse être prise pour terme de comparaison est la suivante :

$$\int_a^\xi \frac{dx}{x^r},$$

où r est un nombre positif; elle est égale à

$$\frac{\xi^{1-r} - a^{1-r}}{1-r}$$

si r est différent de un, à $\log \frac{\xi}{a}$ si r est égal à un : elle tend vers une limite, ou augmente indéfiniment suivant que l'on a

$$r < 1, \quad \text{ou} \quad r \geqq 1;$$

on pourra donc appliquer les règles précédentes en comparant la fonction $\varphi(x)$ à la fonction $\frac{1}{x^r}$.

Considérons par exemple l'intégrale

$$\int_0^\xi \frac{f(x)}{F(x)}\, dx,$$

où $f(x)$ et $F(x)$ sont deux polynômes entiers en x et n'admettant point de diviseurs communs; je supposerai, afin que la fonction

$$\frac{f(x)}{F(x)}$$

finisse par rester positive, que les coefficients des plus hautes puissances de x dans les deux polynômes soient de même signe; pour que cette fonction soit intégrable dans un intervalle, il faut que le polynôme $F(x)$ n'admette pas de racine dans cet intervalle; pour que l'intégrale proposée ait un sens quelque grand que soit le nombre positif ξ, il faut donc que le polynôme $F(x)$ n'ait pas de racine positive. Si le degré de $f(x)$ était égal ou supérieur à celui de $F(x)$, la fonction $\frac{f(x)}{F(x)}$ finirait par rester supérieure à un nombre positif fixe et l'intégrale proposée augmenterait indéfiniment avec ξ; si le degré de $f(x)$ n'était inférieur que d'une unité à celui de $F(x)$, le rapport de $\frac{f(x)}{F(x)}$ à $\frac{1}{x}$ aurait, pour x infini, une limite différente de zéro et l'intégrale proposée deviendrait infinie comme $\log \xi$; si enfin le degré de $f(x)$ est inférieur à celui de $F(x)$ de deux unités au moins, on voit en comparant la fonction $\frac{f(x)}{F(x)}$ à $\frac{1}{x^2}$, que l'intégrale proposée a une limite pour ξ infini. En résumé, l'expression

$$\int_0^\infty \frac{f(x)}{F(x)}\,dx$$

aura un sens si le polynôme $F(x)$ n'a pas de racine positive ou nulle et si le degré de $f(x)$ est inférieur de deux unités au moins à celui de $F(x)$.

Soit encore l'expression

$$\int_a^\xi x^{p-1}\,e^{-x}\,dx,$$

où a est un nombre positif quelconque; si l'on compare l'expression $x^{p-1}\,e^{-x}$ à $\frac{1}{x^r}$, r étant un nombre quelconque plus grand que un, on sait (§ 149) que l'on a

$$\lim_{x=+\infty} \frac{x^{p-1}e^{-x}}{\frac{1}{x^r}} = 0;$$

par conséquent l'intégrale proposée tend vers une limite lorsque ξ augmente indéfiniment et l'expression

$$\int_0^\infty x^{p-1} e^{-x}\, dx$$

a un sens; il en est de même, en vertu du paragraphe 163, de l'expression

$$\int_\delta^\infty x^{p-1} e^{-x}\, dx,$$

si p est un nombre positif; on démontre que cette intégrale, dite *intégrale eulérienne de seconde espèce*, est égale à $\Gamma(p)$ (§ 125).

Lorsque la comparaison de la fonction $\varphi(x)$ à $\frac{1}{x^r}$ ne réussit pas, ce qui arrive quand le produit $x^r\varphi(x)$ augmente indéfiniment avec x pour $r \geqq 1$ et tend vers zéro pour $r < 1$, on peut employer d'autres termes de comparaison (¹), dont je vais dire quelques mots.

Si, en adoptant une notation déjà expliquée au paragraphe 68, on pose

$$\log^2 x = \log\log x,$$
$$\log^3 x = \log\log\log x,$$
$$\dots\dots\dots\dots\dots\dots$$
$$\log^m x = \log\log\dots\log x,$$

on aura, à cause de l'identité

$$\log^m x = \log\log^{m-1} x,$$

et de la règle de dérivation relative aux fonctions de fonction,

$$D_x(\log^m x) = \frac{D_x(\log^{m-1} x)}{\log^{m-1} x} = \frac{1}{x\log x\log^2 x\dots\log^{m-1} x};$$

(¹) Abel, *Œuvres*, 2ᵉ éd., t. II, p. 200.

on en conclut, en désignant par a un nombre plus grand que un,

$$\int_a^\xi \frac{dx}{x \log x \log^2 x \ldots \log^{m-1} x} = \log^m \xi - \log^m a :$$

lors donc que ξ augmente indéfiniment, le premier membre augmentera aussi indéfiniment. Il en sera de même de l'intégrale

$$\int_a^\xi \varphi(x)\, dx$$

si, pour les valeurs de x supérieures à un nombre positif fixe, le rapport

$$\frac{\varphi(x)}{x \log x \log^2 x \ldots \log^{m-1} x}$$

reste supérieur à un nombre positif fixe.

Au contraire l'identité

$$-\frac{1}{\alpha} D_x \left[\frac{1}{(\log^m x)^\alpha}\right] = \frac{1}{x \log x \log^2 x \ldots \log^{m-1} x\, (\log^m x)^{1+\alpha}},$$

où l'on suppose que α est un nombre positif, montre que l'on a

$$\int_a^\xi \frac{dx}{x \log x \log^2 x \ldots \log^{m-1} x\, (\log^m x)^{1+\alpha}} = \frac{1}{\alpha}\left[\frac{1}{(\log^m a)^\alpha} - \frac{1}{(\log^m \xi)^\alpha}\right];$$

et cette égalité prouve que le second membre tend vers la limite

$$\frac{1}{\alpha} \frac{1}{(\log^m a)^\alpha}$$

lorsque ξ augmente indéfiniment; l'expression

$$\int_a^\infty \varphi(x)\, dx$$

aura donc un sens si, pour les valeurs de x supérieures à un certain nombre fixe, le rapport

$$\frac{\varphi(x)}{x \log x \log^2 x \ldots \log^{m-1} x\, (\log^m x)^{1+\alpha}}$$

reste inférieur à un certain nombre positif fixe.

L'analogie entre ces règles et celles qui regardent la détermination de la convergence ou de la divergence d'une série à termes positifs n'a pu manquer de frapper le lecteur. Le lien qui unit les deux questions est mis en pleine lumière par la remarque suivante, qui est due à Cauchy.

Soit $\varphi(x)$ une fonction de x qui, pour toutes les valeurs de x supérieures à un certain nombre fixe a, soit positive et décroissante ou constante, en sorte que, pour toutes les valeurs de x, x' qui satisfont aux conditions

$$x' \geqq x \geqq a,$$

on ait

$$\varphi(x) \geqq \varphi(x') > 0;$$

la série

$$\varphi(1) + \varphi(2) + \ldots + \varphi(n) + \ldots$$

dont les termes finissent par être positifs sera, ou non, convergente suivant que l'intégrale

$$\int_a^\xi \varphi(x)\,dx$$

tend, ou non, vers une limite quand ξ augmente indéfiniment par des valeurs positives.

Soient en effet p, q des nombres entiers positifs plus grands que a et supposons $q > p$; si l'on divise l'intervalle (p, q) en $q - p$ intervalles égaux à l'unité,

$$(p, p+1), \quad (p+1, p+2), \ldots (q-1, q),$$

les limites supérieures de la fonction $\varphi(x)$ dans ces intervalles seront respectivement

$$\varphi(p), \quad \varphi(p+1), \ldots, \quad \varphi(q-1),$$

tandis que les limites inférieures seront

$$\varphi(p+1), \quad \varphi(p+2), \ldots, \quad \varphi(q).$$

En se reportant au paragraphe 158 et en désignant en général par s_n la somme des n premiers termes de la série proposée, en sorte que l'on ait

$$s_q - s_p = \varphi(p+1) + \varphi(p+2) + \ldots + \varphi(q),$$
$$s_{q-1} - s_{p-1} = \varphi(p) + \varphi(p+1) + \ldots + \varphi(q-1),$$

on voit que l'on aura

$$(1) \qquad s_q - s_p < \int_p^q \varphi(x)\,dx < s_{q-1} - s_{p-1}.$$

Supposons que la série proposée soit convergente, et soit S sa somme; si, p restant fixe, q augmente indéfiniment, l'intégrale

$$\int_p^q \varphi(x)\,dx$$

reste toujours inférieure à $s_{q-1} - s_{p-1}$ et par suite à $S - s_{p-1}$: donc puisqu'elle augmente avec q, elle tend vers une limite; il en est de même de l'intégrale

$$\int_a^\xi \varphi(x)\,dx$$

quand ξ augmente indéfiniment par des valeurs positives.

Réciproquement, si cette dernière intégrale a une limite L, l'intégrale

$$\int_p^q \varphi(x)\,dx$$

restera, lorsque q augmentera indéfiniment, inférieure au nombre

$$L - \int_a^p \varphi(x)\,dx;$$

il en sera de même, à cause de l'inégalité (1) de la quantité $s_q - s_p$, ce qui suffit à prouver la convergence de la série proposée.

On a dans tous les cas

$$(2) \qquad 0 < \int_p^q \varphi(x)\,dx - (s_q - s_p) < \varphi(p) - \varphi(q);$$

cette inégalité donne lieu aux remarques suivantes :

Si la série est convergente, en sorte que l'on ait certainement

$$\lim_{q=\infty} .\varphi(q) = 0,$$

on voit, en désignant par R_p le reste de la série limitée au $p^{\text{ième}}$ terme $\varphi(p)$ et en faisant croître q indéfiniment, que l'on a

$$0 < \int_p^\infty \varphi(x)\,dx - R_p < \varphi(p);$$

ainsi, en prenant pour le reste R_p de la série la valeur

$$\int_p^\infty \varphi(x)\,dx,$$

on commettra une erreur au plus égale au dernier terme conservé $\varphi(p)$.

Supposons maintenant que la série soit divergente, mais que $\varphi(x)$ n'augmente pas indéfiniment avec x; on déduit des inégalités (2) les suivantes :

$$\text{(3)} \qquad \Phi(p) < \Phi(q) < \varphi(p) - \varphi(q) + \Phi(p),$$

en représentant en général par $\Phi(n)$ la quantité

$$\int_a^n \varphi(x)\,dx - s_n,$$

où n est un nombre entier positif, plus grand que a. Ces inégalités montrent que la fonction $\Phi(n)$ augmente avec n et qu'elle n'augmente pas indéfiniment; elle tend donc, lorsque n augmente indéfiniment par des valeurs entières et positives, vers une limite.

Par exemple, l'égalité

$$\int_1^x \frac{dx}{x} = \log x,$$

jointe aux remarques précédentes, montre que la quantité

$$F(n) = 1 + \frac{1}{2} + \frac{1}{3} + \dots + \frac{1}{n} - \log n$$

tend vers une limite lorsque n augmente indéfiniment; les inégalités (1) montrent que $\log n$ est compris entre

$$\frac{1}{2} + \frac{1}{3} + \dots + \frac{1}{n}$$

et

$$1 + \frac{1}{2} + \dots + \frac{1}{n-1};$$

la quantité $F(n)$ est donc positive, plus petite que un, elle tend vers sa limite en décroissant. Cette limite est la constante d'Euler (§ 104).

Enfin les propositions que l'on vient de démontrer montrent que la série dont on obtient les termes en faisant $x = 2, 3, 4, \ldots$ dans l'expression

$$\frac{1}{x \log x \log^2 x \ldots \log^{n-1} x (\log^n x)^{1+\alpha}},$$

est convergente si α est positif, divergente si α est nul ou négatif (§ 68).

Si, dans l'intégrale

$$\int_a^\xi \varphi(x)\, dx,$$

la fonction $\varphi(x)$ ne garde point un signe constant pour les valeurs de x supérieures à un nombre fixe, les méthodes précédentes ne peuvent s'appliquer; c'est ce qui arrivera par exemple si l'on suppose

$$\varphi(x) = \sin x^2 \quad \text{ou} \quad \varphi(x) = \cos x^2;$$

on montrera toutefois, dans le paragraphe suivant, que les intégrales

$$\int_0^\infty \sin x^2\, dx, \quad \int_0^\infty \cos x^2\, dx$$

ont un sens; ces intégrales jouent un rôle important en physique mathématique et dans la théorie des nombres.

Au lieu de supposer que, dans une intégrale, la limite supérieure augmente indéfiniment par des valeurs positives, on peut supposer que la limite inférieure augmente indéfiniment par des valeurs négatives; si la valeur de l'intégrale

$$\int_{-\eta}^a \varphi(x)\, dx$$

tend vers une limite lorsque η augmente indéfiniment par des valeurs positives, on représentera cette limite par le symbole

$$\int_{-\infty}^a \varphi(x)\, dx.$$

Enfin si lorsque les nombres η et ξ augmentent indéfiniment par des valeurs positives, indépendamment l'un de l'autre, l'expression

$$\int_{-\eta}^{\xi} \varphi(x)\,dx$$

tend vers une limite, on représente cette limite par le symbole

$$\int_{-\infty}^{+\infty} \varphi(x)\,dx.$$

Pour que ce symbole ait un sens, il faut et il suffit que les deux symboles

$$\int_{-\infty}^{a} \varphi(x)\,dx, \qquad \int_{a}^{+\infty} \varphi(x)\,dx,$$

où a est un nombre quelconque, aient aussi une signification; la somme de leurs valeurs est alors égale à

$$\int_{-\infty}^{+\infty} \varphi(x)\,dx.$$

En appliquant les méthodes précédentes, on trouvera par exemple que l'expression

$$\int_{-\infty}^{+\infty} e^{-x^2}\,dx$$

a un sens. On démontre que cette quantité est égale à $\sqrt{\pi}$.

Il ne faudrait pas conclure de ce que l'expression

$$\int_{-\xi}^{+\xi} \varphi(x)\,dx$$

tend vers une limite lorsque ξ augmente indéfiniment par des valeurs positives, que le symbole

$$\int_{-\infty}^{+\infty} \varphi(x)\,dx$$

a un sens. On a par exemple, en désignant par ξ, η des nombres positifs,

$$\int_{-\eta}^{+\xi} \frac{x\,dx}{1+x^2} = \log \sqrt{\frac{1+\xi^2}{1+\eta^2}}.$$

Cette quantité ne tend vers aucune limite lorsque ξ et η augmentent indéfiniment et indépendamment par des valeurs positives; elle est au contraire toujours nulle si l'on suppose $\eta = \xi$.

165. Bien que je n'aie pas l'intention d'exposer les divers procédés qui servent à la détermination des intégrales définies ou indéfinies, j'établirai une proposition fondamentale sur laquelle reposent presque tous ces procédés.

Considérons l'intégrale

$$J = \int_{a_0}^{a} \varphi(x)\, dx;$$

je suppose que dans l'intervalle (A_0, A) la fonction $\varphi(x)$ soit continue et que les nombres a_0, a appartiennent à cet intervalle. Soit maintenant $f(y)$ une fonction de la variable y admettant, dans l'intervalle (b_0, b) (1) une dérivée continue $f'(y)$, telle que l'on ait

$$f(b_0) = a_0, \quad f(b) = a,$$

telle enfin que, pour toutes les valeurs de y appartenant à l'intervalle (b_0, b), on ait

$$A_0 \leqq f(y) \leqq A,$$

on aura, en désignant par $\psi(y)$ la fonction de y que l'on obtient en remplaçant x par $f(y)$ dans $\varphi(x)$,

$$J = \int_{b_0}^{b} \psi(y) f'(y)\, dy.$$

Soit en effet, en désignant par y une valeur quelconque appartenant à l'intervalle (b_0, b),

$$\Psi(y) = \int_{b_0}^{y} \psi(y) f'(y)\, dy,$$

la fonction $\Psi(y)$ admettra dans l'intervalle (b_0, b) une dérivée $\Psi'(y)$ égale à $\psi(y) f'(y)$ puisque cette dernière fonction est continue (§ 157). Soit de même, en supposant que x appartienne à l'intervalle (a_0, a),

$$\Phi(x) = \int_{a_0}^{x} \varphi(x)\, dx;$$

(1) Ou (b, b_0) si l'on avait $b < b_0$: ceci sera sous-entendu dans ce qui suit.

la fonction $\Phi(x)$ admettra, dans l'intervalle (a_0, a), une dérivée par rapport à x égale à $\varphi(x)$, à cause de la continuité de cette dernière fonction. Si maintenant dans $\Phi(x)$, on remplace x par $f(y)$, on obtiendra une fonction $\Psi_1(y)$ de la variable y définie dans cet intervalle et y admettant (§ 133) une dérivée égale à $\psi(y) f'(y)$; dans l'intervalle (b_0, b), les deux fonctions $\Psi(y)$ et $\Psi_1(y)$ ont des dérivées égales, elles ne peuvent donc différer que par une constante, et cette constante est nulle puisque l'on a, pour $y = b_0$,

$$\Psi(b_0) = 0, \qquad \Psi_1(b_0) = \Phi(a_0) = 0.$$

Les deux fonctions $\Psi(y)$ et $\Psi_1(y)$ sont donc égales pour toutes les valeurs de y appartenant à l'intervalle (b_0, b), en particulier pour $y = b$; on a donc

$$\Psi(b) = \Psi_1(b) = \Phi(a),$$

c'est ce qu'il fallait démontrer.

La démonstration suppose essentiellement que l'intervalle (b_0, b) ne se réduit pas à zéro; elle repose en effet sur la considération des dérivées des fonctions $\Psi(y)$, $\Psi_1(y)$ dans cet intervalle; le cas où l'on aurait $b_0 = b$ doit donc être formellement exclu, à moins que l'on n'ait aussi $a_0 = a$, auquel cas les deux intégrales seraient nulles. Il convient de remarquer que, lorsque y varie de b_0 à b, fonction $f(y)$ qui peut d'ailleurs être tantôt croissante, tantôt décroissante, doit prendre, à cause de la continuité, toutes les valeurs qui appartiennent à l'intervalle (a_0, a); il est aisé de voir comment, si elle en prend d'autres, sa variation en dehors de cet intervalle n'influe pas sur la valeur finale de l'intégrale

$$\int_{b_0}^{b} \psi(y) f'(y)\, dy$$

dont on pourrait alors resserrer les limites; supposons, par exemple, que l'on ait $b_0 < b$ et que la fonction $f(y)$ décroisse de a_0 à α lorsque b augmente de b_0 à β, puis qu'elle croisse de α à a_0 quand b augmente de β à b'_0; on suppose d'ailleurs $\alpha \geqq A_0$, afin d'être dans les conditions où la méthode est sûrement applicable; on aura alors, en vertu de ce qui vient d'être démontré,

$$\int_{b_0}^{\beta} \psi(y) f'(y)\, dy = \int_{a_0}^{x} \varphi(x)\, dx,$$

$$\int_{\beta}^{b'_0} \psi(y) f'(y)\, dy = \int_{x}^{a_0} \varphi(x)\, dx,$$

et par conséquent

$$\int_{b_0}^{b'_0} \psi(y) f'(y)\, dy = 0,$$

$$\int_{b_0}^{b} \psi(y) f'(y)\, dy = \int_{b'_0}^{b} \psi(y) f'(y)\, dy.$$

La proposition resterait vraie si, pour un certain nombre limité de valeurs de y appartenant à l'intervalle (b_0, b), la dérivée $f'(y)$ cessait d'exister et devenait infinie aux environs de ces valeurs : il suffira, pour le prouver, de supposer que cette circonstance se présente pour la limite supérieure b, et seulement pour cette valeur; on aura alors, en désignant par b' un nombre quelconque compris entre b_0 et b et par a' le nombre $f(b')$,

$$\int_{a_0}^{a'} \varphi(x)\, dx = \int_{b_0}^{b'} \psi(y) f'(y)\, dy;$$

mais si on fait tendre b' vers b par des valeurs croissantes, a' tendra vers a, à cause de la continuité de la fonction $f(y)$ et, par conséquent, le premier membre de l'égalité précédente aura pour limite

$$\int_{a_0}^{a} \varphi(x)\, dx;$$

le second membre tendra aussi vers cette limite; et la limite du second membre doit être, en vertu des conventions adoptées dans le paragraphe 162, représentée par

$$\int_{b_0}^{b} \psi(y) f'(y)\, dy,$$

quand même $f'(y)$ n'aurait pas de sens pour $y = b$.

Au lieu de prendre pour point de départ le théorème relatif aux dérivées des fonctions de fonction, on peut, pour justifier la règle qui fait l'objet de ce paragraphe, partir de la définition même de l'intégrale définie; on arrive ainsi à des conditions différentes, encore suffisantes pour l'application de cette règle et moins restrictives sous certains rapports. Je me contenterai de faire, dans ce sens, les remarques qui suivent.

Si la fonction $\varphi(x)$ est finie et intégrable dans l'intervalle (a_0, a); si la fonction $f(y)$ est continue et croissante (1) dans l'intervalle (b_0, b); si, dans ce même intervalle, elle admet une dérivée finie $f'(y)$; si l'on a

$$a_0 = f(b_0), \qquad a = f(b);$$

si enfin, la fonction $\psi(y) f'(y)$, où $\psi(y)$ désigne toujours ce que devient $\varphi(x)$ quand on y remplace x par $f(y)$, est intégrable dans l'intervalle (b_0, b), on a

$$\int_{a_0}^{a} \varphi(x)\,dx = \int_{b_0}^{b} \psi(y) f'(y)\,dy:$$

en effet, à chaque nombre positif ε correspond un nombre positif η tel que, sous les conditions

$$b_0 \leqq y \leqq y' \leqq b, \qquad y' - y < \eta$$

on ait

$$0 \leqq f(y') - f(y) < \varepsilon.$$

Ceci posé, soit $(b_0, b_1, \ldots, b_{n-1}, b)$ un mode de décomposition de l'intervalle (b_0, b) en intervalles partiels ayant tous une étendue moindre que η; si l'on pose

$$a_1 = f(b_1), \ldots, \qquad a_{n-1} = f(b_{n-1}),$$

on aura

$$a_0 \leqq a_1 \leqq \ldots \leqq a_{n-1} < a,$$

et, de plus, les intervalles partiels qui constituent le mode de décomposition $(a_0, a_1, \ldots, a_{n-1}, a)$ de l'intervalle (a_0, a) auront tous des étendues moindres que ε.

Soient encore $\beta_0, \beta_1, \ldots, \beta_{n-1}$ des nombres respectivement compris

(1) On pourrait aussi bien la supposer décroissante: il faudrait alors, dans ce qui suit, changer l'ordre des limites a_0, a ou b_0, b; pour la commodité du langage, je supposerai ici $a_0 < a$, $b_0 < b$.

entre b_0 et b_1, b_1 et b_2, ..., b_{n-1} et b tels que l'on ait (§ 136),

$$\begin{aligned}
a_1 - a_0 &= (b_1 - b_0)\, f'(\beta_0),\\
a_2 - a_1 &= (b_2 - b_1)\, f'(\beta_1),\\
&\cdots\cdots\cdots\\
a - a_{n-1} &= (b - b_{n-1})\, f'(\beta_{n-1});
\end{aligned}$$

soient enfin

$$\alpha_0 = f(\beta_0), \quad \alpha_1 = f(\beta_1), \ldots, \quad \alpha_{n-1} = f(\beta_{n-1});$$

les nombres α_0, α_1, ..., α_{n-1} appartiendront respectivement aux intervalles (a_0, a_1), (a_1, a_2), ..., (a_{n-1}, a) et les deux sommes égales

$$(a_1 - a_0)\,\varphi(\alpha_0) + \ldots + (a - a_{n-1})\,\varphi(\alpha_{n-1}),$$
$$(b_1 - b_0)\,\psi(\beta_0)\, f'(\beta_0) + \ldots + (b - b_{n-1})\,\psi(\beta_{n-1})\, f'(\beta_{n-1}),$$

seront des valeurs approchées des intégrales

$$\int_{a_0}^{a} \varphi(x)\, dx, \quad \int_{b_0}^{b} \psi(y)\, f'(y)\, dy;$$

il faut donc que ces intégrales soient égales, car on peut supposer ε et η assez petits pour que les différences respectives entre les intégrales définies et les sommes précédentes soient inférieures à tel nombre qu'on voudra.

Il faut remarquer que la continuité des fonctions $\varphi(x)$, $f'(y)$ n'est pas supposée.

Le même mode de raisonnement montre que, si p et q sont des nombres fixes, la substitution $x = py + q$ est toujours légitime, en sorte qu'on peut assurément écrire

$$\int_{pb_0+q}^{pb+q} \varphi(x)\, dx = \int_{b_0}^{b} p\varphi(py+q)\, dy,$$

pourvu qu'on sache que l'un des membres de cette égalité a un sens.

Voici maintenant quelques exemples. Soit l'intégrale

$$\int_{p}^{\xi} \frac{dx}{(x-a)^2 + b^2},$$

on posera

$$x = a + by;$$

aux valeurs p et ξ de la variable x correspondront les valeurs $\frac{p-a}{b}$, $\frac{\xi - a}{b}$ de la variable y, et l'on aura

$$\int_p^\xi \frac{dx}{(x-a)^2+b^2} = \frac{1}{b}\int_{\frac{p-a}{b}}^{\frac{\xi-a}{b}} \frac{dy}{1+y^2}$$

$$= \frac{1}{b}\left[\text{arc tg}\,\frac{\xi-a}{b} - \text{arc tg}\,\frac{p-a}{b}\right];$$

le symbole arc tg désigne toujours, suivant nos conventions, un nombre compris entre $-\frac{\pi}{2}$ et $+\frac{\pi}{2}$: si l'on suppose que ξ augmente indéfiniment par des valeurs positives et p par des valeurs négatives, la quantité entre crochets tendra vers π si b est positif, vers $-\pi$ si b est négatif, en sorte que l'on aura

$$\int_{-\infty}^{+\infty} \frac{dx}{(x-a)^2+b^2} = \pm\frac{\pi}{b},$$

en choisissant le signe de manière que le résultat soit positif.

Soit encore l'intégrale

$$\int_0^\xi \frac{dx}{a \sin^2 x + b \cos^2 x},$$

où a et b sont des nombres positifs; on est amené naturellement, afin de rendre rationnelle la quantité à intégrer, à faire la substitution

$$x = \text{arc tg}\, y;$$

la fonction arc tg y, toujours comprise entre $-\frac{\pi}{2}$ et $+\frac{\pi}{2}$, est continue et admet, dans tout intervalle, une dérivée par rapport à y, à savoir $\frac{1}{1+y^2}$. Si ξ est compris entre $-\frac{\pi}{2}$ et $+\frac{\pi}{2}$, la fonction arc tg y prendra les valeurs zéro et ξ pour $y = 0$ et $y = \text{tg}\,\xi$, en sorte que l'on aura

$$\int_0^{\xi} \frac{dx}{a \sin^2 x + b \cos^2 x} = \int_0^{\operatorname{tg} \xi} \frac{dy}{ay^2 + b};$$

le second membre, comme on le voit en posant

$$y = \sqrt{\frac{b}{a}}\, u,$$

est égal à

$$\frac{1}{\sqrt{ab}} \operatorname{arc\,tg} \left(\sqrt{\frac{a}{b}} \operatorname{tg} \xi \right);$$

mais il en est tout autrement si ξ n'est pas compris entre $-\frac{\pi}{2}$ et $+\frac{\pi}{2}$: il ne peut y avoir de valeur η attribuée à y telle que l'on ait

$$\xi = \operatorname{arc\,tg} \eta,$$

en sorte que la méthode n'est pas applicable. On pourrait, à la vérité, penser que l'impossibilité tient à la restriction imposée à la fonction arc tg y d'être comprise entre $-\frac{\pi}{2}$ et $+\frac{\pi}{2}$; mais il n'en est rien; en effet, toute fonction $f(y)$, continue dans un intervalle donné, qui mise à la place de x dans l'équation

$$y = \operatorname{tg} x,$$

vérifie cette équation pour toutes les valeurs de y qui appartiennent à l'intervalle considéré, est de la forme $n\pi + \operatorname{arc\,tg} y$, n étant un nombre entier arbitraire, mais fixe, et arc tg y étant compris entre $-\frac{\pi}{2}$ et $+\frac{\pi}{2}$; pour que cette fonction puisse être substituée à x dans l'intégrale, il faut qu'il existe deux nombres b_0, b tels que l'on ait

$$n\pi + \operatorname{arc\,tg} b_0 = 0, \qquad n\pi + \operatorname{arc\,tg} b = \xi,$$

d'où

$$b_0 = 0, \qquad b = \operatorname{tg} \xi;$$

l'égalité $b_0 = 0$ entraîne $n = 0$, et l'égalité $\operatorname{arc\,tg} b = \xi$ est impossible lorsque ξ n'est pas compris entre $-\frac{\pi}{2}$ et $+\frac{\pi}{2}$.

Il n'en est pas moins facile de calculer, quel que soit ξ, la valeur de l'intégrale

$$\int_0^\xi \frac{dx}{a \sin^2 x + b \cos^2 x}.$$

Supposons en effet ξ compris entre $\frac{\pi}{2}$ et π; l'intégrale cherchée est égale à

$$\int_0^{\frac{\pi}{2}} \frac{dx}{a \sin^2 x + b \cos^2 x} + \int_{\frac{\pi}{2}}^\xi \frac{dx}{a \sin^2 x + b \cos^2 x};$$

la première partie est la limite de

$$\int_0^x \frac{dx}{a \sin^2 x + b \cos^2 x} = \frac{1}{\sqrt{ab}} \operatorname{arc\,tg} \left(\sqrt{\frac{a}{b}} \operatorname{tg} x \right)$$

lorsque x tend vers $\frac{\pi}{2}$ par des valeurs croissantes, c'est à dire qu'elle est égale à $\frac{\pi}{2\sqrt{ab}}$; la seconde partie, si l'on y fait la substitution $x = \frac{\pi}{2} + z$, devient

$$\int_0^{\xi - \frac{\pi}{2}} \frac{dz}{a \cos^2 z + b \sin^2 z} = \frac{1}{\sqrt{ab}} \operatorname{arc\,tg} \left[\sqrt{\frac{b}{a}} \operatorname{tg} \left(\xi - \frac{\pi}{2} \right) \right];$$

en remarquant que $\operatorname{tg} \xi$ est un nombre négatif, on voit (§ 98) que l'on a

$$\begin{aligned}\operatorname{arc\,tg} \left[\sqrt{\frac{b}{a}} \operatorname{tg} \left(\xi - \frac{\pi}{2} \right) \right] &= - \operatorname{arc\,tg} \left(\sqrt{\frac{b}{a}} \frac{1}{\operatorname{tg} \xi} \right) \\ &= \frac{\pi}{2} + \operatorname{arc\,tg} \left(\sqrt{\frac{a}{b}} \operatorname{tg} \xi \right);\end{aligned}$$

on a donc dans ce cas

$$\int_0^\xi \frac{dx}{a \sin^2 x + b \cos^2 x} = \frac{\pi}{\sqrt{ab}} + \frac{1}{\sqrt{ab}} \operatorname{arc\,tg} \left(\sqrt{\frac{a}{b}} \operatorname{tg} \xi \right);$$

lorsque ξ est un peu plus grand que $\frac{\pi}{2}$, la valeur de $\operatorname{arc\,tg} \left(\sqrt{\frac{a}{b}} \operatorname{tg} \xi \right)$

est voisine de $-\frac{\pi}{2}$ et la valeur de l'intégrale est voisine de $\frac{\pi}{2\sqrt{ab}}$, résultat conforme à ce qui précède; pour $\xi = \pi$, on a

$$\int_0^{\pi} \frac{dx}{a \sin^2 x + b \cos^2 x} = \frac{\pi}{\sqrt{ab}};$$

si ξ était compris entre π e 2π, on partirait de l'identité

$$\int_0^{\xi} \frac{dx}{a \sin^2 x + b \cos^2 x} = \int_0^{\pi} \frac{dx}{a \sin^2 x + b \cos^2 x} + \int_{\pi}^{\xi} \frac{dx}{a \sin^2 x + b \cos^2 x};$$

la première partie du second membre est égale à $\frac{\pi}{\sqrt{ab}}$; le calcul de la seconde partie, par la substitution $x = \pi + z$, se ramènerait au calcul de l'intégrale

$$\int_0^{\xi-\pi} \frac{dx}{a \sin^2 x + b \cos^2 x},$$

que l'on sait effectuer; enfin si ξ était négatif, on n'aurait qu'à faire la substitution $\xi = -z$.

Considérons encore, en supposant

$$(1) \qquad y = x^2 + 2px + q,$$

l'intégrale

$$\int_{\alpha}^{\alpha'} \varphi(y)\, dx;$$

je suppose que $\varphi(y)$ soit une fonction continue de la variable y dans l'intervalle (β, β') ou (β', β), en posant, pour abréger,

$$\beta = \alpha^2 + 2p\alpha + q, \qquad \beta' = \alpha'^2 + 2p\alpha' + q.$$

Si l'on veut substituer dans cette intégrale, à la place de x, une fonction de y qui vérifie l'équation (1), il faut d'abord définir cette fonction; on tire de l'équation (1)

$$x = -p \pm \sqrt{p^2 - q + y};$$

si, dans le second membre, on rétablit $x^2 + 2px + q$ à la place de y, il devient

$$-p \pm \sqrt{(x+p)^2}.$$

Le radical, auquel je supposerai qu'on donne toujours le sens arithmétique, est égal à $\pm(x+p)$, en choisissant le signe qui donne un résultat positif; d'un autre côté, si l'on veut que le second membre se réduise à x, il est nécessaire de prendre le signe $+$.

Ceci posé, il convient de distinguer plusieurs cas; supposons d'abord que l'on ait

$$\alpha < \alpha' < -p;$$

pour les valeurs de x qui appartiennent à l'intervalle (α, α'), $x+p$ est négatif; si l'on pose

$$x = -p - \sqrt{p^2 - q + y}, \tag{2}$$

le second membre se réduira donc effectivement à x quand on y remplacera y par $x^2 + 2px + q$, en supposant que x appartienne à l'intervalle (α, α'); en particulier, il se réduira à α pour $y = \beta$, à α' pour $y = \beta'$; la forme même de l'équation (2) montre que x va en diminuant quand y augmente; on a donc $\beta' < \beta$ et lorsque y diminue de β à β', x augmente de α à α'; on a d'ailleurs

$$\frac{dx}{dy} = \frac{-1}{2\sqrt{p^2 - q + y}};$$

toutes les conditions requises pour appliquer la méthode sont vérifiées et l'on a

$$\int_\alpha^{\alpha'} \varphi(x^2 + 2px + q)\,dx = -\frac{1}{2}\int_\beta^{\beta'} \frac{\varphi(y)\,dy}{\sqrt{p^2 - q + y}};$$

la même conclusion subsisterait si l'on avait

$$\alpha' < \alpha < -p.$$

Au contraire si les deux nombres α, α' étaient plus grands que $-p$, l'intégrale proposée serait égale à

$$+\frac{1}{2}\int_\beta^{\beta'} \frac{\varphi(y)\,dy}{\sqrt{p^2 - q + y}}.$$

Mais les choses se passeraient d'une façon toute différente, si l'on avait

$$\alpha < -p < \alpha' ;$$

remarquons d'abord que pour $x = -p$ on a $y = q - p^2$; ceci posé, si l'on fait

$$x = -p - \sqrt{p^2 - q + y},$$

le second membre se réduit bien à x quand on y remplace y par $x^2 + px + q$ et que x appartient à l'intervalle $(\alpha, -p)$; le second membre, ici encore, décroît quand y croît; puisqu'il est égal à α pour $y = \beta$, il faut que l'on ait

$$\beta > q - p^2,$$

et que, lorsque y diminue de β à $q - p^2$, x augmente de α à $-p$ mais il faut prendre

$$x = -p + \sqrt{p^2 - q + y}$$

pour que le second membre se réduise à x quand on y remplace y par $x^2 + 2px + q$ et que x appartient à l'intervalle $(-p, \alpha')$; puisque le second membre croît avec y, on a $\beta' > q - p^2$ et lorsque y croît de $q - p^2$ à β', x croît de p à α'. Pour obtenir toutes les valeurs de x comprises entre α et α', il faut donc employer deux substitutions différentes et faire varier y de β à $q - p^2$ et de $q - p^2$ à β'. La discussion détaillée qui précède montre bien comment on devra s'y prendre; on partira de l'identité

$$\int_\alpha^{\alpha'} \varphi(y)\,dx = \int_\alpha^{-p} \varphi(y)\,dx + \int_{-p}^{\alpha'} \varphi(y)\,dx;$$

on transformera la première intégrale du second membre par la substitution

$$x = -p - \sqrt{p^2 - q + y},$$

la deuxième par la substitution

$$x = -p + \sqrt{p^2 - q + y};$$

on aura ainsi

$$\int_{\alpha}^{-p} \varphi(y)\,dx = -\frac{1}{2}\int_{\beta}^{q-p^2} \frac{\varphi(y)\,dy}{\sqrt{p^2-q+y}},$$

$$\int_{-p}^{\alpha'} \varphi(y)\,dx = \frac{1}{2}\int_{q-p^2}^{\beta'} \frac{\varphi(y)\,dy}{\sqrt{p^2-q+y}},$$

et par conséquent

$$\int_{\alpha}^{\alpha'} \varphi(x^2+2px+q)\,dx$$
$$= \frac{1}{2}\int_{q-p^2}^{\beta} \frac{\varphi(y)\,dy}{\sqrt{p^2-q+y}} + \frac{1}{2}\int_{q-p^2}^{\beta'} \frac{\varphi(y)\,dy}{\sqrt{p^2-q+y}}.$$

On sera certainement dans le cas qui vient d'être examiné si α, α' sont les racines du trinôme $x^2+2px+q$, puisque les racines comprennent certainement entre elles leur demi-somme $-p$; on aura alors

$$\beta = \beta' = 0, \qquad q-p^2 < 0$$

et

$$\int_{\alpha}^{\alpha'} \varphi(x^2+2px+q)\,dx = \int_{q-p^2}^{0} \frac{\varphi(y)\,dy}{\sqrt{p^2-q+y}}.$$

Les exemples qui précèdent avaient pour but de montrer les principales précautions à prendre dans l'application de la méthode de substitution; j'ajouterai la remarque suivante, qui fera voir, en particulier, comment les problèmes traités dans les paragraphes 162 et 164 n'en font qu'un seul, au moins dans le cas où l'on a affaire à des fonctions continues.

Étant donnés les quatre nombres a, a_0, b, b_0, si l'on considère la fonction

$$x = \frac{\lambda y + \mu}{\lambda' y + \mu'},$$

où λ, μ, λ', μ' sont des nombres arbitraires, tels cependant que $-\frac{\mu'}{\lambda'}$ ne soit pas compris entre b_0 et b, on sait que lorsque y varie de b_0 à b, x varie, toujours dans le même sens, de

$$\frac{\lambda b_0 + \mu}{\lambda' b_0 + \mu'} \quad \text{à} \quad \frac{\lambda b + \mu}{\lambda' b + \mu'};$$

on pourra disposer des constantes λ, μ de façon que ces quantités se réduisent à a_0, a; si donc $\varphi(x)$ est une fonction continue dans l'intervalle (a_0, a), on pourra remplacer l'intégrale

$$\int_{a_0}^{a} \varphi(x)\, dx$$

par une autre intégrale dont les limites seront b_0 et b; on peut de la même façon, si l'intégrale proposée a une limite inférieure finie a_0 et une limite supérieure infinie, la ramener à une intégrale dont les deux limites soient finies. Considérons, par exemple, l'intégrale

$$\int_{a_0}^{\xi} \varphi(x)\, dx$$

où a_0 et ξ sont positifs, où ξ devra grandir indéfiniment, et où $\varphi(x)$ est une fonction continue de x dans l'intervalle (a_0, ξ) quelque grand que soit ξ; on aura, en faisant la substitution

$$x = \frac{1}{b-y}$$

et en posant

$$b_0 = b - \frac{1}{a_0}, \qquad \eta = b - \frac{1}{\xi},$$

$$\int_{a_0}^{\xi} \varphi(x)\, dx = \int_{b_0}^{\eta} \varphi\left(\frac{1}{b-y}\right) \frac{dy}{(b-y)^2};$$

lorsque ξ augmente indéfiniment par des valeurs positives, η tend vers b par des valeurs croissantes; si dans ces conditions le second membre a une limite, l'intégrale

$$\int_{a_0}^{\infty} \varphi(x)\, dx$$

aura un sens; c'est ce qui aura lieu en particulier si la fonction

$$\frac{1}{(b-y)^2}\, \varphi\left(\frac{1}{b-y}\right)$$

tend vers une limite; si cette fonction devient infinie aux environs de $y = b$, on pourra appliquer les règles du paragraphe 162. Inversement on peut ramener l'étude du cas où l'on a à faire tendre la limite supérieure d'une intégrale vers un certain nombre, à l'étude du cas où la limite supérieure augmente indéfiniment; les critériums logarithmiques, dont l'emploi n'a été expliqué que dans le second cas, pourront ainsi être utilisés dans le premier.

Il ne me reste plus, avant d'abandonner ce sujet, qu'à traiter un exemple annoncé au paragraphe précédent.

Soit

$$J = \int_0^{\xi} \sin x^2 \, dx,$$

il s'agit de montrer que, lorsque le nombre positif ξ augmente indéfiniment, la quantité J tend vers une limite. La fonction $\sin x^2$ reste positive quand x varie de $\sqrt{2n\pi}$ à $\sqrt{(2n+1)\pi}$, négative quand x varie de $\sqrt{(2n+1)\pi}$ à $\sqrt{(2n+2)\pi}$; on peut donc poser

$$J = u_0 - u_1 + u_2 - \ldots \pm u_p \mp u'_p,$$

en faisant

$$u_{2n} = \int_{\sqrt{2n\pi}}^{\sqrt{(2n+1)\pi}} \sin x^2 \, dx,$$

$$u_{2n+1} = -\int_{\sqrt{(2n+1)\pi}}^{\sqrt{(2n+2)\pi}} \sin x^2 \, dx;$$

l'indice p est égal à la partie entière de $\frac{\xi^2}{\pi}$; le dernier terme $\mp u'_p$ est égal à

$$\int_{\sqrt{p\pi}}^{\xi} \sin x^2 \, dx.$$

En faisant dans les deux termes u_{2n}, u_{2n+1} les substitutions respectives

$$x = \sqrt{2n\pi + y}, \qquad x = \sqrt{(2n+1)\pi + y},$$

on trouve sans peine

$$u_{2n} = \frac{1}{2}\int_0^{\beta} \frac{\sin y \, dy}{\sqrt{2n\pi + y}},$$

$$u_{2n+1} = \frac{1}{2}\int_0^{\beta'} \frac{\sin y \, dy}{\sqrt{(2n+1)\pi + y}},$$

en posant

$$\beta = \sqrt{(2n+1)\pi} - \sqrt{2n\pi},$$
$$\beta' = \sqrt{(2n+2)\pi} - \sqrt{(2n+1)\pi};$$

on voit de suite que l'on a

$$\beta' < \beta < \pi.$$

Les deux quantités u_{2n}, u_{2n+1} sont positives et la seconde est plus petite que la première; en effet on a

$$\int_0^\beta \frac{\sin y\,dy}{\sqrt{2n\pi + y}} = \int_0^{\beta'} \frac{\sin y\,dy}{\sqrt{2n\pi + y}} + \int_{\beta'}^{\beta} \frac{\sin y\,dy}{\sqrt{2n\pi + y}},$$

le second terme du second membre est positif; d'ailleurs on a

$$\int_0^{\beta'} \frac{\sin y\,dy}{\sqrt{2n\pi + y}} > \int_0^{\beta'} \frac{\sin y\,dy}{\sqrt{(2n+1)\pi + y}},$$

puisque l'on a, pour les valeurs de y comprises entre 0 et π,

$$\frac{\sin y}{\sqrt{2n\pi + y}} > \frac{\sin y}{\sqrt{(2n+1)\pi + y}};$$

on voit de la même façon que l'on a

$$u_{2n+1} < u_{2n+2}, \qquad \text{etc.}$$

Les termes u_{2n}, u_{2n+1} tendent vers zéro quand n augmente indéfiniment; dans l'intervalle $(0, \beta)$, en effet, on a

$$\frac{\sin y}{\sqrt{2n\pi + y}} < \frac{1}{\sqrt{2n\pi}}$$

et par suite

$$u_{2n} < \frac{\beta}{2\sqrt{2n\pi}} < \frac{1}{2}\sqrt{\frac{\pi}{2n}};$$

enfin on voit de même que le dernier terme u'_p est plus petit que u_p et par conséquent décroît indéfiniment quand ξ, et par suite p, augmentent indéfiniment. Dans ces conditions J a pour limite la somme de la série convergente (§ 69)

$$u_0 - u_1 + u_2 - \ldots + u_{2n} - \ldots$$

On démontre d'ailleurs que l'on a

$$\int_0^\infty \sin x^2\, dx = \int_0^\infty \cos x^2\, dx = \frac{1}{2}\sqrt{\frac{\pi}{2}}.$$

166. Soit $f(x, y)$ une fonction des deux variables x, y définie et finie pour l'ensemble des valeurs qui satisfont aux conditions

$$(1) \qquad a_0 \leqq x \leqq a, \qquad b_0 \leqq y \leqq b,$$

a_0, a, b_0, b étant des nombres donnés. Si, lorsque l'on attribue à y une valeur fixe appartenant à l'intervalle (b_0, b), la fonction $f(x, y)$, regardée comme une fonction de x, est intégrable dans l'intervalle (a_0, a), et cela, quelle que soit la valeur choisie pour y, l'intégrale

$$\int_{a_0}^a f(x, y)\, dx$$

définira, dans l'intervalle (b_0, b), une fonction de y : désignons cette fonction par $\varphi(y)$; on peut se demander si elle est continue et si elle admet une dérivée dans l'intervalle (b_0, b).

Soient y', y'' deux valeurs appartenant à cet intervalle, on aura

$$(2) \qquad \varphi(y'') - \varphi(y') = \int_{a_0}^a [f(x, y'') - f(x, y')]\, dx.$$

Regardons pour un moment y' comme donné; si à chaque nombre positif ε correspond un nombre positif η tel que, pour toutes les valeurs de x, y'' qui vérifient les inégalités

$$(3) \qquad \begin{cases} a_0 \leqq x \leqq a, \qquad b_0 \leqq y'' \leqq b, \\ |y'' - y'| < \eta, \end{cases}$$

on ait

$$(4) \qquad |f(x, y'') - f(x, y')| < \varepsilon,$$

la fonction $\varphi(y)$ sera continue pour $y = y'$; on aura en effet, pour toutes les valeurs de y'' qui vérifient les inégalités (3),

$$|\varphi(y'') - \varphi(y')| \leqq \varepsilon(a - a_0),$$

le nombre arbitraire ε pouvant être remplacé par $\dfrac{\varepsilon}{a - a_0}$, la fonction est continue pour $y = y'$ (§ 76).

Si à chaque nombre positif ε correspond un nombre positif η tel que l'inégalité (4) soit vérifiée pour toutes les valeurs de x, y', y'', qui vérifient les inégalités

$$a_0 \leqq x \leqq a, \quad b_0 \leqq y' \leqq b, \quad b_0 \leqq y'' \leqq b,$$
$$| y'' - y' | < \eta,$$

la fonction $\varphi(y)$ sera (§ 75) continue dans l'intervalle (b_0, b). Il en sera ainsi certainement si la fonction des deux variables x, y est continue dans le champ (E) défini par les inégalités (1), c'est à dire si (§ 139) à chaque nombre positif α correspond un nombre positif β tel que l'on ait

$$| f(x, y) - f(x', y' | < \alpha$$

sous les conditions

$$a_0 \leqq x \leqq a, \qquad a_0 \leqq x' \leqq a,$$
$$b_0 \leqq y \leqq b, \qquad b_0 \leqq y' \leqq b,$$
$$| x - x' | < \beta, \quad | y - y' | < \beta.$$

Si, en particulier, la fonction $f(x, y)$ admet une dérivée $f'_y(x, y)$ par rapport à y, pour chaque système de valeurs x, y appartenant au champ (E), et si cette dérivée reste toujours inférieure à un certain nombre positif M, on aura, quelles que soient les valeurs x, y', y'' appartenant au champ (E),

$$| f(x, y'') - f(x, y') | < \mathrm{M} \, | y'' - y' |;$$

dans ce cas la continuité de la fonction $\varphi(y)$ est manifeste.

Cette continuité étant supposée, ainsi que l'existence de la dérivée $f'_y(x, y)$, on a, en supposant toujours que y', y'' appartiennent à l'intervalle (b_0, b),

$$\text{(5)} \qquad \frac{\varphi(y'') - \varphi(y')}{y'' - y'} = \int_{a_0}^{a} \frac{f(x, y'') - f(x, y')}{y'' - y'} \, dx.$$

Regardons dans cette égalité y' comme fixe et faisons tendre y'' vers y', la quantité

$$\frac{f(x, y'') - f(x, y')}{y'' - y'},$$

où la seule variable est y'', tendra vers la limite $f'_y(x, y')$, en désignant par ce symbole ce que devient $f'_y(x, y)$ quand on y remplace y par y'; on ne peut en conclure que le second membre ait pour limite

$$\int_{a_0}^{a} f'_y(x, y')\, dx,$$

ni même que ce symbole ait un sens; mais cette conclusion deviendra légitime, si la fonction de x, $f'_y(x, y')$, est intégrable dans l'intervalle (a_0, a) et si, en outre, à chaque nombre positif ε correspond un nombre η tel que l'on ait, pour toutes les valeurs de x appartenant à l'intervalle (a_0, a),

$$(6) \qquad \left| \frac{f(x, y'') - f(x, y')}{y'' - y'} - f'_y(x, y') \right| < \varepsilon,$$

sous les seules conditions

$$(7) \qquad \begin{cases} a_0 \leqq x \leqq a, & b_0 \leqq y'' \leqq b, \\ y'' \lesseqgtr y', & | y'' - y' | < \eta. \end{cases}$$

Dans ce cas, en effet, la valeur absolue de la quantité

$$\frac{\varphi(y'') - \varphi(y')}{y'' - y'} - \int_{a_0}^{a} f'_y(x, y')\, dx,$$

ou

$$\int_{a_0}^{a} \left[\frac{f(x, y'') - f(x, y')}{y'' - y'} - f'_y(x, y') \right] dx,$$

sera pour toutes les valeurs de y'' qui vérifient les inégalités (7) plus petite que $(a - a_0)\varepsilon$.

On sera certainement dans ce cas si la fonction $f'_y(x, y)$ est continue dans le champ (E); on a, en effet (§ 136),

$$\frac{f(x, y'') - f(x, y')}{y'' - y'} = f'_y(x, y'''),$$

en désignant par y''' un nombre compris entre y' et y''; l'inégalité (6) équivaut donc à la suivante :

$$| f'_y(x, y''') - f'_y(x, y') | < \varepsilon;$$

si à chaque nombre positif ε correspond un nombre positif η' tel que cette inégalité soit vérifiée sous les seules conditions

$$a_0 \leqq x \leqq a, \quad b_0 \leqq y'' < b,$$
$$| y''' - y' | < \eta',$$

et c'est ce qui aura certainement lieu quand la fonction $f'_y(x, y)$ des deux variables x, y sera continue dans le champ (E), il est clair que l'on pourra satisfaire aux inégalités (6) sous les conditions (7) et que l'emploi de la formule

$$\mathrm{D}_y\left[\int_{a_0}^{a} f(x, y)\, dx\right] = \int_{a_0}^{a} \mathrm{D}_y\, [f(x, y)]\, dx$$

sera légitime pour toutes les valeurs de y qui appartiennent à l'intervalle (b_0, b).

CHAPITRE VII

SUR QUELQUES DÉVELOPPEMENTS EN SÉRIE.

167. Reprenons la formule, établie au paragraphe 146,

$$(1) \quad \begin{cases} f(x+h) = f(x) + \frac{h}{1} f'(x) + \frac{h^2}{1.2} f''(x) + \dots \\ + \frac{h^{n-1}}{1.2\dots(n-1)} f^{(n-1)}(x) + \frac{(1-\theta)^{n-p} h^n}{1.2\dots(n-1)\,p} f^{(n)}(x+\theta h); \end{cases}$$

θ est un nombre compris entre zéro et un, n et p sont des nombres entiers positifs. Cette formule sera légitime si la fonction $f(x)$, dans un intervalle auquel appartiennent les nombres x, $x+h$, est continue, admet des dérivées continues jusqu'à l'ordre $n-1$, et une dérivée $n^{\text{ième}}$ qui soit finie.

Supposons que ces conditions soient vérifiées quelque grand que soit n, et que, en outre, pour les valeurs considérées de x et h, le terme complémentaire

$$\frac{(1-\theta)^{n-p} h^n}{1.2\dots(n-1)\,p} f^{(n)}(x+\theta h)$$

ait pour limite zéro quand n augmente indéfiniment; alors la série indéfinie

$$f(x) + \frac{h}{1} f'(x) + \frac{h^2}{1.2} f''(x) + \dots + \frac{h^{n-1}}{1.2\dots(n-1)} f^{(n-1)}(x) + \dots$$

sera convergente et aura pour somme $f(x+h)$, puisque la somme de ses n premiers termes diffère de $f(x+h)$ d'une quantité qui a pour limite zéro quand n augmente indéfiniment; on pourra donc écrire alors

$$(2) \qquad f(x+h) = f(x) + \frac{h}{1} f'(x) + \frac{h^2}{1.2} f''(x) + \dots$$

C'est la formule qui s'est présentée, d'un autre point de vue, au paragraphe 112 : elle permettra de développer la fonction $f(x+h)$ suivant les puissances entières et positives de h, si les conditions pour qu'elle soit applicable sont réalisées; à la vérité, il est souvent difficile de reconnaître qu'il en est ainsi lorsqu'on part d'une fonction donnée $f(x)$; l'expression générale de la dérivée $n^{\text{ième}}$ de cette fonction peut être fort compliquée, et il devient alors fort malaisé de reconnaître si le terme complémentaire tend vers zéro quand n augmente indéfiniment.

Quand on a affaire à une fonction $f(x)$ dont on sait que $f(x+h)$ est développable en une série qui procède suivant les puissances entières et positives de h et pour laquelle on sait effectuer le développement, la formule (2) permet, en s'appuyant sur ce que ce développement ne peut s'effectuer que d'une seule façon (§ 109), de trouver la forme de la $n^{\text{ième}}$ dérivée $f^{(n)}(x)$ de $f(x)$; je me contenterai de citer les exemples suivants.

Soit

$$f(x) = e^{-x^2},$$

on reconnaîtra de suite, en se reportant aux paragraphes 111 et 112, que l'expression

$$e^{-(x+h)^2} = e^{-x^2} e^{-h(2x+h)}$$

est développable en une série procédant suivant les puissances entières et positives de h, le second facteur du second membre est égal à

$$1 - \frac{h(2x+h)}{1} + \frac{h^2(2x+h)^2}{1.2} - \dots + (-1)^p \frac{h^p(2x+h)^p}{1.2\dots p} + \dots;$$

on obtiendra le coefficient de h^n en développant les termes de cette série par la formule du binôme et réunissant ensemble les termes en h^n; les seuls termes qui fourniront des termes en h^n sont ceux pour lesquels on a

$$\frac{n}{2} \leqq p < n;$$

effectuant ce développement, et égalant à $f^{(n)}(x)$ le coefficient de h^n multiplié par $1.2 \ldots n\, e^{-x^2}$, on trouvera pour la valeur de $D_x^{(n)} e^{-x^2}$,

$$(-1)^n e^{-x^2}\left[(2x)^n - \frac{n(n-1)}{1}(2x)^{n-2} + \ldots \right.$$
$$\left. + (-1)^i \frac{n(n-1)\ldots(n-2i+1)}{1.2\ldots i}(2x)^{n-2i} + \ldots\right];$$

la quantité entre crochets est un polynôme de degré n dont le dernier terme s'obtiendra en faisant $i = \frac{n-1}{2}$ ou $i = \frac{n}{2}$ suivant que n sera impair ou pair.

Soit encore

$$f(x) = \frac{1}{1+x^2};$$

on montre par induction que $f^{(n)}(x)$ est de la forme

$$\frac{P_n}{(1+x^2)^{n+1}},$$

P_n étant un polynôme entier en x du degré n; d'ailleurs $f(x+h)$ est développable en série procédant suivant les puissances entières de h, sous les conditions

$$|x| < 1, \quad |h| + |x| < 1,$$

on a alors

$$\frac{1}{1+(x+h)^2} = \frac{1}{1+x^2} + \frac{-2x}{(1+x^2)^2}\frac{h}{1} + \ldots + \frac{P_n}{(1+x^2)^{n+1}}\frac{h^n}{1.2\ldots n} + \ldots,$$

en multipliant les deux nombres par $1 + x^2 + 2xh + h^2$ et égalant à zéro le coefficient de h^n dans le second membre, on trouve la relation

$$P_n + 2nx\, P_{n-1} + n(n-1)(1+x^2)\, P_{n-2} = 0;$$

cette relation jointe à celles-ci,

$$P_0 = 1, \quad P_1 = -2x,$$

permettra, puisqu'elle doit être vérifiée identiquement, quel que soit x, de calculer successivement $P_2, P_3, \ldots, P_n$; d'autres méthodes fournissent l'expression générale des polynômes P_n, à savoir

$$\frac{P_n}{(-1)^n 1.2\ldots n} = \frac{n+1}{1}x^n - \frac{(n+1)n(n-1)}{1.2.3}x^{n-2} + \ldots$$
$$+ (-1)^i \frac{(n+1)n\ldots(n-2i+1)}{1.2\ldots i}x^{n-2i} + \ldots,$$

mais la relation précédemment obtenue met en évidence la propriété qu'ont les polynômes P_n de former une suite de Sturm.

168. La formule (1) du paragraphe précédent, lorsqu'on y remplace x par zéro et h par x prend la forme suivante :

$$(1)\quad \begin{cases} f(x) = f(0) + \dfrac{x}{1}f'(0) + \dfrac{x^2}{1.2}f''(0) + \ldots \\ \quad + \dfrac{x^{n-1}}{1.2\ldots(n-1)}f^{(n-1)}(0) + \dfrac{(1-\theta)^{n-p}x^n}{1.2\ldots(n-1)p}f^{(n)}(\theta x). \end{cases}$$

Elle suppose que la $n^{\text{ième}}$ dérivée $f^{(n)}(x)$ de la fonction $f(x)$ existe et est finie dans l'intervalle $(0, x)$ ou $(x, 0)$. On lui donne habituellement le nom de formule de Maclaurin. Elle donne lieu aux mêmes observations que la formule dite de Taylor, d'où elle a été déduite. Si elle est applicable quelque grand que soit n et si le terme complémentaire

$$\frac{(1-\theta)^{n-p}x^n}{1.2\ldots(n-1)p}f^{(n)}(\theta x)$$

tend vers zéro quand n augmente indéfiniment, la série indéfinie

$$f(0) + \frac{x}{1}f'(0) + \frac{x^2}{1.2}f''(0) + \ldots + \frac{x^{n-1}}{1.2\ldots(n-1)}f^{(n-1)}(0) + \ldots$$

sera convergente et aura pour somme $f(x)$; si l'on arrive à reconnaître que ces conditions sont réalisées, on pourra donc développer la fonction $f(x)$ suivant les puissances entières et positives de x par la formule

$$(2)\qquad f(x) = f(0) + \frac{x}{1}f'(0) + \frac{x^2}{1.2}f''(0) + \ldots;$$

Tel sera le cas si l'expression $f^{(n)}(x)$, pour les valeurs de la variable comprises entre zéro et a, reste, quel que soit l'entier positif n, inférieure en valeur absolue à un certain nombre positif M; la formule sera alors applicable pour les valeurs de x comprises entre zéro et a; en effet, on voit, en supposant $p = n$, et en désignant par A la valeur absolue de a, que le terme complémentaire est, en valeur absolue, inférieur à

$$\frac{A^n M}{1.2\ldots n};$$

or cette expression tend vers zéro quand n augmente indéfiniment, puisque la série dont le $(n+1)^{\text{ième}}$ terme est

$$\frac{A^n}{1.2\ldots n}$$

est convergente, quel que soit A.

Cette circonstance se présente pour les fonctions e^x, $\sin x$, $\cos x$: l'application de la formule (2) à ces fonctions fournira des résultats obtenus antérieurement, à savoir les séries mêmes qui ont servi de définition à ces fonctions.

La formule s'applique encore sans difficulté aux fonctions $(1+x)^m$, $\log(1+x)$; on a ainsi un nouveau moyen d'établir les développements en série, obtenus dans les paragraphes 102, 103; pour que cette nouvelle démonstration ne constitue pas un cercle vicieux, il faut, bien entendu, supposer qu'on soit parvenu aux dérivées de ces fonctions sans se servir de leurs développements en série.

Quoi qu'il en soit, si l'on fait d'abord

$$f(x) = (1+x)^m,$$

on aura

$$f^n(x) = m(m-1)\ldots(m-n+1)(1+x)^{m-n},$$

et le terme complémentaire de la formule (1), en y faisant successivement $p = n$, $p = 1$, prendra les deux formes

$$\frac{m(m-1)\ldots(m-n+1)}{1.2\ldots n} x^n (1+\theta x)^{m-n},$$

$$\frac{m(m-1)\ldots(m-n+1)}{1.2\ldots(n-1)} x^n (1+\theta x)^{m-1} \left(\frac{1-\theta}{1+\theta x}\right)^{n-1}.$$

La première forme convient quand x est positif, la seconde quand x est négatif. Soient en effet M un nombre positif égal ou supérieur à la valeur absolue de m, et a un nombre positif plus petit que un. La série dont le terme général est

$$A_n = \frac{M(M+1)\ldots(M+n-1)}{1.2\ldots n-1}a^n$$

est convergente (§ 66) : A_n tend donc vers zéro quand n augmente indéfiniment; d'ailleurs si x est positif, $(1+\theta x)^{m-n}$ est plus petit que un dès que l'on a $n > m$; le terme complémentaire, pris sous la première forme, est donc, si l'on suppose $x < a$, inférieur à $\frac{A_n}{n}$; il a pour limite zéro quand n augmente indéfiniment. Si x est négatif, la quantité

$$\left(\frac{1-\theta}{1+\theta x}\right)^{n-1}$$

est plus petite que un, et le terme complémentaire, pris sous la seconde forme, et si l'on suppose $-x < a$, est, en valeur absolue, moindre que

$$A_n(1+a)^{M-1},$$

il a encore zéro pour limite quand n augmente indéfiniment; si donc on suppose x inférieur en valeur absolue à a, ou, ce qui revient au même, à un, la formule (2) est applicable à la fonction $(1+x)^m$ et l'on peut écrire, en remplaçant $f(0)$, $f'(0)$, $f''(0)$ ... par 1, m, $m(m-1)$, ...,

$$(1+x)^m = 1 + \frac{m}{1}x + \frac{m(m-1)}{1.2}x^2 + \ldots$$

Les raisonnements qui précèdent s'appliquent à la fonction $\log(1+x)$; le terme complémentaire se déduit en effet de celui qu'on vient d'étudier en remplaçant m par -1, et n par $n-1$; on aura donc, pourvu que x soit inférieur à un en valeur absolue,

$$\log(1+x) = \frac{x}{1} - \frac{x^2}{2} + \frac{x^3}{3} - \ldots$$

Considérons encore la fonction

$$y = \text{arc tg } x;$$

on a donné plus haut l'expression de la dérivée $n^{\text{ième}}$ de $\frac{1}{1+x^2}$, c'est à dire de la dérivée $(n+1)^{\text{ième}}$ de arc tg x; on en tirera immédiatement les valeurs des dérivées successives pour $x=0$ et l'expression du terme complémentaire; mais on obtiendra une expression de ce terme qui se prête mieux au calcul, en partant d'une autre forme de la dérivée $n^{\text{ième}}$ de arc tg x; en désignant par y', y'', ..., $y^{(n)}$, ... les dérivées successives de cette fonction; on a tout d'abord

$$y' = \cos^2 y;$$

en prenant les dérivées des deux membres par rapport à x, on a ensuite

$$y'' = -2\cos y \sin y\, y' = -\sin 2y \cos^2 y,$$

puis

$$y''' = -2\cos y(\cos 2y\cos y - \sin 2y \sin y)\,y' = -2\cos 3y\cos^3 y,$$

de même

$$y^{\text{IV}} = 2.3 \sin 4y \cos^4 y;$$

ces formules peuvent s'écrire

$$y' = \sin\left(y+\frac{\pi}{2}\right)\cos y,$$

$$y'' = \sin 2\left(y+\frac{\pi}{2}\right)\cos^2 y,$$

$$y''' = 2\sin 3\left(y+\frac{\pi}{2}\right)\cos^3 y,$$

$$y^{\text{IV}} = 2.3\sin 4\left(y+\frac{\pi}{2}\right)\cos^4 y;$$

elles conduisent à poser

$$y^{(n)} = 1.2 \ldots (n-1)\sin n\left(y+\frac{\pi}{2}\right)\cos^n y,$$

formule que l'on vérifie immédiatement en en déduisant

$$y^{(n+1)} = 1.2 \ldots n \sin(n+1)\left(y+\frac{\pi}{2}\right)\cos^{n+1} y.$$

On observera d'abord que, pour $x=0$, y est nul et que, par conséquent, la dérivée $n^{\text{ième}}$ se réduit à

$$1.2 \ldots (n-1)\sin n\frac{\pi}{2},$$

quantité qui est nulle si n est pair, égale à

$$(-1)^{\frac{n-1}{2}}\,1.2\ldots(n-1),$$

si n est impair.

Quant au terme complémentaire, si l'on fait $p=1$ dans l'expression générale, on obtient pour sa valeur

$$\frac{\sin n\left(y+\frac{\pi}{2}\right)\cos^n y}{n}\,\xi^n,$$

en désignant par $\xi=\theta x$ une valeur comprise entre zéro et x. Soit a un nombre positif plus petit que un, on voit que si la valeur absolue de x est moindre que a, la valeur absolue du terme complémentaire sera moindre que $\frac{a^n}{n}$; par conséquent, si x est en valeur absolue moindre que a, ou, ce qui revient au même, moindre que un, la formule (2) sera applicable à la fonction arc tg x, et, si l'on tient compte des valeurs que prennent, pour $x=0$, les dérivées successives de cette fonction, on pourra écrire

$$\text{arc tg } x=\frac{x}{1}-\frac{x^3}{3}+\frac{x^5}{5}+\ldots+(-1)^n\frac{x^{2n+1}}{2n+1}+\ldots;$$

le second membre est une série convergente pour $x=\pm 1$; c'est donc (§ 107) une fonction continue dans l'intervalle $(-1,+1)$; il en est de même de arc tg x, en sorte que l'égalité précédente subsiste pour $x=\pm 1$: on a donc l'égalité suivante, due à Leibniz,

$$\frac{\pi}{4}=\frac{1}{1}-\frac{1}{3}+\frac{1}{5}+\ldots+(-1)^n\frac{1}{2n+1}+\ldots$$

La série

$$\frac{x}{1}-\frac{x^3}{3}+\frac{x^5}{5}-\ldots$$

ne peut d'ailleurs être convergente pour des valeurs de x plus grandes que un en valeur absolue, puisqu'elle n'est pas absolument convergente pour $x=1$: ce n'est donc certainement que pour les valeurs de x qui appartiennent à l'intervalle $(-1,+1)$ que le développement de arc tg x est valable. L'expression donnée plus haut pour $\frac{\pi}{4}$ se prêterait mal au calcul des valeurs approchées de ce nombre, à cause du peu de convergence de la série; mais on peut déduire du développement de arc tg x des séries très convergentes qui permettront de calculer π avec telle approximation que l'on voudra; je me contenterai de citer l'identité, bien facile à vérifier,

$$\frac{\pi}{4} = 4 \text{ arc tg } \frac{1}{5} - \text{arc tg } \frac{1}{239},$$

qui, lorsqu'on remplace arc tg $\frac{1}{5}$ et arc tg $\frac{1}{239}$ par leurs développements en série, fournit, pour le calcul de $\frac{\pi}{4}$ une série très convergente.

On a, pour prouver la légitimité de la formule (2) appliquée à la fonction arc tg x, utilisé une forme spéciale de la dérivée $n^{\text{ième}}$ de cette fonction; on pourrait encore, au moyen d'artifices particuliers [1], prouver qu'elle est applicable à la fonction arc sin x; mais le développement de cette fonction, comme d'ailleurs ceux de arc tg x et de log $(1 + x)$, s'obtiendra bien plus facilement en suivant une méthode qui sera exposée dans le paragraphe 170.

169. A la formule de Taylor se rattache une formule importante, dite habituellement *formule sommatoire* de Maclaurin, bien qu'elle soit due à Euler, qui en a d'ailleurs tiré grand parti [2].

Soit $f(x)$ une fonction dont je supposerai qu'elle admette, dans un intervalle auquel appartiennent les valeurs x, $x + h$ de la variable, des dérivées finies et continues $f'(x)$, $f''(x)$, ... d'un ordre au moins

---

[1] Voir le *Recueil complémentaire d'exercices sur le calcul infinitésimal*, de M. Tisserand, p. 45.

[2] *Institutiones calculi differentialis*, chap. V. L'attribution de cette formule à Euler est due à M. Eneström; voir dans le t. V des *Acta Mathematica*, p. 2, la réimpression du mémoire de M. Malmsten : *Sur la formule*

$$h u'_x = \Delta u_x - \frac{h}{2} \Delta u'_x + \frac{B_1 h^2}{1.2} \Delta u''_x - \ldots$$

Ce mémoire a paru pour la première fois dans le *Journal de Crelle*, t. XXXV (1847). L'analyse qu'on trouvera dans le texte ne diffère de celle de M. Malmsten que par des simplifications de forme. On trouvera dans le mémoire plusieurs fois cité de M. Darboux *sur les développements en série des fonctions d'une variable* une autre démonstration de la formule d'Euler déduite d'une formule citée au paragraphe 158.

égal à l'ordre de celles qui figureront dans les formules qui vont suivre; posons pour abréger

$$f^{(i)}(x+h) - f^{(i)}(x) = \Delta f^{(i)}(x);$$

on pourra écrire

$$(1)\quad \begin{cases} \Delta f(x) = hf'(x) + \dfrac{h^2}{1.2}f''(x) + \ldots + \dfrac{h^p}{1.2\ldots p}f^{(p)}(x) + h^{p+1}\rho_0, \\ h\Delta f'(x) = \dfrac{h^2}{1}f''(x) + \ldots + \dfrac{h^p}{1.2\ldots(p-1)}f^{(p)}(x) + h^{p+1}\rho_1, \\ \ldots\ldots\ldots\ldots\ldots\ldots\ldots\ldots\ldots\ldots \\ h^{p-1}\Delta f^{(p-1)}(x) = \dfrac{h^p}{1}f^{(p)}(x) + h^{p+1}\rho_{p-1}, \end{cases}$$

en posant, suivant qu'on adopte une forme ou l'autre du terme complémentaire du reste de la formule de Taylor,

$$\rho_i = \frac{1}{1.2\ldots(p-i+1)}f^{p+1}(\xi_i)$$

ou

$$\rho_i = \frac{1}{1.2\ldots(p-i)}\int_0^1 (1-t)^{p-i}f^{p+1}(x+ht)\,dt;$$

dans ces formules i doit prendre les valeurs $0, 1, 2, \ldots, p-1$; dans la première ξ_i désigne un nombre dont on sait seulement qu'il est compris entre x et $x+h$. Il est clair que, entre les équations (1), on peut éliminer les quantités

$$h^2f''(x),\quad h^3f'''(x),\ \ldots,\quad h^pf^{(p)}(x);$$

il suffit pour cela de les ajouter membre à membre après les avoir multipliées par des nombres $A_0, A_1, \ldots, A_{p-1}$ qui vérifient les équations

$$(2)\quad \begin{cases} A_0 = 1, \\ \dfrac{A_0}{1.2} + \dfrac{A_1}{1} = 0, \\ \dfrac{A_0}{1.2.3} + \dfrac{A_1}{1.2} + \dfrac{A_2}{1} = 0, \\ \ldots\ldots\ldots\ldots\ldots\ldots \\ \dfrac{A_0}{1.2\ldots p} + \dfrac{A_1}{1.2\ldots(p-1)} + \ldots + \dfrac{A_p}{1} = 0. \end{cases}$$

Ces équations permettront de déterminer successivement les coefficients A_0, A_1, A_2, ... et donneront

$$A_0 = 1, \quad A_1 = -\frac{1}{2}, \quad A_2 = \frac{1}{12}, \quad A_3 = 0, \ldots$$

Afin de les résoudre en général, on remarquera d'abord que si l'on remplace p par un nombre plus grand, les p premières équations restent toujours les mêmes. Imaginons qu'à la suite des équations (2) on ait écrit les équations qu'on déduirait de la dernière en remplaçant p par $p+1$, $p+2$, ...; multiplions toutes ces équations par z, z^2, ..., z^p, ... et ajoutons en réunissant les termes placés sur une même verticale; cette opération serait légitime si l'on était assuré de la convergence absolue de la série à double entrée dont le terme général est

$$\frac{A_q z^p}{1.2\ldots(p-q)} \qquad \begin{pmatrix} q = 0, 1, 2, \ldots, p \\ p = 1, 2, 3, \ldots, \infty \end{pmatrix};$$

quoi qu'il en soit, on trouve ainsi

$$(e^z - 1)(A_0 + A_1 z + A_2 z^2 + \ldots + A_p z^p + \ldots) = z;$$

d'où

$$(3) \qquad \frac{z}{e^z - 1} = A_0 + A_1 z + A_2 z^2 + \ldots + A_p z^p + \ldots;$$

en sorte qu'on est amené à penser que les nombres cherchés A_0, A_1, A_2, ..., A_p, ne sont autres que les $p+1$ premiers coefficients du développement de la fonction

$$\frac{z}{e^z - 1},$$

suivant les puissances entières et positives de z, développement dont on a établi la légitimité au paragraphe 117; on s'assure qu'il en est bien ainsi en constatant que, si l'on regarde pour un moment, dans l'équation (3), les quantités A_0, A_1, A_2, ... comme des coefficients indéterminés, si l'on multiplie le second membre de cette équation par

$$e^z - 1 = \frac{z}{1} + \frac{z^2}{1.2} + \frac{z^3}{1.2.3} + \ldots,$$

et si, enfin, on écrit que le produit est identiquement égal à z, on retrouve les équations (2), pour déterminer les coefficients A; on a d'ailleurs (§ 117), pour $|z| < 2\pi$,

$$\text{(B)} \quad \left\{ \begin{aligned} \frac{z}{e^z - 1} &= 1 - \frac{1}{2} z + \frac{B_1}{1.2} z^2 - \frac{B_2}{1.2.3.4} z^4 + \ldots \\ &\quad - (-1)^n \frac{B_n}{1.2 \ldots 2n} z^{2n} + \ldots, \end{aligned} \right.$$

en désignant par $B_1, B_2, \ldots, B_n, \ldots$ les nombres de Bernoulli; il faut donc que l'on ait

$$A_0 = 1, \quad A_1 = -\frac{1}{2}, \quad A_2 = \frac{B_1}{1.2}, \quad A_3 = 0, \ldots,$$

$$A_{2n} = -(-1)^n \frac{B_n}{1.2 \ldots 2n}, \quad A_{2n+1} = 0, \quad (n = 1, 2, 3, \ldots).$$

Si donc, dans les équations (1), on suppose $p = 2n$ et qu'on les ajoute après les avoir respectivement multipliées par $A_0, A_1, A_2, \ldots, A_{2n-1}$, on aura

$$\text{(4)} \quad \left\{ \begin{aligned} hf'(x) &= \Delta f(x) - \frac{h}{2} \Delta f'(x) + \frac{B_1 h^2}{1.2} \Delta f''(x) \\ &- \frac{B_2 h^4}{1.2.3.4} \Delta f^{\text{IV}}(x) + \ldots + (-1)^n \frac{B_{n-1} h^{2n-2}}{1.2 \ldots (2n-2)} \Delta f^{2n-2}(x) \\ &\qquad + R_{2n+1}. \end{aligned} \right.$$

C'est, abstraction faite du reste R_{2n+1} et de quelques changements dans les notations, la formule d'Euler.

$\dfrac{R_{2n+1}}{h^{2n+1}}$ est une fonction linéaire, à coefficients numériques, des quantités $\rho_0, \rho_1, \ldots, \rho_{2n-2}$. Si l'on adopte, pour ces diverses quantités, la forme où figure une intégrale définie, on pourra écrire

$$R_{2n+1} = -\frac{h^{2n+1}}{1.2 \ldots 2n} \int_0^1 \Phi(t) f^{2n+1}(x + ht)\, dt,$$

en posant

$$(5)\quad \left\{ \begin{aligned} \Phi(t) &= (1-t)^{2n} - \frac{1}{2}\frac{2n}{1}(1-t)^{2n-1} + \frac{2n(2n-1)}{1.2}B_1(1-t)^{2n-2} \\ &+ \ldots - (-1)^i \frac{2n(2n-1)\ldots(2n-2i+1)}{1.2\ldots 2i} B_i(1-t)^{2n-2i} + \ldots \\ &- (-1)^{n-1}\frac{2n\,(2n-1)}{1.2}B_{n-1}(1-t)^2. \end{aligned} \right.$$

Dans cette formule, en avant des nombres de Bernoulli figurent les coefficients binomiaux, pris de deux en deux, et relatifs à la puissance $2n^{\text{ième}}$. Avant de transformer l'expression de R_{2n+1}, je ferai de la formule (4) une application qui nous conduira à des résultats importants en eux-mêmes et indispensables pour cette transformation.

Si l'on suppose que, dans la formule (4), $f(x)$ soit un polynôme de degré inférieur à $2n+1$, le reste disparaîtra de lui-même; par exemple, en faisant

$$f(x) = (x-1)^{n+1}, \qquad h = 1,$$

on aura

$$(6)\quad \left\{ \begin{aligned} (n+1)(x-1)^n &= x^{n+1} - (x-1)^{n+1} - \frac{n+1}{1}\frac{1}{2}[x^n - (x-1)^n] \\ &+ B_1\frac{(n+1)\,n}{1.2}[x^{n-1} - (x-1)^{n-1}] \\ &- B_2\frac{(n+1)\,n\,(n-1)\,(n-2)}{1.2.3.4}[x^{n-3} - (x-1)^{n-3}] + \ldots \end{aligned} \right.$$

Le dernier terme contient $[x-(x-1)]$ si n est pair et $[x^2-(x-1)^2]$ si n est impair. Si l'on désigne par p un nombre entier positif, que l'on remplace dans l'équation (6) x successivement par 1, 2, ..., p et que l'on ajoute, on aura, après avoir divisé par $n+1$,

$$(7)\quad \left\{ \begin{aligned} 1^n + 2^n + \ldots + (p-1)^n &= \frac{1}{n+1}\Big[p^{n+1} - \frac{n+1}{1}\frac{1}{2}p^n \\ &+ B_1\frac{(n+1)\,n}{1.2}p^{n-1} - B_2\frac{(n+1)n(n-1)(n-2)}{1.2.3.4}p^{n-3} + \ldots\Big]. \end{aligned} \right.$$

Le second membre de cette formule, quand on y replace l'indéterminée x au lieu de l'entier p, est ce que l'on appelle un *polynôme de Bernoulli*, je le désignerai dans ce qui suit par $\varphi_n(x)$; si l'on tient compte de la remarque précédemment faite à propos du dernier terme de la formule (6), on voit qu'il convient d'écrire

$$(8)\quad \left\{\begin{aligned}
(2n+1)\varphi_{2n}(x) &= x^{2n+1} - \frac{2n+1}{1}\frac{1}{2}x^{2n} + B_1\frac{(2n+1)2n}{1.2}x^{2n-1} \\
&- B_2\frac{(2n+1)2n(2n-1)(2n-2)}{1.2.3.4}x^{2n-3} + \ldots \\
&- (-1)^i B_i\frac{(2n+1)2n\ldots(2n-2i+2)}{1.2\ldots 2i}x^{2n-2i+1} + \ldots \\
&- (-1)^n B_n\frac{2n+1}{1}x, \\
2n\varphi_{2n-1}(x) &= x^{2n} - \frac{2n}{1}\frac{1}{2}x^{2n-1} + B_1\frac{2n(2n-1)}{1.2}x^{2n-2} \\
&- B_2\frac{2n(2n-1)(2n-2)(2n-3)}{1.2.3.4}x^{2n-4} + \ldots \\
&- (-1)^i B_i\frac{2n(2n-1)\ldots(2n-2i+1)}{1.2\ldots 2i}x^{2n-2i} + \ldots \\
&- (-1)^{n-1} B_{n-1}\frac{2n(2n-1)}{1.2}x^2.
\end{aligned}\right.$$

Les formules (6) et (8) mettent en évidence les relations suivantes :

$$(9)\quad \left\{\begin{aligned}
\varphi_n(x) - \varphi_n(x-1) &= (x-1)^n, \\
\varphi_{2n}(x) + \varphi_{2n}(-x) &= -x^{2n}, \\
\varphi_{2n-1}(x) - \varphi_{2n-1}(-x) &= -x^{2n-1}.
\end{aligned}\right.$$

En changeant dans la première de ces équations n en $2n$, x en $1-x$ et ajoutant, membre à membre, à la seconde équation, on trouve

$$(10)\qquad \varphi_{2n}(x) + \varphi_{2n}(1-x) = 0;$$

on obtient de même

$$(10^{bis})\qquad \varphi_{2n-1}(x) - \varphi_{2n-1}(1-x) = 0.$$

Ces relations montrent que $\varphi_{2n}(x)$ est une fonction impaire de

$x-\frac{1}{2}$, et par conséquent s'annule pour $x=\frac{1}{2}$; au contraire $\varphi_{2n-1}(x)$ est une fonction paire de $x-\frac{1}{2}$.

Les formules (8) montrent que tous les polynômes $\varphi_n(x)$ sont nuls pour $x=0$; la première des formules (9) montre ensuite qu'ils sont tous nuls pour $x=1$.

Enfin, si dans les équations (8) on prend les dérivées des deux membres, on trouve de suite les relations

$$(11)\qquad \begin{cases} \varphi'_{2n}(x) = 2n\,\varphi_{2n-1}(x) - (-1)^n \mathrm{B}_n, \\ \varphi'_{2n+1}(x) = (2n+1)\,\varphi_{2n}(x), \end{cases}$$

qui vont permettre d'établir la proposition suivante :

Le polynôme $\varphi_{2n}(x)$, nul pour $x=0$, $x=\frac{1}{2}$, $x=1$, garde le même signe pour les valeurs de x comprises entre zéro et $\frac{1}{2}$, change de signe pour $x=\frac{1}{2}$, et garde un signe constant pour les valeurs de x comprises entre $\frac{1}{2}$ et un. Le polynôme $\varphi_{2n+1}(x)$, nul pour $x=0$ et $x=1$, garde un signe constant pour les valeurs de x comprises entre ces deux nombres.

Ce théorème se vérifie sans peine pour les petites valeurs de n; admettons qu'il soit vrai pour les polynômes $\varphi_{2n-1}(x)$, $\varphi_{2n}(x)$, et démontrons qu'il subsiste pour les polynômes $\varphi_{2n+1}(x)$, $\varphi_{2n+2}(x)$.

Si le polynôme $\varphi_{2n+1}(x)$ s'annulait pour une valeur α de x, autre que zéro et un, appartenant à l'un des intervalles $\left(0, \frac{1}{2}\right)$, $\left(\frac{1}{2}, 1\right)$, au premier par exemple, sa dérivée $\varphi'_{2n+1}(x)$ s'annulerait pour un nombre compris entre zéro et α, distinct de ces limites; il en serait de même, en vertu de la deuxième égalité (11) du polynôme $\varphi_{2n}(x)$, ce qui est contraire à l'hypothèse; il résulte de la même égalité que la fonction $\varphi_{2n+1}(x)$ varie toujours dans le même sens quand x croît de 0 à $\frac{1}{2}$, et dans un sens contraire quand x croît de $\frac{1}{2}$ à un : la fonction

$$(2n+2)\,\varphi_{2n+1}(x) + (-1)^n \mathrm{B}_{n+1}$$

peut donc s'annuler seulement une fois dans l'intervalle $\left(0, \frac{1}{2}\right)$ et seulement une fois dans l'intervalle $\left(\frac{1}{2}, 1\right)$; il en est de même de la fonction $\varphi'_{2n+2}(x)$ qui lui est égale, en vertu de la première égalité (11). Or si la fonction $\varphi_{2n+2}(x)$ s'annulait pour une valeur β de x autre que zéro, $\frac{1}{2}$, un, comprise par exemple entre zéro et $\frac{1}{2}$, la dérivée φ'_{2n+2} devrait s'annuler pour un nombre compris entre zéro et β, et pour un nombre compris entre β et $\frac{1}{2}$, ce qu'on vient de démontrer être impossible. Il résulte de ce qui précède que, dans l'intervalle (0, 1), la fonction $\varphi_{2n+1}(x)$ passe, pour $x = \frac{1}{2}$, par un maximum ou un minimum et que, dans l'intervalle (0, 1), il n'y a pas d'autre valeur de la variable qui lui fasse acquérir soit un maximum, soit un minimum.

La valeur de ce maximum ou de ce minimum se trouve facilement en partant de ce fait que l'on obtient le polynôme $\varphi_n(x)$ en multipliant par $1.2.3\ldots n$ le coefficient de z^n dans le développement en série, suivant les puissances entières et positives de z, de la fonction [1]

$$\frac{e^{xz} - e^z}{e^z - 1}.$$

Cette proposition se vérifie immédiatement : la formule (B) fournit les développements en série des fonctions

$$\frac{1}{e^z - 1}, \quad \frac{e^z}{e^z - 1} = 1 + \frac{1}{e^z - 1},$$

en multipliant la première série par

$$1 + \frac{xz}{1} + \frac{x^2 z^2}{1.2} + \ldots$$

---

[1] La plupart des propriétés des polynômes de Bernoulli peuvent se déduire de là. Voir sur ce sujet le *Traité de calcul différentiel* de M. Bertrand (p. 352); j'ai emprunté au même ouvrage la démonstration de l'existence du maximum ou du minimum pour $x = \frac{1}{2}$.

et retranchant du résultat la seconde série, on obtient le développement cherché [1].

Il suit de là que $\varphi_{2n-1}\left(\frac{1}{2}\right)$ s'obtiendra en multipliant par $1.2\ldots(2n-1)$ le coefficient de z^n dans le développement de

$$\frac{e^{\frac{1}{2}z}-e^z}{e^z-1}=\frac{2}{e^z-1}-\frac{1}{e^{\frac{z}{2}}-1}+1;$$

le second membre se développe de suite en série au moyen de la formule (B) et l'on trouve

$$\varphi_{2n-1}\left(\frac{1}{2}\right)=(-1)^n\frac{B_n}{n}\frac{2^{2n}-1}{2^{2n}}. \tag{12}$$

Enfin la première égalité (11) conduit à la suivante :

$$\varphi_{2n}(1)-\varphi_{2n}(0)=2n\int_0^1\varphi_{2n-1}(x)\,dx-(-1)^n B_n,$$

d'où

$$\int_0^1\varphi_{2n-1}(x)\,dx=\frac{(-1)^n}{2n}B_n. \tag{13}$$

Nous sommes maintenant en mesure de transformer l'expression du terme complémentaire.

En comparant les équations (5) et (8), on voit que l'on a

$$\Phi(t)=2n\varphi_{2n-1}(1-t);$$

le second membre, en vertu de la première égalité (10), est égal à $2n\varphi_{2n-1}(t)$; finalement on a

$$R_{2n+1}=\frac{-h^{2n+1}}{1.2\ldots(2n-1)}\int_0^1\varphi_{2n-1}(t)\,f^{2n+1}(x+ht)\,dt. \tag{14}$$

---

(1) Notons en passant que, en supposant x entier positif, la fonction considérée peut être remplacée par

$$1+e^z+e^{2z}+\ldots+e^{(x-1)z}$$

et que le coefficient de z^n dans le développement de cette expression est manifestement

$$\frac{1}{1.2\ldots n}\left[1^n+2^n+\ldots+(x-1)^n\right].$$

La fonction $\varphi_{2n-1}(t)$ ne changeant pas de signe dans l'intervalle (0, 1), on peut appliquer à l'intégrale définie le premier théorème de la moyenne et, si l'on tient compte de l'équation (13), écrire

$$(15) \qquad R_{2n+1} = \frac{(-1)^{n+1} B_n}{1.2 \ldots 2n} h^{2n+1} f^{2n+1}(x + \theta h),$$

en désignant par θ un nombre compris entre zéro et un.

Si dans l'intervalle (0, 1) la fonction de t, $f^{2n+1}(x + ht)$, ne changeait pas de signe, on pourrait appliquer d'une autre façon le même théorème de la moyenne et, en s'appuyant sur ce que $\varphi_{2n-1}\left(\frac{1}{2}\right)$ est un maximum ou un minimum de la fonction $\varphi_{2n-1}(t)$ dans l'intervalle (0, 1), écrire

$$(16) \qquad R_{2n+1} = \theta \frac{(-1)^{n+1} B_n}{1.2 \ldots 2n} \frac{2^{2n} - 1}{2^{2n-1}} h^{2n} \Delta f^{2n}(x),$$

en désignant par θ un nombre appartenant à l'intervalle (0, 1). Les formules (15) et (16) sont dues à M. Malmsten. Lorsque R_{2n+1} diminue indéfiniment quand n augmente indéfiniment, l'équation (4) peut être remplacée par une autre équation, dans le second membre de laquelle figure une série indéfinie. La convergence de cette série n'a lieu que dans des cas très particuliers (1); mais la formule (4) n'en a pas moins une grande importance; on a vu plus haut comment elle fournissait immédiatement la somme des puissances $n^{\text{ièmes}}$ des p premiers nombres entiers; elle conduit de la même façon à une expression de la somme

$$f'(1) + f'(2) + \ldots + f'(p)$$

qui pourra servir à l'évaluation approchée de cette somme, si pour des valeurs convenables de n le reste complémentaire se trouve être suffisamment petit. Je me contenterai de citer dans cet ordre d'idées l'application de la formule d'Euler aux hypothèses suivantes :

$$h = 1, \qquad f'(x) = \log \Gamma(x),$$
$$\Delta f(x) = f(x+1) - f(x) = \frac{1}{2} \log(2\pi) + x \log x - x,$$

---

(1) Voir le mémoire de M. Darboux : *Sur quelques développements en série.*

en renvoyant le lecteur, pour le détail des calculs, au mémoire déjà cité de M. Malmsten. On parvient ainsi à la formule de *Stirling*, savoir :

$$\log \Gamma(x+1) = \frac{1}{2}\log(2\pi) + \left(x+\frac{1}{2}\right)\log x - x$$
$$+ \frac{B_1}{1.2}\frac{1}{x} - \frac{B_2}{3.4}\frac{1}{x^3} + \frac{B_3}{5.6}\frac{1}{x^5} - \ldots$$
$$+ \frac{(-1)^n B_{n-1}}{(2n-3)(2n-2)}\frac{1}{x^{2n-3}} - \frac{(-1)^n B_n}{(2n-1)\,2n}\frac{\theta}{x^{2n-1}} \text{ (1)},$$

où θ est compris entre zéro et un. Cette formule, qui est légitime, pourvu que x soit positif, fournit des valeurs très approchées de $\Gamma(x+1)$, ou si x est entier, du produit $1.2\ldots x$, lorsque x est très grand.

La formule d'Euler, légèrement modifiée, permet aussi de calculer approximativement une intégrale définie.

Soit en effet $F(x)$ une fonction continue et admettant des dérivées dans l'intervalle (a, b), et soit, en désignant par p un nombre entier positif et en posant $h = \dfrac{b-a}{p}$,

$$S_p = h\,[F(a) + F(a+h) + \ldots + F(a+(p-1)h)];$$

si, dans la formule (4), on remplace $f'(x)$ par $F(x)$, $\Delta f(x)$ par $\int_x^{x+h} F(x)\,dx$ et que l'on ajoute membre à membre toutes les équations qu'on déduit de l'équation ainsi obtenue en y remplaçant successivement x par a, $a+h$, $a+2h$, ..., $a+(p-1)h$, on trouve

$$S_p = \int_a^b F(x)\,dx - \frac{h}{2}[F(b) - F(a)]$$
$$+ \frac{B_1 h^2}{1.2}[F'(a) - F'(b)]$$
$$+ \ldots + (-1)^n \frac{B_{n-1}h^{2n-2}}{1.2\ldots(2n-2)}[F^{(2n-3)}(a) - F^{(2n-3)}(b)]$$
$$+ T_{2n}.$$

Quant au terme complémentaire, si l'on se reporte à la formule (15),

(1) L'expression, du reste, est due à Cauchy.

on voit qu'on pourra, en désignant par M_{2n} un nombre positif égal ou supérieur aux valeurs absolues de $F^{(2n)}(x)$ dans l'intervalle (a, b), et par θ' un nombre appartenant à l'intervalle $(-1, +1)$, l'écrire sous la forme

$$T_{2n} = \theta' \frac{(b-a) B_n h^{2n}}{1.2 \ldots 2n} M_{2n}.$$

Si la formule (16) est applicable, on pourra écrire

$$T_{2n} = \theta \frac{(-1)^{n+1} B_n}{1.2 \ldots 2n} \frac{2^{2n}-1}{2^{2n-1}} h^{2n} [F^{(2n-1)}(a) - F^{(2n-1)}(b)].$$

Ces formules résolvent entièrement le problème posé.

170. Soit

(1) $$f(x) = u_0 + u_1 x + u_2 x^2 + \ldots + u_n x^n + \ldots$$

une série procédant suivant les puissances entières et positives de x : $u_1, u_2, \ldots, u_n, \ldots$ sont des constantes. Supposons que cette série soit convergente sous la condition

(2) $$|x| < a;$$

s'il en est ainsi, la série est absolument convergente pour toutes les valeurs de x qui vérifient cette inégalité (§ 106); elle peut d'ailleurs être convergente, absolument ou non, pour $x = \pm a$. On a montré (§ 112) que la série

(3) $$f'(x) = u_1 + 2u_2 x + \ldots + n u_n x^{n-1} + \ldots$$

était aussi absolument convergente pour toutes les valeurs de x qui vérifient l'inégalité (2) et qu'elle représentait la dérivée de la fonction $f(x)$ dans l'intervalle $(-\alpha, \alpha)$, en désignant par α un nombre positif quelconque plus petit que a; la série

(4) $$F(x) = u_0 x + u_1 \frac{x^2}{2} + \ldots + u_n \frac{x^{n+1}}{n+1} + \ldots$$

est aussi absolument convergente pour toutes les valeurs de x qui vérifient l'inégalité (2); en effet les termes sont, en valeur absolue, plus petits que les termes correspondants de la série (1) : donc, en vertu même du théorème que l'on vient de rappeler, la dérivée de la fonction F (x), dans l'intervalle $(-\alpha, +\alpha)$ est égale à $f(x)$; il en est de même de la fonction $\int_0^x f(x)\,dx$ (§ 157) qui, ainsi, ne peut différer de F (x) que d'une constante; cette constante est nulle puisque, pour $x = 0$, les deux fonctions se réduisent à zéro; pour toutes les valeurs de x qui appartiennent à l'intervalle $(-\alpha, \alpha)$, ou, ce qui revient au même, pour toutes les valeurs de x qui vérifient l'inégalité (2), on a donc

$$(5) \quad \int_0^x f(x)\,dx = u_0 \frac{x}{1} + u_1 \frac{x^2}{2} + \ldots + u_n \frac{x^{n+1}}{n+1} + \ldots \text{ (1)}.$$

Ce théorème, appliqué aux séries

$$\frac{1}{1+x} = 1 - x + x^2 - \ldots + (-1)^n x^n + \ldots,$$

$$\frac{1}{1+x^2} = 1 - x^2 + x^4 - \ldots + (-1)^n x^{2n} + \ldots,$$

$$\frac{1}{\sqrt{1-x^2}} = 1 + \frac{1}{2} x^2 + \frac{1.3}{2.4} x^4 + \ldots + \frac{1.3\ldots(2n-1)}{2.4\ldots 2n} x^{2n} + \ldots,$$

absolument convergentes tant que l'on a

$$|x| < 1,$$

montre que, pour les valeurs de x qui satisfont à cette inégalité, l'on a

$$\log(1+x) = \frac{x}{1} - \frac{x^2}{2} + \frac{x^3}{3} - \ldots + (-1)^n \frac{x^{n+1}}{n+1} + \ldots,$$

$$\text{arc tg } x = \frac{x}{1} - \frac{x^3}{3} + \frac{x^5}{5} - \ldots + (-1)^n \frac{x^{2n+1}}{2n+1} + \ldots,$$

$$\text{arc sin } x = \frac{x}{1} + \frac{1}{2}\frac{x^3}{3} + \frac{1.3}{2.4}\frac{x^5}{5} + \ldots + \frac{1.3\ldots(2n-1)}{2.4\ldots 2n} \frac{x^{2n+1}}{2n+1} + \ldots$$

Ces égalités subsistent, la première pour $x = 1$, les deux autres pour $x = \pm 1$.

---

(1) Il résultera du paragraphe suivant que si la série (1) est convergente pour $x = a$, il en est de même de la série (4), cela résulte aussi du théorème II du paragraphe 71; l'égalité (5) subsiste alors pour $x = a$.

La proposition qu'on vient de démontrer n'est qu'un cas particulier du théorème fondamental qui fera l'objet du paragraphe suivant.

171. Soit

$$(1) \qquad f_1(x) + f_2(x) + \dots + f_n(x) + \dots$$

une série dont les termes sont des fonctions finies et intégrables de la variable x dans l'intervalle (a_0, a); si cette série est uniformément convergente dans cet intervalle, il en est de même de la série

$$(2) \qquad \int_{a_0}^{x} f_1(x)\,dx + \int_{a_0}^{x} f_2(x)\,dx + \dots + \int_{a_0}^{x} f_n(x)\,dx + \dots;$$

si l'on représente par $\varphi(x)$ la somme de la série (1), et par $\Phi(x)$ la somme de la série (2), la fonction $\varphi(x)$ est intégrable dans l'intervalle (a_0, a), et l'on a, pour toutes les valeurs de x qui appartiennent à cet intervalle,

$$\Phi(x) = \int_{a_0}^{x} \varphi(x)\,dx.$$

Désignons en effet par $S_n(x)$ la somme des n premiers termes de la série (1) et par $R_n(x)$ le reste correspondant, en sorte que l'on ait

$$\varphi(x) = S_n(x) + R_n(x).$$

Je dis d'abord que la fonction $\varphi(x)$ est intégrable dans l'intervalle (a_0, a).

Soit en effet ε un nombre positif arbitraire; puisque la série (1) est uniformément convergente, au nombre ε correspond un nombre entier positif p tel que l'on ait, pour toutes les valeurs de l'indice n supérieures à p et pour toutes les valeurs de x appartenant à l'intervalle (a_0, a),

$$|R_n(x)| < \varepsilon.$$

Dans l'intervalle (a_0, a), l'oscillation de la fonction $R_n(x)$ sera inférieure à 2ε. Ceci posé, soit x une valeur quelconque appartenant à l'intervalle (a_0, a) : la fonction $S_n(x)$ étant, par hypothèse, intégrable dans l'intervalle (a_0, x), au nombre positif ε correspond certainement un mode de décomposition de l'intervalle (a_0, x), tel que la différence entre les sommes supérieure et inférieure, relatives à cette décomposition et évaluées pour la fonction $S_n(x)$, soit moindre que ε; la même différence, évaluée pour la fonction $R_n(x)$, sera moindre que $2(a - a_0)\varepsilon$, puisque l'oscillation de cette fonction est moindre que 2ε et que l'intervalle (a_0, x) a une étendue au plus égale à $(a - a_0)$; la même différence enfin, évaluée pour la fonction $S_n(x) + R_n(x)$, ou $\varphi(x)$, sera moindre que

$$\varepsilon[1 + 2(a - a_0)],$$

comme ε est arbitraire et que le facteur qui le multiplie est constant, ce produit peut être supposé plus petit que tel nombre positif arbitraire que l'on voudra; il est donc démontré que la fonction $\varphi(x)$ est intégrable dans l'intervalle (a_0, a); il en est de même de la fonction

$$R_n(x) = \varphi(x) - S_n(x)$$

et l'on a, pourvu que x appartienne à l'intervalle (a_0, a),

$$(3) \qquad \int_{a_0}^{x} \varphi(x)\,dx = \int_{a_0}^{x} S_n(x)\,dx + \int_{a_0}^{x} R_n(x)\,dx.$$

La seconde intégrale du second membre est, en valeur absolue, moindre que $\varepsilon(a - a_0)$; on voit donc que, sous les seules conditions

$$a_0 \leqq x \leqq a, \qquad n \geqq p,$$

on peut affirmer que la différence entre $\int_{a_0}^{x} \varphi(x)\,dx$ et

$$\int_{a_0}^{x} S_n(x)\,dx = \int_{a_0}^{x} f_1(x)\,dx + \int_{a_0}^{x} f_2(x)\,dx + \ldots + \int_{a_0}^{x} f_n(x)\,dx,$$

est moindre que $\varepsilon(a - a_0)$; cette dernière quantité pouvant représenter tel nombre positif que l'on voudra, il est prouvé que la série (2) est uniformément convergente dans l'intervalle (a_0, a) et que sa somme $\Phi(x)$ est égale à $\int_{a_0}^{x} \varphi(x)\,dx$ [1].

[1] Si l'on supposait la série (1) uniformément convergente non pas au sens du paragraphe 88, mais au sens de la note ajoutée à ce paragraphe, c'est à dire si l'on supposait seulement qu'à chaque nombre positif ε correspondît un entier positif n tel que l'on eût,

Soit, par exemple, la série

$$\varphi(x) = u_0 + u_1 x + u_2 x^2 + \ldots + u_n x^n + \ldots,$$

où $u_0, u_1, \ldots, u_n, \ldots$ sont des constantes; je suppose qu'elle soit convergente (absolument ou non) pour $x = a$; elle sera uniformément convergente dans l'intervalle $(0, a)$, ou $(a, 0)$, et l'on aura, en désignant par x un nombre quelconque appartenant à cet intervalle,

$$\int_0^x \varphi(x)\,dx = u_0 x + u_1 \frac{x^2}{2} + u_2 \frac{x^3}{3} + \ldots + u_n \frac{x^{n+1}}{n+1} + \ldots$$

C'est la proposition qui a été démontrée en partie dans le paragraphe précédent.

Considérons encore la série

$$\sum_{n=1}^{n=\infty} \frac{2x}{x^2 - n^2\pi^2},$$

elle est uniformément convergente pour les valeurs de x qui appartiennent à l'intervalle $(-\alpha, \alpha)$, en désignant par α un nombre positif plus petit que π. La somme de cette série est d'ailleurs (§ 99) égale à $\frac{\cos x}{\sin x} - \frac{1}{x}$; cette égalité subsiste même pour $x = 0$, si l'on convient de regarder la fonction $\frac{\cos x}{\sin x} - \frac{1}{x}$ comme prenant, pour $x = 0$, sa vraie valeur, à savoir zéro; on aura donc

$$\int_0^x \left(\frac{\cos x}{\sin x} - \frac{1}{x}\right) dx = \sum_{n=1}^{n=\infty} \int_0^x \frac{2x}{x^2 - n^2\pi^2}\,dx,$$

pourvu que x appartienne à l'intervalle $(-\alpha, \alpha)$: cette égalité équi-

---

en conservant les mêmes notations,

$$|R_n(x)| < \varepsilon,$$

le raisonnement suivi dans le texte prouverait que la fonction $\varphi(x)$ est intégrable dans l'intervalle (a_0, a) et qu'en prenant n termes dans la série (2), on a une valeur approchée de $\int_{a_0}^x \varphi(x)\,dx$, avec une erreur moindre que $\varepsilon(a - a_0)$; cette erreur peut être supposée aussi petite qu'on le veut; mais on ne peut conclure de là ni la convergence de la série (2), ni son égalité à la quantité $\int_{a_0}^x \varphi(x)\,dx$: on pourrait en effet s'éloigner de cette dernière quantité en prenant dans la série (2) plus de n termes.

vaut à la suivante :

$$\log \frac{\sin x}{x} = \sum_{n=1}^{n=\infty} \log \left(1 - \frac{x^2}{n^2 \pi^2}\right);$$

pour $x = 0$, on doit remplacer $\frac{\sin x}{x}$ par un. Le second membre est une série uniformément convergente dans l'intervalle $(-\alpha, \alpha)$. On déduit immédiatement de cette égalité

$$\sin x = x \prod_{n=1}^{n=\infty} \left(1 - \frac{x^2}{n^2 \pi^2}\right);$$

cette égalité, démontrée pour les valeurs de x comprises entre $-\pi$ et $+\pi$, subsiste évidemment pour les valeurs $-\pi$ et $+\pi$, qui annulent $\sin x$, et pour toutes les valeurs de x à cause de la périodicité des deux membres. On voit ainsi comment se relient des résultats pour lesquels on avait été obligé de donner deux démonstrations distinctes (§ 121).

La proposition fondamentale relative à l'intégration, terme par terme, d'une série entraîne la proposition suivante.

Soit

$$f_1(x) + f_2(x) + \ldots + f_n(x) + \ldots$$

une série convergente dans l'intervalle (a, b); soit $\varphi(x)$ la somme de cette série; supposons que, dans l'intervalle (a, b), les fonctions $f_1(x)$, $f_2(x), \ldots, f_n(x), \ldots$ admettent des dérivées $f'_1(x), f'_2(x), \ldots, f'_n(x), \ldots$ continues dans l'intervalle (a, b); si la série

$$f'_1(x) + f'_2(x) + \ldots + f'_n(x) + \ldots$$

est uniformément convergente dans l'intervalle (a, b), la fonction $\varphi(x)$ admettra une dérivée dans cet intervalle et cette dérivée sera la somme $\varphi(x)$ de la série précédente.

Si en effet on applique à cette série le théorème relatif à l'intégration, on voit que, en désignant par x un nombre appartenant à l'intervalle (a, b), on aura

$$\int_a^x \varphi'(x)\,dx = \int_a^x f'_1(x)\,dx + \int_a^x f'_2(x)\,dx + \ldots \int_a^x f'_n(x)\,dx + \ldots;$$

mais on a en général, puisque la fonction $f'(x)$ est continue dans l'intervalle (a, b),

$$\int_a^x f'_n(x) = f_n(x) - f_n(a);$$

on aura donc

$$\int_a^x \varphi'(x)\,dx = f_1(x) - f_1(a) + f_2(x) - f_2(a) + \ldots$$
$$+ f_n(x) - f_n(a) + \ldots = \varphi(x) - \varphi(a).$$

Cette égalité prouve bien que la fonction $\varphi(x)$ a pour dérivée $\varphi'(x)$ dans l'intervalle (a, b); la fonction $\varphi'(x)$, en effet, est continue dans cet intervalle, comme somme d'une série uniformément convergente, dont les termes sont des fonctions continues.

Il convient de remarquer qu'une série peut être uniformément convergente, avoir pour termes des fonctions continues, admettant des dérivées continues, sans que la série des dérivées soit convergente; telle est, par exemple, la série dont le $n^{\text{ième}}$ terme est

$$\frac{\sin[(1.2\ldots n)\,x]}{1.2\ldots n};$$

cette série est uniformément convergente dans tout intervalle; ses termes sont des fonctions continues et admettent des dérivées dans tout intervalle, mais la série formée par ces dérivées est divergente. La somme de la série proposée est une fonction continue dans tout intervalle; on démontre que cette fonction n'admet point de dérivée (¹).

172. Le lecteur a pu voir, dans le cours de cet ouvrage, l'importance des développements en série qui procèdent suivant les puissances entières et positives d'une variable; cette importance est peut-être encore plus grande dans la théorie des fonctions d'une variable imaginaire; je veux dire quelques mots d'une autre espèce de séries qui ont été, dans ce siècle, l'objet d'un nombre considérable de travaux importants (²).

(¹) Voir le mémoire de M. Darboux sur les fonctions discontinues.

(²) Outre les mémoires de Dirichlet et de Riemann, que j'ai eu l'occasion de citer plusieurs fois, et qui doivent, à plusieurs égards, être regardés comme fondamentaux, il convient de citer les recherches de Poisson (*Journal de l'École polytechnique*, cah. XIX, p. 404, 1823, et *Mémoires de l'Académie des Sciences*, p. 574, 1823) : Ces recherches ont un point de départ tout différent et leurs résultats ont été élucidés par divers auteurs

Les *séries trigonométriques* sont des séries de la forme

$$\frac{1}{2}a_0 + a_1 \cos x + a_2 \cos 2x + \ldots + a_n \cos nx + \ldots$$
$$+ b_1 \sin x + b_2 \sin 2x + \ldots + b_n \sin nx + \ldots,$$

x désigne la variable; on supposera dans ce qui suit qu'elle appartient à l'intervalle $(-\pi, +\pi)$; les coefficients $a_0, a_1, a_2, \ldots, a_n, \ldots, b_1, b_2, \ldots, b_n, \ldots$ sont des constantes. Si l'on ne tient pas compte du premier terme $\frac{1}{2}a_0$, auquel on a donné le coefficient $\frac{1}{2}$ pour la facilité des calculs ultérieurs, on peut regarder la série précédente soit comme la somme de deux séries dont l'une,

$$a_1 \cos x + a_2 \cos 2x + \ldots + a_n \cos nx + \ldots,$$

procède suivant les cosinus des multiples entiers de la variable, et l'autre,

$$b_1 \sin x + b_2 \sin 2x + \ldots + b_n \sin nx,$$

procède suivant les sinus des multiples entiers de la même variable, soit comme une série dont le terme général est $a_n \cos nx + b_n \sin nx$.

L'importance de ces séries, qui se sont introduites naturellement dans l'analyse pour la solution de certains problèmes de mécanique et de physique mathématique, a été révélée par cette remarque, due à Fourier, qu'elles paraissent aptes à représenter une fonction quelconque définie dans un intervalle dont l'étendue soit égale à 2π.

Soit en effet $f(x)$ une fonction finie (§ 74) dans l'intervalle $(-\pi, +\pi)$ et supposons que l'on ait, pour toutes les valeurs de x qui appar-

---

(Schwarz : *Zur Integration der part. Differentialgl.* $\Delta u = 0$, *Journal de Crelle*, t. LXXIV, p. 228, 1872; du Bois-Reymond : *Détermination de la valeur limite d'une intégrale qui se présente dans la théorie des séries trigonométriques;* O. Bonnet : *Note sur une intégrale qui sert de fondement à une théorie des séries trigonométriques; Bulletin des sciences mathématiques,* 2e série, t. III, 1879, 1re partie, p. 343, p. 480). M. Sachse a publié en 1879 une étude historique et critique sur les principaux travaux relatifs aux séries trigonométriques; cette étude, à laquelle je renvoie le lecteur, a été traduite dans le *Bulletin des sciences mathématiques,* 2e série, t. IV, 1880, 1re partie, p. 43. Postérieurement à cette étude, je signalerai le livre de M. Dini, *Serie di Fourier et altre representazioni analitiche delle funzioni di una variabile reale,* Pise, 1880; les recherches de M. du Bois-Reymond et de M. Camille Jordan dans les Comptes rendus de 1881, un travail de M. Ax. Harnack sur la *Théorie de la série de Fourier* dans le *Bulletin des sciences mathématiques,* 2e série, t. VI, 1882, 1re partie, p. 242; enfin, dans les *Sitzungsberichte der Akad. der Wiss. zu Berlin* de 1885, une communication de M. O. Hölder, relative à un théorème dû à M. Weierstrass, *Ueber eine neue hinreichende Bedingung für die Darstellbarkeit einer Function durch die Fourier'sche Reihe,* et une communication de M. L. Kronecker *Ueber das Dirichlet'sche Integral,* où l'auteur parvient à des conditions d'une grande généralité.

tiennent à cet intervalle,

$$(1)\quad f(x) = \frac{1}{2}a_0 + a_1 \cos x + b_1 \sin x + a_2 \cos 2x + b_2 \sin 2x + \dots + a_n \cos nx + b_n \sin nx + \dots$$

Multiplions les deux membres par $\cos px$, p étant l'un quelconque des nombres 0, 1, 2, 3, ..., et supposons que l'égalité subsiste quand on intègre le premier membre entre les limites $-\pi$ et π, et le second, terme par terme, entre les mêmes limites, en sorte que l'on ait

$$(2)\quad \left\{ \begin{aligned} &\int_{-\pi}^{+\pi} f(x) \cos px\, dx = \frac{1}{2} a_0 \int_{-\pi}^{+\pi} \cos px\, dx \\ &+ \sum_{n=1}^{n=\infty} \left(a_n \int_{-\pi}^{+\pi} \cos nx \cos px\, dx + b_n \int_{-\pi}^{+\pi} \sin nx \cos px\, dx \right) + \dots \end{aligned} \right.$$

C'est ce qui arriverait certainement si la série qui figure dans le second membre de l'égalité (1) était uniformément convergente dans l'intervalle $(-\pi, \pi)$. Si maintenant on tient compte des égalités

$$\int \cos nx \cos px\, dx = \frac{1}{2}\int [\cos(n-p)x + \cos(n+p)x]\, dx = \frac{\sin(n-p)x}{2(n-p)} + \frac{\sin(n+p)x}{2(n+p)} \qquad (p \gtrless n),$$

$$\int \sin nx \cos px\, dx = \frac{1}{2}\int [\sin(n+p)x + \sin(n-p)x]\, dx = -\frac{\cos(n+p)x}{2(n+p)} - \frac{\cos(n-p)x}{2(n-p)} \qquad (p \gtrless n),$$

$$\int \cos^2 px\, dx = \frac{1}{2}\int (1 + \cos 2px)\, dx = \frac{x}{2} + \frac{\sin 2px}{4p} \qquad (p \gtrless 0),$$

$$\int \sin px \cos px\, dx = \frac{1}{2}\int \sin 2px\, dx = -\frac{1}{4p}\cos 2px,$$

qui entraînent les suivantes :

$$(3)\quad \left\{ \begin{aligned} &\int_{-\pi}^{+\pi} \cos nx \cos px\, dx = 0 && (p \gtrless n), \\ &\int_{-\pi}^{+\pi} \sin nx \cos px\, dx = 0 && (p \gtrless n), \\ &\int_{-\pi}^{+\pi} \cos^2 px\, dx = \pi, && (p > 0), \\ &\int_{-\pi}^{+\pi} \sin px \cos px\, dx = 0, \end{aligned} \right.$$

on voit de suite que l'égalité (2) revient à celle-ci :

$$(4) \qquad \frac{1}{\pi}\int_{-\pi}^{+\pi} f(x)\cos px\,dx = a_p \qquad (p = 0, 1, 2, \ldots),$$

en multipliant de même les deux membres de l'égalité (1) par $\sin px$, et intégrant de la même façon, on trouvera sans peine

$$(5) \qquad \frac{1}{\pi}\int_{-\pi}^{+\pi} f(x)\sin px\,dx = b_p \qquad (p = 1, 2, 3, \ldots);$$

on n'aura pour cela qu'à s'appuyer sur la seconde des égalités (3) et sur les deux suivantes

$$\int_{-\pi}^{+\pi} \sin nx \sin px\,dx = 0 \qquad (p \gtrless n),$$

$$\int_{-\pi}^{+\pi} \sin^2 px\,dx = \pi \qquad (p = 1, 2, 3, \ldots).$$

Sans doute, si l'on ne sait rien sur la nature de la convergence de la série qui figure dans le second membre de l'égalité (1), les calculs qui précèdent ne sont en aucune façon légitimes; mais les formules (4) et (5) ont un sens pourvu que la fonction $f(x)$ soit finie et intégrable dans l'intervalle $(-\pi, \pi)$; il n'est même pas nécessaire que la fonction $f(x)$ soit finie dans cet intervalle, pourvu que les fonctions $f(x)\sin px$, $f(x)\cos px$, qui peuvent elles-mêmes être infinies aux environs d'un nombre fini ou infini de valeurs appartenant à cet intervalle, soient intégrables, quel que soit l'entier p, entre les limites $-\pi$ et $+\pi$. Dans ces conditions, il est bien naturel de se demander ce qu'est la série trigonométrique dont les coefficients a_p, b_p sont définis par les formules (4) et (5), si cette série est convergente dans l'intervalle $(-\pi, \pi)$, si, dans cet intervalle, sa somme est égale à $f(x)$. La recherche de conditions très larges, sous lesquelles on peut affirmer qu'il en est ainsi, a été l'objet d'un grand nombre de travaux importants. Je considérerai seulement le cas qui a été étudié par Dirichlet, celui où l'intervalle $(-\pi, \pi)$ peut être décomposé en un nombre fini d'intervalles partiels tels que dans chacun d'eux la fonction $f(x)$ soit continue et varie dans le même sens (si elle varie).

Si dans la somme $a_p \cos px + b_p \sin px$ de deux termes correspondants de la série

$$(S)\quad \frac{1}{2}a_0 + a_1 \cos x + b_1 \sin x + a_2 \cos 2x + b_2 \sin 2x + \dots \\ + a_n \cos nx + b_n \sin nx + \dots,$$

on remplace les coefficients a_p, b_p par leurs valeurs déduites des formules (4) et (5), qu'il convient d'écrire sous la forme

$$a_p = \frac{1}{\pi}\int_{-\pi}^{+\pi} f(y) \cos py \, dy,$$
$$b_p = \frac{1}{\pi}\int_{-\pi}^{+\pi} f(y) \sin py \, dy,$$

afin de ne pas confondre la variable x qui figure dans les termes de la série (S) avec la variable d'intégration, on trouvera

$$a_p \cos px + b_p \sin px = \frac{1}{\pi}\int_{-\pi}^{+\pi} f(y) \cos p\,(y - x)\, dx;$$

on aura donc pour la somme S_{2n+1} des $2n + 1$ premiers termes de la série (S),

$$S_{2n+1} = \frac{1}{\pi}\int_{-\pi}^{+\pi} f(y)\, T_{2n+1}\, dy,$$

en posant pour abréger

$$T_{2n+1} = \frac{1}{2} + \cos(y - x) + \cos 2(y - x) + \dots + \cos n(y - x);$$

mais en vertu de l'identité bien connue

$$\frac{\sin(2n + 1)\frac{a}{2}}{2 \sin \frac{a}{2}} = \frac{1}{2} + \cos a + \cos 2a + \dots + \cos na,$$

on a

$$T_{2n+1} = \frac{\sin(2n + 1)\frac{y - x}{2}}{2 \sin \frac{y - x}{2}},$$

d'où

$$(6)\qquad S_{2n+1} = \frac{1}{\pi}\int_{-\pi}^{+\pi} f(y)\,\frac{\sin(2n+1)\dfrac{y-x}{2}}{2\sin\dfrac{y-x}{2}}\,dy,$$

en entendant que, pour $y = x$, le rapport

$$\frac{\sin(2n+1)\dfrac{y-x}{2}}{2\sin\dfrac{y-x}{2}}$$

doit être remplacé par sa vraie valeur $n + \frac{1}{2}$. Relativement à l'intégration, la quantité x qui figure sous le signe $\int$ doit être regardée comme un paramètre constant. La question posée revient ainsi à chercher si, lorsque n augmente indéfiniment par des valeurs entières et positives, l'intégrale qui figure dans le second membre tend vers une limite et, s'il y a lieu, à évaluer cette limite.

En faisant dans cette intégrale la substitution, toujours permise (§ 165),

$$y = x + 2z,$$

on aura

$$\pi S_{2n+1} = \int_{-\frac{\pi+x}{2}}^{\frac{\pi-x}{2}} f(x+2z)\,\frac{\sin(2n+1)z}{\sin z}\,dz.$$

L'intégrale qui figure dans le second membre a sa limite inférieure négative et sa limite supérieure positive puisque x est supposé compris entre $-\pi$ et $+\pi$; elle peut être remplacée par la somme de deux autres intégrales, portant sur la même quantité et ayant pour limites, la première $-\frac{\pi+x}{2}$ et zéro, la seconde zéro et $\frac{\pi-x}{2}$; en faisant dans la première la substitution $z = -\zeta$ et remettant ensuite la lettre z à la place de ζ, on trouve finalement

$$(7)\quad \left\{\begin{aligned} \pi S_{2n+1} = &\int_0^{\frac{\pi+x}{2}} f(x-2z)\,\frac{\sin(2n+1)z}{\sin z}\,dz \\ &+ \int_0^{\frac{\pi-x}{2}} f(x+2z)\,\frac{\sin(2n+1)z}{\sin z}\,dz. \end{aligned}\right.$$

Les limites supérieures $\frac{\pi + x}{2}$, $\frac{\pi - x}{2}$ des deux intégrales qui figurent dans le second membre sont comprises entre zéro et π et peuvent atteindre l'une ou l'autre de ces limites.

Cette formule montre que le problème posé revient au suivant : Reconnaître si l'intégrale

$$\int_0^a \varphi(z) \frac{\sin mz}{\sin z} dz,$$

où a est un nombre positif fixe au plus égal à π, où $\varphi(z)$ est une fonction finie dans l'intervalle $(0, a)$, tend vers une limite lorsque m augmente indéfiniment par des valeurs positives impaires; c'est le problème que je vais traiter, sous certaines conditions imposées à la fonction $\varphi(z)$.

Je ferai d'abord deux remarques préliminaires concernant l'intégrale

$$\int_\alpha^\beta \frac{\sin mz}{\sin z} dz,$$

où α, β sont des nombres appartenant à l'intervalle $\left(0, \frac{\pi}{2}\right)$ et où m désigne, comme je le supposerai désormais dans ce paragraphe, un nombre entier positif impair.

Je montrerai d'abord que la valeur absolue de cette intégrale quels que soient les nombres α, β, m, assujettis toutefois aux conditions précédemment énoncées, est toujours inférieure à un nombre fixe, que l'on peut prendre égal à π. Supposons $\alpha < \beta$. Lorsque z varie de α à β, la fonction $\sin z$ reste positive et croissante. Quant à la fonction $\sin mz$, elle est, en général, tantôt positive, tantôt négative : décomposons l'intervalle (α, β) en intervalles partiels tels que, dans chacun d'eux, $\sin mz$ garde le même signe; si l'on désigne par i et j les parties entières des quantités $\frac{\alpha m}{\pi}$, $\frac{\beta m}{\pi}$, ces intervalles partiels seront limités par les nombres

$$\alpha, \quad (i+1)\frac{\pi}{m}, \quad (i+2)\frac{\pi}{m}, \ldots, \quad (j-1)\frac{\pi}{m}, \quad j\frac{\pi}{m}, \quad \beta;$$

l'intégrale proposée peut être remplacée par la somme de $j - i + 1$

intégrales (¹) dans lesquelles le signe $\int$ porte toujours sur la même quantité

$$\frac{\sin mz}{\sin z}\,dz,$$

et qui se rapportent aux intervalles partiels définis par la suite précédente; dans le premier intervalle, $\sin mz$ a le signe de $(-1)^i$, puis les signes vont en alternant; l'une quelconque des intégrales intermédiaires peut être représentée par

$$\int_{r\frac{\pi}{m}}^{(r+1)\frac{\pi}{m}} \frac{\sin mz}{\sin z}\,dz,$$

$$(r = i+1,\ i+2,\ \ldots,\ j-1).$$

Si, dans cette intégrale, on fait la substitution

$$z = r\frac{\pi}{m} + \frac{\zeta}{m},$$

elle devient

$$(-1)^r \int_0^{\pi} \frac{\sin\zeta}{m\sin\left(r\dfrac{\pi}{m} + \dfrac{\zeta}{m}\right)}\,d\zeta;$$

cette forme montre tout d'abord que la valeur absolue de cette intégrale diminuerait si l'on remplaçait r par l'un quelconque des nombres $r+1,\ r+2,\ \ldots,\ j-1$; en effet les limites de l'intégrale resteraient les mêmes et la quantité $\left(r\dfrac{\pi}{m} + \dfrac{\zeta}{m}\right)$ sera remplacée par une quantité plus grande et toujours inférieure à $\dfrac{\pi}{2}$; ainsi à partir de la deuxième intégrale, les signes vont en alternant, et les valeurs absolues vont en diminuant; cette conclusion s'étend même, puisque $m(\beta - j\pi)$ est inférieur à π, à la dernière intégrale dont la valeur est

$$(-1)^j \int_0^{m(\beta - j\pi)} \frac{\sin\zeta}{m\sin\left(j\dfrac{\pi}{m} + \dfrac{\zeta}{m}\right)}\,d\zeta;$$

(¹) Ce mode de décomposition joue le rôle essentiel dans la démonstration de Dirichlet.

ainsi (§ 69) la somme des intégrales qui suivent la première est du signe de $(-1)^{i+1}$ et est, en valeur absolue, inférieure à

$$\int_0^{\pi} \frac{\sin\zeta\, d\zeta}{m \sin\left[(i+1)\frac{\pi}{m} + \frac{\zeta}{m}\right]} < \int_0^{\pi} \frac{\sin\zeta\, d\zeta}{m\sin\frac{\zeta}{m}};$$

quant à la première intégrale, elle est du signe de $(-1)^i$ et sa valeur absolue est égale à

$$\int_{m(\alpha - i\pi)}^{\pi} \frac{\sin\zeta\, d\zeta}{m \sin\left(i\frac{\pi}{m} + \frac{\zeta}{m}\right)},$$

quantité qui, puisque la limite inférieure $m(\alpha - i\pi)$ est positive et inférieure à π, est elle-même au plus égale au second membre de l'inégalité précédente.

La valeur de ce second membre est donc supérieure à la valeur de l'intégrale proposée; mais on a, pour les valeurs de ζ comprises entre zéro et π,

$$m \sin\frac{\zeta}{m} \geqq \sin\zeta,$$

l'égalité n'ayant lieu que pour $m = 1$; en effet, pour ces valeurs de ζ la dérivée $\cos\frac{\zeta}{m} - \cos\zeta$ de la fonction $m\sin\frac{\zeta}{m} - \sin\zeta$ est positive; cette dernière fonction est donc croissante, et par conséquent positive, dans l'intervalle $(0, \pi)$. On a donc

$$\int_0^{\pi} \frac{\sin\zeta\, d\zeta}{m\sin\frac{\zeta}{m}} < \int_0^{\pi} \frac{\sin\zeta}{\sin\zeta}\, d\zeta,$$

le second membre de cette inégalité est égal à π; la proposition annoncée est donc démontrée.

L'intégrale

$$\int_0^{\frac{\pi}{2}} \frac{\sin mz}{\sin z}\, dz,$$

est égale à $\frac{\pi}{2}$, ainsi qu'il résulte de l'identité, déjà utilisée dans le présent paragraphe,

$$\frac{\sin mz}{\sin z} = 1 + 2\cos 2z + 2\cos 4z + \ldots + 2\cos(m-1)z.$$

Ces remarques préliminaires faites, je suivrai, pour l'étude de l'intégrale

$$\int_0^a \varphi(z) \frac{\sin mz}{\sin z} dz$$

une méthode qui ne diffèrera que par des changements de forme de celle qu'a suivie M. O. Bonnet dans son mémoire sur la théorie générale des séries.

Si les nombres fixes b, c satisfont aux inégalités

$$0 < b < c \leqq \frac{\pi}{2},$$

et si la fonction $\varphi(z)$, dans l'intervalle (b, c), est positive ou nulle, décroissante ou constante, l'intégrale

$$\int_b^c \varphi(z) \frac{\sin mz}{\sin z} dz$$

tend vers zéro quand m augmente indéfiniment.

Dans ces conditions, en effet, la fonction

$$\frac{\varphi(z)}{\sin z}$$

est positive (ou nulle), décroissante (ou constante) dans l'intervalle (b, c), on peut donc appliquer le second théorème de la moyenne et écrire, en désignant par ξ un nombre appartenant à l'intervalle (b, c),

$$\int_b^c \frac{\varphi(z)}{\sin z} \sin mz \, dz = \frac{\varphi(b)}{\sin b} \int_b^\xi \sin mz \, dz$$
$$= \frac{\varphi(b)}{m \sin b} (\cos mb - \cos m\xi) \text{ [1]}.$$

---

[1] On pourrait § 160) mettre $\varphi(b+0)$ au lieu de $\varphi(b)$.

Or la valeur absolue du second membre est moindre que

$$\frac{2\varphi(b)}{m \sin b},$$

quantité qui tend évidemment vers zéro quand m augmente indéfiniment.

On va déduire de là la proposition suivante : soient b, c des nombres compris entre zéro et π, tels que le plus petit des nombres b, c, $\pi - b$, $\pi - c$ soit au moins égal au nombre positif (et non nul) λ; soit $\varphi(z)$ une fonction qui tant que z appartient à l'intervalle (b, c), ou (c, b), soit, en valeur absolue, au plus égale au nombre positif L; supposons en outre que l'intervalle (b, c) puisse être divisé en un nombre fini p d'intervalles partiels tels que dans chacun d'eux la fonction $\varphi(z)$ soit, ou bien décroissante ou constante, ou bien croissante ou constante; cette fonction sera certainement intégrable dans l'intervalle (b, c), ou (c, b) et l'on aura

$$(8) \qquad \left| \int_b^c \varphi(z) \frac{\sin mz}{\sin z} dz \right| < \frac{6(p+1)L}{m \sin \lambda}:$$

il résultera de là bien clairement que, lorsque m augmente indéfiniment, le premier membre tend vers zéro.

La proposition est démontrée lorsque l'on a

$$0 < b < c \leqq \frac{\pi}{2}$$

et que $\varphi(z)$ est une fonction positive décroissante ou constante dans l'intervalle (b, c), et l'on a alors

$$\left| \int_b^c \varphi(z) \frac{\sin mz}{\sin z} dz \right| < 2 \frac{\varphi(b)}{m \sin b};$$

conservons toutes ces hypothèses, sauf celle qui consiste à supposer la fonction $\varphi(z)$ positive (ou nulle). La fonction $\varphi(z) - \varphi(c)$ sera certainement décroissante ou constante, positive ou nulle, on pourra donc lui appliquer l'inégalité précédente, et écrire

$$\left| \int_b^c [\varphi(z) - \varphi(c)] \frac{\sin mz}{\sin z} dz \right| < 2 \frac{\varphi(b) - \varphi(c)}{m \sin b};$$

d'ailleurs la même inégalité s'applique à la fonction $\varphi(z) = 1$, en sorte que l'on a

$$\left| \int_b^c \frac{\sin mz}{\sin z} dz \right| < \frac{2}{m \sin b};$$

on déduit de ces deux inégalités la suivante :

$$\left| \int_b^c \varphi(z) \frac{\sin mz}{\sin z} dz \right| < 2 \frac{\varphi(b) - \varphi(c)}{m \sin b} + 2 \left| \frac{\varphi(c)}{m \sin b} \right|;$$

et *à fortiori*

$$\left| \int_b^c \varphi(z) \frac{\sin mz}{\sin z} dz \right| < \frac{6L}{m \sin b};$$

cette inégalité aurait encore lieu si la fonction $\varphi(z)$ était croissante ou constante dans l'intervalle (b, c); il suffit, pour le voir, de l'appliquer à la fonction $-\varphi(z)$, qui serait alors décroissante ou constante; supposons maintenant que l'on ait

$$\frac{\pi}{2} \leqq b < c < \pi,$$

et que la fonction $\varphi(z)$ soit, dans l'intervalle (b, c), ou bien décroissante ou constante, ou bien croissante ou constante; en appliquant la précédente inégalité à la fonction $\varphi(\pi - z)$ considérée dans l'intervalle $(\pi - c, \pi - b)$, on aura

$$\left| \int_{\pi-c}^{\pi-b} \varphi(\pi - z) \frac{\sin mz}{\sin z} dz \right| < \frac{6L}{m \sin c},$$

mais le premier membre de cette inégalité n'est autre chose que

$$\left| \int_b^c \varphi(z) \frac{\sin mz}{\sin z} dz \right|,$$

comme on le voit de suite en faisant la substitution $z = \pi - \zeta$.

En résumé l'inégalité

$$\left| \int_b^c \varphi(z) \frac{\sin mz}{\sin z} dz \right| < \frac{6L}{m \sin \lambda}$$

est établie, pourvu que les deux nombres b, c appartiennent tous deux à l'un des intervalles $\left(0, \frac{\pi}{2}\right)$, $\left(\frac{\pi}{2}, \pi\right)$, que le plus petit des nombres b, c, $\pi - b$, $\pi - c$ soit égal ou supérieur au nombre positif λ, que la fonction $\varphi(z)$ soit, en valeur absolue, au plus égale à L quand z appartient à l'intervalle (b, c), ou (c, b), et soit enfin, dans cet intervalle ou bien décroissante ou constante, ou bien croissante ou constante.

La proposition à démontrer résulte immédiatement de là; si en effet on suppose maintenant que les nombres b et c sont compris entre zéro et π sans qu'aucun d'eux atteigne l'une ou l'autre de ces limites, et que l'on puisse décomposer l'intervalle compris entre ces deux nombres en p intervalles partiels tels que, dans chacun d'eux la fonction $\varphi(z)$ varie dans le même sens, si elle varie, on n'aura qu'à subdiviser, s'il y a lieu, celui des intervalles partiels qui contient $\frac{\pi}{2}$ en deux autres admettant $\frac{\pi}{2}$ comme limite commune, pour avoir $p+1$ intervalles partiels tels que l'inégalité précédente soit applicable à chacun d'eux; en ajoutant membre à membre les $p+1$ inégalités ainsi obtenues, on parviendra à l'inégalité (8).

Il résulte de ce qui précède que, si b est un nombre compris entre zéro et π, d'ailleurs différent de ces limites, on a

$$\lim_{m=\infty} \int_0^b \frac{\sin mz}{\sin z}\, dz = \frac{\pi}{2};$$

on a, en effet,

$$\int_0^b \frac{\sin mz}{\sin z}\, dz = \int_0^{\frac{\pi}{2}} \frac{\sin mz}{\sin z}\, dz - \int_b^{\frac{\pi}{2}} \frac{\sin mz}{\sin z}\, dz;$$

la première intégrale qui figure dans le second membre est égale à $\frac{\pi}{2}$, la seconde est moindre, en valeur absolue, que $\frac{2}{m \sin b}$. On peut donc écrire, en désignant par θ un nombre compris entre -1 et $+1$,

$$\int_0^b \frac{\sin mz}{\sin z}\, dz = \frac{\pi}{2} + \frac{2\theta}{m \sin b}.$$

Nous sommes maintenant en mesure d'avoir la limite, pour m infini, de l'expression

$$\int_0^b \varphi(z) \frac{\sin mz}{\sin z}\, dz,$$

en supposant toujours que l'on ait

$$0 < b < \pi,$$

que, dans l'intervalle $(0, b)$ la fonction $\varphi(z)$ reste inférieure ou égale, en valeur absolue, à un nombre positif fixe L, et enfin que l'on puisse partager l'intervalle $(0, b)$ en un nombre fini p d'intervalles partiels tels que dans chacun d'eux la fonction $\varphi(z)$ soit, ou bien décroissante ou constante, ou bien croissante ou constante.

Soit en effet ε un nombre positif arbitraire. D'après les conditions imposées à la fonction $\varphi(z)$, il est clair que cette fonction tend vers une limite lorsque z tend vers zéro par des valeurs positives; désignons cette limite par $\varphi(+0)$; au nombre ε correspondra un nombre positif η, tel que, sous les conditions

$$0 < x < \eta,$$

on ait

$$|\varphi(x) - \varphi(+0)| < \varepsilon.$$

Ceci posé, désignons par β un nombre positif moindre que η, b, $\pi - b$, et tel que dans l'intervalle $(0, \beta)$ la fonction $\varphi(z)$ soit ou bien décroissante ou constante, ou bien croissante ou constante.

On aura

$$\int_0^b \varphi(z) \frac{\sin mz}{\sin z} dz = \int_0^\beta \varphi(z) \frac{\sin mz}{\sin z} dz + \int_\beta^b \varphi(z) \frac{\sin mz}{\sin z} dz.$$

La seconde intégrale du second membre peut se représenter par

$$\theta' \frac{6(p+1)\mathrm{L}}{2m \sin\beta}$$

en désignant par θ' un nombre compris entre -1 et $+1$. Quant à la première intégrale du second membre, on peut lui appliquer le second théorème de la moyenne, et la remplacer par l'expression

$$\varphi(+0) \int_0^\xi \frac{\sin mz}{\sin z} dz + \varphi(\beta - 0) \int_\xi^\beta \frac{\sin mz}{\sin z} dz$$
$$= \varphi(+0) \int_0^\beta \frac{\sin mz}{\sin z} dz + [\varphi(\beta - 0) - \varphi(+0)] \int_\xi^\beta \frac{\sin mz}{\sin z} dz,$$

où ξ désigne un nombre compris entre zéro et β; en remplaçant dans le second membre de cette dernière égalité la première intégrale par

$$\frac{\pi}{2} + \frac{2\theta}{m \sin \beta}$$

et en se rappelant que la seconde est, en valeur absolue, au plus égale à π, on voit qu'on peut écrire finalement

$$(9) \quad \left\{ \begin{aligned} &\int_0^b \varphi(z) \frac{\sin mz}{\sin z}\, dz = \frac{\pi}{2} \varphi(+0) + R_m, \\ &R_m = \frac{2\theta}{m \sin \beta} \varphi(+0) + \frac{6(p+1) L\theta'}{2m \sin \beta} + \varepsilon \theta'' \pi, \end{aligned} \right.$$

θ'' étant, comme θ et θ', compris entre -1 et $+1$; il est clair qu'on peut choisir d'abord le nombre ε, puis le nombre m, pour que R_m soit, en valeur absolue, plus petit que tel nombre que l'on voudra, et que, ainsi, l'intégrale

$$\int_0^b \varphi(z) \frac{\sin mz}{\sin z}\, dz$$

a pour limite $\frac{\pi}{2} \varphi(+0)$ quand m augmente indéfiniment [1].

Supposons que la fonction $\varphi(z)$ dépende d'un paramètre x et écrivons-la $\varphi(x, z)$; supposons même que le nombre positif b dépende aussi de ce paramètre; si, pour chaque valeur de x appartenant à un intervalle (g, h), la fonction de z, $\varphi(x, z)$, satisfait aux conditions

---

[1] On a supposé dans ce qui précède m impair; ce cas est le seul dont on aura besoin dans ce qui suit; mais il convient de remarquer que la conclusion à laquelle on vient d'arriver ne suppose en aucune façon cette restriction; elle n'est intervenue dans ce qui précède que par l'égalité

$$\int_0^{\frac{\pi}{2}} \frac{\sin mz}{\sin z}\, dz = \frac{\pi}{2};$$

mais on établira sans peine que lorsque m augmente indéfiniment par des valeurs paires et positives, le premier membre de l'égalité précédente a pour limite $\frac{\pi}{2}$, ce qui suffit pour les déductions ultérieures.

La méthode qu'on a suivie dans ce paragraphe permet, en imposant les mêmes conditions à la fonction $\varphi(z)$, d'établir l'égalité

$$\lim_{m=\infty} \int_0^b \varphi(z) \sin mz \frac{dz}{z} = \frac{\pi}{2} \varphi(+0).$$

M. Kronecker a donné à l'intégrale qui figure dans le premier membre le nom d'intégrale de Dirichlet.

précédemment détaillées, et qu'en outre b et $\pi - b$ ne soient jamais nuls, il est clair qu'on pourra écrire

$$\int_0^b \varphi(x, z) \frac{\sin mz}{\sin z} dz = \frac{\pi}{2} \varphi(x, +0) + R_m(x),$$

$R_m(x)$ étant une quantité qui, pour chaque valeur de x appartenant à l'intervalle (g, h) tend vers zéro quand m augmente indéfiniment. Il résulte en outre de l'expression de R_m que, si les valeurs de L et p qui correspondent aux diverses valeurs de x restent, tant que x appartient à l'intervalle (g, h), inférieures à des nombres fixes, si les valeurs de b et de $\pi - b$ restent supérieures à un nombre fixe; si, en outre, la fonction $\varphi(x, z)$ tend uniformément vers sa limite $\varphi(x, +0)$ quand z tend vers zéro par des valeurs positives; en sorte qu'à chaque nombre positif ε corresponde un nombre positif η tel que l'on ait

$$|\varphi(x, z) - \varphi(x, +0)| < \varepsilon$$

sous les conditions

$$g \leqq x \leqq h, \qquad 0 < z < \eta,$$

on pourra affirmer que $R_m(x)$ tendra uniformément vers zéro pour les valeurs de x qui appartiennent à l'intervalle (g, h), c'est à dire qu'à chaque nombre positif ε' correspondra un nombre entier positif m' tel que l'on ait

$$\left| \int_0^b \varphi(x, z) \frac{\sin mz}{\sin z} dz - \frac{\pi}{2} \varphi(x, +0) \right| < \varepsilon'$$

sous les conditions

$$g \leqq x \leqq h, \qquad m \geqq m'.$$

Revenons maintenant à la question posée au début de ce paragraphe et notamment à la formule

$$(7) \qquad \left\{ \begin{aligned} \pi S_{2n+1} = & \int_0^{\frac{\pi+2}{2}} f(x - 2z) \frac{\sin(2n+1)z}{\sin z} dz \\ & + \int_0^{\frac{\pi+2}{2}} f(x + 2z) \frac{\sin(2n+1)z}{\sin z} dz. \end{aligned} \right.$$

Supposons que la fonction $f(x)$, finie et intégrable dans l'intervalle $(-\pi, +\pi)$, soit telle que cet intervalle puisse être partagé en un nombre fini d'intervalles partiels tels que, dans chacun d'eux, elle soit, ou bien décroissante ou constante, ou bien croissante ou constante; il en sera évidemment de même, relativement aux intervalles $\left(0, \frac{\pi+x}{2}\right)$, $\left(0, \frac{\pi-x}{2}\right)$ des fonctions de z, $f(x-2z)$ et $f(x+2z)$, en supposant que le nombre x appartienne à l'intervalle $(-\pi, +\pi)$; supposons d'abord qu'il ne coïncide avec aucune de ces limites, les propositions précédemment démontrées relativement à l'intégrale

$$\int_0^b \varphi(x, z)\frac{\sin mz}{\sin z}\,dz$$

sont applicables, et l'on aura

$$\lim_{m=\infty}\int_0^{\frac{\pi+x}{2}} f(x-2z)\frac{\sin mz}{\sin z}\,dz = \frac{\pi}{2}f(x-0),$$

$$\lim_{m=\infty}\int_0^{\frac{\pi-x}{2}} f(x+2z)\frac{\sin mz}{\sin z}\,dz = \frac{\pi}{2}f(x+0),$$

$$\lim_{m=\infty} S_m = \frac{f(x+0)+f(x-0)}{2};$$

cette dernière limite ne sera autre chose que $f(x)$, si la fonction $f(x)$ est continue pour la valeur considérée de x; il résulte aussi de l'analyse précédente que si la fonction $f(x)$ est continue dans l'intervalle (A, B), en supposant

$$-\pi < A < B < \pi,$$

et satisfait en outre aux conditions précédemment imposées, la quantité S_m tendra uniformément vers sa limite $f(x)$ pour toutes les valeurs de x qui appartiennent à un intervalle quelconque (A', B') contenu dans l'intervalle (A, B), et tel que A' soit supérieur à A et B' inférieur à B.

Supposons maintenant que l'on ait $x = -\pi$, la formule (7) donnera

$$\pi S_m = \int_0^{\pi} f(-\pi+2z)\frac{\sin mz}{\sin z}\,dz,$$

le second membre peut être remplacé par la somme de deux intégrales dont l'une ait pour limites zéro et $\frac{\pi}{2}$, l'autre $\frac{\pi}{2}$ et π; en faisant dans cette dernière la substitution $z = \pi - \zeta$, on trouve finalement

$$\pi S_m = \int_0^{\frac{\pi}{2}} f(-\pi + 2z) \frac{\sin mz}{\sin z} dz + \int_0^{\frac{\pi}{2}} f(\pi - 2z) \frac{\sin mz}{\sin z} dz,$$

et par conséquent, en appliquant toujours le même théorème,

$$\lim_{m=\infty} . S_m = \frac{f(-\pi + 0) + f(\pi - 0)}{2};$$

si l'on supposait $x = \pi$, on trouverait la même limite.

En résumé :

Si $f(x)$ est une fonction finie dans l'intervalle $(-\pi, +\pi)$, si cet intervalle peut être décomposé en un nombre fini d'intervalles partiels tels que dans chacun d'eux la fonction $f(x)$ soit, ou bien décroissante ou constante, ou bien croissante ou constante, la série

$$\frac{1}{2} a_0 + (a_1 \cos x + b_1 \sin x) + \ldots + (a_n \cos nx + b_n \sin nx) + \ldots$$

où l'on suppose

$$a_i = \frac{1}{\pi} \int_{-\pi}^{+\pi} f(x) \cos ix \, dx \qquad (i = 0, 1, 2, \ldots),$$

$$b_j = \frac{1}{\pi} \int_{-\pi}^{+\pi} f(x) \sin jx \, dx \qquad (j = 1, 2, 3, \ldots),$$

sera convergente pour toutes les valeurs de x qui appartiennent à l'intervalle $(-\pi, +\pi)$; pour une telle valeur, sa somme sera égale à

$$\frac{f(x + 0) + f(x - 0)}{2},$$

si x n'est égal ni à $-\pi$, ni à $+\pi$; dans ces deux derniers cas, cette somme est égale à

$$\frac{f(-\pi + 0) + f(\pi - 0)}{2}.$$

Si la fonction $f(x)$, que l'on suppose toujours satisfaire aux conditions précédentes, est continue dans l'intervalle (A, B), en supposant

$$-\pi < A < B < \pi$$

et si A', B' désignent deux nombres tels que l'on ait

$$A < A' < B' < B,$$

la série sera uniformément convergente dans l'intervalle (A', B') et y représentera $f(x)$; enfin si la fonction $f(x)$ est continue dans tout l'intervalle $(-\pi, +\pi)$ et si l'on a

$$f(-\pi) = f(\pi),$$

la série sera uniformément convergente dans ce même intervalle et y représentera $f(x)$.

Il est à peine utile de faire remarquer que la somme d'une série trigonométrique supposée convergente est une fonction périodique de x, en sorte que les valeurs de cette somme se déduisent, quel que soit x, des valeurs relatives à l'intervalle $(-\pi, +\pi)$.

Les formules qui donnent les coefficients a_i, b_j montrent que si $f(x)$ est une fonction impaire, tous les coefficients a sont nuls; au contraire si $f(x)$ est une fonction paire, tous les coefficients b sont nuls.

Le théorème précédent permet de cons'ruire des séries dont les sommes sont des fonctions continues ou discontinues dans l'intervalle $(-\pi, +\pi)$, fonctions qui peuvent être définies dans des portions de cet intervalle par des lois algébriques différentes; je me contenterai d'indiquer les résultats suivants.

La série

$$\frac{\sin x}{1} + \frac{\sin 3x}{3} + \frac{\sin 5x}{5} + \ldots + \frac{\sin(2n+1)x}{2n+1} + \ldots,$$

est convergente quel que soit x; si x est compris entre zéro et π, sa somme est $\frac{\pi}{4}$; cette somme est au contraire $-\frac{\pi}{4}$ si x est compris entre zéro et $-\pi$; elle est nulle si x est égal à zéro ou à π.

On a

$$\frac{x}{2} = \frac{\sin x}{1} - \frac{\sin 2x}{2} + \frac{\sin 3x}{3} - \ldots$$

pour x compris entre $-\pi$ et $+\pi$; si l'on a $x = \pm\pi$, la somme de la série est nulle.

NOTES ET CORRECTIONS

I

§ 46; page 49; ligne 20.

Le nombre η doit être tel que l'inégalité

$$| p_n \eta | \leqq \varepsilon$$

ait lieu *quel que soit* n; il est toujours possible de le choisir de façon qu'il en soit ainsi; car il résulte immédiatement de l'hypothèse que les nombres p_1, p_2, ... sont tous inférieurs en valeur absolue à un certain nombre positif A; il suffira donc de supposer

$$A\eta \leqq \varepsilon.$$

II

§ 66; page 80; ligne 27.

dont la limite, pour n infini, est égale à un; *lisez* : ... est égale à $| x |$.

III

§ 67; page 84.

Sur la règle de Raabe et Duhamel (1).

---

(1) Cette règle a été donnée par Raabe, en 1832, dans le tome X du ***Zeitschrift für Mathematik und Physik*** de Baumgartner, puis, en 1838, par Duhamel dans le tome IV du ***Journal de Liouville***.

J'ai négligé de donner cette règle, qui peut dans la plupart des cas être remplacée par celle que l'on trouve à la page mentionnée ci-dessus; toutefois, comme les deux théorèmes ne sont pas identiques, que la règle de Raabe donne dans certains cas des indications que ne fournit point la règle de Gauss et que sa démonstration est très simple, il convient de ne pas la laisser de côté. Voici en quoi consiste cette règle.

Soit

$$\text{(V)} \qquad v_1 + v_2 + \ldots + v_n + \ldots$$

une série à termes positifs, et soit

$$\frac{v_{n+1}}{v_n} = \frac{1}{1 + \frac{\alpha_n}{n}};$$

si, en désignant par p un nombre entier positif et par a un nombre quelconque plus grand que un, on a

$$\alpha_n \geqq a$$

pour toutes les valeurs de n supérieures à p, la série est convergente; si, au contraire, pour les mêmes valeurs de n, on a

$$\alpha_n \leqq b,$$

en désignant par b un nombre plus petit que un, la série est divergente. Enfin si, pour n infini, α_n a pour limite l'unité, il y a doute.

La démonstration repose sur la remarque suivante, que le lecteur déduira immédiatement du paragraphe 65 :

Soient les deux séries à termes positifs

$$\text{(U)} \qquad u_1 + u_2 + \ldots + u_n + \ldots,$$

$$\text{(V)} \qquad v_1 + v_2 + \ldots + v_n + \ldots;$$

si la série (U) est convergente et si l'on a, pour toutes les valeurs de n qui dépassent un certain nombre positif p,

$$\frac{v_{n+1}}{v_n} \leqq \frac{u_{n+1}}{u_n},$$

la série (V) est aussi convergente; en effet, si l'on suppose que cette inégalité ait lieu pour toutes les valeurs de n, on aura, quel que soit n,

$$\frac{v_n}{u_n} \leqq \frac{v_1}{u_1};$$

au contraire, si la série (U) est divergente, et si pour toutes les valeurs de n qui dépassent une certaine limite fixe, on a

$$\frac{v_{n+1}}{v_n} \geqq \frac{u_{n+1}}{u_n},$$

la série (V) est divergente.

Prenons maintenant pour la série (U), comme au paragraphe 67, la série

$$\frac{1}{1^r} + \frac{1}{2^r} + \ldots + \frac{1}{n^r} + \ldots;$$

on aura

$$\frac{u_{n+1}}{u_n} = \frac{1}{\left(1 + \frac{1}{n}\right)^r} = \frac{1}{1 + \frac{\beta_n}{n}},$$

β_n ayant pour limite r, quand n grandit indéfiniment; dès lors supposons qu'en posant

$$\frac{v_{n+1}}{v_n} = \frac{1}{1 + \frac{\alpha_n}{n}},$$

on ait, pour les valeurs de n supérieures à p,

$$\alpha_n > a > 1;$$

on prendra r compris entre a et un; puisque β_n a pour limite r, il existera un nombre positif q, supérieur ou égal à p et tel que l'on ait pour les valeurs de n plus grandes que q,

$$\beta_n < a;$$

on aura donc, pour $n > q$,

$$\frac{v_{n+1}}{v_n} < \frac{u_{n+1}}{u_n};$$

d'ailleurs la série (U) est convergente puisque r est plus grand que un : la série (V) est donc aussi convergente. Quant à la seconde partie de la règle, elle s'établit de la même façon.

Comparons cette règle à celle de la page 84, ou plutôt à la suivante qui est un peu plus large et qui se démontre de la même façon :

Si dans la série à termes positifs

$$(V) \qquad v_1 + v_2 + \ldots + v_n + \ldots,$$

le rapport $\frac{v_{n+1}}{v_n}$ peut se mettre sous la forme

$$1 - \frac{r}{n} + \varepsilon_n,$$

r étant un nombre fixe et ε_n une quantité telle que la série

$$(E) \qquad \varepsilon_1 + \varepsilon_2 + \ldots + \varepsilon_n + \ldots$$

soit *absolument* convergente, la série (V) sera convergente si l'on a $r > 1$, divergente si l'on a $r \leqq 1$.

De l'égalité

$$1 - \frac{r}{n} + \varepsilon_n = \frac{1}{1 + \frac{\alpha_n}{n}}$$

on tire

$$\alpha_n = \frac{r - n\varepsilon_n}{1 - \frac{r}{n} + \varepsilon_n};$$

si la série (E) est absolument convergente, il est impossible que le produit $|n\varepsilon_n|$ reste, pour les valeurs de n supérieures à une certaine limite, plus grand qu'un nombre positif fixe; si ce produit a une limite, cette limite est nulle, et l'on a alors

$$\lim_{n=\infty} \alpha_n = r;$$

dans ce cas, si r est différent de un, les deux règles sont équivalentes. La dernière règle donne des indications sur la divergence ou la convergence de la série (V), que ne fournirait point la règle de Raabe si l'on a $r = 1$, ou si le produit $n\varepsilon_n$ ne tend pas vers une limite; mais, d'un autre côté, si le rapport $\frac{v_{n+1}}{v_n}$ se met sous la forme

$$1 - \frac{r}{n} + \varepsilon_n,$$

r étant un nombre fixe autre que un et ε_n une quantité telle que le produit $n\varepsilon_n$ ait pour limite zéro, la règle de Raabe permet toujours de décider de la convergence ou de la divergence de la série; or il peut se faire, dans ce cas, que la série

$$\varepsilon_1 + \varepsilon_2 + \ldots + \varepsilon_n + \ldots$$

soit divergente, en sorte que l'autre règle ne serait pas applicable. C'est ce qui arriverait, par exemple, si l'on avait

$$\varepsilon_n = \frac{1}{n \log n}.$$

IV

§ 74; page 103; ligne 2.

inférieure à 2A, *lisez* : inférieure à $A + |f(a)|$.

V

§ 125; page 214.

Une erreur de *notation* s'est glissée dans la rédaction de ce paragraphe : la fonction que Gauss désigne par $\Pi(x)$ n'est autre chose que $\Gamma(x+1)$; c'est à tort que j'ai employé le symbole $\Pi(x)$ pour désigner l'inverse de la fonction $\Gamma(x+1)$.

VI

§ 136; page 232.

Sur la formule des accroissements finis.

Cette formule est susceptible d'une généralisation différente de celle qu'on trouve au paragraphe 146.

Soit $f(x)$ une fonction qui, dans l'intervalle (a, b), admette des dérivées première et seconde, $f'(x)$ et $f''(x)$, finies dans l'intervalle considéré.

Soit x un nombre appartenant à l'intervalle (a, b) et h_1, h_2 deux nombres tels que $x + h_1$, $x + h_2$, $x + h_1 + h_2$ appartiennent aussi au même intervalle; posons

$$f_1(x) = f(x + h_1) - f(x)$$

la fonction de x, $f_1(x)$, admettra une dérivée dans l'intervalle $(x, x + h_2)$ ou $(x + h_2, x)$ et cette dérivée sera

$$f_1'(x) = f'(x + h_1) - f'(x);$$

ceci posé on a, en désignant par θ_2 un nombre compris entre zéro et un,

$$\begin{aligned} f_1(x + h_2) - f_1(x) &= h_2 f_1'(x + \theta_2 h_2) \\ &= h_2[f'(x + \theta_2 h_2 + h_1) - f'(x + \theta_2 h_2)]. \end{aligned}$$

Or, en vertu de la même formule, la quantité entre crochets peut être remplacée par $h_1 f''(x + \theta_1 h_1 + \theta_2 h_2)$, en désignant par θ_1 un nombre compris entre zéro et un; on aura donc finalement

$$\begin{aligned} &f_1(x + h_2) - f_1(x) \\ &= f(x + h_1 + h_2) - f(x + h_1) - f(x + h_2) + f(x) \\ &= h_1 h_2 f''(x + \theta_1 h_1 + \theta_2 h_2). \end{aligned}$$

On trouvera de même, en supposant que dans l'intervalle (a, b), la fonction $f(x)$ admette des dérivées finies jusqu'au $n^{\text{ième}}$ ordre $f'(x)$, $f''(x)$, ..., $f^{(n)}(x)$ et que les nombres

$$\begin{array}{lll} x + h_1, & x + h_2, \ldots, & x + h_n, \\ x + h_1 + h_2, & x + h_1 + h_3, \ldots, & x + h_{n-1} + h_n, \\ \ldots\ldots & \ldots\ldots & \ldots\ldots \\ x + h_1 + h_2 + \ldots + h_n & & \end{array}$$

appartiennent, ainsi que x, à l'intervalle (a, b),

$$\begin{aligned} f(x+h_1+h_2+\ldots+h_n) &- \Sigma f(x+h_1+h_2+\ldots+h_{n-1}) \\ &+ \Sigma f(x+h_1+h_2+\ldots+h_{n-2}) - \ldots \pm \Sigma f(x+h_1) \\ &\mp f(x) = h_1 h_2 \ldots h_n f^{(n)}(x+\theta_1 h_1+\theta_2 h_2+\ldots+\theta_n h_n): \end{aligned}$$

dans le second membre $\theta_1, \theta_2, \ldots, \theta_n$ désignent des nombres compris entre zéro et un; dans le premier membre chaque sommation s'étend à tous les termes qui se déduisent du terme écrit en remplaçant la suite des indices par les autres combinaisons, du même ordre, des nombres $1, 2, \ldots, n$.

Si la fonction $f^{(n)}(x)$ est continue pour la valeur considérée de la variable, on voit que le premier membre, divisé par $h_1, h_2, \ldots, h_n$, a pour limite $f^{(n)}(x)$ quand les quantités $h_1, h_2, \ldots, h_n$ tendent vers zéro; d'une façon plus précise, si l'on désigne par $\varphi(x, h_1, h_2, \ldots, h_n)$ ce premier membre, on peut affirmer qu'à chaque nombre positif ε correspond un nombre positif η tel que l'on ait

$$\left| \frac{\varphi(x, h_1, h_2, \ldots, h_n)}{h_1 h_2 \ldots h_n} - f^{(n)}(x) \right| < \varepsilon,$$

sous les conditions

$$0 < | h_i | < \eta, \quad (i = 1, 2, \ldots n).$$

Je dois cette note à M. Darboux.

FIN.

TABLE DES MATIÈRES

CHAPITRE I

Des nombres irrationnels et des limites.

CHAPITRE II

Des séries et des produits infinis.

CHAPITRE III

Premiers principes de la théorie des fonctions d'une variable.

CHAPITRE IV

Des séries et des produits infinis dont les termes sont des fonctions d'une variable.

CHAPITRE V

Des dérivées.

CHAPITRE VI

Des intégrales définies.

CHAPITRE VII

Sur quelques développements en série.

Bordeaux. — Imp. G. Gounouilhou, rue Guiraude, 11.